W0172953

GIPFEL DES UNWAHRSCHEINLICHEN

Richard Dawkins

Wunder der Evolution

Originalzeichnungen von Lalla Ward
Deutsch von Sebastian Vogel

Rowohlt

Die Originalausgabe erschien 1996
unter dem Titel «Climbing Mount Improbable»
bei Viking, Penguin Group, London.

1. Auflage Januar 1999
Copyright © 1999 by Rowohlt Verlag GmbH,
Reinbek bei Hamburg
«Climbing Mount Improbable»
Copyright © 1996 by Richard Dawkins
Originalzeichnungen Copyright © 1996 by Lalla Ward
Alle deutschen Rechte vorbehalten
Umschlaggestaltung Ingrid Albrecht
(Foto: G+J Photonica)
Satz Sabon PostScript (QuarkXPress 3.32)
und Belichtung bei UNDER/COVER, Hamburg
Druck und Bindung Clausen & Bosse, Leck
Printed in Germany
3 498 01307 6

INHALT

Für Robert Winston,
einen guten Arzt und guten Mann

DANKSAGUNG

Dieses Buch ging aus meinen Weihnachtsvorlesungen an der Royal Institution hervor, die von der BBC unter dem Gesamttitel *Growing Up in the Universe* (Aufwachsen im Universum) ausgestrahlt wurden. Diese Überschrift mußte ich fallenlassen, denn seither sind mindestens drei andere Bücher mit nahezu gleichlautendem Titel erschienen. Zudem ist auch mein Buch selbst gewachsen und hat sich so gewandelt, daß man es heute nicht mehr als Vorlesung in Buchform bezeichnen kann. Dennoch danke ich dem Direktor der Royal Institution für die Ehre, mich einzuladen und mich damit in die Reihe der Redner bei den Weihnachtsvorlesungen zu stellen, die bis auf Michael Faraday zurückgeht. Großen Einfluß auf die Vorlesungen hatten Bryson Gore von der Royal Institution sowie William Woollard und Richard Melman von Inca Television. Spuren ihrer Mitwirkung finden sich auch in diesem stark veränderten und sehr viel umfangreicheren Buch.

Michael Rodgers las die ersten Entwürfe von mehr Kapiteln, als hier abgedruckt sind, gab konstruktive kritische Hinweise und riet mir entschieden zu einem ganz neuen Aufbau. Fritz Vollrath und Peter Fuchs lasen das Kapitel 2 als Fachleute gegen, und das gleiche taten Michael Land und Dan Nilsson mit dem Kapitel 5. Wenn ich sie brauchte, ließen mich alle vier Experten großzügig an ihren Kenntnissen teilhaben. Mark Ridley, Matt Ridley, Charles Simonyi und Lalla Ward Dawkins lasen einen der letzten Entwürfe des ganzen Buches, brachten nützliche Kritik an, ermutigten und beruhigten mich, je nachdem, was gerade wichtig war. Mary Cunnane von W. W. Norton und Ravi Mirchandani von Viking Penguin zeigten großzügige Toleranz und urteilten wohlwollend, während das Buch heranwuchs, ein Eigenleben bekam und schließlich wieder auf einen vernünftigen Umfang schrumpfte. John Brockman stand ermutigend im Hintergrund, ohne sich jemals einzumischen, aber immer bereit, wenn man seine Unterstützung brauchte. Computerfachleute sind Helden, deren Lob zu selten gesungen wird. Für dieses Buch bediente ich mich der Programme von Peter Fuchs, Thiemo Krink und Sam Zschokke. In Zusammenarbeit mit Ted Kaehler konzipierte und schrieb ich das komplizierte Arthromorph-Programm. Bei der Abfolge meiner eigenen «Uhrmacher»-Programme waren Ratschläge und Unterstützung von Alan Grafen und Alun ap Rhisiart oft eine große Hilfe. Das Personal der zoologischen und entomologischen Sammlungen des Oxforder Universitätsmuseums stellte Sammlungsstücke und fachkundigen Rat zur Verfügung. Josine Meijer half mir bereitwillig und einfallsreich bei der Suche und Dokumentation der Bilder. Die Zeichnungen (allerdings nicht das Layout) fertigte Lalla Ward Dawkins an, meine Frau, und ihre Liebe zur Darwinschen Schöpfung wird in jedem einzelnen Bild deutlich.

Schließlich möchte ich Charles Simonyi danken – nicht nur für seine immense Großzügigkeit, den Lehrstuhl für öffentliche Wissenschaft zu stiften, den ich heute in Oxford innehabe, sondern auch dafür, daß er seiner Vision von der Kunst, Naturwissenschaft einem großen Publikum näherzubringen – die mit meiner übereinstimmt –, Ausdruck gab. Redet die Leute nicht unter den Tisch! Versucht, einen jeden mit der Poesie der Wissenschaft zu inspirieren und die Erklärungen so einfach zu halten, wie es die Ehrlichkeit erlaubt, laßt aber gleichzeitig das Schwierige nicht außen vor! Und gebt euch zusätzliche Mühe bei den Erklärungen für die Leser, die bereit sind, sich die gleiche Mühe beim Verstehen zu geben.

Erstes Kapitel **AM MOUNT RUSHMORE**

Ich habe mir gerade einen Vortrag angehört, in dem es um die Feige ging. Es war kein naturwissenschaftlicher, es war ein geisteswissenschaftlicher Vortrag. Wir wurden über die Feige in der Literatur belehrt, über die Feige als Metapher, über die wechselnden Vorstellungen, die sich um die Feige ranken, über die Feige als Symbol für die weibliche Scham und über das Feigenblatt als Mittel, sie dezent zu verbergen, über «die Feige» als verächtliche Geste, über die gesellschaftlichen und politischen Implikationen. Wir lernten D. H. Lawrence' Beschreibung des Feigenessens in Gesellschaft kennen und erfuhren etwas über «die Feige als Text». Zuletzt rief uns der Redner den Schöpfungsbericht ins Gedächtnis, in dem Adam von Eva in Versuchung geführt wird, die Frucht vom Baum der Erkenntnis zu essen. Die Genesis, erinnerte er uns, sagt nicht genau, um welche Frucht es sich handelte. Üblicherweise nimmt man an, daß es ein Apfel war. Der Vortragende äußerte jedoch die Vermutung, daß es in Wahrheit eine Feige sei, und mit dieser kleinen Pikanterie schloß er seinen Vortrag.

So etwas gehört zum Rüstzeug einer bestimmten literarischen Denkweise, aber *mich* veranlaßt es dazu, die Dinge beim Wort zu nehmen. Der Redner wußte natürlich, daß es nie einen Garten Eden, nie einen Baum der Erkenntnis gegeben hat. Was wollte er also in Wirklichkeit sagen? Vermutlich hatte er das unbestimmte Gefühl, daß die Frucht in der Geschichte «irgendwie», «wenn man so will», «auf einer bestimmten Ebene», «wenn ich es so sagen darf», eine Feige gewesen sein «könnte». Aber genug davon. Es geht mir nicht darum, buchstabengläubig und beckmesserisch zu sein: nur – unserem eleganten Redner *entging soviel.* Hinter der Feige steckt ein echtes Paradox und eine Poesie der Wirklichkeit, deren Subtilitäten einen wißbegierigen Geist in Atem halten und deren Wunder einen Ästheten erfreuen können. In diesem Buch möchte ich so weit kommen, daß ich die wahre Geschichte der Feige erzählen kann. Aber die Geschichte dieser Frucht ist nur eine von vielen Millionen, die alle die gleiche darwinistische Grammatik und Logik haben – auch wenn die Evolutionsgeschichte der Feige eine besonders schöne Kompliziertheit besitzt. Um die zentrale Metapher dieses Buches vorwegzunehmen: Der Feigenbaum steht auf einem der höchsten Gipfel im Massiv des Unwahrscheinlichkeitsgebirges. Aber Gipfel, die so hoch sind wie dieser, erobert man am besten am Ende der Expedition. Zuvor gibt es noch vieles zu sagen, eine Gesamtschau des Lebens ist zu entwickeln und zu erläutern, Rätsel müssen gelöst und Widersprüche aufgelöst werden.

Wie ich schon angedeutet habe, ist die Geschichte der Feige auf der untersten Ebene die gleiche wie die aller anderen Lebewesen auf der Erde. Oberflächlich und im Detail gesehen, unterscheiden sie sich zwar, aber immer handelt es sich um Variationen des Themas der DNA und der 30 Millionen Möglichkeiten, wie sie weitergegeben wird. Auf unserem Weg werden wir die Gelegenheit haben, Spinnennetze zu betrachten und den verblüffenden, allerdings unbewußten Erfindungsreichtum, mit dem sie hergestellt werden und funktionieren. Wir werden die langsame, allmähliche Evolution von Flügeln und Elefantenrüsseln nachzeichnen. Wir werden sehen, daß Augen, deren Evolution von so legendärer Schwierigkeit zu sein scheint, sich im Tierreich in Wirklichkeit vierzig-, ja vielleicht sogar sechzigmal unabhängig voneinander entwickelt haben. Um unsere Einbildungskraft anzuheizen, werden wir Computer programmieren, um uns ohne Schwierigkeiten durch das gewaltige Museum der zahllosen Geschöpfe, die irgendwann einmal gelebt haben und gestorben sind, bewegen zu können und ihre noch zahlreicheren imaginären Vettern kennenzulernen, die nie geboren wurden. Wir werden über die Pfade des Unwahrscheinlichkeitsgebirges wandern und seine senkrecht abfallenden Klippen von fern bewundern – aber wir werden keine Mühe scheuen, nach den sanft ansteigenden Böschungen auf der anderen Seite zu suchen. Wir werden die Parabel des Unwahrscheinlichkeitsgebirges begreifen und nebenbei noch vieles andere. Zunächst aber muß ich das Problem der scheinbaren Gestaltung in der Natur klären, ihre Beziehung zur wirklichen, vom Menschen vorgenommenen Gestaltung und ihren Zusammenhang mit dem Zufall. Dieses Ziel verfolge ich in diesem ersten Kapitel.

Das Londoner Natural History Museum besitzt eine eigenartige Sammlung von Steinen, die durch Zufall bekannten Gegenständen ähneln: einem Stiefel, einer Hand, dem Schädel eines Säuglings, einer Ente oder einem Fisch. Sie wurden von Menschen eingeschickt, die ernstlich annahmen, die Ähnlichkeit müsse etwas bedeuten. Aber gewöhnliche Steine verwittern zu höchst vielfältigen Formen, und deshalb ist es nicht verwunderlich, wenn wir gelegentlich einen finden, der an einen Stiefel oder eine Ente erinnert. Von all den Steinen, die den Menschen auf ihren Spaziergängen aufgefallen sind, hat das Museum diejenigen aufbewahrt, die sie aufgehoben und für etwas Besonderes gehalten haben. Tausende von Steinen werden nie gesammelt, weil sie einfach nur Steine sind. Die zufälligen Ähnlichkeiten in dieser Sammlung sind zwar amüsant, aber bedeutungslos. Das gleiche gilt, wenn wir in Wolken oder Felsklippen ein Gesicht oder ein Tier zu erkennen glauben. Die Ähnlichkeit ist reiner Zufall.

Der zerklüftete Bergabhang auf Tafel 1.1 soll angeblich an das Profil des verstorbenen Präsidenten Kennedy erinnern. Wenn man es weiß, erkennt man ohne weiteres eine leichte Ähnlichkeit mit John oder Robert Kennedy. Aber manche Leute sehen nichts dergleichen, und man kann sich leicht vorstellen, daß die Übereinstimmung reiner Zufall ist. Dagegen würde sich kein vernünftiger Mensch davon überzeugen lassen, daß der Mount Rushmore im Süden Dakotas durch rein zufällige Verwitterung die Gesichter von George Washington, Thomas Jefferson, Abraham Lincoln und Theodore Roosevelt angenommen hat. Daß sie (unter der Leitung von Gutzon Borglum) planmäßig aus dem Fels gehauen wurden, braucht nicht eigens erklärt zu werden. Sie sind ganz offensichtlich kein Zufall; man sieht ihnen die Gestaltung zweifelsfrei an.

Zwischen dem Mount Rushmore und dem verwitterten Abbild von John F. Kennedy (oder dem Mount St. Pierre auf Mauritius und anderen durch natürliche Verwitterung entstandenen Kuriositäten) besteht folgender Unterschied. Die Gesichter am Mount Rushmore entsprechen den Vorbildern in zu vielen Einzelheiten, als daß sie durch Zufall entstanden sein könnten. Zudem sind die Gesichter, und zwar aus verschiedenen Blickwinkeln, eindeutig zu erkennen. Die zufällige Ähnlichkeit mit Präsident Kennedy auf Tafel 1.1 sieht man dagegen nur, wenn man die Klippe aus einem bestimmten Blickwinkel und unter bestimmten Lichtverhältnissen betrachtet. Ein Felsen kann so verwittern, daß er von einem bestimmten Standpunkt aus wie eine Nase aussieht, und vielleicht sind ein paar Steine so heruntergerollt, daß sie zufällig die Form von Lippen annehmen. Es stellt an den Zufall keine großen Anforderungen, ein so bescheidenes Zusammentreffen zu arrangieren – vor allem wenn der Fotograf einen unter vielen beliebigen Blickwinkeln auswählen kann. (Ganz abgesehen von der Tatsache, auf die ich in Kürze zurückkommen werde: Das menschliche Gehirn scheint aktiv auf Gesichter eingestellt zu sein – es sucht sie geradezu.) Der Mount Rushmore ist etwas anderes. Seine vier Köpfe wurden eindeutig *gestaltet.* Ein Bildhauer hat sie sich ausgedacht, hat sie auf Papier gezeichnet, hat überall am Felsen genaue Messungen vorgenommen und Arbeitsteams beaufsichtigt, die mit Preßlufthämmern und Dynamit die jeweils rund 20 Meter hohen Gesichter formten. Zwar *könnte* die Verwitterung den gleichen Effekt gehabt haben wie der kunstvoll eingesetzte Sprengstoff, aber von allen möglichen Arten, wie ein Berg verwittern kann, würde nur ein winziger Bruchteil eindeutige Abbildungen von vier ganz bestimmten Personen entstehen lassen. Selbst wenn wir nichts über die Entstehungsgeschichte des Mount Rushmore wüßten, würden wir die Wahrscheinlichkeit, daß seine vier Köpfe nicht das Ergebnis zufälliger Verwitterung wären, astronomisch hoch einschätzen – so als werfe man eine Münze vierzigmal hoch und jedesmal liege der Kopf oben.

Ich glaube, daß die Unterscheidung zwischen Zufall und Design klar ist – zumindest im Prinzip, wenn auch nicht immer in der Praxis. Im vorliegenden Kapitel möchte ich jedoch eine dritte Kategorie einführen, die nicht so leicht zuzuordnen ist. Ich werde sie *gestaltoid* nennen.

Gestaltoide Gegenstände sind Lebewesen und deren Produkte. Sie *sehen* so verblüffend gestaltet aus, daß einige – vermutlich die meisten – Menschen glauben, sie wären es auch. Sie täuschen sich. Recht haben sie allerdings mit ihrer Überzeugung, daß gestaltoide Gegenstände keine Zufallsprodukte sein können. Gestaltoide Gegenstände entstehen nicht versehentlich. Sie wurden im Zuge eines großartigen, nicht zufälligen Prozesses geformt, der die fast vollkommene Illusion von Gestaltung schafft.

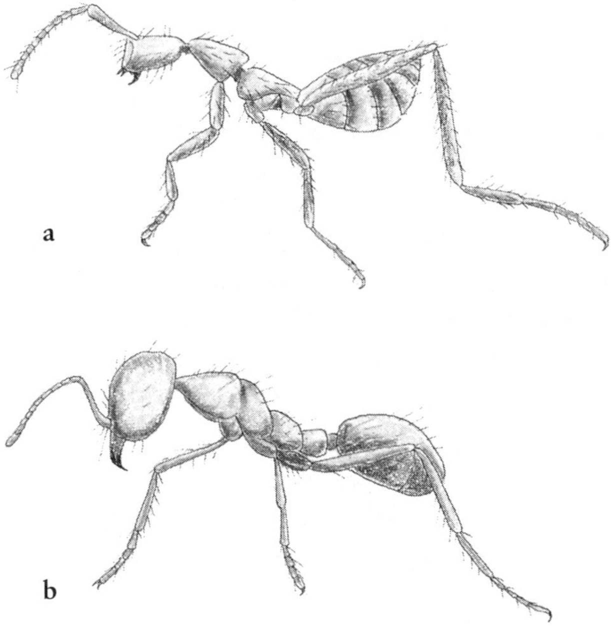

Abb. 1.2 Eine nicht gestaltete, aber auch nicht zufällige Ähnlichkeit. (a) Ein Käfer, *Labidus praedator*, der eine Ameise nachahmt, und eine Ameise, *Mimeciton antennatum* (b).

Abbildung 1.2 a zeigt eine lebende Skulptur. In der Regel sehen Käfer nicht wie Ameisen aus. Wenn ich also einen Käfer sehe, der fast vollständig einer Ameise gleicht – und der darüber hinaus auch noch sein ganzes Leben in einem Ameisenhaufen verbringt –, nehme ich zu Recht an, daß diese Übereinstimmung etwas zu bedeuten hat. Das obere Tier ist tatsächlich ein Käfer – seine nächsten Verwandten sind in unseren Gärten allgemein verbreitet –, aber er sieht aus wie eine Ameise, krabbelt wie eine Ameise und lebt unter Ameisen. Die Abbildung unten zeigt eine echte Ameise. Wie bei jedem naturalistischen Kunstwerk ist die Ähnlichkeit zum Modell nicht zufällig. Sie verlangt eine über den Zufall hinausgehende Erklärung. Aber was für eine? Da alle Käfer, die auffallend wie Ameisen aussehen, in Ameisenhaufen oder zumindest in enger Beziehung zu Ameisen leben, stellt sich die Frage, ob die Ameisen eine chemische Substanz ausscheiden oder ob von ihnen eine Infektion ausgeht, die sich auf die Käfer überträgt und ihr Wachstum beeinflußt. Die Antwort ist nein. Der wahre Grund – die Darwinsche natürliche Selektion – sieht ganz anders aus. Wir werden später darauf zurückkommen. Vorerst genügt es, sicher zu wissen, daß diese Ähnlichkeit und andere Fälle von «Mimikry» kein Zufall sind. Entweder wurden sie bewußt gestaltet, oder sie entstehen im Laufe eines Prozesses, der ebenso eindrucksvolle Ergebnisse wie eine bewußte Gestaltung hervorbringt. Wir wollen uns noch einige weitere Beispiele für Mimikry bei Tieren ansehen und dabei erst einmal offenlassen, wie die bemerkenswerten Ähnlichkeiten jeweils entstanden sind.

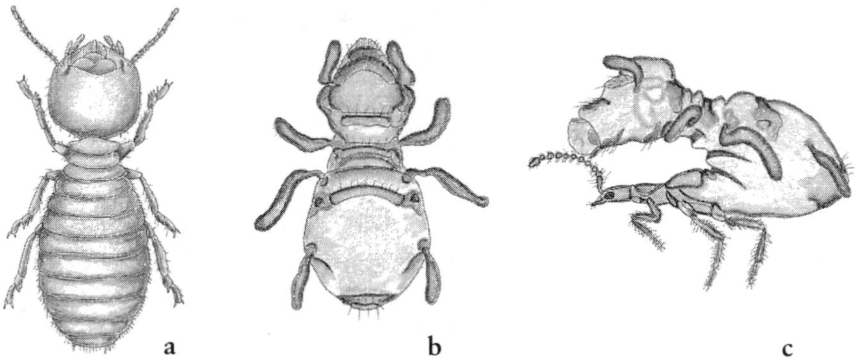

Abb. 1.3 (a) *Amitermes hastatus*, eine echte Termite; (b) *Coatonachthodes ovambolandicus*, ein Käfer, der Termiten nachahmt; (c) so bewerkstelligt er die Täuschung.

Das gerade beschriebene Beispiel zeigt, wie gut der Körper eines Käfers es schafft, ein anderes Insekt nachzuahmen, «wenn er nur will». Aber sehen wir uns jetzt einmal das Geschöpf in Abbildung 1.3 b an. Es scheint eine Termite zu sein. Zum Vergleich zeigt Abbildung 1.3 a eine echte Termite. Bei dem Exemplar in Abbildung 1.3 b handelt es sich zwar um ein Insekt, aber es ist keine Termite, sondern ein Käfer. Ich gebe zu, daß ich in der Welt der Insekten schon bessere Nachahmer gesehen habe, darunter den ameisenähnlichen Käfer, von dem zuvor die Rede war. Der «Käfer» hier scheint ein wenig seltsam zu sein. Seine Beine haben offenbar keine richtigen Gelenke – sie sehen aus wie schlappe kleine Ballons. Da Käfer wie alle Insekten über Beine mit Gelenken verfügen, sollte man eigentlich annehmen, daß sie die Beingelenke einer Termite besser nachahmen könnten. Was ist also des Rätsels Lösung? Warum sieht dieser Nachahmer nicht wie ein Insekt mit Gelenken, sondern eher wie eine schlecht aufgeblasene Attrappe aus? Die Antwort findet sich in Abbildung 1.3c, die eines der erstaunlichsten Phänomene der Natur zeigt. Hier erkennt man den ameisenähnlichen Käfer von der Seite. Sein eigentlicher Kopf ist verschwindend klein (man sieht das Auge in der Nähe der normalen, mit Gelenken versehenen Antennen) und geht in einen schlanken Brustteil oder Thorax über; dort sind drei normale, mit Gelenken ausgestattete Beine befestigt, auf denen der Käfer krabbelt. Die Täuschung bewerkstelligt er mit dem Hinterleib. Er ist nach oben gebogen, so daß er überhängt und Kopf, Brustkorb und Beine wie ein Sonnenschirm verdeckt. Anatomisch betrachtet besteht die gesamte «Termite» aus der hinteren Hälfte des Abdomens. Der «Termitenkopf» ist das Hinterende des Käferabdomens, und seine Auswüchse bilden die «Beine» und «Antennen» der Termite. Kein Wunder, daß die Nachahmung nicht ganz die gleiche Qualität erreicht wie beim ameisenähnlichen Vetter des Käfers im vorangegangenen Bild. Nebenbei bemerkt: Dieser Käfer, der Termiten nachahmt, lebt in Termitenbauten und ernährt sich als Parasit, ganz ähnlich, wie es der Käfer in Abbildung 1.2a bei den Ameisen tut. Die Ähnlichkeit ist zwar nicht ganz so groß, aber wenn man das Ausgangsmaterial betrachtet, erscheint die Mimikry des termitenähnlichen Käfers, was die Formgebung angeht, sogar noch gelungener als die des ameisenähnlichen. Denn der Käfer, der eine Ameise nachahmt, gestaltet jedes einzelne Körperteil so, daß es wie das entsprechende Körperteil einer Ameise aussieht. Der termitenähnliche Käfer formt dagegen einen völlig anders aussehenden Teil seines Körpers – seinen Hinterleib – so um, daß er einer Termite in allem ähnelt.

Die «Kunstform» unter den Tieren, die ich persönlich am liebsten mag, ist der große Fetzenfisch (Tafel 1.4). Dieser Fisch, ein Verwandter des Seepferdchens, ist wie Seetang geformt. Das schützt ihn, denn er lebt zwischen Seetang und ist dort außerordentlich schwer zu erkennen. Die Mimikry ist so unglaublich gut, daß es sich nicht um einen simplen Zufall handeln kann. Sie ist dem Mount Rushmore näher als dem Kennedy-Felsen. Daß ich mir da so sicher bin, liegt unter anderem daran, daß dieser Fisch in so vielerlei Hinsicht wie etwas aussieht, was er nicht ist, und zum Teil in der Tatsache, daß Fische normalerweise keine Auswüchse haben, die auch nur entfernt in dieser Art geformt sind. So gesehen ist die Leistung des Fetzenfisches eher mit der des termitenähnlichen Käfers als mit der des ameisenähnlichen zu vergleichen.

Bisher haben wir von Objekten gesprochen, die uns wegen der Originaltreue ihrer Nachahmung beeindrucken und von denen wir den Eindruck haben, daß ihre Form kein Zufall sein kann, weil sie so verblüffend genau wie etwas anderes aussehen. Die großen Fetzenfische und die ameisenähnlichen Käfer sind gestaltoide Skulpturen: Sie sehen ganz unzweifelhaft so aus, als hätte ein Künstler sie in der Absicht entworfen, daß sie etwas anderem ähneln. Aber Skulpturen sind nur eins unter vielen Dingen, die von Menschen entworfen werden. Andere Gegenstände beeindrucken uns nicht, weil sie irgend etwas ähneln, sondern weil sie eindeutig einem bestimmten Zweck dienen. Mit einem Flugzeug kann man fliegen, in einen Topf kann man Wasser füllen, und mit einem Messer kann man schneiden.

Wenn man eine Belohnung für Steine aussetzen würde, die von Natur aus scharf genug zum Schneiden sind, und für Steine, die sich aufgrund ihrer zufälligen Form zur Aufbewahrung von Wasser eignen, würde man wahrscheinlich einige sehr gute Exemplare zugeschickt bekommen. Flintstein bricht oft so, daß eine scharfe Kante entsteht, und wenn man durch die Steinbrüche und Geröllhalden der Welt wanderte, fände man mit Sicherheit ein paar gute natürliche Messerklingen. Und unter den vielfältigen Formen, zu denen Steine verwittern können, gäbe es sicher auch ein paar hohle, die sich zur Aufnahme von Wasser eigneten. Manche Kristalle lagern sich von Natur aus um einen – allerdings unregelmäßigen – kugelförmigen Hohlraum zusammen, aus dem durch Halbieren zwei brauchbare Schalen werden. Solche Steine haben sogar einen Namen: Man nennt sie Geoden. Ein solches Exemplar habe ich als Briefbeschwerer auf meinem Schreibtisch, und ich würde auch daraus trinken, wenn die Innenseite nicht so rauh und deshalb schwer zu reinigen wäre.

Man könnte für die Effizienz ohne weiteres eine Kosten-Nutzen-Rechnung aufstellen und damit zeigen, daß natürliche Gefäße weniger effizient sind als solche, die der Mensch herstellt. Effizienz gleich Nützlichkeit dividiert durch die Kosten. Die Nützlichkeit eines Topfes könnte man als die Menge an Wasser angeben, die er faßt. Und in entsprechenden Einheiten mißt man dann die Kosten: Sie entsprechen der Materialmenge des Gefäßes selbst. Die Effizienz könnten wir als das Wasservolumen definieren, das in das Gefäß paßt, dividiert durch das Materialvolumen, das im Gefäß selbst steckt. Der hohle Stein auf meinem Schreibtisch faßt 87,5 cm^3 Wasser. Sein Eigenvolumen (das ich mit Archimedes' berühmter Heureka-Wasserverdrängungsmethode gemessen habe) beträgt 130 cm^3. Die Effizienz dieses «Gefäßes» liegt bei 0,673. Sie ist also sehr niedrig, was kein Wunder ist. Der Stein war nie als Wassergefäß gedacht. Er kann nur zufällig auch Flüssigkeit aufnehmen. Die gleiche Messung habe ich mit einem Weinglas angestellt, und dabei ergab sich eine Effizienz von etwa 3,5. Noch effizienter ist das silberne Sahnekännchen einer Bekannten. Es faßt 250 cm^3 Wasser, während das Silber, aus dem es besteht, nur 20 cm^3 verdrängt. Es hat also eine Effizienz von 12,5.

Nicht alle von Menschen hergestellten Gefäße sind in diesem Sinne effizient. Ein dicker Behälter aus meinem Küchenschrank nimmt 190 cm^3 Wasser auf, besteht aber aus 400 cm^3 massivem Marmor. Seine «Effizienz» liegt also mit 0,475 sogar noch unter der des überhaupt nicht gestalteten hohlen Steins. Wie ist das möglich? Die Antwort ist aufschlußreich: Dieses Gefäß ist in Wirklichkeit ein Mörser. Es dient nicht zur Aufnahme von Flüssigkeiten, sondern zum Zermahlen von Gewürzen und anderen Lebensmitteln mit dem Pistill, einem gedrungenen Kolben, den man kräftig gegen die Innenseite des Mörsers stößt. Ein Weinglas könnte man nicht als Mörser benutzen: es würde unter den kraftvollen Stößen zerbrechen. Das Maß für Effizienz, das wir bei den Gefäßen angelegt haben, eignet sich nicht mehr, wenn der Behälter als Mörser gedacht ist. Hier müssen wir ein anderes Kosten-Nutzen-Verhältnis entwickeln, bei dem der Nutzen die Widerstandsfähigkeit gegen das Zerbrechen durch einen Mörser mit einbezieht. Kann man die natürliche Geode unter diesem Gesichtspunkt als guten natürlichen Mörser betrachten? Den Test auf Widerstandsfähigkeit bestünde sie vermutlich, aber ihre rauhe, zerklüftete Innenfläche würde sich bei der Verwendung als Mörser schnell als Nachteil erweisen, denn in ihren Vertiefungen wären die Körner vor dem Pistill geschützt. Man müßte also das Maß für die Effizienz eines Mörsers verbessern und irgendeinen Index für die Glätte der Innenfläche mit einbeziehen. Daß mein marmorner Mörser künstlich gestaltet wurde, ist auch noch an etwas anderem zu erkennen: an seinem exakt kreisförmigen Querschnitt in Verbindung mit dem elegant geschwungenen Rand und dem Sockel, die von der Seite zu erkennen sind.

Ähnliche Effizienzmaßstäbe könnte man auch für Messer entwickeln, und ich habe keinen Zweifel, daß die in Steinbrüchen aufgelesenen natürlichen Flintsteine dabei schlecht abschneiden würden, und zwar nicht nur im Vergleich mit Messerklingen aus Sheffieldstahl, sondern auch mit den elegant behauenen Steinen aus der Jungsteinzeit, die man in Museen bewundern kann.

Die natürlichen, zufällig entstandenen Gefäße und Messer sind noch in anderer Hinsicht weniger effizient als ihre gestalteten Gegenstücke. Um einen guten, scharfen Flintstein oder ein gutes, wasserdichtes Steingefäß zu finden, muß man eine Unmenge ungeeigneter Steine überprüfen und wegwerfen. Wenn wir das Fassungsvermögen eines Behälters messen und durch das Volumen des Steins oder Tons dividieren, sollten wir fairerweise auch die Kosten für das verworfene Material mit einbeziehen. Wenn ein Topf von einem Töpfer auf einer Töpferscheibe gedreht wird, kann man diese zusätzlichen Kosten vernachlässigen. Handelt es sich um eine aus Stein gehauene Skulptur, fallen zwar Kosten für die abgeschlagenen Stücke an, aber sie sind geringfügig. Im Fall des zufällig gefundenen Gefäßes oder Messers dagegen wären die «Nebenkosten» gewaltig. Die meisten Steine nehmen kein Wasser auf und sind nicht scharf. Eine Industrie, die völlig auf Fundstücke, also auf nicht gestaltete Werkzeuge und Utensilien angewiesen wäre, müßte sich mit gewaltigem Ballast in Form riesiger Abfallhalden nutzloser Alternativformen herumplagen. Gestaltung ist im Vergleich zum Finden höchst effizient.

Wenden wir uns nun den gestaltoiden Objekten zu, also den Lebewesen, die aussehen wie Kunstformen, obwohl sie durch einen völlig anderen Vorgang entstanden sind. Beginnen möchte ich mit gestaltoiden Gefäßen. In der Kannenpflanze (Tafel 1.5) könnte man einfach eine weitere gefäßartige Form sehen, aber sie hat ein elegantes «Kosten-Nutzen-Verhältnis» entwickelt, das mit dem des von mir vermessenen Weinglases, womöglich sogar mit dem des Silberkännchens vergleichbar ist. Sie sieht in jeder Hinsicht so aus, als sei sie hervorragend gestaltet, und zwar nicht nur als Wassergefäß, sondern auch dazu, daß Insekten in ihr ertrinken und verdaut werden. Die Pflanze kreiert einen raffinierten Duftstoff, den Insekten unwiderstehlich finden. Der Geruch, unterstützt durch ein verführerisches Farbmuster, lockt die Beute zur oberen Öffnung der Kanne. Dort gerät das Insekt auf eine abschüssige Rutschbahn, deren bedrohliche Schlüpfrigkeit ebenfalls kein Zufall ist; sie ist mit nach unten gerichteten Haaren besetzt, die so angeordnet sind, daß sie die letzten Anstrengungen des Tieres vereiteln. Fällt es – was fast immer geschieht – schließlich in den dunklen Bauch der Kanne, findet es dort zum Ertrinken nicht nur Wasser vor. Auf die Einzelheiten machte mich meine Kollegin Barrie Juniper aufmerksam. Sie sind so bemerkenswert, daß ich kurz darauf eingehen möchte.

Insekten zu fangen ist das eine, aber die Kannenpflanze besitzt weder Kiefer noch Muskeln oder Zähne, mit denen sie ihre Beute in verdauungsfähige Teile zerlegen könnte.

Vielleicht könnten Pflanzen auch Zähne und mahlende Kiefer hervorbringen, aber in der Praxis gibt es eine einfachere Lösung. Das Wasser in der Kanne beherbergt eine reichhaltige Lebensgemeinschaft von Maden und anderen Geschöpfen. Sie leben nirgendwo sonst, ausschließlich in den abgeschlossenen «Tümpeln», die die Kannenpflanzen schaffen, und sie sind mit den Kiefern ausgestattet, die der Pflanze selbst fehlen. Die Leichen ihrer ertrunkenen Opfer werden von den Mundwerkzeugen und Verdauungssäften der mit der Pflanze verbündeten Maden zerlegt und abgebaut. Die Pflanze selbst lebt von den Abfall- und Ausscheidungsprodukten, die sie über die Innenhaut der Kanne aufnimmt.

Aber die Kannenpflanze läßt sich nicht nur passiv von Maden bedienen, die zufällig in ihr privates Schwimmbassin fallen, sondern bietet ihnen ihrerseits einen Dienst, den die Maden brauchen. Bei der Analyse des Wassers in der Kannenpflanze zeigt sich etwas Einzigartiges. Es stinkt nicht, wie man es von stehendem Wasser unter solchen Bedingungen erwarten würde, sondern enthält seltsamerweise viel Sauerstoff. Ohne ihn könnten die überlebenswichtigen Maden nicht gedeihen, aber woher kommt er? Er wird von der Kannenpflanze selbst produziert, und allem Anschein nach ist sie gezielt so gebaut, daß sie das Wasser mit Sauerstoff anreichern kann. Die Zellen an der Innenwand der Kanne enthalten mehr von dem sauerstoffproduzierenden Chlorophyll als die auf der Außenseite, die der Sonne und der Luft zugewandt sind. Diese überraschende Umkehrung dessen, was einem der gesunde Menschenverstand sagen würde, ist leicht zu erklären: Die Zellen auf der Innenseite sind darauf spezialisiert, den Sauerstoff unmittelbar an das Wasser in der Kanne abzugeben. Die Kannenpflanze leiht sich die Kiefer nicht einfach aus; sie bezahlt dafür, und die Währung heißt Sauerstoff.

Andere gestaltoide Fallen sind bekannter. Die Venusfliegenfalle ist ebenso elegant gebaut wie die Kannenpflanze und besitzt als zusätzliche Besonderheit bewegliche Teile. Das Beuteinsekt löst die Falle aus, wenn es die empfindlichen Sinneshaare der Pflanze berührt, die daraufhin schnell die «Kiefer», die beweglichen Blatthälften, zusammenklappt. Die bekannteste tierische Falle ist das Spinnennetz, dem wir im nächsten Kapitel die angemessene Aufmerksamkeit schenken werden. Ihr Äquivalent unter Wasser ist das Netz der in Bächen beheimateten Köcherfliegenlarve. Diese Larven sind auch deshalb bemerkenswert, weil sie beim Bau ihrer eigenen Behausungen große Leistungen vollbringen. Als Baumaterial verwenden die verschiedenen Arten Steinchen, Holzstücke, Blätter oder winzige Schneckengehäuse.

In vielen Gegenden der Welt sind die trichterförmigen Fallen des Ameisenlöwen ein vertrauter Anblick. Dieses angsteinflößende Geschöpf ist – was könnte harmloser klingen? – die Larve einer Florfliege. Sie lauert am unteren Ende ihrer Grube im Sand und wartet darauf, daß Ameisen oder andere Insekten hineinfallen. Ihre fast vollkommene Trichterform – die dem Opfer das Entkommen schwermacht – erhält die Grube nicht durch Gestaltung, sondern aufgrund einfacher physikalischer Gesetzmäßigkeiten, die der Ameisenlöwe beim Graben ausnutzt. Er schleudert den Sand vom Boden der tiefer werdenden Grube mit ruckartigen Kopfbewegungen über den Grubenrand. Das hat den gleichen Effekt, als ob man eine Sanduhr nach unten leerlaufen läßt: Der Sand bildet von selbst einen vollkommenen Trichter, dessen Gefälle man vorhersagen kann.

Mit der Tafel 1.6 sind wir wieder bei den Gefäßen. Viele allein lebende

Wespen lähmen ein Tier durch einen Stich, legen dann ihre Eier in der Beute ab und verstecken sie in einem Loch, das sie so verschließen, daß es nicht mehr zu sehen ist. Die Larve ernährt sich vom Beutetier und kommt schließlich als ausgewachsenes, geflügeltes Insekt zum Vorschein, womit der Kreis geschlossen ist. Die meisten dieser allein lebenden Wespen bauen das Loch für die Larve im Erdboden. Die Lehmwespe jedoch stellt ihr «Loch» aus Lehm her – es ist ein rundes Gefäß, das unauffällig am Zweig eines Baumes angebracht wird (Tafel 1.6 oben). Wie die Kannenpflanze, so würde auch dieses «Gefäß» in unserem Effizienztest für Gestaltung gut abschneiden. Ganz ähnlich bauen die Sandbienen ihre Nester in Löchern, aber sie füttern ihre Larven nicht mit Beutetieren, sondern mit Pollen. Wie die Lehmwespe konstruieren auch viele Arten der Mauerbienen ein Gefäß als Nest. Das Gefäß auf Tafel 1.6 unten besteht nicht aus Lehm, sondern aus kleinen, zusammengeklebten Steinen. Das Exemplar auf dem Foto hat neben seiner Ähnlichkeit mit einem effizienten, von Menschen hergestellten Gefäß noch eine andere erstaunliche Eigenschaft. Man sieht hier nur ein Gefäß, aber in Wirklichkeit sind es vier. Die drei anderen hat die Biene mit getrocknetem Lehm abgedeckt, so daß sie hervorragend an das umgebende Gestein angepaßt sind. Kein natürlicher Feind kann so die Larven finden, die in den Gefäßen heranwachsen. Mein Kollege Christopher O'Toole fand diese Ansammlung in Israel nur deshalb, weil die Biene mit dem Zudecken des letzten Behälters noch nicht ganz fertig war.

Diese Gefäße von Insekten tragen alle Kennzeichen einer «Gestaltung». Im Gegensatz zur Kannenpflanze sind sie – allerdings vermutlich unbewußt – tatsächlich durch die Tätigkeit eines geschickten Lebewesens entstanden. Die Gefäße der Lehmwespe und der Mauerbiene scheinen auf den ersten Blick den von Menschen geschaffenen Gefäßen näherzustehen als die Kannenpflanze. Aber Wespe und Biene haben sie nicht bewußt oder absichtlich hergestellt. Die Gefäße wurden zwar durch verhaltensgeprägte Aktionen der Insekten aus Lehm oder Steinchen geformt, aber das ist kein wesentlicher Unterschied zu der Art und Weise, wie der Körper der Insekten in der Embryonalentwicklung entstand. Das mag seltsam klingen, aber ich kann es erklären.

Das Nervensystem wächst so, daß Muskeln, Gliedmaßen und Kiefer der lebenden Wespe sich nach bestimmten Koordinationsprinzipien bewegen. Und diese besonderen, uhrwerkartigen Bewegungen haben die Folge, daß Lehm zusammengetragen und zu einem Gefäß geformt wird. Das Insekt weiß höchstwahrscheinlich weder was es tut, noch warum es sich so verhält. Es hat keine Vorstellung von einem Gefäß als Kunstobjekt, als Behälter oder als Brutkammer. Seine Muskeln bewegen sich schlicht so, wie die Nerven es vorschreiben, und das Ergebnis ist ein Gefäß. Deshalb müssen wir die Gefäße der Wespen und Bienen mit Sicherheit – wenn auch verblüfft – als gestaltoide und nicht als gestaltete Gegenstände einordnen: Sie entstehen nicht durch den kreativen Willen des Tieres.

Fairerweise muß ich allerdings sagen: Ich kann nicht mit Sicherheit wissen, ob den Wespen der kreative Wille zu einer echten Gestaltung fehlt. Selbst wenn sie ihn besäßen, reicht es mir, daß meine Erklärung funktioniert. Das gleiche gilt für die Nester und Behausungen von Vögeln (Abbildung 1.7) sowie für die Bauten und Netze der Köcherfliegen, nicht aber

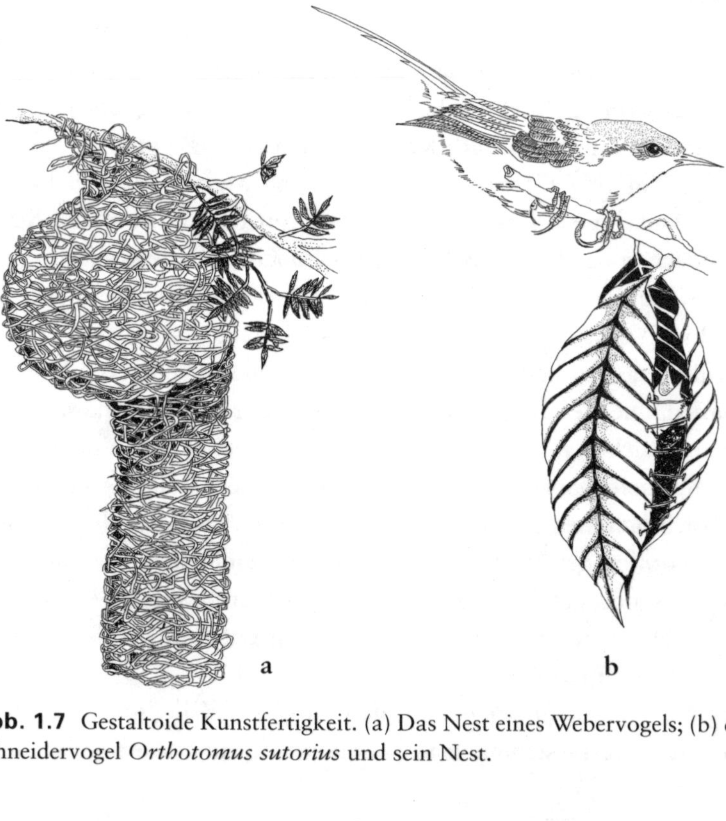

Abb. 1.7 Gestaltoide Kunstfertigkeit. (a) Das Nest eines Webervogels; (b) der Schneidervogel *Orthotomus sutorius* und sein Nest.

für die Skulpturen am Mount Rushmore und die Werkzeuge, mit denen sie geschaffen wurden – das sind wirklich gestaltete Gegenstände.

Karl von Frisch, der berühmte österreichische Zoologe, der den Tanz der Bienen entschlüsselte, schrieb einmal: «Wenn wir uns einen Augenblick lang vorstellen, Termiten wären so groß wie Menschen, dann wären ihre höchsten Hügel, im gleichen Maßstab vergrößert, fast eine Meile hoch, also etwa viermal höher als das Empire State Building.» Die Wolkenkratzer in Tafel 1.8 wurden von australischen Meridiantermiten errichtet; sie heißen so, weil ihre Bauten immer genau in Nord-Süd-Richtung ausgerichtet sind – verirrte Wanderer können sie als Kompaß benutzen (das gleiche gilt übrigens auch für Satellitenschüsseln: Sie weisen in Großbritannien offenbar immer nach Süden). Diese Bauweise hat für die Termiten den Vorteil, daß die breiten, flachen Seiten des Baus frühmorgens und am Spätnachmittag von der Sonne erwärmt werden. Vor der glühenden Mittagssonne sind die Tiere jedoch geschützt, denn nach Norden – von dort kommt auf der Südhalbkugel die Mittagssonne – weist nur die Schmalseite. Man könnte es uns nachsehen, wenn wir annehmen würden, daß die Termiten sich diesen klugen Trick selbst ausgedacht haben. Aber ihr Bauverhalten erscheint nach dem gleichen Prinzip intelligent, nach dem auch ihre Kiefer und Beine gestaltet aussehen. Hinter beiden steht keine Gestaltung, sie sind gestaltoid.

Die Bauwerke von Tieren – Behausungen von Köcherfliegen und Termiten, Vogelnester und die Gefäße der Mauerwespen – sind faszinierende Gebilde, aber sie sind nur ein Sonderfall gestaltoider Dinge, eine reizvolle Kuriosität. Das Attribut «gestaltoid» bezieht sich in erster Linie auf die Lebewesen und ihre Körperteile selbst. Ein lebendiger Körper wird nicht von geschickten Händen, Schnäbeln oder Kiefern zusammengefügt, sondern durch die verwickelten Vorgänge während der Embryonalentwicklung. Wer umfassende Klassifikationssysteme aufbauen will, kann in Produkten wie den Wespengefäßen «gestaltoide Gegenstände zweiter Ordnung» sehen oder sie als Zwischenstufe zwischen gestaltet und gestaltoid betrachten, aber das führt nach meiner Überzeugung nur zu Verwirrung.

Zugegeben: das Gefäß besteht nicht aus lebenden Zellen, sondern aus Lehm, und es erhält seine Form durch Bewegungen von Gliedmaßen, was oberflächlich den Handbewegungen eines menschlichen Töpfers ähnelt. Aber alle «Gestaltung», alle Eleganz, alle Eignung des Gefäßes für eine bestimmte Aufgabe entstammen in beiden Fällen völlig unterschiedlichen Quellen. Das vom Menschen gemachte Gefäß wird im Kopf des Töpfers durch einen kreativen Vorgang oder durch absichtliche Nachahmung eines anderen Töpfers erdacht und geplant. Das Gefäß der Wespe dagegen bezieht seine Eleganz und die Eignung für seine Aufgabe aus einem ganz anderen Vorgang – nämlich aus demselben, der auch dem Körper der Wespe Eleganz und Eignung verliehen hat. Das wird deutlicher werden, wenn wir mit der Erörterung lebender Körper als gestaltoide Gegenstände fortfahren.

Sowohl echte Gestaltung als auch gestaltoide Pseudogestaltung erkennen wir unter anderem daran, daß Gegenstände anderen Gegenständen ähneln. Die Köpfe am Mount Rushmore wurden offensichtlich gestaltet, denn sie ähneln wirklichen Präsidenten. Ebensowenig ist die Ähnlichkeit zwischen Fetzenfisch und Seetang Zufall. Aber solche Mimikry, unter die auch die Ähnlichkeit des Käfers mit einer Termite oder eines anderen Insekts mit einem Zweig fällt, ist keineswegs die einzige Art von Ähnlichkeit, die uns in der Natur auffällt. Oft verblüfft uns die Übereinstimmung zwischen etwas Lebendigem und einem von Menschen hergestellten Hilfsmittel, das die gleiche Aufgabe erfüllt. Die «Mimikry» zwischen dem menschlichen Auge und einer von Menschen gemachten Kamera ist so bekannt, daß ich sie hier nicht näher zu erläutern brauche. Oft können gerade Ingenieure am besten analysieren, wie der Körper von Tieren oder Pflanzen funktioniert, denn effiziente Mechanismen unterliegen den gleichen Prinzipien, ob sie nun gestaltet oder gestaltoid sind.

Häufig sind Lebewesen zu den gleichen Körperformen gelangt – nicht weil sie einander imitieren, sondern weil die gemeinsame Form für jeden, der sie besitzt, nützlich ist. Der Igel und der Große Igeltanrek in Abbildung 1.9 sehen sich so ähnlich, daß es fast überflüssig schien, beide zu zeichnen. Sie sind weitläufig miteinander verwandt, da sie beide zur Ordnung Insektenesser (Insectivora) gehören. Anderen Befunden zufolge handelt es sich aber um eine so entfernte Verwandtschaft, daß ihr stacheliges Erscheinungsbild sich mit Sicherheit unabhängig voneinander entwickelt haben muß, vermutlich aus ähnlichen Gründen: Stacheln schützen vor

Abb. 1.9 Tiere mit ähnlichen Bedürfnissen ähneln einander oft stärker als ihren engeren Verwandten. Der algerische Igel *Erinaceus algirus* (a) ist ein enger Vetter des Spitzmausigels *Neotetracus sinensis* (b). Der Große Igeltanrek *Setifer setosus* (c) ist eng mit dem Langschwanztanrek *Microgale melanorrachis* (d) verwandt.

Abb. 1.10 Konvergente Evolution: Die Stromlinienform hat sich mehrmals unabhängig entwickelt. (a) Der Große Tümmler *Tursiops truncatus*; (b) Ichthyosaurus; (c) der Blaue Marlin *Makaira nigricans* und (d) der Galapagospinguin *Spheniscus mendiculos*.

natürlichen Feinden. Neben den Stacheltieren ist jeweils ein Geschöpf dargestellt, das einer Spitzmaus ähnelt und mit seinem stacheligen Vetter enger verwandt ist als Igel und Tanrek untereinander. Ein weiteres Beispiel zeigt Abbildung 1.10. Tiere, die dicht unter der Meeresoberfläche schnell schwimmen, gelangen ebenfalls in ihrer Entwicklung oft zu der gleichen Form – Ingenieure würden sie als stromlinienförmig bezeichnen. Das Bild zeigt einen Delphin (ein Säugetier), einen ausgestorbenen Ichthyosaurier (in dem man ein den Delphinen entsprechendes Reptil sehen kann), einen Marlin (Knochenfisch) und einen Pinguin (Vogel). So etwas bezeichnet man als konvergente Evolution.

Nicht immer hat offenkundige Konvergenz etwas zu bedeuten. Diejenigen Menschen – und das sind nicht nur Missionare –, die die Begattung von Angesicht zu Angesicht als Kennzeichen einer höheren Menschlichkeit würdigen, sind vielleicht entzückt über die Tausendfüßer in Abbildung 1.11. Wenn wir hier von Konvergenz reden, hat das nichts mit übereinstimmenden Notwendigkeiten zu tun: Es gibt vielmehr schlicht und einfach viele Möglichkeiten, wie ein Männchen und ein Weibchen ihre Körper anordnen können, und ebenso kann es viele Gründe geben, warum man gerade auf eine davon stößt.

Damit sind wir wieder bei dem Thema, von dem wir ausgegangen wa-

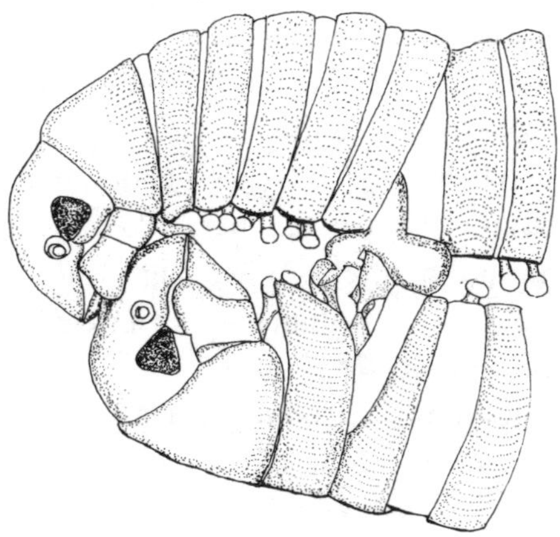

Abb. 1.11 Tausendfüßer, *Cylindroilus punctatus*, bei der Kopulation in der Missionarsstellung.

ren: beim reinen Zufall. Manche Lebewesen ähneln anderen Gegenständen, aber die Ähnlichkeit ist vermutlich nicht so groß, daß es sich um etwas anderes als um einen Zufall handeln könnte. Die Dolchstichtaube besitzt einen roten Federbusch, der so plaziert ist, daß er wie eine tödliche Brustverletzung aussieht, aber diese Ähnlichkeit hat wohl kaum etwas zu bedeuten.

Genauso zufällig ist die Ähnlichkeit der Seychellennuß oder Coco-demer (Tafel 1.12 oben) mit den weiblichen Lenden. Wie beim Kennedy-Profil in der Klippe entsteht das Gefühl, daß es sich um eine Ähnlichkeit handelt, aus rein statistischen Gründen. Die blutende Wunde der Taube entpuppt sich als Büschel roter Federn. Die scheinbare Mimikry der Seychellennuß ist tatsächlich beeindruckend, denn sie entsteht nicht nur durch ein Merkmal, sondern durch zwei oder drei; man bekommt sogar eine Ahnung von den Schamhaaren. Aber das menschliche Gehirn gibt sich viel Mühe und sucht aktiv nach Übereinstimmungen, insbesondere mit Teilen unseres Körpers, die wir besonders interessant finden. Ich vermute, daß sich genau das abspielt, wenn wir eine Seychellennuß wahrnehmen oder das Gesicht Kennedys erkennen.

Das gleiche gilt für den Totenkopfschwärmer (Tafel 1.12 unten). Unser Gehirn entfaltet in der Tat einen fast unverschämten Eifer, überall Gesichter zu sehen, und das ist auch die Grundlage für eine der verblüffendsten Täuschungen, die man in der Psychologie kennt. Wenn man sich aus einem Kostümladen eine ganz gewöhnliche Gesichtsmaske holt und sie so hält, daß die hohle Seite einer anderen Person zugewandt ist (wobei der Hintergrund die Augenlöcher deutlich erkennen läßt), wird diese Person die Maske wahrscheinlich als nach vorn ragendes, richtiges Gesicht wahrnehmen. Welch seltsame Folgen das hat, erkennt man, wenn man die Maske langsam hin- und herdreht. Wie gesagt: Das Gehirn des Betrachters «denkt», es handle sich um ein massives Gesicht, aber in Wirklichkeit ist der Gegenstand eine hohle Maske. Schiebt man sie nach links, gibt es nur eine Möglichkeit, die Wahrnehmung der Augen mit der Annahme des Gehirns in Einklang zu bringen: Man muß annehmen, daß sie sich in die entgegengesetzte Richtung bewegt. Und genau dieser Täuschung unterliegt der Betrachter. Das Gesicht scheint sich genau andersherum zu drehen, als es tatsächlich der Fall ist.

Sehr wahrscheinlich ähnelt also auch der Totenkopfschwärmer rein zufällig einem Gesicht. Ich sollte aber hinzufügen, was Robert Trivers, einer unserer angesehensten Evolutionstheoretiker, der jetzt an der Rutgers University in New Jersey arbeitet, dazu meint: seiner Ansicht nach kann das nachgeahmte Gesicht auf dem Rücken von Insekten eine Anpassung zur Abschreckung natürlicher Feinde sein, beispielsweise der Vögel (*wir* sehen in der Zeichnung einen menschlichen Schädel, aber ebenso gut könnte es das Gesicht eines Affen sein). Damit könnte er recht haben, und dann müßte ich das Beispiel unter der Überschrift «gestaltoid» einordnen. Genauso könnte es sich, allerdings aus anderen Gründen, bei einem weiteren nachgeahmten Gesicht verhalten, das man bei einer japanischen Krebsart findet. Diese Krebse tragen auf dem Rücken ein Abbild (meiner Meinung nach ist die Ähnlichkeit nicht sehr groß) der wütenden Miene eines Samuraikriegers. Manchen Vermutungen zufolge bemerkten japanische Fischer, verführt von dem natürlichen Hang unseres Gehirns zum Erkennen von Gesichtern, auf dem Rücken einzelner Krebse eine entfernte Ähnlichkeit mit einem Gesicht. Aus Aberglauben oder Respekt wollten sie Tiere mit einem menschlichen Gesicht nicht töten und warfen die Krebse zurück ins Meer. Dieser Theorie zufolge rettete die menschenähnliche Zeichnung den Krebsen das Leben, so daß diejenigen, bei denen das «Gesicht» am deutlichsten zu erkennen war, mit unverhältnismäßig vielen Nachkommen zur nächsten Generation beitrugen. Deshalb hatten spätere Generationen gegenüber den früheren einen Vorteil, und die Ähnlichkeit wurde allmählich immer stärker.

Als davon die Rede war, wie man sich durch einfaches Finden ein Steinmesser verschafft, hatten wir uns darauf geeinigt, daß man ein scharfes Messer «herstellen» könnte, indem man alle Steine auf der Welt untersucht und die stumpfen – also die große Mehrzahl – verwirft. Wenn man genug Geröllhalden und Steinbrüche durchstöberte, würde man sicher einen Stein finden, der nicht nur eine scharfe Schneide, sondern auch einen handlichen Griff besäße. Man vereinfacht nicht allzu stark, wenn man sagt, daß die pharmazeutische Industrie nach diesem Prinzip arbeitet: Sie überprüft auf gut Glück eine Riesenmenge verschiedener Moleküle und testet dann die Wirksamkeit der wenigen, die vielversprechend erscheinen. Aber wir waren zu der Erkenntnis gelangt, daß das *Finden* eine höchst ineffiziente Methode ist, um sich ein nützliches Werkzeug zu verschaffen. Viel besser ist es, wenn man ein geeignetes Material wie Stein oder Stahl nimmt und ihm durch Schmieden oder Behauen eine bestimmte Gestalt gibt. Aber das ist nicht der Weg, auf dem gestaltoide Objekte – Lebewesen, die uns die Illusion von Gestaltung vermitteln – entstehen. Sie sind vielmehr letztlich Produkte eines Vorganges, der eher dem «Finden» ähnelt, aber er unterscheidet sich von diesem auch in einem sehr wichtigen Aspekt.

Es mag seltsam erscheinen, im Zusammenhang mit einem Stein folgende Tatsache anzusprechen, aber ich erwähne sie dennoch, und wir werden sehen, wohin es führt. Ein Stein hat keine Kinder. Hätten Steine Nachkommen, die ihnen selbst gleichen, würden diese von ihren Eltern auch die Fähigkeit erben, Kinder zu bekommen. Daraus folgt, daß es auch Enkel und Urenkel gäbe, eine unbestimmte Zahl von Generationen. Eine an den Haaren herbeigezogene Spekulation, könnte man meinen, und überhaupt, was soll's? Um diese Frage zu beantworten, wollen wir uns etwas anderem zuwenden, dessen Schärfe ebenso unbeabsichtigt ist, das aber Nachkommen hervorbringt.

Die harten, riemenartigen Blätter mancher Schilfarten haben sehr scharfe Kanten. Diese Schärfe ist vermutlich eine zufällige Folge anderer Eigenschaften des Blattes. An einem solchen Blatt kann man sich schneiden; das ist zwar unangenehm, aber die Schärfe ist deshalb noch kein Anlaß, an eine bewußte Gestaltung zu denken. Zweifellos sind manche Blätter schärfer als andere, und man könnte das Seeufer nach dem schärfsten Schilf absuchen. Und jetzt verlassen wir die Gemeinsamkeit mit den Steinen. Wir schneiden mit unserem Schilfmesser nicht nur, sondern wir *benutzen es zur Zucht*. Oder vielmehr: wir benutzen die Pflanze dazu, von der wir es abgerissen haben. Wir sorgen dafür, daß die schärfsten Pflanzen sich gegenseitig befruchten, und die stumpfen vernichten wir. Wie das im einzelnen geschieht, spielt keine Rolle; wichtig ist nur, daß sich vorwiegend die scharfen Pflanzen fortpflanzen, und zwar nicht nur einmal, sondern Generation für Generation. Nach einiger Zeit wird man feststellen, daß es immer noch eher stumpfe und eher scharfe Blätter gibt, aber im Durchschnitt werden sie immer schärfer. Nach 100 Generationen hätte man vermutlich etwas gezüchtet, womit man sich ganz anständig rasieren könnte. Achtet man neben der Schärfe auch noch auf Festigkeit, könnte man sich wahrscheinlich irgendwann mit einem abgerissenen Schilfblatt die Kehle durchschneiden.

In einem gewissen Sinn haben wir hier nicht mehr getan, als die gesuchte Eigenschaft zu *finden*: Wir haben nicht geschnitzt, gestutzt, geschmiedet oder geschliffen, sondern nur unter dem Vorhandenen das Beste aufgestöbert. Wir haben scharfe Blätter gefunden und stumpfe verworfen. Es ist wie beim Finden der scharfen Steine, etwas Entscheidendes kommt allerdings hinzu: der Prozeß ist kumulativ. Steine pflanzen sich nicht fort, aber Blätter oder, besser gesagt, Pflanzen mit Blättern tun das sehr wohl. Wenn wir in einer Generation die beste Messerschneide gefunden haben, benutzen wir sie nicht einfach, bis sie verbraucht ist, sondern halten das Erreichte fest, indem wir es zur Zucht verwenden und seine Vorteile in die Zukunft retten, so daß wir darauf aufbauen können. Dieser Vorgang ist kumulativ und geht nie zu Ende. Es ist immer noch nur ein Finden und Finden, aber da die Genetik die Kumulation von Errungenschaften ermöglicht, ist das beste Exemplar, das man in einer späteren Generation findet, besser als das beste aus einer früheren. Und genau das ist, wie wir in Kapitel 3 genauer erfahren werden, mit dem Aufstieg ins Unwahrscheinlichkeitsgebirge gemeint.

Das immer schärfer werdende Schilf war meine Erfindung, an der ich etwas deutlich machen wollte. Natürlich gibt es auch in der Natur Beispiele für das gleiche Prinzip. Alle Pflanzen in Abbildung 1.13 stammen von der gleichen wilden Art ab, dem Kohl *Brassica oleracea*. Er ist eine eher unscheinbare Pflanze, die nicht sehr nach Kohl aussieht, aber die Menschen haben daraus im Laufe weniger Jahrhunderte ganz verschiedene Sorten von Nutzpflanzen gemacht. Ähnlich verhält es sich auch mit den Hunden (Abbildung 1.14).

Zwar kommen Mischlinge aus Hund und Schakal sowie aus Hund und Kojote vor, aber die meisten Fachleute sind sich heute einig, daß der Vorfahre aller Haushundrassen ein Wolf war (links oben), der vielleicht vor ein paar tausend Jahren lebte. Es ist, als hätten wir Menschen das Fleisch des Wolfes genommen und wie ein Tongefäß geformt. Natürlich haben wir das Fleisch nicht buchstäblich geknetet und gedrückt, um ihm die Gestalt eines Whippets oder eines Dackels zu verleihen. Wir haben es

Abb. 1.13 Alle diese Gemüsesorten wurden aus dem gleichen Vorfahren gezüchtet, dem wilden Gemüsekohl *Brassica oleracea*. Im Uhrzeigersinn von links oben: Rosenkohl, Kohlrabi, Steckrübe, Weißkohl, Blumenkohl und Grünkohl.

Abb. 1.14 Die Wirkung der künstlichen Selektion auf die Gestalt von Tieren. All diese von Menschen gezüchteten Haushunde stammen von dem gleichen wilden Vorfahren ab: dem Wolf (oben). Von oben nach unten: dänische Dogge, englische Bulldogge, Whippet, Langhaardackel und Langhaar-Chihuahua.

durch wiederholtes Finden getan oder, um die geläufigere Ausdrucksweise zu benutzen, durch Zucht und künstliche Selektion. Die Züchter der Whippets haben einzelne Tiere *gefunden*, die ein wenig mehr nach Whippet aussahen als der Durchschnitt. Diese benutzten sie zur Zucht, fanden dann in der nächsten Generation wieder die Whippet-ähnlichsten Individuen und so weiter. In Wirklichkeit war es natürlich nicht ganz so einfach, und die Züchter hatten als Fernziel nicht die Vorstellung eines heutigen Whippet im Kopf. Vielleicht gefielen ihnen einfach die körperlichen Merkmale, die aus heutiger Sicht für diese Rasse typisch sind, oder die sichtbaren Eigenschaften ergaben sich als Nebenprodukt, während man etwas anderes heranzüchten wollte, beispielsweise die besondere Geschicklichkeit bei der Kaninchenjagd. Aber Whippets und Dackel, dänische Doggen und Bulldoggen sind durch einen Prozeß entstanden, der größere Ähnlichkeit mit dem Finden hat als mit dem Modellieren von Ton. Und doch ist es kein reines Finden, da es über Generationen hinweg kumuliert. Deshalb bezeichne ich es als *kumulatives Finden*.

Zufallsgegenstände werden einfach gefunden. Gestaltete Gegenstände dagegen findet man nie: Sie werden geformt, gegossen, geknetet, konstruiert, zusammengebaut oder geschnitzt – der einzelne Gegenstand erhält auf irgendeine Weise seine Gestalt. Gestaltoide Gegenstände werden kumulativ gefunden, entweder von Menschen, wie es bei den Hunderassen und Kohlsorten der Fall ist, oder von der Natur, wie man es zum Beispiel an den Haien sehen kann. Die Vererbung sorgt dafür, daß sich die *zufälligen* Verbesserungen, die in jeder Generation *gefunden* werden, über viele Generationen hinweg akkumulieren. So entsteht nach vielen Generationen des kumulativen Findens ein gestaltoides Objekt, das uns wegen der Vollkommenheit seiner scheinbaren Gestaltung mit Bewunderung erfüllt. Aber um echte Gestaltung handelt es sich nicht, denn es ist durch einen völlig anderen Prozeß entstanden.

Es wäre schön, wenn wir diesen Prozeß nach Belieben demonstrieren könnten. Hunde haben eine etwas kürzere Generationszeit als wir Menschen, aber ein Menschenleben reicht dennoch nicht aus, um die Evolution von Hunden merklich voranzutreiben. Die Menschen haben den Chihuahua in einem Zehntausendstel der Zeit gezüchtet, welche die Natur brauchte, um aus Vorfahren von der Größe (aber nicht der Gestalt) eines

Chihuahua einen Wolf entstehen zu lassen – dessen insektenfressende Vorfahren lebten ungefähr zu der Zeit, als die Dinosaurier ausstarben. Dennoch verläuft die künstliche Selektion echter Lebewesen – zumindest wenn sie größer sind als Bakterien – so langsam, daß wir ungeduldigen, kurzlebigen Menschen sie nicht ohne weiteres erkennen können. Mit Hilfe eines Computers kann man das Ganze außerordentlich beschleunigen. Computer haben zwar Nachteile, aber sie sind unglaublich schnell, und man kann damit alles simulieren, was sich genau definieren läßt, so auch die Fortpflanzung von Tieren und Pflanzen. Wenn man auf diese Weise den grundlegendsten Lebensvorgang – die Vererbung – simuliert und für gelegentliche zufällige Mutationen sorgt, ist man wirklich verblüfft, welche Evolution innerhalb von ein paar hundert Generationen mit gezielter Züchtung vor unseren Augen entstehen kann. Dieses Verfahren habe ich in meinem Buch *Der blinde Uhrmacher* mit einem Computerprogramm gleichen Namens entwickelt. Mit diesem Programm lassen sich durch künstliche Selektion Geschöpfe züchten, die ich als Computer-Biomorphe bezeichnet habe.

Alle Computer-Biomorphe stammen von einem gemeinsamen Vorfahren ab, der so aussieht: 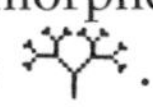. Es ist ganz ähnlich wie bei den Hunden, die alle einen Wolf als Vorfahren haben. Auf dem Bildschirm erscheint dann «ein Wurf» von Nachkommen mit zufälligen «genetischen Mutationen», und ein Mensch entscheidet, welchen aus dem Wurf er für die weitere Zucht verwendet. Das muß ich genauer erklären.

Erstens: Was bedeutet es, wenn man im Zusammenhang mit Computer-Objekten von «Nachkommen», «Genen» und «Mutationen» spricht? Alle Biomorphe machen die gleiche «Embryonalentwicklung» durch. Sie sind grundsätzlich als verzweigter Baum konstruiert oder als gegliederte Kette solcher Bäume, die miteinander verbunden sind. Die Einzelheiten in ihrem Aufbau, beispielsweise die Zahl der Äste, deren Länge und Verzweigungswinkel, werden von «Genen» bestimmt, die nichts anderes sind als Zahlen im Computer. Die Gene der wirklichen Bäume sind – wie unsere eigenen oder die der Bakterien – codierte, in der Sprache der DNA geschriebene Anweisungen. Die DNA wird in jeder Generation mit großer, aber nicht völlig perfekter Originaltreue kopiert. Außerdem wird sie in jeder Generation «abgelesen» und beeinflußt die Form des Tieres oder der

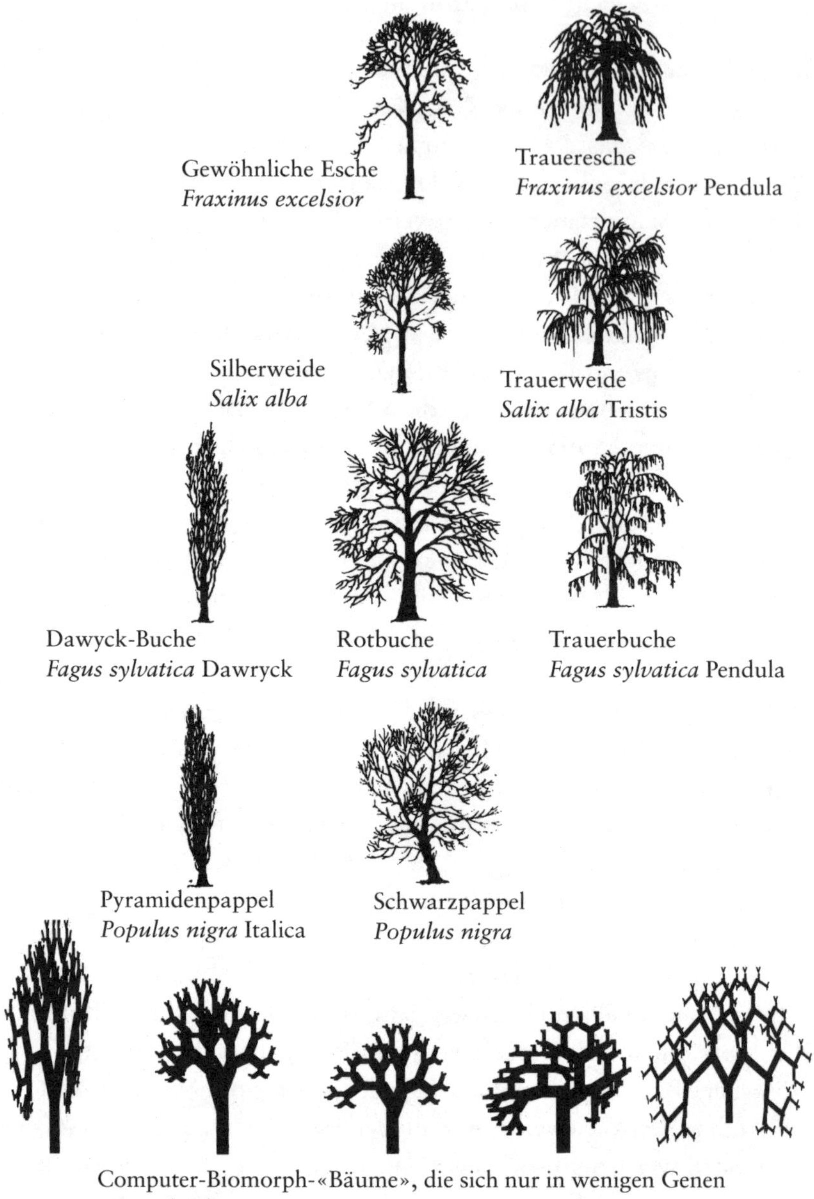

Abb. 1.15 An diesen echten Bäumen und Computer-Biomorph-Bäumen erkennt man, wie kleine Veränderungen der Wachstumsregeln bei derselben Art zu Formvarianten führen können. Bei mehreren Baumarten gibt es eine «Trauer»-Variante; andere haben die gleiche spitze «Pappelform» entwickelt.

Pflanze. Abbildung 1.15 zeigt, wie sowohl bei wirklichen Bäumen als auch bei Computer-Biomorphen Veränderungen in nur wenigen Genen die Gestalt der gesamten Pflanze abwandeln können, indem sie die einprogrammierten Regeln für das Wachstum neu knospender Zweige ändern. Die Gene der Biomorphe bestehen nicht aus DNA, aber dieser Unterschied ist in unserem Zusammenhang ohne Bedeutung. DNA ist, wie die Zahlen in einem Computer, digital codierte Information, und die Zahlen«gene» werden genauso von einer Generation der Biomorphe zur nächsten weitergegeben wie die DNA in den Generationen der Tiere und Pflanzen.

Wenn ein Biomorph Nachwuchs bekommt, erbt das Kind alle Gene seines Elternteils (es hat nur einen, denn Sexualität gibt es nicht), aber es besteht eine gewisse Möglichkeit für zufällige Mutationen. Eine Mutation ist eine geringfügige Zu- oder Abnahme des Zahlenwertes eines Gens. Das Kind kann also wie sein Vorgänger aussehen, nur daß einer der Äste vielleicht in einem etwas spitzeren Winkel abzweigt, weil der Wert seines Gens Nummer 6 von 20 auf 21 gestiegen ist. Wenn der Computer auf die Zucht von Biomorphen programmiert ist, zeichnet er in die Mitte des Bildschirms ein Biomorph und darum herum einen ganzen «Wurf» aus zufällig mutierten Nachkommen. Da ihre Gene sich nur geringfügig verändert haben, zeigen sie immer eine gewisse Familienähnlichkeit mit dem Vorgänger und auch untereinander, aber oft findet man auch mit bloßem Auge erkennbare Unterschiede. Mit der Computermaus sucht der Mensch dann eines der Biomorphe auf dem Bildschirm für die weitere «Zucht» aus. Anschließend leert sich der Bildschirm mit Ausnahme des ausgewählten Biomorphs, das nun die Stelle des Vorläufers in der Mitte einnimmt und um sich herum erneut einen «Wurf» von Nachkommen erzeugt. Über die Generationen hinweg kann man die Evolution durch entsprechende Auswahl genau so lenken, wie Menschen die Evolution der Haushunde gelenkt haben, nur geht alles viel schneller. Eine der ersten Überraschungen, die ich nach dem Schreiben des Programms erlebte, war die Schnelligkeit, mit der man sich von der ursprünglichen Form des Baumes «wegentwickeln» konnte. Ich bemerkte, daß ich die Form eines «Insekts», einer «Blüte», einer «Spinne» oder eines «Flugzeugs» ansteuern konnte. Jedes der Biomorphe in Abbildung 1.16 ist durch künstliche Selektion über Hunderte von Generationen hinweg entstanden. Da man die

Geschöpfe im Computer züchtet, kann man in wenigen Minuten eine Evolution von vielen Generationen hinter sich bringen. Wer ein paar Minuten auf einem modernen, leistungsfähigen Computer mit dem Programm spielt, bekommt aus erster Hand ein lebhaftes Gefühl dafür, wie die Darwinsche Selektion funktioniert. Die Biomorphe des Safariparks in Abbildung 1.16 ähneln in meinen Augen Wespen, Schmetterlingen, Spinnen, Skorpionen, Läusen und anderen «Geschöpfen», die entfernt biolo-

Abb. 1.16 Safaripark mit schwarzweißen Biomorphen, die mit dem Programm «Blinder Uhrmacher» gezüchtet wurden.

gisch aussehen, auch wenn sie keinen *bestimmten* Arten auf der Erde ähneln. Und doch sind sie alle Vettern der Bäume, zwischen denen sie stehen, und auch des «Flugzeuggeschwaders» in der oberen rechten Ecke. Und sie sind sogar recht enge Verwandte. Alle besitzen die gleiche Anzahl von Genen (nämlich 16). Die Unterschiede liegen nur in den codierten Zahlenwerten dieser Gene. Allein durch selektive Züchtung kann man von jedem Biomorph im Safaripark zu jedem anderen (und zu vielen Trillionen weiteren) gelangen.

In seiner neuesten Version kann das Programm auch Biomorphe mit wechselnden Farben züchten. Es basiert auf dem alten Programm, aber die «Embryonalentwicklung» ist erweitert, und neue Gene steuern die Farben der Äste. Andere neue Gene bestimmen, ob es sich bei dem Zweig eines Baumes um ein Rechteck oder ein Oval handelt, ob ein Umriß leer oder ausgefüllt ist und ob dicke oder dünne Linien gezeichnet werden. Wie verblüffend diese farbigen Biomorphe sein können, vermittelt die Abbildung 1.17 nur unvollkommen, denn aus Gründen der Wirtschaftlichkeit ist sie nicht farbig, sondern nur in Grautönen gedruckt. Mit dem farbigen Programm bewege ich mich auf einem Evolutionsweg, der nicht zu Insekten und Skorpionen, sondern zu Blumen und abstrakten Mustern führt, wie sie gut auf Tapeten oder Badezimmerfliesen aussehen würden.

Biomorphe werden von einem Menschen «künstlich selektiert». In dieser Hinsicht gleichen sie Kohlköpfen oder Rassehunden. Aber die künstliche Selektion erfordert einen auswählenden Menschen, und das ist nicht das Hauptthema dieses Buches. Wie Darwin selbst benutze ich die künstliche Selektion nur als Modell für etwas anderes: für die natürliche Selektion. Jetzt endlich ist der Zeitpunkt gekommen, von ihr zu sprechen. Die natürliche Selektion funktioniert genau wie die künstliche, nur ohne den auswählenden Menschen. Statt eines Menschen, der entscheidet, welche Nachkommen sterben und welche sich weiter fortpflanzen, «entscheidet» die Natur. Die Anführungszeichen sind wichtig, denn die Natur trifft keine bewußten Entscheidungen. Das mag so einleuchtend sein, daß ich es vielleicht nicht ausdrücklich betonen müßte, aber erstaunlicherweise glauben viele Menschen tatsächlich, daß natürliche Selektion irgendeine Form persönlicher Auswahl beinhalte. Einen größeren Fehler könnten sie nicht begehen. Es ist einfach so, daß manche Nachkommen mit größerer

Abb. 1.17 Safaripark mit Biomorphen, die mit dem Programm «Farbiger Uhrmacher» gezüchtet wurden; sie sind hier aus Sparsamkeitsgründen in Grautönen dargestellt. Die Schwarzweiß-Unterteilung des Hintergrundes dient ausschließlich dekorativen Zwecken.

Wahrscheinlichkeit zugrunde gehen und andere das besitzen, was man zum Überleben und zur Fortpflanzung braucht. Deshalb wird das durchschnittliche, typische Geschöpf einer Population über die Generationen hinweg in der Kunst des Überlebens und der Fortpflanzung immer besser. Besser, so sollte ich genauer sagen, im Vergleich zu einem absoluten Maßstab. Nicht unbedingt effizienter in der Praxis, denn das Überleben ist ständig durch andere Lebewesen bedroht, die sich ebenfalls entwickeln und ihre Fertigkeiten vervollkommnen. Eine Art beherrscht vielleicht im Laufe der Zeit die Fähigkeit, natürlichen Feinden aus dem Weg zu gehen, immer besser, da aber die natürlichen Feinde im Gegenzug die Kunst des Beutefangs vervollkommnen, ergibt sich unter dem Strich womöglich kein Gewinn. Dieser «Rüstungswettlauf der Evolution» ist interessant, aber wir greifen vor.

Die künstliche Selektion kann man im Computer relativ einfach nachvollziehen, und die Biomorphe sind dafür ein gutes Beispiel. Mein Traum ist es, auch die natürliche Selektion zu simulieren. Im Idealfall würde ich dabei die Rahmenbedingungen für einen evolutionären Rüstungswettlauf schaffen, so daß «Räuber» und «Beute» auf dem Bildschirm erscheinen und sich gegenseitig zu ständiger Evolution antreiben, während wir uns zurücklehnen und zusehen. Leider ist das sehr schwierig, und zwar aus folgendem Grund: Wie ich schon erwähnt habe, sterben manche Nachkommen mit größerer Wahrscheinlichkeit, und auf den ersten Blick sieht es einfach aus, einen nicht zufälligen Tod zu simulieren. Aber damit es eine gute Simulation des natürlichen Todes ist, muß er auch beim Computergeschöpf die Folge einer interessanten Unvollkommenheit sein, beispielsweise kurzer Beine, mit denen das Geschöpf nicht so schnell laufen kann wie der natürliche Feind. Computer-Biomorphe wie die in Abbildung 1.16 dargestellten insektenähnlichen Formen haben manchmal Fortsätze, in denen wir Beine sehen können, aber sie benutzen diese «Beine» zu nichts und haben auch keine natürlichen Feinde, keine Beute und keine Nahrungspflanzen. In ihrer Welt gibt es kein Wetter und keine Krankheiten.

Theoretisch könnte man alle diese Gefahren simulieren, aber eine davon isoliert einzuführen wäre kaum weniger künstlich als die künstliche Selektion selbst. Wir müßten beispielsweise willkürlich entscheiden, daß lange, dünne Biomorphe vor Verfolgern besser davonlaufen können als kleine dicke. Dem Computer zu sagen, er solle die Größe der Biomorphe messen und die schlanksten Exemplare für die weitere Zucht auswählen, ist nicht besonders schwierig, aber die so entstehende Evolution wäre nicht sehr interessant. Die Biomorphe würden nur von Generation zu Generation dünner. Es kommt nicht mehr dabei heraus, und das erreicht man auch, wenn man künstlich selektiert und dem Augenschein nach die schmalsten Exemplare auswählt. Es fehlen die von selbst wachsenden Eigenschaften der natürlichen Selektion, die eine gute Simulation eventuell nachvollziehen könnte.

Die natürliche Selektion im wirklichen Leben ist viel subtiler. Einerseits ist sie weitaus komplizierter, andererseits ist sie außerordentlich einfach. Zum einen muß man sagen, daß eindimensionale Verbesserungen, beispielsweise in der Länge der Beine, nur begrenzte Verbesserungen sind. Im wirklichen Leben kann ein Bein auch zu lang sein. Dann kann es leichter brechen und sich schneller im Unterholz verfangen. Mit ein wenig Erfindungsgeist könnten wir die Entsprechung zu Beinbrüchen und Hängenbleiben in den Computer einprogrammieren. Wir könnten ein wenig Physik der Brüche eingeben, Entsprechungen für Belastungslinien, Zugkräfte und Elastizitätskoeffizienten finden – man kann alles simulieren, wenn man weiß, wie es funktioniert. Problematisch wird die Sache aber bei all den Dingen, die wir nicht wissen oder an die wir nicht gedacht haben, und das heißt bei fast allem. Die optimale Beinlänge wird nicht nur von zahllosen Einflüssen festgelegt, die uns nicht eingefallen sind. Noch schlimmer ist etwas anderes: Die Länge ist nur eine von unzähligen Eigenschaften der Beine eines Tieres, und diese Eigenschaften stehen sowohl untereinander als auch mit vielen anderen Dingen in Wechselbeziehung und beeinflussen so seine Überlebensfähigkeit. Da sind die Dicke, Festigkeit und Zerbrechlichkeit der Beine, das Gewicht, das sie tragen müssen, die Zahl der Beingelenke, die Zahl der Beine und die Art, wie sie sich verjüngen. Und bis jetzt haben wir nur die Beine betrachtet. Alle anderen Teile des Tieres stehen ebenfalls in Wechselwirkung zueinander und beeinflussen seine Überlebenschancen.

Solange wir versuchen, alle Beiträge zur Überlebensfähigkeit eines Tieres im Computer theoretisch zu berücksichtigen, muß der Programmierer willkürliche menschliche Entscheidungen treffen. Im Idealfall sollten wir die vollständige Physik und Ökologie simulieren, mit simulierten natürlichen Feinden, simulierter Beute, simulierten Pflanzen und simulierten Parasiten. Alle diese Modell-Lebewesen müssen selbst in der Lage sein, sich zu entwickeln. Der einfachste Weg zur Vermeidung willkürlicher Entscheidungen dürfte darin bestehen, ganz aus dem Computer auszubrechen und unsere künstlichen Geschöpfe als dreidimensionale Roboter zu bauen, die einander in einer dreidimensionalen wirklichen Welt jagen. Aber dann ist es vermutlich billiger, den Rechner ganz zu vergessen und sich wirkliche Tiere in der wirklichen Welt anzusehen, womit wir wieder beim Ausgangspunkt wären! Das ist weniger frivol, als es den Anschein hat. Ich werde in einem späteren Kapitel darauf zurückkommen. Vorerst wollen wir noch ein wenig beim Computer bleiben, aber nicht bei den Biomorphen.

Einer der wichtigsten Gründe, weshalb Biomorphe der natürlichen Selektion nicht zugänglich sind, ist die Tatsache, daß sie aus fluoreszierenden Bildpunkten auf einem zweidimensionalen Monitor bestehen. Diese zweidimensionale Welt eignet sich in vielerlei Hinsicht nicht für die Simulation wirklicher physikalischer Vorgänge. Quantitative Größen, beispielsweise die Schärfe von Raubtierzähnen und die Undurchdringlichkeit eines Panzers beim Beutetier, die Muskelkraft zur Abwehr eines Angriffs oder die Stärke eines Giftes, ergeben sich in der zweidimensionalen Welt der Bildpunkte nicht von selbst. Können wir uns einen wirklichkeitsnahen Fall von Räuber und Beute vorstellen, der sich natürlich und ohne konstruierte Künstlichkeit auf einem Bildschirm simulieren läßt? Glücklicherweise ist das möglich. Ich habe im Zusammenhang mit gestaltoiden Fallen bereits die Spinnennetze erwähnt. Spinnen haben einen dreidimensionalen Körper und leben, wie die meisten Tiere, in einer komplexen Welt normaler physikalischer Vorgänge. Aber die Art, wie Spinnen jagen, hat eine Besonderheit, derentwegen sie sich besonders gut für die zweidimensionale Simulation eignet. Ein typisches Spinnennetz ist in der Regel unter allen praktischen Gesichtspunkten ein zweidimensionales Gebilde. Die Insekten, die es einfängt, bewegen sich in der dritten Dimension, aber im entscheidenden Augenblick, wenn die Beute gefangen wird oder entkommt, spielt sich alles in zwei Dimensionen ab: auf der Ebene des Netzes. Das Spinnennetz ist deshalb der beste Kandidat, den ich mir vorstellen kann, wenn man auf einem zweidimensionalen Computerbildschirm eine interessante Simulation der natürlichen Selektion vornehmen will. Das nächste Kapitel ist im wesentlichen den Spinnennetzen gewidmet. Es beginnt mit der Naturgeschichte wirklicher Netze und beschreibt dann Computermodelle solcher Netze und deren Entwicklung durch «natürliche» Auslese im Computer.

Zweites Kapitel SEIDENE FESSELN

Es gibt einen guten Weg, seine Kenntnisse über ein Lebewesen zu ordnen: Mit Phantasie und mehr als nur ein wenig dichterischer Freiheit stelle man sich vor, das Geschöpf (oder, je nach Belieben, ein hypothetischer «Designer» des Geschöpfes) stehe vor einer Reihe von Problemen oder Aufgaben. Zunächst definiert man das anfängliche Problem, dann überlegt man sich mögliche, sinnvoll scheinende Lösungen. Anschließend sieht man sich an, was die Lebewesen in Wirklichkeit tun. Das führt häufig dazu, daß man auf ein neues Problem stößt, mit dem Tiere dieser Spezies konfrontiert sind, und die Kette setzt sich fort. Im zweiten Kapitel meines Buches *Der blinde Uhrmacher* bin ich im Zusammenhang mit Fledermäusen und ihrem hochentwickelten Sonarsystem so vorgegangen. Jetzt möchte ich die gleiche Methode auf Spinnennetze anwenden. Wichtig ist dabei, daß man sich das Fortschreiten von einem Problem zum nächsten nicht als Gang durch die Lebenszeit eines einzelnen Tieres vorstellt. Wenn es sich überhaupt um einen zeitlichen Ablauf handelt, spielt er sich in entwicklungsgeschichtlichen Zeiträumen ab, aber manchmal ist es auch kein zeitliches, sondern ein logisches Voranschreiten.

Unsere grundlegende Aufgabe besteht darin, eine effiziente Methode zum Einfangen von Insekten zu finden, die man fressen kann. Eine mögliche Lösung ist schnelles Fliegen. Man erhebt sich wie die Beute in die Luft, fliegt sehr schnell und mit offenem Mund und zielt genau und mit scharfem Blick. Diese Methode funktioniert bei Mauerseglern und Schwalben, aber sie erfordert aufwendige Investitionen in die Ausstattung für schnelles Fliegen und Navigieren sowie in ein High-Tech-Steuerungssystem. Das gleiche gilt für die Lösung der Fledermäuse; sie ist die Nachtversion, bei der das Echo der Ultraschallwellen anstelle des Lichts zur Lenkung des «Geschosses» dient.

Eine ganz andere Lösung ist das Prinzip «hinsetzen und warten». So machen es Gottesanbeterinnen, Chamäleons und einige andere Echsen, die sich unabhängig und konvergent zu chamäleonartigen Tieren entwickelt haben: Ausgezeichnet getarnt, bewegen sie sich quälend langsam und unauffällig, um dann mit Vorderbeinen oder Zunge blitzschnell den letzten Schlag zu führen. Die Zunge eines Chamäleons hat eine so große Reichweite, daß es eine Fliege im Umkreis seiner ganzen Körperlänge fangen kann, und in der gleichen Größenordnung liegt auch die Reichweite der Fangarme einer Gottesanbeterin. Man könnte auf die Idee kommen, daß sich diese Gestaltung durch nochmalige Steigerung des Greifradius verbessern ließe, aber Zungen oder Arme, die länger als der gesamte Körper sind, wären, was Aufbau und Instandhaltung anbelangt, derart aufwendig, daß die damit gefangenen zusätzlichen Fliegen kein Ausgleich wären. Fällt uns ein «billigerer» Weg ein, den Fangradius oder die Reichweite zu vergrößern?

Warum nicht ein Netz? Netze müssen aus irgendeinem Material hergestellt werden und sind nicht umsonst zu haben. Aber im Gegensatz zur Zunge eines Chamäleons muß das Material eines Netzes sich nicht bewegen und erfordert deshalb kein dickes Muskelgewebe. Es kann hauchdünn sein und läßt sich deshalb mit geringem Aufwand so spinnen, daß es eine wesentlich größere Fläche abdeckt. Würde man das Fleischprotein, das sonst für Arm- oder Zungenmuskeln gebraucht wird, in Seide umwandeln, käme man damit recht weit, viel weiter, als die Zunge eines Chamäleons reicht. Ein solches Netz könnte ohne weiteres eine Fläche bedecken, die hundertmal größer ist als die Oberfläche des Körpers, und doch ließe es sich wirtschaftlich aus den Ausscheidungen kleiner Körperdrüsen herstellen.

Seide ist ein weitverbreitetes Produkt der Gliederfüßer (zu diesem großen Unterbereich des Tierreiches gehören sowohl die Insekten als auch die Spinnen). Die Raupen der Gespenstschrecken heften sich mit einem einzigen Faden aus diesem Material an einen Baum. Weberameisen nähen Blätter mit der von ihren Larven ausgeschiedenen Seide zusammen, wobei sie die Larven wie lebende Weberschiffchen zwischen den Kiefern halten

Tafel 1.1 Ein reiner Zufall: das Profil des Präsidenten Kennedy am Abhang eines Hügels auf Hawaii.

Tafel 1.4 Perfekte Tarnung: ein Weibchen des Fetzenfisches, *Phycodurus eques*, aus Australien.

Tafel 1.5 Ein gestaltoider Behälter: die Kannenpflanze, *Nepenthes pervillei*, von den Seychellen.

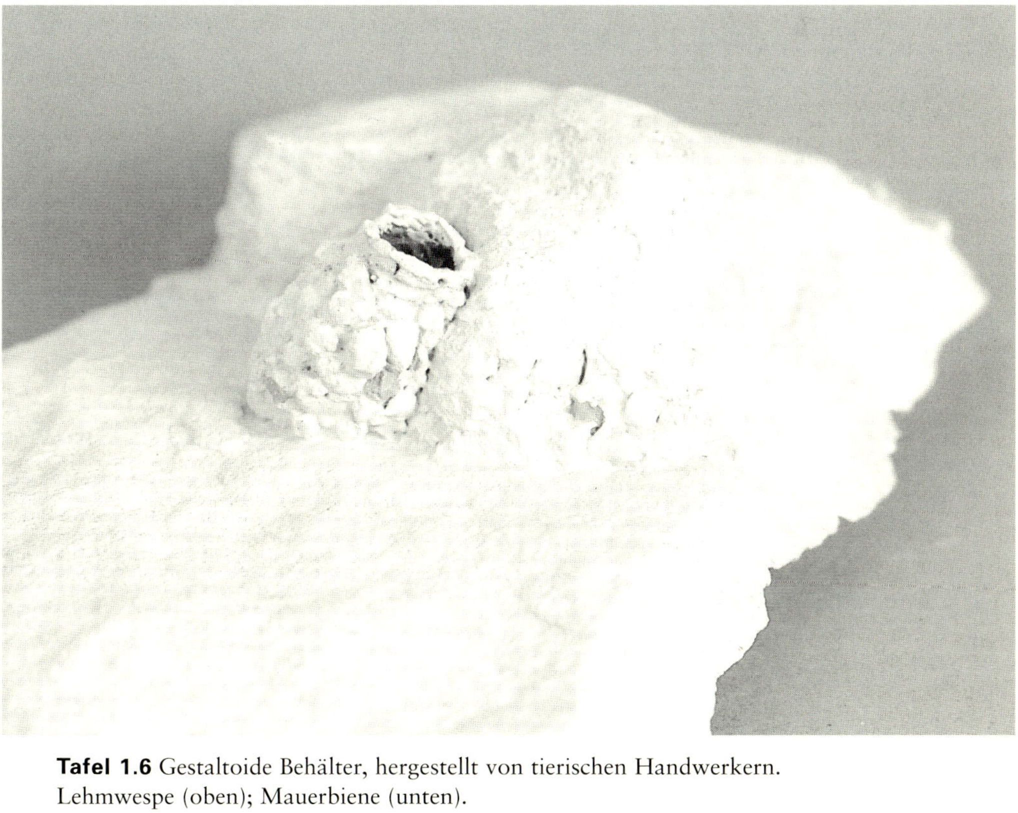

Tafel 1.6 Gestaltoide Behälter, hergestellt von tierischen Handwerkern. Lehmwespe (oben); Mauerbiene (unten).

Tafel 1.8 Von Insekten gebaute, in Nord-Süd-Richtung ausgerichtete Wolkenkratzer: Bauten der Meridiantermite in Australien.

Tafel 1.12 Zufällige Ähnlichkeiten in der Natur. Rechte Seite oben: Seychellennüsse (Coco-de-mer); rechte Seite unten: der Totenkopfschwärmer, *Acherontia atropos*.

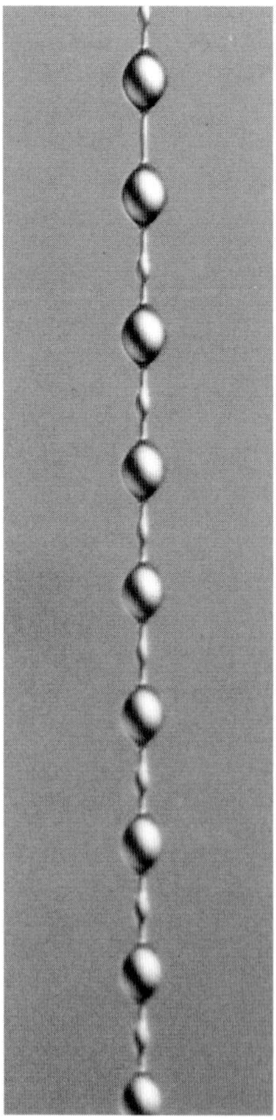

Tafel 2.1 (oben)
Arbeiterinnen mit Seide. Die australischen Weberameisen, *Oecophila smaragdina*, benutzen Larven als lebende Weberschiffchen.

Tafel 2.2 (links außen)
Kügelchen eines Fadens aus Spinnenseide.

Tafel 2.3 (links)
Ein Kügelchen in Nahaufnahme; man erkennt den geknäuelten Faden, der als Wurfleine dienen kann.

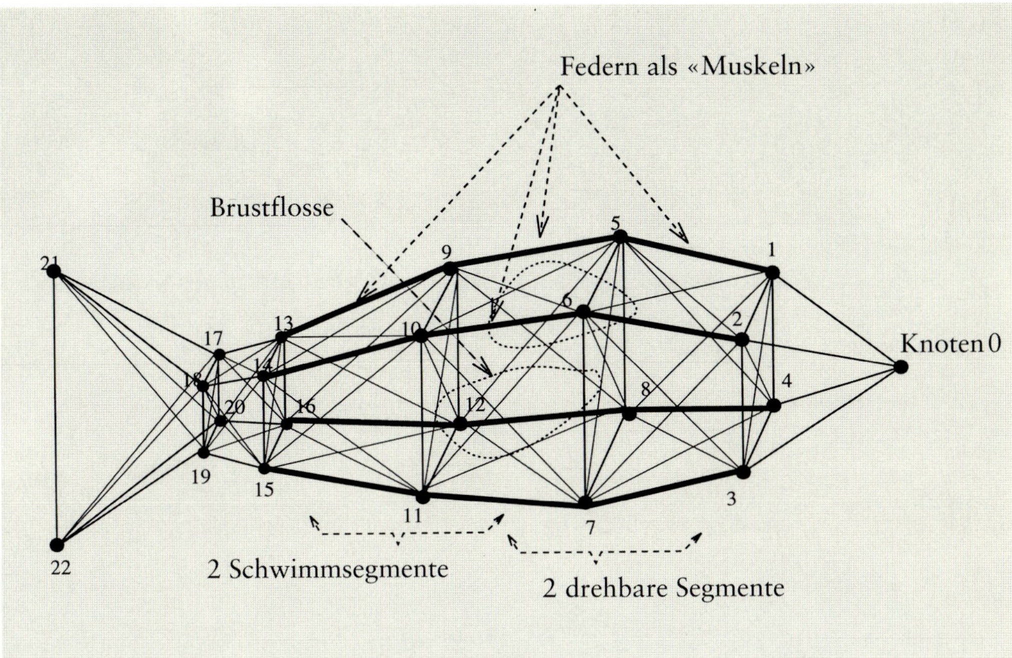

Tafel 2.14 (oben) Ein künstlicher Fisch mit seinem Skelett aus Federn.
Tafel 2.15 (unten) Ein künstlicher Hai verfolgt einen Schwarm von Beutefischen.

Tafel 3.2 Makro-Mutationen gibt es tatsächlich. Diese seltsame Kröte mit den Augen am Gaumen wurde angeblich lebend in einem Garten in Kanada gefunden. Das Foto erschien erstmals im *Hamilton Spectator*, der örtlichen Lokalzeitung.

(Tafel 2.1). Viele Raupen spinnen sich in einen Seidenkokon ein und wachsen darin zum ausgereiften Insekt heran. Zeltraupen hüllen ihren Baum in ein Seidengespinst. Eine einzige Seidenraupe spinnt beim Bau ihres Kokons einen Faden von fast eineinhalb Kilometer Länge. Aber obwohl die Seidenraupen zur Grundlage unserer Seidenindustrie wurden, sind es die Spinnen, die im Tierreich die Meister der Seidenproduktion sind, und eigentlich ist es verwunderlich, daß die Menschen ihr Produkt nicht stärker nutzen. Spinnenseide dient vor allem zur Herstellung von Präzisions-Fadenkreuzen für Mikroskope. Der Zoologe und Künstler Jonathan Kingdon stellte in seinem wunderschönen Buch *Self-Made Man* die Überlegung an, ob nicht die Seide der Spinnen Kinder zur Erfindung eines entscheidenden Kernstücks unserer Technik angeregt habe: der Schnur. Auch Vögel wissen die Qualitäten der Spinnenseide zu schätzen: 165 Arten von ihnen (die zu 23 verschiedenen Familien gehören, was auf mehrfache unabhängige Entdeckung schließen läßt) bauen das Material nachgewiesenermaßen in das Geflecht ihrer Nester ein. Eine typische rundnetzbauende Spinne wie zum Beispiel die Kreuzspinne *Araneus diadematus* produziert mit den Düsen an ihrem Hinterende sechs Arten von Seide; sie entstehen im Hinterleib in getrennten Drüsen, und das Tier schaltet je nach Verwendungszweck zwischen ihnen um. Spinnen produzierten Seide schon lange bevor sie die Fähigkeit zum Bau runder Netze entwickelten. Selbst die Springspinnen, die niemals Netze bauen, springen mit einer angehefteten seidenen Sicherheitsleine in die Luft, wie Bergsteiger, die sich am letzten Sicherungshaken befestigt haben.

Spinnen haben den Seidenfaden also seit alters her in ihrem Werkzeugkasten, und er eignet sich hervorragend zum Knüpfen eines Fangnetzes für Insekten. Man kann in dem Netz ein Mittel sehen, mit dem man an vielen Stellen zugleich sein kann. Die Spinne gleicht in ihrem eigenen Größenmaßstab einer Schwalbe mit dem Maul eines Wals oder einem Chamäleon mit einer 15 Meter langen Zunge. Ein Spinnennetz ist äußerst wirtschaftlich. Während die Zungenmuskulatur beim Chamäleon einen beträchtlichen Anteil am gesamten Körpergewicht hat, wiegt die Seide des Spinnennetzes – bei einem großen Netz alles in allem etwa 20 Meter – weniger als ein Tausendstel vom Gewicht der Spinne. Außerdem wird die Seide wiederverwendet, denn die Spinne frißt sie auf, so daß kaum Abfall entsteht.

Aber die Netztechnik wirft eigene Schwierigkeiten auf. Ein gar nicht so einfaches Problem besteht darin, die Beute, die sich im Netz verfangen hat, festzuhalten. Hier bestehen zwei Gefahren. Das Insekt könnte leicht das Netz zerreißen und geradewegs hindurchschießen. Dieses Problem läßt sich lösen, indem man die Seide sehr elastisch macht, aber damit verstärkt sich das zweite Problem: daß das Insekt vom Netz zurückgeschleudert wird wie von einem Trampolin. Die ideale Seide, die Traumfaser eines Chemikers, dehnt sich sehr weit und nimmt so den Stoß eines schnell fliegenden Insekts auf; gleichzeitig federt sie aber den Rückstoß sanft ab, so daß der Trampolineffekt vermieden wird. Zumindest manche Arten der Spinnenseide haben genau diese Eigenschaften; sie ist auf die bemerkenswert komplizierte Molekülstruktur zurückzuführen, die von Professor Fritz Vollrath und seinen Mitarbeitern in Oxford aufgeklärt wurde (Vollrath arbeitet heute im dänischen Århus). Die Seidenfäden, die man in den Tafeln 2.2 und 2.3 vergrößert erkennt, sind in Wirklichkeit viel länger, als es den Anschein hat, denn ein großer Teil ihrer Länge verbirgt sich geknäuelt in wasserhaltigen Kügelchen. Sie gleichen einer Halskette, in deren Perlen ein Teil der Fadenlänge aufgespult ist. Dieses Aufrollen erfolgt durch einen nicht ganz geklärten Mechanismus, aber über das Ergebnis gibt es keinen Zweifel. Die Fäden im Spinnennetz können sich auf das Zehnfache ihrer ursprünglichen Länge dehnen und rollen sich anschließend so langsam wieder auf, daß die Beute nicht vom Netz weggeschleudert wird.

Noch eine weitere Eigenschaft braucht die Seide, um die Beute an der Flucht zu hindern: Sie muß klebrig sein. Die Substanz, die den Faden in dem beschriebenen Aufrollsystem einhüllt, besteht nicht nur aus Wasser. Sie ist auch klebrig. Ein Insekt, das sie einmal berührt hat, kann kaum noch entkommen. Aber diese Leimwirkung erreichen nicht alle Spinnen auf die gleiche Weise. Eine Gruppe von ihnen, die sogenannten cribellaten Spinnen, sondern mit einer besonderen, Cribellum genannten Drüse eine vielfädige Seide ab. Diese bürsten sie mit einer an den Beinen angebrachten Kammstruktur auf die Fangfäden auf. Die derart «gehechelte» Seide bildet ein verfilztes Gewirr (Abbildung 2.4), das mit bloßem Auge nicht zu sehen ist, Insektenbeine aber gut festhalten kann. Solche «cribellaten» Fäden wirken ganz ähnlich wie die zuvor beschriebenen Leimfäden, aber ihre

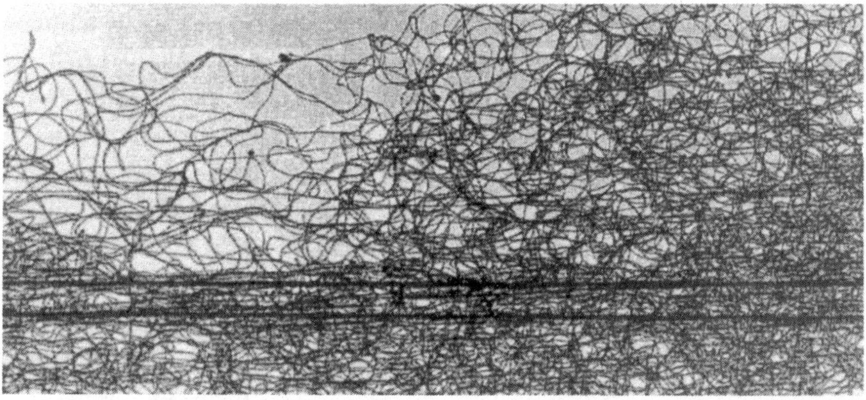

Abb. 2.4 Eine andere Art, ein Spinnennetz klebrig zu machen: gehechelte Seide einer cribellaten Spinne.

«Klebrigkeit» kommt auf andere Weise zustande. In einer Hinsicht sind die cribellaten Spinnen im Vorteil: Ihre Fäden bleiben länger klebrig. Andere Spinnen, die ihre Seide nicht hecheln, sondern Leim verwenden, müssen das klebrige Netz jeden Morgen neu bauen. Diese Arbeit dauert zugegebenermaßen – und das ist fast unglaublich – noch nicht einmal eine Stunde, aber wenn man es mit natürlicher Selektion zu tun hat, zählt jede Minute.

Die klebrigen Fäden werfen jedoch ein neues, fast ironisches Problem auf. Ob sie nun mit Leim bedeckt oder zu einem Gewirr verfilzt sind: mit Fäden, die so klebrig sind, daß sie ein Insekt festhalten können, kommt auch die Spinne selbst nur schwer zurecht. Spinnen besitzen keine magischen Abwehrkräfte, aber die Evolution hat sie mit einer Reihe von Teillösungen ausgestattet, durch die sie der Gefahr entgehen, ihre eigene Beute zu werden. Die Beine von Spinnen, die Klebstoff verwenden, sind mit einem besonderen Öl überzogen, das ihnen einen gewissen Schutz vor dem Klebstoff verleiht. Das wurde nachgewiesen, indem man die Beine der Spinnen in Äther tauchte: Er wusch das Öl und damit auch die Schutzschicht ab. Eine zweite Teillösung besteht darin, daß bestimmte Fäden – nämlich die Hauptspeichen, die von der Mitte des Netzes nach außen führen – nicht mit Klebstoff versehen werden. Die Spinne bewegt sich nur auf diesen Hauptspeichen, wobei sie die feinen Fäden mit speziellen

Klauen ihrer umgebildeten Füße umklammert. (Auch männliche Spinnen bauen Netze. Eine Erklärung für meine sexistische Sprache findet sich auf Seite 57.) Die klebrige Spirale, die sich um das Gerüst der Speichen windet, meidet sie völlig. Das ist nicht schwer, denn normalerweise sitzt die Spinne in der Mitte des Netzes und wartet; deshalb führt der kürzeste Weg zu jeder beliebigen Stelle ohnehin an einer der Speichen entlang.

Als nächstes wollen wir uns mit einer Reihe von Problemen beschäftigen, auf die eine Spinne beim eigentlichen Netzbau stößt. Sie sind nicht für alle Spinnenarten gleich, und wenn es darauf ankommt, werde ich die bekannte Kreuzspinne *Araneus diadematus*[1] als typische Vertreterin heranziehen. Unser erstes Problem – das heißt das erste Problem der Spinne – besteht darin, einen ersten Faden über einen leeren Raum zu spannen, in dem das Netz hängen soll, beispielsweise zwischen einem Baum und einem Felsen. Ist dieser entscheidende Faden angebracht, kann die Spinne ihn als Brücke benutzen. Aber wie baut man diese erste Verbindung? Man könnte nach Art der Fußgänger auf den Boden und auf der anderen Seite wieder nach oben steigen, wobei man den Faden hinter sich herzieht. Manchmal tun Spinnen das, aber gibt es nicht eine phantasievollere Lösung? Lassen wir einmal unsere Gedanken schweifen. Könnte man nicht die leichten,

[1] Ich benutze lateinische Namen und bitte um Vergebung für diese schulmeisterliche Fußnote über die Konventionen, die ihnen zugrunde liegen; sie sind auch vielen gebildeten Menschen (vielleicht den gleichen, die Darwins Meisterwerk, ohne mit der Wimper zu zucken, als «Entstehung der Art» bezeichnen) nicht bekannt. Die lateinischen Namen haben zwei Teile: die Gattungsbezeichnung (*Homo* ist zum Beispiel eine Gattung) und den Namen der Art oder Spezies (*sapiens* ist die einzige heute noch lebende Spezies der Gattung *Homo*). Beide werden häufig kursiv geschrieben oder unterstrichen. Die Namen der größeren systematischen Einheiten schreibt man nicht kursiv. Die Gattung *Homo* gehört zur Familie der Hominidae. Gattungsnamen sind eindeutig: Es gibt nur eine Gattung *Homo* und nur eine Gattung *Vespa*. Oft kommt in mehreren Gattungen der gleiche Artname vor, aber wegen der jeweils anderen Gattungsbezeichnung entsteht keinerlei Verwirrung: *Vespa rulgaris* ist eine Wespe, und es besteht keine Gefahr, daß man sie mit *Octopus vulgaris* verwechselt. Der Gattungsname wird immer groß geschrieben, der Artname immer klein (jedenfalls heute; nach der ursprünglichen Konvention konnte die Artbezeichnung sich von einem Eigennamen ableiten; selbst *Darwinii* würde man heute *darwinii* schreiben). Die (häufig anzutreffenden) Schreibweisen Homo Sapiens oder homo sapiens sind falsch. Und nebenbei bemerkt: Das Wort «Spezies» kann der Singular oder Plural sein.

luftigen Eigenschaften der Seide ausnutzen? Ja. Wenn es windig genug ist, macht die Spinne es so: Sie scheidet einen einzelnen Faden aus, der an der Spitze ein winziges seidenes Segel oder einen Drachen trägt. Dieses Gebilde wird hochgehoben und flattert in der Luft. Der Drachen ist klebrig, und wenn er auf der anderen Seite der Lücke eine feste Oberfläche berührt, bleibt er hängen. Gelingt das nicht, zieht die Spinne den Faden ein, frißt die kostbare Seide, um sie wiederzuverwenden, und probiert es mit einem weiteren Drachen aufs neue. Irgendwann führt eine brauchbare Brücke über die Lücke, und die Spinne sichert das andere Ende des Fadens, indem sie es festklebt. Jetzt kann sie die Brücke überschreiten.

Die erste Verbindung ist meist nicht straff gespannt, denn der Faden ist so lang, wie der Zufall es wollte: Er wurde nicht für die Lücke maßgeschneidert. Entweder kann die Spinne ihn jetzt verkürzen und zu einem Rand des Netzes machen, oder sie zieht ihn zu einer V-Form nach unten, so daß er zwei Hauptspeichen bildet. Dabei ergibt sich aber das Problem, daß das V, auch wenn sie den Faden nach unten ziehen könnte, vermutlich nicht tief genug für zwei ordentliche Speichen ist. Die Spinne löst das Problem, indem sie nicht die Brücke selbst verändert, sondern sie als Stütze verwendet, und sie durch einen neuen, längeren Faden ersetzt. Das macht sie folgendermaßen: Sie stellt sich an das eine Ende der Brücke, scheidet mit ihrem Hinterende den Beginn eines neuen Fadens aus und befestigt ihn. Dann durchtrennt sie die vorhandene Brücke mit einem Biß und hält das abgeschnittene Ende mit den Füßen fest. Nun wandert sie über die Lücke, gehalten von den Resten der vor ihr liegenden Brücke und von dem neuen Faden, den sie hinter sich herzieht. Sie ist das lebende Verbindungsstück ihrer eigenen Brücke, über die sie sich stetig weiterbewegt. Der hinter ihr liegende Teil der ursprünglichen Brücke hat seinen Zweck erfüllt, und deshalb frißt sie ihn auf. Auf diese erstaunliche Weise gelangt sie von einer Seite zur anderen: Unterwegs frißt sie die alte Brücke und baut hinter sich eine neue. Außerdem scheidet das Hinterende die Seide schneller aus, als sie vorn den Faden zu sich nimmt. Die neue Brücke ist also auf sorgfältig kontrollierte Weise länger als die alte. An beiden Enden inzwischen sicher befestigt, sackt sie an der richtigen Stelle durch, so daß der Faden ein V bilden und zum Zentrum des Netzes werden kann.

Zu diesem Zweck begibt sie sich wieder in die Mitte der neuen Brücke und zieht sie durch ihr Gewicht nach unten, so daß ein straff gespanntes V entsteht. Seine beiden Schenkel sind so angeordnet, daß sie zu zwei Hauptspeichen des Netzes werden. Welche Speiche als nächstes gebaut wird, ist klar: Sie muß von der Spitze des V aus senkrecht nach unten verlaufen, damit das Netz dort befestigt werden kann und auch dann straff bleibt, wenn es nicht mehr vom Gewicht der Spinne gespannt wird. Das Tier heftet einen neuen Faden an die Spitze des V und läßt sich wie ein Senkblei zur Erde oder auf eine andere geeignete Fläche fallen, um den Faden dort zu befestigen. Damit sind die drei Hauptspeichen fertig, und das Ganze hat die Form eines Y.

Die nächsten beiden Aufgaben bestehen darin, die übrigen vom Mittelpunkt ausgehenden Speichen anzulegen und am Rand den äußersten Faden zu spannen. Oft schafft es die Spinne mit viel Erfindungsreichtum, beides zu kombinieren; dazu verlegt sie in einer verblüffend raffinierten Technik Doppel- und sogar Dreifachfäden, die sie später, wenn sie auf den Speichen entlangläuft, auseinanderzieht. Im ersten Entwurf zu diesem Kapitel wollte ich genau erklären, wie dieses Hexenwerk von einem Schnurspiel abläuft, aber der Kopf fing mir an zu schwirren.

Als einer meiner Lektoren sich beschwerte, ihm sei beim Lesen ebenfalls schwindlig geworden, gelangte ich widerwillig zu der Einsicht, daß ich die Beschreibung lieber weglassen sollte. Am Ende dieser Phase hat die Spinne ein vollständiges Rad mit 25 oder 30 Speichen hergestellt (die Zahl schwankt von Art zu Art und von Individuum zu Individuum), und damit ist das Grundgerüst des Netzes fertig. Aber noch besteht es wie das Rad eines Fahrrades vor allem aus leerem Raum, durch den eine Fliege ohne weiteres hindurchschwirren könnte. Selbst wenn sie einen der Fäden berührte, würde sie nicht eingefangen, denn die Speichen sind nicht klebrig. Als nächstes werden deshalb viele Fäden gebraucht, welche die Speichen verbinden. Sie könnten auf unterschiedliche Weise eingefügt werden. Die Spinne könnte zum Beispiel jeden Zwischenraum zwischen den Speichen einzeln schließen, indem sie vom Mittelpunkt zum Rand im Zickzack einen Faden legt und dann das gleiche im nächsten Zwischenraum tut. Aber dazu müßte sie häufig die Richtung wechseln, und Richtungswechsel bedeuten Energie- und Zeitverlust. Eine bessere Lösung besteht darin, spiralförmig immer wieder um den Mittelpunkt herumzulaufen, und genau das tun die Spinnen in den meisten Fällen; nur gelegentlich wenden sie sich auch einmal in die Gegenrichtung.

Aber ob man sich zickzack- oder spiralförmig bewegt, es gibt noch andere Probleme. Das Auslegen des klebrigen Fadens, der die Insekten dann tatsächlich einfängt, ist Präzisionsarbeit. Die Abstände zwischen den Fäden müssen genau die richtige Größe haben, und die Verbindungen mit den Speichen müssen exakt an den geeigneten Stellen liegen, so daß die Speichen nicht zusammengezogen werden und Löcher bilden, durch die ein Beutetier hindurchfliegen könnte. Würde die Spinne versuchen, diese Positionierung durchzuführen, während sie auf den Speichen balanciert, würde sie diese wahrscheinlich durch ihr eigenes Gewicht aus der Form bringen, und der Spiralfaden würde an den falschen Stellen und mit der falschen Spannung angeknüpft. Außerdem sind die Abstände zwischen den Speichen am äußeren Rand des Netzes oft so groß, daß die Spinne sie mit ihren Beinen nicht überspannen kann. Beide Probleme verringern sich, wenn sie die Spirale in der Mitte beginnt und sich dann nach außen arbeitet. Im Zentrum sind die Abstände gering, und die Speichen werden nicht so leicht durch das Gewicht der Spinne verzerrt, weil sie sich gegenseitig festhalten. Wenn die Spirale sich nach außen ausdehnt, vergrößern sich natürlich die Räume zwischen den Speichen. Aber das macht nichts: Der zuvor befestigte, weiter innen liegende Spiralfaden bietet in den größer werdenden Lücken Halt. Das Problem dabei ist nur, daß der Faden, der sich zum Fangen von Insekten eignet, sehr dünn und elastisch sein muß. Viel Stütze bietet er nicht. Die fertige Spirale ist letztlich ziemlich widerstandsfähig, aber während der «Bauarbeiten» haben wir es mit einem unvollständigen und deshalb schwachen Netz zu tun.

Das ist beim Aufbau der feinmaschigen Fangspirale das hauptsächliche Problem, aber es ist nicht das einzige. Die Speichen sind zwar, wie ich bereits erwähnt habe, nicht klebrig und für die Füße der Spinne recht angenehm, aber jetzt geht es um die klebrige Seide, die gezielt zum Einfangen der Beute dienen soll. Wie wir bereits erfahren haben, sind Spinnen nicht völlig gegen die Gefahren ihres eigenen klebrigen Netzes gefeit. Und selbst wenn das der Fall wäre, würden sie der Spirale mit jeder neuen Windung, die sie der vorherigen, als Brücke dienenden hinzufügen, einen Teil der nützlichen Klebrigkeit nehmen. Obwohl es also einerseits eine schlaue Idee ist, das Netz von innen nach außen aufzubauen und dabei jeweils auf der vorherigen Windung entlangzulaufen, könnte der Schuß andererseits auch nach hinten losgehen.

Mit diesen Schwierigkeiten wird die Spinne fertig. Die Lösung könnte auch einem menschlichen Baumeister einfallen: sie heißt Hilfsgerüst. Die Spinne baut tatsächlich eine Spirale von innen nach außen, aber das ist nicht der endgültige Fangfaden, sondern eine besondere «Hilfsspirale», die sie nur einmal benutzt: zum Bau der klebrigen Spirale. Die Hilfsspirale klebt nicht und hat zwischen den Windungen größere Abstände, so daß sie sich nicht zum Fangen von Insekten eignet. Aber sie ist kräftiger als die zukünftige klebrige Spirale, so daß sie das Netz verstärkt und versteift; die Spinne kann gefahrlos darauf herumlaufen und schließlich die eigentliche, klebrige Spirale anbringen. Die Hilfsspirale verläuft mit nur sieben bis acht Windungen von der Mitte des Netzes bis zum Rand. Wenn sie fertig ist, schaltet die Spinne ihre Drüsen für leimfreie Seide ab und setzt ihr schweres Geschütz in Gang: die Drüsen für die tödlichen, klebrigen Fäden. Sie wandert an der Spirale entlang vom Rand zurück zur Mitte, wobei sie in gleichmäßigeren Abständen einheitlichere Windungen legt als auf dem umgekehrten Weg. Die provisorische Hilfsspirale dient ihr dabei nicht nur als Stützgerüst, sondern auch als sichtbarer (eigentlich fühlbarer) Wegweiser. Unterwegs schneidet sie die Hilfsspirale Stück für Stück ab, nachdem die einzelnen Abschnitte ihren Zweck erfüllt haben. Bei jeder Überquerung einer Speiche wird die neue, klebrige Spirale sorgfältig daran befestigt, häufig mit einer eleganten Verbindung, die an einen Maschendrahtzaun oder ein Fischernetz erinnert. Durch das Hilfsgerüst wird übrigens keine Seide verschwendet, seine Bruchstücke bleiben an die Speichen geheftet und werden später aufgefressen; genauso ergeht es dem ganzen Netz, wenn die Spinne es schließlich auseinandernimmt. Sie verzehrt die Seide des Hilfsgerüstes aber nicht sofort, wahrscheinlich weil es zuviel Zeit kosten würde, die Fadenstücke von den Speichen zu lösen.

Wenn die Spinne auf ihrer Wanderung von außen nach innen in der Mitte ankommt, ist das Netz fast fertig. Nur die Spannung muß noch ein wenig korrigiert werden – eine hochqualifizierte Präzisionsarbeit, vergleichbar mit dem Stimmen eines Streichinstruments. Sie steht in der

Mitte des Netzes und zieht mit den Beinen sanft an den Fäden, um die Spannung zu überprüfen; wenn nötig, nimmt sie Verlängerungen oder Kürzungen vor, und dann dreht sie sich, um das Ganze aus einem anderen Winkel zu wiederholen. Manche Spinnen bringen um die Mitte herum ein kompliziertes Fadengewirr an, das dazu dient, die Spannung des Netzes genau abzustimmen.

Die Erwähnung von Streichinstrumenten veranlaßt mich zu einer männlichen Abschweifung. Ich habe in dieser Geschichte von Spinnenweibchen erzählt, aber nicht deshalb, weil die Männchen keine Netze bauen würden – sie tun es sehr wohl, und selbst neugeborene Spinnen können winzige Netze knüpfen –, sondern weil die Weibchen größer und auffälliger sind. Nimmt man zu den größeren Ausmaßen der Weibchen noch die Tatsache hinzu, daß Spinnen beiderlei Geschlechts und jeden Alters in der Regel alles fressen, was sich bewegt und kleiner ist als sie selbst, dann ergibt sich für die Männchen ein Problem. Spinnen dienen Käfern, Ameisen, Tausendfüßern, Kröten, Eidechsen, Spitzmäusen und vielen Vögeln als Nahrung. Ganze Gruppen von Wespen haben sich darauf spezialisiert, nichts anderes als Spinnen zu fangen und an ihre Larven zu verfüttern. Aber die vermutlich wichtigsten natürlichen Feinde der Spinnen sind andere Spinnen, und Artgrenzen berücksichtigen sie dabei nicht. Jede Spinne, die sich in das Netz einer größeren Spinne wagt, ist in Lebensgefahr, aber diese Gefahr muß das Männchen auf sich nehmen, um seiner natürlichen Bestimmung nachzukommen.

Wie das Männchen im einzelnen mit dieser Schwierigkeit umgeht, ist von Art zu Art verschieden. In manchen Fällen verpackt es eine Fliege in Seide und überreicht sie dem Weibchen. Dann wartet es, bis ihre Mundwerkzeuge sich in der Fliege vergraben haben, und geht erst dann mit seinen Geschlechtsorganen ans Werk. Männchen, die kein solches Paket mitbringen, werden unter Umständen gefressen. Manchmal kommt ein Männchen aber auch davon, wenn es ein leeres Päckchen überreicht oder die Nahrung nach der Begattung aus den Kiefern des Weibchens reißt und sich davonmacht, um es vielleicht einer weiteren Partnerin zu präsentieren. Bei anderen Arten nutzt das Männchen die Tatsache aus, daß eine Spinne unmittelbar nach einer Häutung bis zum Aushärten des neuen Panzers mehr oder weniger schutzlos ist. Wenn überhaupt, dann ist das

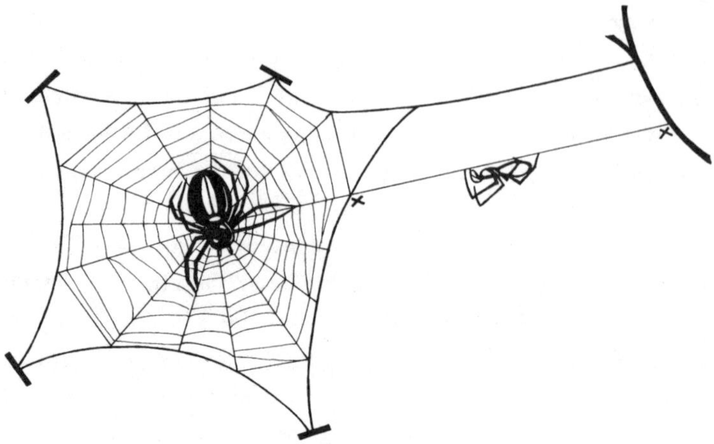

Abb. 2.5 Diskrete Annäherung: Spinnenmännchen mit einem Paarungsfaden, der an das Netz des Weibchens geheftet ist.

der richtige Augenblick für das Anliegen des Männchens, und bei mehreren Arten findet die Kopulation ausschließlich dann statt, wenn das Weibchen sich gerade gehäutet hat, so daß es weich und willig oder zumindest unbewaffnet ist.

Andere Arten bedienen sich einer reizvolleren Methode, und sie war der Anlaß für meine Abschweifung. Netzbauende Spinnen leben in einer Welt seidener Spannungen. Die Seidenfäden sind zusätzliche Gliedmaßen, empfindliche Antennen, fast wie Augen und Ohren. Ereignisse werden in einer Sprache des Lockerns und Anspannens, der Dehnung und Entspannung wahrgenommen, weil das Gleichgewicht der Zugkräfte sich verändert. Die empfindlichsten Saiten des Weibchens bestehen aus strammer, wohltemperierter Seide. Wenn ein Männchen um sie werben und dabei das Gefressenwerden vermeiden oder zumindest hinausschieben will, muß es auf diesen Saiten spielen. Einen besseren Grund hätte nicht einmal Orpheus gehabt. In manchen Fällen bezieht das Männchen seine Position am Rand des weiblichen Netzes und zupft daran wie an einer Harfe (Abbildung 2.5). Eine solche rhythmische Bewegung macht kein Insekt, und das Weibchen wird dadurch offenbar besänftigt. Bei vielen Arten legt das Männchen noch mehr Distanz zwischen sich und das Netz des Weibchens, indem es sich an einen eigenen «Paarungsfaden» hängt. An dieser einzelnen Saite zupft es dann wie ein Jazzmusiker an einem einsaitigen Sperrholzbaß. Die Schwingungen werden von dem Paarungsfaden übertragen und setzen sich im Netz des Weibchens fort; sie unterdrücken oder verzögern sein normales Freßbedürfnis und veranlassen es, an dem Faden entlang zur Quelle der Vibrationen zu wandern, wo dann die Paarung stattfindet. Das Ganze geht für den sterblichen Körper des Männchens nicht immer glücklich aus, aber seine unsterblichen Gene hat es zuvor sicher im Leib des Weibchens untergebracht. Es gibt viele Spinnen auf der Welt, deren männliche Vorfahren nach der Begattung gestorben sind. Aber Spinnen, deren potentielle Vorfahren sich erst gar nicht gepaart haben, sind der Welt für alle Zeiten verloren.

Bevor wir diese Erörterung von Sex und Seide abschließen, möchte ich noch eine Geschichte erzählen, aus der man machen kann, was man will. Die Männchen mancher Spinnenarten fesseln das Weibchen mit Seide wie Gulliver, bevor sie sich paaren (Abbildung 2.6). Man ist versucht anzunehmen, daß der Beutefanginstinkt des Weibchens vorübergehend von seinem Sexualtrieb außer Kraft gesetzt wird, so daß es sich binden läßt und das Männchen entkommen kann, wenn sein Freßbedürfnis wiederkehrt. Ich berichte nur das, was ich gehört habe: In Wirklichkeit kann das Weibchen nach der Begattung ohne weiteres seine Fesseln abschütteln und

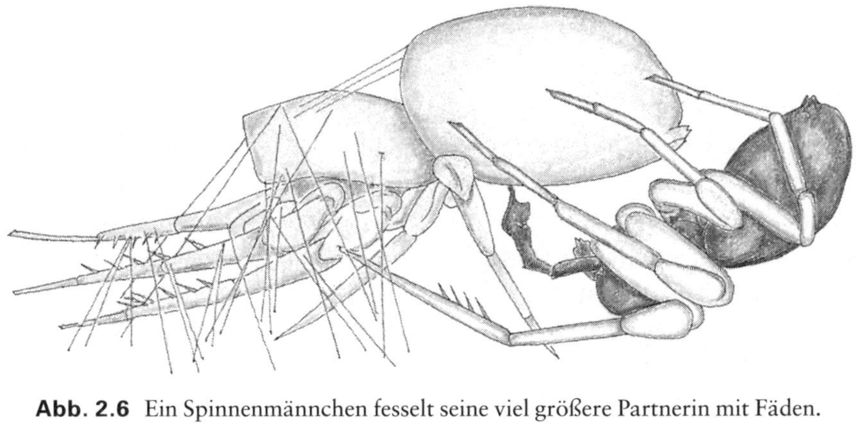

Abb. 2.6 Ein Spinnenmännchen fesselt seine viel größere Partnerin mit Fäden.

allein davonlaufen. Vielleicht ist die rituelle Fesselung das symbolische Überbleibsel eines früheren, ernsthaften Festbindens. Oder vielleicht wird das Weibchen auch gerade so lange ruhiggestellt, daß das flüchtende Männchen sich einen Vorsprung verschaffen kann. Es kann ja nicht wollen, daß sie für alle Zeiten gefesselt bleibt: Sie muß frei sein und ihre Eier ablegen, denn sonst wäre das ganze Unternehmen, genetisch betrachtet, umsonst.

Kehren wir zum Hauptthema zurück: zu den runden Netzen und ihrer Konstruktion. Wir haben die Spinne am Ende des Bauvorganges in der Mitte ihres Netzes verlassen, als sie gerade mit der Feinabstimmung beschäftigt war. Wenn wir weiter nach unserer Liste von Problemen und Lösungen vorgehen, stehen wir jetzt vor einem Netz, das zwar so fein ist, daß Insekten darin hängenbleiben, auf dem die Spinne selbst aber nicht ohne weiteres von einer Seite zur anderen gelangen kann. Den langen Umweg am Rand des Netzes entlang vermeidet sie häufig durch das einfache Mittel einer «Freizone». Normalerweise handelt es sich dabei um einen Ring rund um die Mitte des Netzes, an dem sich kein Klebfaden befindet. Bei manchen Arten, zum Beispiel bei denen der Gattung *Zygiella*, bleibt ein radial angeordnetes Segment des Kreises frei. Ich habe dieses Loch so beschrieben, als sei es ein Weg von einer Seite des Netzes zur anderen, aber zu diesem Zweck ist es weniger wichtig, als man annehmen könnte, denn *Zygiella* sitzt, im Gegensatz zu vielen anderen Spinnen, nicht in der Mitte. Sie zieht sich vielmehr in eine röhrenförmige Behausung am Rand des Netzes zurück, und der Grund dafür bringt mich zu meinem nächsten Spinnenproblem.

Spinnen sind, wie wir gesehen haben, selbst keineswegs gegen das Gefressenwerden – zum Beispiel durch Vögel – gefeit. Ein Netz, das nicht gerade in einem bestimmten Winkel beleuchtet wird oder mit Tautropfen besetzt ist, sieht man kaum, weil es so dünn ist. Am auffälligsten ist meist sein Erbauer, der groß und breit in der Mitte sitzt. Wenn man dick und für Vögel leicht zu erkennen ist, spricht vieles dafür, sich neben dem Netz niederzulassen. Andererseits liegt es in der Natur der Art, wie Spinnen jagen, daß sie lange Zeit nur dasitzen und auf Beute warten, und dafür ist die Mitte des Netzes der nächstgelegene Ort, denn sie ist der Schnittpunkt aller Wege aus klebstofffreier Seide. Ein solches Dilemma fordert den Kompromiß geradezu heraus, und dieser Kompromiß sieht bei den einzelnen Arten unterschiedlich aus. Unser *Zygiella*-Weibchen sitzt zwar neben dem Netz, aber es ist nie weit vom Ort des Geschehens entfernt. Über einen besonderen Signalfaden, der ihren Unterschlupf mit der Mitte des Netzes verbindet, bleibt sie mit diesem in Kontakt. Der Signalfaden steht unter Spannung und übermittelt der wartenden Spinne augenblicklich alle Schwingungen. Umgehend läuft sie am Signalfaden entlang zum Netzzentrum und von dort über die Speiche, die sie am schnellsten zu der zappelnden Beute bringt. Der Signalfaden verläuft in dem bereits erwähnten offenen Kreisabschnitt. Damit stellt sich noch einmal die Frage, warum er leer ist: Vielleicht würden Leitern oder klebrige Fäden sie behindern, wenn sie in die Mitte des Netzes eilt. Vielleicht würde der Signalfaden die Vibrationen auch weniger effizient übertragen, wenn er durch quer verlaufende Fäden gehemmt würde.

Zygiella hat den Kompromiß gewählt, sich außerhalb des Netzes niederzulassen, und zahlt zweifellos einen Preis dafür: Sie ist ein wenig langsamer vor Ort, wenn die Beute im Netz zappelt (auf die Frage, warum Geschwindigkeit wichtig ist, werde ich in Kürze zurückkommen). Ein anderer Kompromiß besteht darin, sich zwar in die Mitte zu setzen, dabei aber so unauffällig wie möglich auszusehen. Viele Spinnen bauen im Zentrum des Netzes einen dichten Seidenvorhang, entweder um sich dahinter zu verstecken oder um davor getarnt zu sein. Manche Netze enthalten auch einen oder mehrere Streifen aus besonders dichtem, zickzackförmigem Seidengeflecht, die von der in der Mitte lauernden Spinne ablenken (man hat allerdings auch die Vermutung geäußert, diese Streifen könnten zum Apparat für die Feinabstimmung der Spannung im Netz gehören). Manche Spinnen bauen zudem seidene Verzierungen in das Netz ein, die ein wenig wie «falsche Spinnen» aussehen und manchen Vermutungen zufolge die Schnabelhiebe der Vögel auf sich ziehen sollen. Es gab aber auch Vermutungen, wonach sie einem ganz anderen Zweck dienen: Sie reflektieren nämlich das (für uns unsichtbare) ultraviolette Licht so, daß sie für Insektenaugen wie ein Stück blauer Himmel aussehen – oder mit anderen Worten: wie ein Loch im Netz.

Ich habe zuvor erwähnt, daß die Spinne schnell an Ort und Stelle sein muß, wenn ein Insekt sich im Netz verfangen hat. Warum macht sie sich diese Mühe? Warum wartet sie nicht einfach, bis die Beute zu strampeln aufhört? Die Antwort: Das Strampeln hat oftmals Erfolg. Manchmal schaffen es die Insekten, sich zu befreien, vor allem, wenn es sich um große, kräftige Exemplare (zum Beispiel Wespen) handelt. Und selbst wenn sie nicht mehr loskommen, können sie bei dem Versuch das Netz beschädigen. Unser nächstes Spinnenproblem lautet also: Wie hindert man ein einmal eingefangenes Insekt am Strampeln?

Die grundsätzliche Lösung ist von brutaler Einfachheit. Geleitet von den Schwingungen, die das Strampeln verursacht, läuft man zu dem Insekt und beißt es tot. Stellt die Beute vorübergehend ihre Bewegungen ein, während die Spinne gerade danach sucht, kann sie an den Speichenfäden zupfen und an ihrer unterschiedlichen Spannung feststellen, wo sich das Insekt befindet. Dort angelangt, kann die Spinne sich ihre Beute greifen und versuchen, ihr eine tödliche oder lähmende Dosis eines Nervengiftes einzuspritzen. Die meisten Spinnen haben kräftige, hohle Fangzähne mit Giftdrüsen (einige Arten, so zum Beispiel die berühmte Schwarze Witwe, sind sogar für Menschen gefährlich, aber in ihrer großen Mehrzahl können sie unsere Haut nicht durchdringen, und selbst wenn sie dazu in der Lage wären, würde die Giftmenge nicht ausreichen, um ein großes Tier zu töten). Wenn sie ihre Giftzähne in die Beute geschlagen hat, bleibt sie meist ein paar Minuten lang in dieser Position und wartet, bis das Strampeln aufhört.

Dieser giftige Biß ist die häufigste Methode, um ein sich wehrendes Opfer gefügig zu machen, aber er ist nicht die einzige. Bei den meisten anderen spielt – wie bei Spinnen nicht anders zu erwarten – die Seide eine Rolle. Noch bevor sie den tödlichen Biß plazieren, wickeln die meisten Spinnen ein paar Extrafäden um das Opfer; damit ergänzen sie die Seide des Netzes, in denen es sich mit Rumpf und Gliedmaßen verfangen hat. Wespen und andere gefährliche Beutetiere hüllt die Spinne in der Regel ganz und gar in Seide, die sie immer und immer wieder herumwickelt; schließlich beißt sie mit den Fangzähnen in das weiße Paket und versetzt seinem Inhalt den vergifteten Gnadenstoß.

Eine besondere Schwierigkeit stellen die Schmetterlinge und Motten mit ihren großen, geschuppten Flügeln dar. Die Schuppen fallen leicht ab. Wenn man einen Schmetterling anfaßt, sind die Finger mit einem feinen

Staub aus Schuppen bedeckt. Durch dieses Abwerfen der Schuppen können Schmetterlinge aus einem Spinnennetz entkommen, denn das Pulver neutralisiert offenbar die klebrigen Fäden. Motten, die in Gefahr sind, falten in der Regel die Flügel zusammen und lassen sich zu Boden fallen. Ob das nun der Grund ist oder ob die Flügel einfach noch teilweise gefesselt sind, so daß sie nicht fliegen können – jedenfalls entkommt eine Motte häufig aus einem Spinnennetz, indem sie sich fallen läßt. Damit eröffnet sich für die Spinnen eine neue Möglichkeit, und die haben sie genutzt.

Michael Robinson, heute Direktor des Washingtoner Zoos, und seine Frau Barbara entdeckten im Urwald Neuguineas ein bemerkenswertes Spinnennetz (Abbildung 2.7a). Das Leiternetz basiert auf dem üblichen Radnetz, aber an seiner Unterseite schließt sich ein fast meterlanger senkrechter Streifen an. Die Spinne sitzt oben im Zentrum des runden Teils.

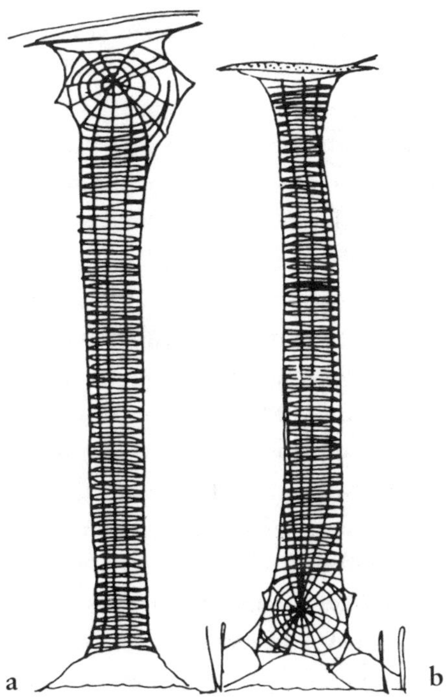

Abb. 2.7 Leiternetze, die in der Evolution unabhängig voneinander entstanden sind: (a) aus Neuguinea; (b) aus Kolumbien.

Eine Motte, die in ein Radnetz fliegt, hat gute Aussichten zu entkommen. Für diesen Fall sorgt die Spinne aus Neuguinea mit dem langen Netzstreifen vor, in den die Motte stürzen kann. Wenn sie auf ihrem Weg nach unten weiterflattert, wird auch das Schuppenpulver aufgebraucht, und es bestehen gute Aussichten, daß sie so lange festgehalten wird, bis die Spinne ankommt und ihren tödlichen Biß anbringt. Kurz nachdem die Robinsons in Neuguinea diese Entdeckung gemacht hatten, stieß ihr Kollege William Eberhard auch in der Neuen Welt, in Kolumbien, auf etwas Ähnliches (Abbildung 2.7b). Daß diese Leiter unabhängig von der aus Neuguinea erfunden wurde, zeigt sich an einem aufschlußreichen Detail: Hier sitzt das Rad nicht am oberen, sondern am unteren Ende des Streifens. Das Netz funktioniert aber genauso und entwickelte sich offenbar aus demselben Grund: Beide Spinnenarten sind auf Motten als Nahrung spezialisiert.

Das Leiternetz ist also eine Lösung für das Problem, Beute am Entkommen zu hindern, und sie wirkt bei Motten besonders gut. Eine andere, ebenfalls von manchen Spinnenarten angewandte Technik ist die gefederte Falle. Das Netz von *Hyptiotes* ist kein vollständiges Rad, sondern ein Dreieck mit nur vier Speichen. An der Ecke, die das ganze Gebilde straff hält, ist ein zusätzlicher Faden befestigt. Aber dieses Haupthalteseil wird nicht an einer soliden Oberfläche angebracht, sondern die Spinne hält es fest: Sie selbst bildet das Verbindungsstück zwischen dem Faden und der festen Unterlage. Sie zieht den Faden mit den Vorderbeinen straff, und mit dem dritten Beinpaar hält sie eine lockere Schlaufe. In dieser Schwebehaltung bleibt sie heimtückisch ruhig und wartet. Sobald aber ein Insekt in das Netz gerät, reagiert die Spinne sofort: Sie läßt die Schlaufe frei, läßt das Netz über der Beute zuschnappen und springt gleichzeitig darauf zu. Sie kann die Falle auch in zwei oder drei Stufen hintereinander schließen, wobei sie die Schlaufe aufbraucht und neue Seide anfügt. Das Insekt ist jetzt in dem zusammengezogenen Netz hoffnungslos verstrickt. Die Spinne wickelt noch mehr Seide um ihr Opfer und trägt es als dick eingehülltes Paket weg. Erst danach versetzt sie dem armen Geschöpf den tödlichen Biß, spritzt ihm Verdauungssäfte ein und saugt seine verflüssigten Überreste durch die Hülle des seidenen Pakets. Das dreieckige Netz ist jetzt aber in keinem verwendbaren Zustand mehr und muß von Grund auf neu gebaut werden.

Hyptiotes hat vermutlich das Problem gelöst, daß ein unter Spannung stehendes Netz sich zwar erst einmal gut zum Einfangen eines Insekts eignet, durch kräftiges Strampeln aber zerstört werden kann. Ein von klebrigen Fäden eingehülltes Insekt kann sich leichter befreien, wenn die Fäden unter Spannung stehen und nicht schlaff herumhängen. Lockere Fäden bieten keinen Widerstand, so daß die Beute sich immer tiefer in der klebrigen Seide verstrickt. Wie bei einem Überschallflugzeug, dessen optimale Tragflächenform beim Abheben anders aussieht als beim schnellen Fliegen, ist auch die optimale Spannung eines Spinnennetzes beim ersten Einfangen der Beute eine andere als später, wenn das Insekt sich ganz und gar verheddern soll. Bei manchen Flugzeugen hat man das Problem durch einen Kompromiß gelöst: Sie eignen sich für beide Aufgaben einigermaßen gut. Andere, Schwenkflügelmaschinen genannt, können die Tragflächengeometrie verändern und erreichen so in beiderlei Hinsicht das Optimum, allerdings um den Preis eines komplizierten Mechanismus. *Hyptiotes* baut ein Netz mit regelbarer Spannung.

Die normalen Radnetzspinnen setzen offenbar auf die hohe Spannung, die sich gut für das erste Einfangen eignet, und verlassen sich dann darauf, daß sie schnell über das Netz laufen und die Beute gefügig machen können, bevor sie entkommt. Andere Arten haben anscheinend die umgekehrte Lösung gewählt und konstruieren Netze, deren Fäden anfangs locker sind (Abbildung 2.8). *Pasilobus* baut ein dreieckiges Netz, dessen spitzer Winkel von einem einzelnen Faden zweigeteilt wird. Die klebrigen Fangfäden bilden nur einige locker durchhängende Schleifen. Das Schlaue an diesen Schleifen – eine weitere elegante Entdeckung von Michael und Barbara Robinson in Neuguinea – besteht darin, daß sie sich an einem Ende leicht lösen. Ein Insekt (beispielsweise eine Motte), das einen dieser Fäden berührt hat und daran klebengeblieben ist, läßt ihn an der Sollbruchstelle sehr schnell reißen, bleibt aber am anderen Ende des Fadens hängen. Jetzt flattert das Opfer im Kreis wie ein Modellflugzeug an einer Schnur, so daß die Spinne den Faden leicht einholen und der Beute den Garaus machen kann.

Auch diese Anordnung dürfte den Vorteil haben, daß das Insekt sich nicht befreien kann, weil alles so lose ist, daß es keinen Widerstand findet. Vielleicht besteht der wichtigste Nutzen der Schnellauslöserfäden aber

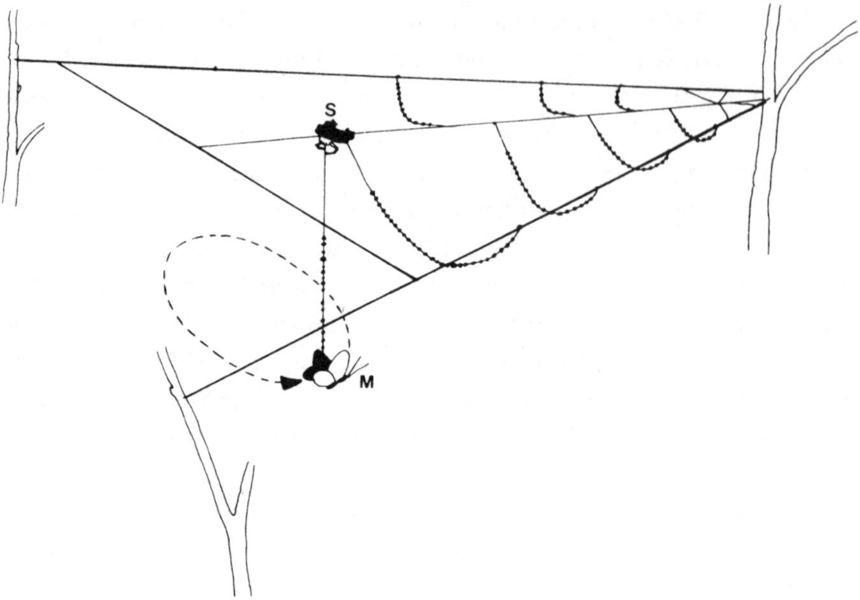

Abb. 2.8 Das dreieckige Netz von *Pasilobus*. Die Fäden haben Sollbruchstellen.

auch darin, daß sie ein früheres Problem aus unserer Liste beseitigen: Sie fangen den Impuls eines schnell fliegenden Insekts auf, ohne es wie ein Trampolin zurückzuschleudern. Wie das zuvor beschriebene dreieckige Netz, so dürfte wahrscheinlich auch das von *Pasilobus* der reduzierte Nachkomme eines vollständigen Radnetzes sein. Jedenfalls gibt es auch die Gattung *Poecilopachys*, die das gleiche Prinzip der Sollbruchstellen mit einem kompletten Radnetz nutzt. Ihr Netz ist im Gegensatz zu den meisten anderen Radnetzen nicht senkrecht, sondern waagerecht ausgespannt.

Wenn wir uns das Dreieck von *Pasilobus* als reduzierte Version des Rades von *Poecilopachys* vorstellen, ist die größtmögliche Reduktion der einzelne Faden der Lasso- oder Bolaspinne *Mastophora* (Abbildung 2.9). Bolas oder Bola heißt eine Waffe, die ursprünglich von den südamerikanischen Ureinwohnern erfunden wurde; die Gauchos verwenden sie noch heute, um beispielsweise Nandus zu jagen, die großen, flugunfähigen Vögel der Pampas.

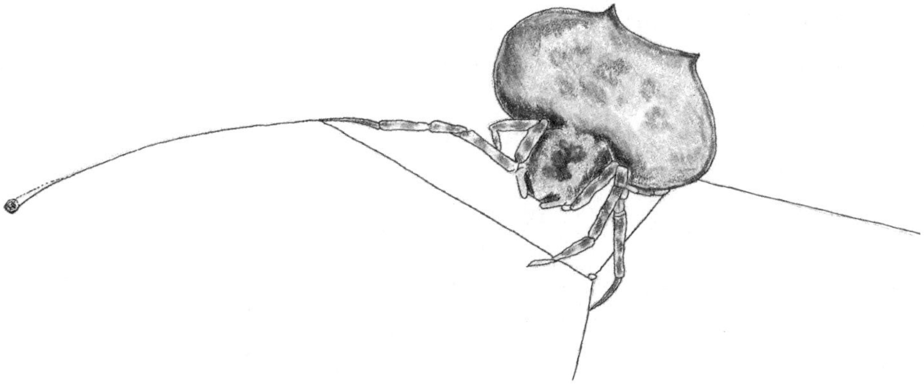

Abb. 2.9 Eine Bolaspinne.

Die Bola besteht aus einem Gewicht, beispielsweise zwei Kugeln oder Steinen, das am Ende eines Seils befestigt ist. Man wirft sie in Richtung des Beutetieres, damit seine Beine sich darin verfangen und es stürzt. Der junge Charles Darwin experimentierte beim Reiten mit der Bola und schaffte es, sein eigenes Pferd einzufangen – zur Belustigung der Gauchos, aber vermutlich nicht des Pferdes. Bei der Beute der Bolaspinne handelt es sich ausschließlich um männliche Eulenfalter der Familie Noctuidae, und das hat seinen Grund. Die Falterweibchen locken ihre Männchen mit einem besonderen Duftstoff aus größerer Entfernung an, und die Bolaspinne lockt diese Männchen in den Tod, indem sie einen ganz ähnlichen Duft produziert. Die «Bola» ist eine gewichtige Verdickung am Ende eines einzelnen Seidenfadens, den die Spinne in einer «Hand» hält. Sie schwingt die Bola, bis sie auf einen Falter trifft, und zieht sie dann ein. Technisch gesehen ist die Bola sogar höher entwickelt als der einfache Steinbeutel der Gauchos: Sie ist im Grunde ein eng aufgewundener Seidenfaden, der in einem Wassertropfen liegt – wie eine der klebrigen Perlen im Radnetz. Wenn die Spinne ihre Bola sausen läßt, wickelt sich die Seide wie eine Anglerleine beim Auswerfen des Hakens automatisch ab. Der eingefangene Falter bleibt kleben und fliegt ständig im Kreis. Der weitere Ablauf ist der gleiche wie bei den Spinnen mit den Sollbruchstellen im Faden. Der Falter wird herangeholt und totgebissen. Die Bolaspinnen sind in Südamerika zu Hause, und es ist ein sehr reizvoller Gedanke, daß die Indianer durch Beobachten dieser Tiere auf die Idee kamen, es ihnen nachzumachen.

Bisher haben wir uns Varianten und reduzierte Versionen des normalen Radnetzes angesehen. Es ist an der Zeit, uns wieder dem Radnetz selbst zuzuwenden. Am Ende des vorangegangenen Kapitels hatte ich die Frage aufgeworfen, wie man aus einem Computerprogramm der künstlichen Selektion – beispielsweise aus dem Programm der Biomorphe – ein Modell der natürlichen Auslese machen kann, in dem nicht der sehende Mensch, sondern die blinde Natur die Auswahl trifft. Wir waren uns einig, daß die Biomorphe einen Haken haben: Nichts an ihnen entspricht der wirklichen, greifbaren Welt, in der man überlebt und mehr oder weniger erfolgreich ist. Man könnte sich Biomorphe vorstellen, die sich wie Raubtiere verhalten und vielleicht andere «Beute-Biomorphe» jagen. Aber offenbar läßt sich nicht auf natürliche, ungekünstelte Weise entscheiden, welche Merkmale dafür sorgen, daß ein Biomorph die Beute mehr oder weniger gut fangen beziehungsweise dem Räuber mehr oder weniger gut entkommen kann. Das menschliche Auge sieht vielleicht am einen Ende eines Biomorphs ein Paar geifernde, gierige Fangzähne (Abbildung 1.16, Seite 40), aber diese klaffenden Kiefer, so beängstigend sie auf unsere Phantasie auch wirken mögen, können sich in der Praxis nicht bewähren: Sie bewegen sich nicht und sind nicht in einer Welt echter Körper zu Hause, in der sie mit ihrer Schärfe eine wirkliche Schale oder ein Fell durchdringen könnten. Fangzähne und Haut sind nur Muster von Bildpunkten auf einem zweidimensionalen Leuchtschirm. Schärfe und Härte, Zerbrechlichkeit und Giftigkeit – solche quantitativen Größen bedeuten dem Computer nichts, außer als erfundene Inhalte, die der Programmierer willkürlich als Zahlenwerte definiert hat. Man kann ein Computerspiel kreieren, in dem Zahlen gegen andere Zahlen kämpfen, aber die graphische Verkleidung der Zahlen ist reine Kosmetik und eigentlich überflüssig. Die Begriffe «willkürlich» und «erfunden» erscheinen dem Spieler als Untertreibungen. An dieser Stelle haben wir gegen Ende des vorangegangenen Kapitels erleichtert auf die Spinnennetze zurückgegriffen: Sie sind ein Stück Natur, das man ohne Willkür simulieren kann.

Echte Radnetze erfüllen ihre Aufgabe vorwiegend in zwei Dimensionen. Durch ein zu grobes Geflecht fliegen die Insekten einfach hindurch. Ist es zu engmaschig, erreichen konkurrierende Spinnen das gleiche Ergebnis mit einem geringeren Aufwand an Seide, und deshalb hinterlassen sie mehr Nachkommen, die ihre wirtschaftlich klügeren Gene weitertragen. Die natürliche Selektion findet den effizientesten Mittelweg. Ein auf einem Computerbildschirm gezeichnetes Netz tritt mit Fliegen, die man auf denselben Schirm zeichnet, in eine kaum noch willkürliche Wechselbeziehung. Die Maschenweite ist ein Wert, der dem Computer im Verhältnis zur Größe der «Fliegen» tatsächlich etwas bedeutet. Und ein weiterer derartiger Wert ist die Gesamtlänge der Fäden (der «Aufwand an Seide»). Das Verhältnis zwischen beiden, das die Effizienz angibt, läßt sich mit einem annehmbar geringen Maß an erfundener Künstlichkeit messen. Es ist sogar möglich, in das Modell ein wenig mehr raffinierte Physik einzubauen, und dazu haben Fritz Vollrath (von dem ich vieles, was in diesem Kapitel steht, gelernt habe) sowie seine Physikerkollegen Lorraine Lin und Donald Edmonds einen guten Anfang gemacht. «Elastizität» und «Reißfestigkeit» der Computer«seide» lassen sich einfacher simulieren als beispielsweise die «Gewandtheit» beim «Ausweichen» vor einem Computer«raubtier» oder die «Aufmerksamkeit» beim «Erkennen» eines solchen Geschöpfes. In diesem Kapitel wollen wir uns aber mehr mit den Modellen des eigentlichen Netzbauverhaltens beschäftigen.

Der Programmierer, der die Regeln für die Simulation von Computerspinnen aufschreibt, kann dabei auf eine Vielzahl detaillierter Forschungsergebnisse zurückgreifen, sowohl über die Regeln, die wirkliche Spinnen befolgen, als auch über die punktuellen Entscheidungen, die den Ablauf des Spinnenverhaltens akzentuieren. Professor Vollrath und seine internationale Arbeitsgruppe zur Erforschung von Spinnen stehen auf diesem Gebiet der Wissenschaft an vorderster Front und brachten deshalb die besten Voraussetzungen mit, ihre Befunde in ein Computerprogramm einzubauen. Tatsächlich ist das Schreiben eines solchen Programms eine recht gute Methode, die Kenntnisse über jedes beliebige Regelsystem zusammenzufassen. Zu der Gruppe, die es sich zur Aufgabe gemacht hat, das gesamte deskriptive Wissen über die beobachteten Bewegungen netzbauender Spinnen in computergeeigneter Form zusammenzufassen, gehörte Sam Zschokke. Sein Programm heißt «MoveWatch». Peter Fuchs und Thiemo Krink konzentrierten sich auf der Grundlage der Arbeiten von Nick Gotts und Alun ap Rhisiart auf das umgekehrte Ziel: Sie programmierten «Computerspinnen», die «Computerfliegen» fangen. Ihr Programm nannten sie NetSpinner.

Abbildung 2.10 zeigt, wie MoveWatch die Bewegungen einer Spinne der Art *Araneus diadematus* beim Bau eines bestimmten Netzes wiedergibt. Es sind keine Bilder eines Netzes, auch wenn sie auf den ersten Blick so aussehen. Es handelt sich vielmehr um «Zeitrafferaufnahmen» von den Bewegungen der Spinne, hergestellt durch Videoaufnahmen während des Netzbaues. Ihre Position zu den aufeinanderfolgenden Zeitpunkten wurde dann in Form von Koordinaten in den Computer eingespeist, und anschließend zog der Rechner Linien zwischen den Punkten, an denen sie sich jeweils befand. Die Linien in Form der «Klebspirale» zum Beispiel

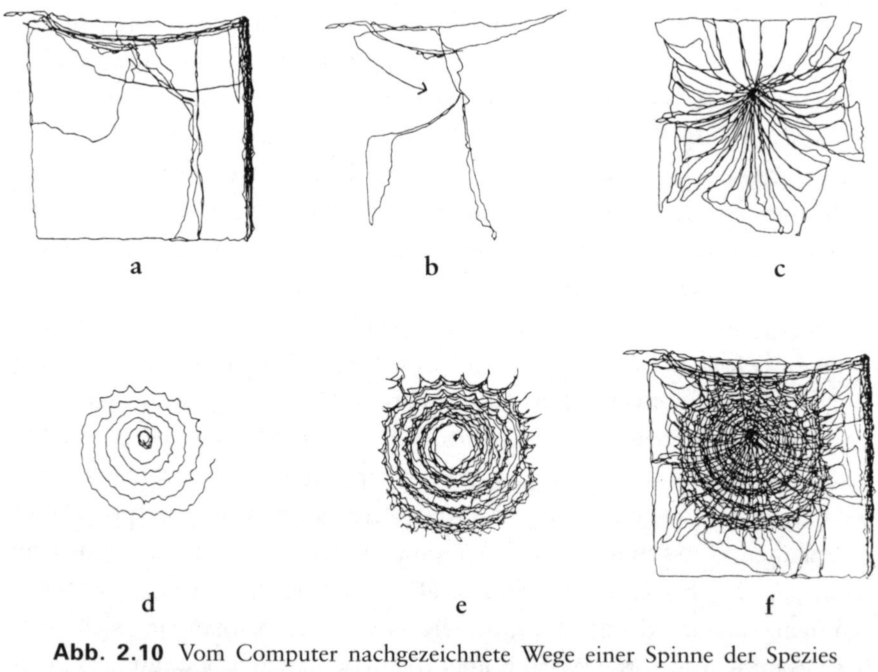

Abb. 2.10 Vom Computer nachgezeichnete Wege einer Spinne der Spezies *Araneus diadematus* beim Netzbau. Das Programm MoveWatch wurde von Sam Zschokke geschrieben. (a) und (b) Vorbereitungen; (c) Speichen; (d) Hilfsspirale; (e) klebrige Spirale; (f) alle Bewegungen.

(Abbildung 2.10 e) geben den Weg der Spinne beim Bau der Spirale wieder; sie bilden nicht die genaue Position der Seidenfäden ab, sonst wären ihre Abstände noch gleichmäßiger. Sie sind vielmehr in «Wellen» zusammengedrängt, und das liegt daran, daß die Spinne ihre klebrige Spirale mit einer provisorischen Hilfsspirale als Stütze baut (Abbildung 2.10 d).

Die Zeichnungen geben nicht das Verhalten von Computerspinnen wieder, sondern sind eine vom Computer erstellte Beschreibung des Verhaltens einer echten Spinne. Wenden wir uns nun NetSpinner zu, dem Ergänzungsprogramm, das sich wie eine Art idealisierte, theoretische Spinne verhält. Man kann damit das Verhalten sehr verschiedenartiger theoretischer Spinnen simulieren, und zwar auf ganz ähnliche Weise, wie es das Biomorph-Programm mit der Anatomie insektenartiger Geschöpfe tut. NetSpinner baut «Netze» auf dem Bildschirm und benutzt dazu Verhaltensregeln, deren Einzelheiten sich unter dem Einfluß von «Genen» verändern. Diese Gene sind wie bei den Biomorphen schlichte Zahlen im Speicher des Computers, die von Generation zu Generation weitergegeben werden. In jeder Generation wirken sich die «Gene» auf das «Verhalten» der Spinne und damit auch auf die Form des «Netzes» aus. Ein Gen könnte zum Beispiel den Winkel zwischen den Speichen beeinflussen, so daß eine Mutation, das heißt eine zahlenmäßige Abwandlung der Verhaltensregel, die Zahl der Speichen verändert. Wie bei den Biomorphen sorgt man dafür, daß die Zahlenwerte im Laufe der Generationen allmählich und nach dem Zufallsprinzip schwanken. Die Mutationen zeigen sich als Veränderungen in der Form des Netzes und unterliegen deshalb der Selektion.

Die sechs Netze in Abbildung 2.11 kann man als Biomorphe betrachten (die Punkte beachten wir im Augenblick noch nicht). Das Netz links oben ist die Ausgangsstruktur, bei den fünf anderen handelt es sich um mutierte Nachkommen. Natürlich bringt ein Netz in Wirklichkeit keine neuen Netze zur Welt, sondern Spinnen (die Netze bauen) bringen Spinnennachkommen hervor (die ebenfalls Netze bauen). Aber in einer sehr wichtigen Hinsicht gilt das, was ich gerade über Netze gesagt habe, tatsächlich auch für lebende Organismen. Gene (die menschliche Eltern entstehen lassen) bringen Gene hervor (die menschliche Kinder entstehen lassen). In dem Computermodell handelt es sich bei den Genen, die (über ihren Einfluß auf das Verhalten einer angenommenen Spinne, die auf dem

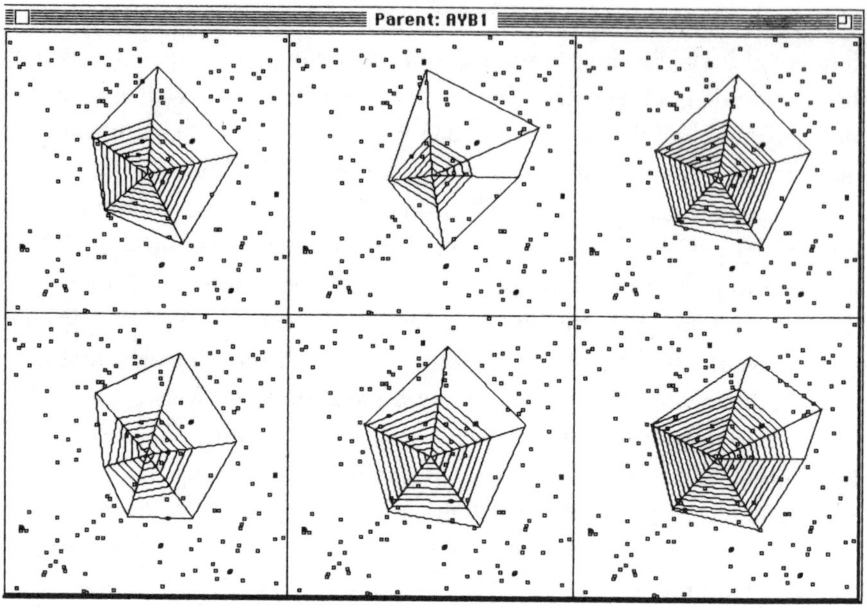

Abb. 2.11 Vom Computer gezeichnete Netze, die mit Computerfliegen beschossen werden. Das Programm NetSpinner wurde von Peter Fuchs und Thiemo Krink geschrieben.

Bildschirm nicht zu sehen ist) das Ausgangsnetz oben links hervorgebracht haben, um die gleichen, die mutiert sind und dann für die Entstehung der fünf anderen Netze gesorgt haben.

Natürlich könnten wir jetzt genau wie bei den Biomorphen eines der fünf Netze mit bloßem Auge für die weitere Zucht auswählen. Damit würden wir den Genen für dieses Netz die Fortpflanzung und damit auch weitere Mutationen ermöglichen. Aber das wäre künstliche Selektion, und beim Wechsel von den Biomorphen zu den Spinnennetzen ging es ja gerade darum, daß wir hier eine Möglichkeit für natürliche Selektion gesehen hatten: Die Auswahl sollte aufgrund einer nachgewiesenen Effizienz im «Fliegenfang» erfolgen und nicht durch die ästhetischen Launen eines Menschen.

Betrachten wir nun die Punkte auf dem Bild. Sie sind die «Fliegen», die der Computer nach dem Zufallsprinzip auf die Netze losgelassen hat. Wie man bei genauem Hinsehen erkennt, wurden auf alle sechs Netze die gleichen Fliegen in den gleichen Positionen «abgeschossen». So macht ein Computer es im Gegensatz zum wirklichen Leben immer, es sei denn, man befiehlt ihm ausdrücklich etwas anderes. Aber in diesem Fall ist es ohne Bedeutung, ja, es erleichtert sogar den Vergleich zwischen den Netzen. «Vergleichen» heißt unter anderem: Der Computer zählt, wie viele Fliegen von den einzelnen Netzen «eingefangen» wurden. Wäre dies das einzige, würde das Netz unten rechts den Wettbewerb gewinnen, denn seine Klebspirale hält die meisten Fliegen fest. Aber ihre Zahl allein ist nicht die einzige wichtige Variable. Es gilt auch den Aufwand für die Seide zu bedenken; ihre Menge ist in dem Netz oben in der Mitte am geringsten – es würde also gewinnen, wenn dies das alleinige Kriterium wäre. Der wirkliche Sieger ist aber ein Netz, das die meisten Fliegen fängt, *abzüglich* einer Kostenfunktion, die sich aus der Länge des Seidenfadens errechnet. Nach dieser raffinierteren Berechnung gewinnt das Netz unten in der Mitte. Es wird für die weitere Zucht ausgewählt, und die Gene, die es entstehen lassen, gelangen in die nächste Generation. Diese Weiterzucht der Sieger begünstigt wie in dem Programm mit den Biomorphen über viele Generationen hinweg einen Evolutionstrend. Aber während die Richtung dieses Trends bei den Biomorphen ausschließlich durch die Launen eines Menschen bestimmt wurde, steuert NetSpinner die Evolution automatisch in Richtung immer größerer Effizienz. Genau das wollten wir erreichen: ein Computermodell für natürliche anstelle der künstlichen Selektion. Und was entwickelt sich unter diesen Bedingungen? Es ist schon erfreulich: Die Netze, die über Nacht in 40 Generationen entstehen, sind ausgesprochen lebensnah (Abbildung 2.12).

Die Bilder, die ich bisher gezeigt habe, wurden von NetSpinner II erzeugt, dessen Programm vorwiegend von Peter Fuchs geschrieben wurde. (NetSpinner I war eine Vorläuferversion, auf die ich hier nicht näher eingehe.) Spätere Versionen des NetSpinner-Programms, die von Thiemo Krink umgeschrieben wurden, schlagen den Biomorphen in einer wichtigen Hinsicht ein Schnippchen. NetSpinner III berücksichtigt auch die sexuelle Fortpflanzung. Die Biomorphe und auch die Geschöpfe von NetSpinner II pflanzten sich nur ungeschlechtlich fort. Was kann es bedeuten, wenn man sagt, Computerspinnen vermehren sich sexuell? Man sieht

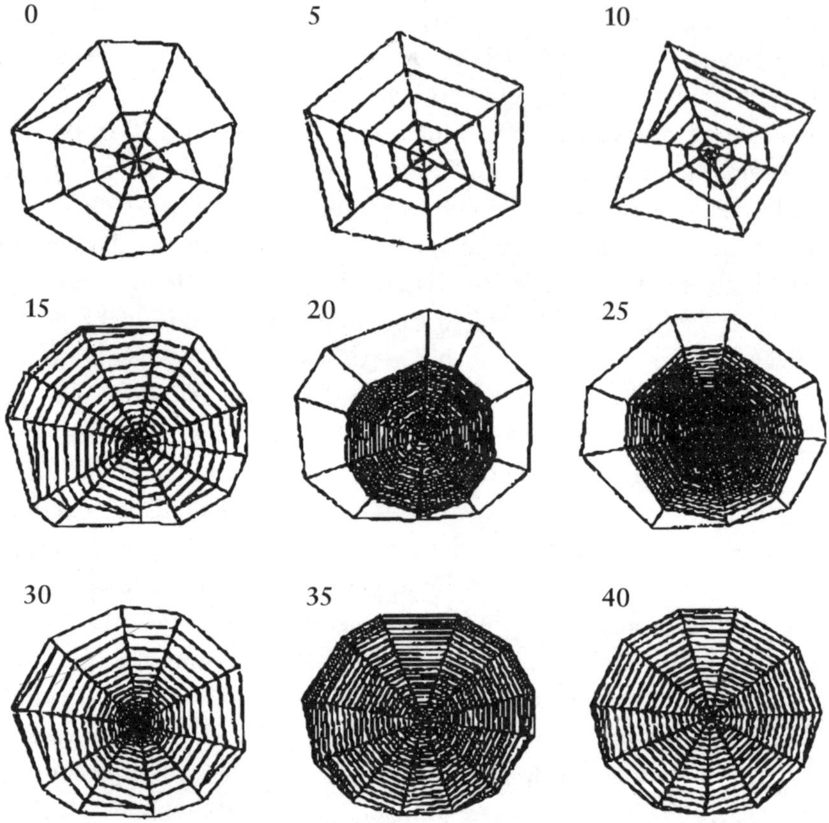

Abb. 2.12 Die Evolution eines Spinnennetzes in einer Nacht mit dem Programm NetSpinner; dargestellt ist jede fünfte Generation.

nicht, wie sie auf dem Bildschirm tatsächlich kopulieren, obwohl man auch das – vollständig und einschließlich des kannibalistischen Höhepunkts – zweifellos darstellen könnte. Aber das Programm sorgt für die genetischen Verbindungen der sexuellen Fortpflanzung, das heißt für die Neukombination der Hälfte aller Gene von Vater und Mutter. Das Ganze funktioniert folgendermaßen: In jeder Generation gibt es eine Population, hier Dem genannt, aus einem halben Dutzend Spinnen, die jeweils ein Netz bauen. Die Form des Netzes wird von einem «Chromosom» gesteuert, einer Kette von Genen. Jedes dieser Gene wirkt, indem es eine bestimmte Netzbau«regel» beeinflußt, wie wir sie zuvor kennengelernt haben. Die fertigen Netze werden anschließend mit «Fliegen» bombardiert. Wie «gut» ein Netz ist, rechnet man auf die beschriebene Weise aus: als Funktion aus der Zahl der gefangenen «Fliegen» abzüglich einer Funktion der verbrauchten «Seide». In jeder Generation stirbt ein festgelegter Anteil der Spinnenpopulation, und zwar derjenige mit den am wenigsten effizienten Netzen. Die verbliebenen Spinnen paaren sich nach dem Zufallsprinzip und bringen die nächste Spinnengeneration hervor. «Paarung» bedeutet dabei, daß die Chromosomen der beiden Spinnen sich «nebeneinanderlegen» und einen Teil ihrer Länge austauschen. Das mag bizarr und weit hergeholt klingen, aber man sollte daran denken, daß wirkliche Chromosomen – unsere eigenen wie auch die der Spinnen – bei der geschlechtlichen Fortpflanzung genau das gleiche tun.

Das Ganze setzt sich fort, und die Population entwickelt sich Generation um Generation weiter, allerdings mit einer zusätzlichen Verfeinerung. Es gibt nämlich nicht nur ein Dem mit sechs Spinnen, sondern (beispielsweise) drei halbgetrennte Deme (Abbildung 2.13). Jedes davon macht seine separate Entwicklung durch; nur gelegentlich «wandert» eine einzelne Spinne zu einem anderen Dem und nimmt dabei ihre Gene mit. Auf die dahinterstehende Theorie werden wir in Kapitel 4 zurückkommen. Vorerst wollen wir nur feststellen, daß alle drei Deme sich in Richtung verbesserter Netze weiterentwickeln, um Fliegen auf wirtschaftlichere Weise einzufangen. Manche Deme bleiben dabei in entwicklungsgeschichtlichen Sackgassen stecken. Die wandernden Spinnengene kann man sich als einen Schub neuer «Ideen» aus einer anderen Population vorstellen. Es scheint fast, als ob eine erfolgreiche Spinnenpopulation Gene «ausschickt», die einer weniger erfolgreichen Population bessere Lösungen des Netzbauproblems «vorschlagen».

In der ersten Generation finden wir in allen drei Demen sehr unterschiedliche Netzformen, die meisten davon nicht besonders effizient. Im Laufe der Generationen beobachten wir, wie in dem Beispiel mit ungeschlechtlicher Fortpflanzung in Abbildung 2.12, eine allmähliche Einengung der Variationsbreite in Richtung einer besseren, effizienteren Form. Aber jetzt sorgt die sexuelle Fortpflanzung dafür, daß die Ideen innerhalb der Deme «ausgetauscht» werden, so daß die verschiedenen

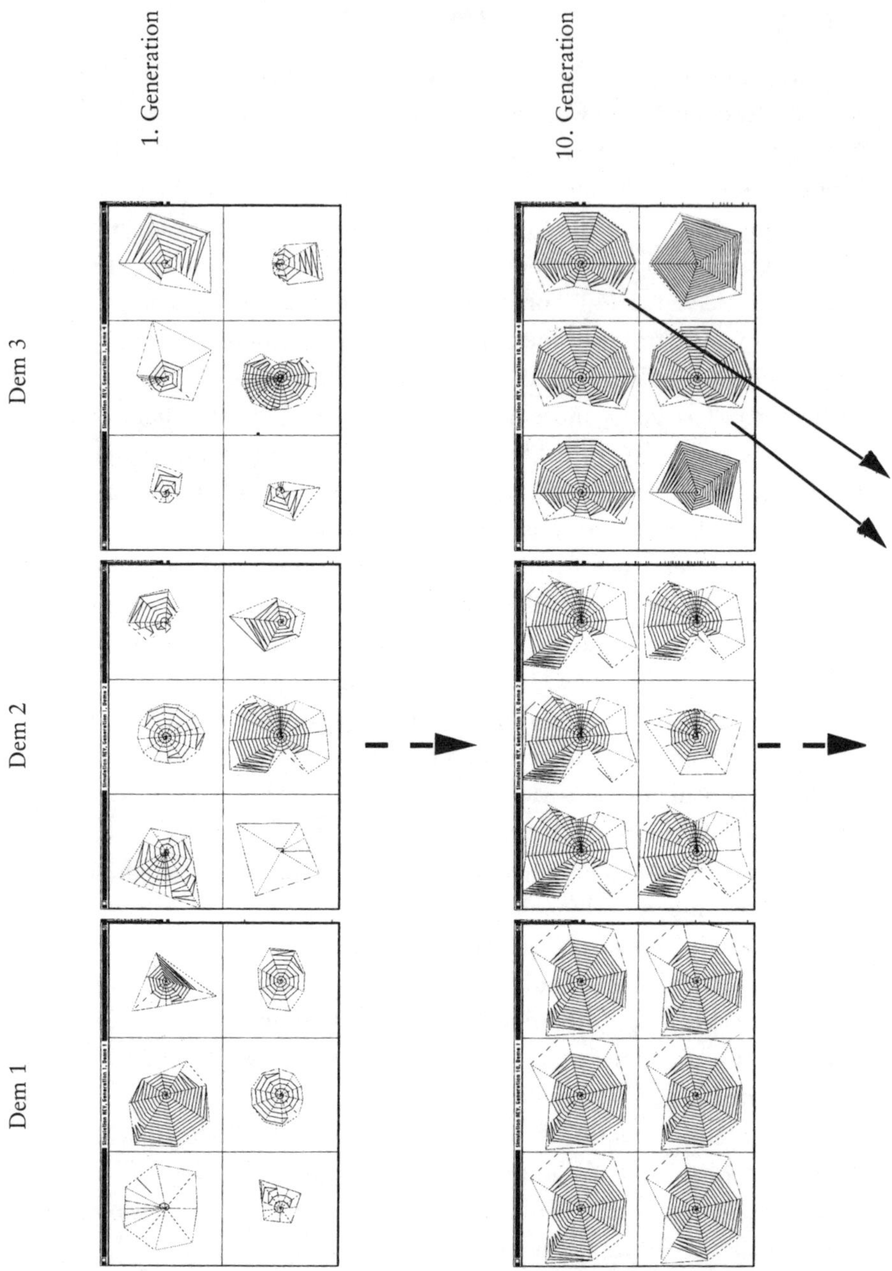

Abb. 2.13 Die Evolution dreier Deme von Computer-Spinnennetzen, die sich über 50 Generationen sexuell fortpflanzen und mit NetSpinner der «natürlichen» Selektion unterworfen wurden. In der 11. Generation wanderten zwei

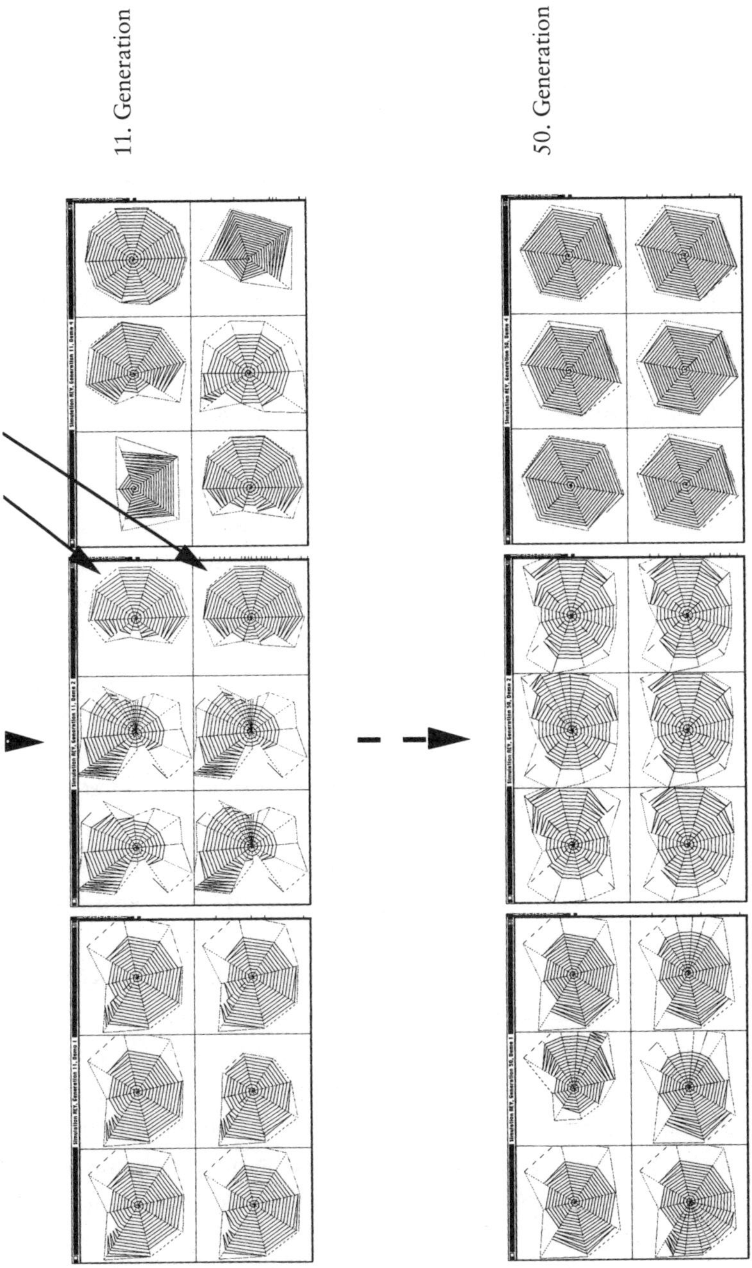

Genotypen für Netze aus Dem 3 nach Dem 2, wo sie für Kreuzungen zur Verfügung standen (in der Zeichnung durch schräge Pfeile gekennzeichnet).

Mitglieder einer Gruppe einander recht ähnlich werden. Andererseits sind sie von den anderen Demen genetisch abgeschnitten, so daß es zwischen den Gruppen merkliche Unterschiede gibt. An einer Stelle in der elften Generation wandern die Gene zweier Netze von Dem 3 zu Dem 2, so daß Dem 2 mit «Ideen» von Dem 3 «infiziert» wird. In der Generation Nummer 50 – in manchen Fällen sogar schon wesentlich früher – haben die Netze sich zu guten, stabilen, effizienten Fliegenfängern entwickelt.

Demnach kann etwas Ähnliches wie die natürliche Selektion im Computer funktionieren und künstliche Netze erzeugen, die Fliegen effizienter fangen als die ursprünglichen Anordnungen. Das kommt der natürlichen Selektion ein gutes Stück näher als die rein künstliche Selektion der Biomorphe, entspricht ihr aber noch nicht völlig. Auch NetSpinner muß eine Berechnung anstellen und dann entscheiden, welche Netze gut genug für die Weiterzucht sind und welche nicht. Der Programmierer muß festlegen, wie aufwendig eine bestimmte Länge des «Seiden»fadens ist, und zwar in der gleichen Währung, in der auch der Wert einer «Fliege» gemessen wird. Und den Wechselkurs dieser Währungen kann der Programmierer nach Belieben verändern, beispielsweise indem er den «Preis» der Seide verdoppelt. Damit würde sich der Zuchterfolg größerer, dichterer Netze vermindern, die um ein paar zusätzlich gefangener Fliegen willen verschwenderischer mit den Fäden umgehen. Das Währungsverhältnis und den Wechselkurs bestimmt der Programmierer ganz nach Belieben. Und das ist nur einer von vielen Geldwechselvorgängen, die im Hintergrund ablaufen. Auch über die Geschwindigkeit, mit der «Beutefleisch» sich in Spinnennachwuchs verwandelt, entscheidet der Programmierer. Sie könnte auch anders sein. Ebenso liegt es am Programmierer, welcher Anteil der Spinnen aus anderen Gründen stirbt, die nichts mit der Qualität der Netze zu tun haben. Es ist eine willkürliche Entscheidung, und je nachdem, wie sie ausfällt, kann sie zu unterschiedlichen Evolutionsprodukten führen.

Im wirklichen Leben sind alle diese Entscheidungen keineswegs willkürlich. Eigentlich handelt es sich gar nicht um Entscheidungen, und sie werden nicht von Computern getroffen. Sie geschehen einfach, ganz natürlich und ohne viel Aufhebens. Fliegenfleisch *wird* einfach in das Fleisch der Spinnennachkommen umgewandelt, und der Wechselkurs für die Währungen *ist* einfach, wie er ist. Wenn wir nachträglich daherkommen und ihn ausrechnen, ist das unsere Sache. Die Umwandlung vollzieht sich von selbst, ob jemand sie in mathematisch-wirtschaftliche Begriffe faßt oder nicht. Das gleiche gilt für die Umwandlung von Insektenfleisch in Seide. NetSpinner geht davon aus, daß alle Fliegen gleich sind. In Wirklichkeit kann das im Detail erheblich komplizierter sein, aber auch dann ereignet sich alles einfach und ohne viel Aufwand. Abgesehen davon, daß manche Insekten größer sind als andere, dürfte es auch verwickelte qualitative Unterschiede geben. Nehmen wir beispielsweise einmal an, daß zur Herstellung der Seide eine Aminosäure gebraucht wird, die nur in geringen Mengen vorhanden ist. Die einzelnen Insekten unterscheiden sich in ihrem Gehalt an dieser speziellen Verbindung. Eine wirklichkeitsnahe Rechnung für den Wert eines Insekts muß also berücksichtigen, um was für eine Art es sich handelt und wie groß es ist. Solche Effekte könnte NetSpinner einbeziehen, aber dann wäre es wiederum eine willkürliche Rechnung. In Wirklichkeit geschieht es einfach, ohne daß man etwas konstruieren muß. Und ich möchte noch eine Komplikation nennen: Wenn eine Spinne satt ist, hat eine zusätzliche Fliege wahrscheinlich einen geringeren Wert, als wenn sie Hunger hat. Das berücksichtigt NetSpinner im Gegensatz zum wirklichen Leben nicht. Das Programm könnte die Sättigung in seine Berechnungen einbeziehen, aber im wirklichen Leben ist sie einfach da, mir nichts, dir nichts; eine eigene Berechnung ist nicht notwendig.

Der Punkt, um den es mir geht, ist so offensichtlich, daß ich ihn kaum erwähnen brauche, aber er ist auch so wichtig, daß ich doch darauf hinweisen muß. Jedesmal, wenn man NetSpinner um eine zusätzliche komplizierte Einzelheit erweitert, muß ein schlauer menschlicher Programmierer seitenweise schwierige Computercodes schreiben. Im wirklichen Leben dagegen gibt es bemerkenswerterweise *keine* ausführlichen Berechnungen. Der Umrechnungsfaktor für die Fliegenprotein- und Seidenprotein-Währung ist einfach da. Die Tatsache, daß eine Fliege für eine hungrige Spinne wertvoller ist als für eine satte, bedarf keiner eigenen Rechenarbeit. Es wäre einfach verwunderlich, wenn Nahrung für ein hungriges Lebewesen nicht wertvoller wäre. Wir sind es gewohnt, in Computersimulationen eine Vereinfachung der Wirklichkeit zu sehen, aber in einem gewissen Sinn sind sie das nicht, sondern machen die reale Welt komplizierter.

Die natürliche Selektion ist insofern ein äußerst einfacher Vorgang, als sie mit sehr wenigen Hilfsmitteln funktioniert. Ihre Wirkungen und Folgen sind allerdings extrem kompliziert. Damit die natürliche Selektion auf einem real existierenden Planeten in Gang kommt, muß nur eines vorhanden sein: erbliche Information. Sie ist sicher auch erforderlich, wenn man in einem Computer ein simuliertes Modell der natürlichen Selektion ablaufen lassen will, aber zusätzlich braucht man noch vieles andere: einen raffinierten Apparat zur Berechnung zahlreicher Kosten und Nutzen sowie eine angenommene Währung, um das eine in das andere umzuwandeln.

Und das ist noch nicht alles: Man muß eine ganze künstliche Körperwelt einrichten. Für unser Beispiel hatten wir Spinnennetze gewählt, da sie in der Natur zu den Vorrichtungen gehören, die sich am leichtesten in Computerbegriffe umsetzen lassen. Flügel, Wirbelsäulen, Zähne, Klauen, Flossen und Federn – im Prinzip könnte man das alles in Computermodelle fassen und den Rechner dann so programmieren, daß er die Effizienz verschiedener Formvarianten ermittelt. Aber das wäre eine entsetzlich schwierige Programmierarbeit. Flügel, Flossen und Federn zeigen ihre Qualitäten erst, wenn sie sich in einem physikalischen Medium – Luft oder Wasser – befinden, das Eigenschaften wie Widerstand, Elastizität und Turbulenzverteilungen besitzt. So etwas läßt sich nur schwer simulieren. Ein Rückgrat oder die Knochen von Armen und Beinen können sich nur in einem physikalischen System aus Belastungen, Hebelwirkungen und Reibungen bewähren. Härte, Zerbrechlichkeit, Biege- und Druckelastizität – all das müßte man im Computer wiedergeben. Die Simulation der dynamischen Wechselwirkungen zwischen Knochen, die in unterschiedlichen Winkeln zueinander stehen und durch Bänder und Sehnen verknüpft sind, ist eine anspruchsvolle Programmieraufgabe, die alle Augenblicke willkürliche Entscheidungen erfordert. Und Luftströmungen oder Turbulenzen um einen Flügel herum zu simulieren ist so schwierig, daß Flugzeugingenieure häufig auf Modelle im Windtunnel zurückgreifen, statt sie im Computer nachzuvollziehen.

Ich möchte aber die Arbeit der Computerfachleute nicht abwerten. Das Forschungsgebiet des «Künstlichen Lebens» erhielt 1987 seinen Namen, und ich hatte die Ehre, zur Taufe nach Los Alamos eingeladen zu werden, ein Ort, der früher die Heimat der Atombombe war und heute konstruktiveren Zwecken dient. Christopher Langton, der die erste Konferenz von 1987 und ihre Nachfolgeveranstaltungen anregte und einberief, hat mittlerweile eine Fachzeitschrift für Künstliches Leben gegründet, deren Erstausgabe kürzlich erschien. Die darin enthaltenen Artikel vermindern den im vorangegangenen Absatz ausgedrückten Pessimismus bereits ein wenig. So schrieben beispielsweise die drei Nordamerikaner Demetri Terzopoulos, Xiaoyuan Tu und Radek Grzeszczuk eine aufsehenerregende Simulation von Computerfischen, die sich wie echte Fische verhalten und in simuliertem Computerwasser in Wechselbeziehung treten. Die Computerwelt, in der diese Fische schwimmen, hat ihre eigene simulierte Physik, die auf der echten physikalischen Eigenschaft des Wassers basiert. Große Teile der Programmierarbeit muß in die Simulation eines einzelnen Fisches gesteckt werden, damit er sich richtig verhält. Anschließend vermehrt man diesen ursprünglichen Fisch viele Male mit leichten Abwandlungen, und dann entläßt man alle diese Geschöpfe ins «Wasser», wo sie einander «bemerken» und in Wechselwirkung treten. Sie vermeiden zum Beispiel «Kollisionen» und tun sich zu «Schwärmen» zusammen.

Anatomisch besteht jeder Computerfisch aus 23 Knoten, die in einem simulierten dreidimensionalen Raum angeordnet und über 91 «Federn» mit ihren Nachbarn verknüpft sind (Tafel 2.14). Zwölf Federn können sich zusammenziehen: Sie sind die «Muskeln» des künstlichen Fisches. Die schlängelnden Schwimmbewegungen echter Fische, auch die Drehungen, werden durch kontrollierte Kontraktionswellen simuliert, die durch die «Muskeln» laufen. Der Fisch kann durch Erfahrung lernen, die Abfolge der Muskelkontraktionen zu verbessern und auf diese Weise zu schwimmen, die Richtung zu ändern und ein Ziel anzusteuern. Die Fische haben drei «Geisteszustandsvariablen» namens «Hunger», «Libido» und «Angst», die zusammen «Intentionen» entstehen lassen. Solche Intentionen sind beispielsweise «Fressen», «Paarung», «Herumschwimmen», «Wegschwimmen» und «Kollisionen vermeiden». Außerdem hat der Fisch zwei Sinnesorgane: Das eine mißt die «Temperatur» des Wassers, und das andere dient als grobes «Auge», das Lage, Farbe und Größe anderer Gegenstände in seiner Umwelt wahrnimmt. Damit das Ganze hübscher aussieht, ist das Skelett aus Knoten und Federn von einer scheinbar festen, fischfarbenen Hülle umgeben. Verschiedene Fischarten, zum Beispiel Räuber und Beute, unterscheiden sich aber nicht nur in ihrem Äußeren, sondern auch im Verhalten (Tafel 2.15). Räuber haben nicht nur eine andere Größe als Beutefische, sie sind auch verhaltensmäßig anders eingestellt und messen den drei Geisteszustandsvariablen sowie den verschiedenen «Intentionen» ein anderes Gewicht bei. Nebenbei bemerkt: Solche Simulationen kosten selbst auf den heutigen schnellen Computern so viel Rechenzeit, daß sich eine künstliche Welt mit vielen interagierenden Fischen nicht plausibel in Echtzeit darstellen läßt. Die Computerfische schwimmen und jagen einander, flüchten und werben, aber alles geschieht langsamer als in Wirklichkeit, und wenn wir uns in Echtzeit unterhalten lassen wollen, müssen wir auf etwas Ähnliches wie Zeitrafferaufnahmen zurückgreifen. Aber dieses Detail hat kaum theoretische Bedeutung: Es ist ein Problem, das mit zukünftigen Computergenerationen verschwinden wird.

Die künstliche Welt, die Terzopoulos, Tu und Grzeszczuk mit ihren Computerfischen herstellten, ist so reichhaltig, daß sie sich für die Simulation einer Evolution eignet. Derzeit «paaren» sich ihre Fische zwar, aber das beschränkt sich auf Werbeverhalten. Wirkliche Fortpflanzung findet nicht statt. Den nächsten naheliegenden Schritt haben die Autoren durchaus erkannt: Man könnte «Gene» für die quantitative Gewichtung der Verhaltensvariablen einrichten, welche die Muskelfedern lenken, und auf einer höheren Ebene auch für die Geisteszustandsvariablen und Intentionen. Bei der Paarung könnten Männchen und Weibchen ihre Gene neu kombinieren, wobei gelegentlich Mutationen auftreten würden, und die so entstehenden neuen Generationen wären dann genetisch anders ausgestattet. Als nächstes folgte die Evolution durch natürliche Selektion, allerdings in der letztlich künstlichen Umgebung des Computers. Vielleicht bräuchte man gar nicht zwei Fischarten als Räuber und Beute definieren. Möglicherweise könnte man von zwei Formen ausgehen, die sich nur in Größe und Paarungsverträglichkeit, nicht aber in ihren Gewohnheiten voneinander unterscheiden; die natürliche Selektion würde dann vielleicht dafür sorgen, daß die größere Spezies nach vielen Generationen die Gewohnheit annimmt, die kleinere zu fressen. Wer weiß, welche reizvollen

Launen künstlicher Naturgeschichte da vor unseren Augen auftauchen könnten!

Ich rechne mit einem blühenden neuen Forschungsgebiet, dem man den paradoxen Namen Künstliche Natürliche Selektion geben könnte, und ich freue mich darauf. Aber die einfachste «Simulation» der tatsächlichen natürlichen Selektion ist in einem gewissen Sinn die Wirklichkeit selbst. Knochen unterscheiden sich tatsächlich in Bruchfestigkeit, Kompressionselastizität, Härte, Bruchlinien und Calciumverbrauch. Die Einzelheiten kann man ausrechnen, wenn man das möchte, aber ob man nun Berechnungen anstellt oder nicht, immer bleibt eine Tatsache: Manche Knochen brechen, andere nicht; manche Knochen verbrauchen eine Menge kostbares Calcium, andere lassen es übrig, so daß es in die Milch gelangt. So gesehen ist das wirkliche Leben ganz und gar einfach. Manche Tiere sterben leichter als andere. Mit dem Kalkulieren und Ausrechnen der Einzelheiten könnte der schnellste Computer Amerikas sich ein Jahr lang beschäftigen. Aber in der Natur lautet die brutale Wahrheit: der eine stirbt, der andere nicht. Das ist alles.

Wenn man möchte, kann man sich die Gene in allen Populationen der Erde als Teile eines riesigen Computers vorstellen, der Kosten, Nutzen und Wechselkurse ausrechnet, und die Verschiebungen von Genhäufigkeiten entsprechen dann dem Auf und Ab der Nullen und Einsen in einem elektronischen Prozessor. Das ist ein recht aufschlußreicher Gedanke, und ich werde auf den letzten Seiten dieses Buches darauf zurückkommen. Aber jetzt ist es an der Zeit, den Titel zu erklären. Was ist das Unwahrscheinlichkeitsgebirge, und was können wir von ihm lernen?

Drittes Kapitel DIE BOTSCHAFT DES BERGES

Das Unwahrscheinlichkeitsgebirge erhebt sich aus der Ebene und streckt seine schwindelerregenden Gipfel in den blassen Himmel. Seine hoch aufragenden, senkrechten Wände sehen aus, als könnten sie niemals bezwungen werden. Klein wie Ameisen wimmeln und krabbeln die frustrierten Bergsteiger zu seinen Füßen herum und starren hoffnungslos in die gewaltigen, unerreichbaren Höhen. Sie schütteln ihre winzigen, verblüfften Köpfe und erklären den luftigen Gipfel für ewig unbesteigbar.

Unsere Bergsteiger sind zu ehrgeizig. Sie starren so gebannt auf die abschreckend senkrechten Felswände, daß sie nicht auf die Idee kommen, sich die Rückseite des Gebirges anzusehen. Dort würden sie keine senkrechten Klippen und echowerfenden Schluchten vorfinden, sondern sanft ansteigende Wiesen, über die man stetig und einfach zu den entfernten Höhen vordringen kann. Gelegentlich sind die allmählichen Steigungen von einer kleinen Felsstufe unterbrochen, aber dann findet man in der Regel einen Umweg, der für einen geübten Bergwanderer mit festem Schuhwerk und genügend Zeit nicht allzu schwierig ist. Die Höhe des Gipfels als solche ist ohne Bedeutung, solange man nicht versucht, ihn mit einem Schlag zu erklimmen. Man braucht nur den Weg mit der geringen Steigung zu finden, und wenn man unbegrenzt Zeit hat, ist der Aufstieg immer nur so anstrengend wie der nächste Schritt. Die Geschichte vom Unwahrscheinlichkeitsgebirge ist natürlich eine Parabel. Was sie bedeutet, werden wir in diesem und den nächsten Kapiteln erfahren.

Das folgende Zitat stammt aus einem Leserbrief, den die Londoner *Times* vor einigen Jahren veröffentlichte. Den Namen des Verfassers verschweige ich, um Peinlichkeiten zu vermeiden; er ist Physiker, und zwar ein so angesehener, daß seine Kollegen ihn zum Mitglied der Royal Society gewählt haben, der renommiertesten Wissenschaftsinstitution Großbritanniens.

Sir, ich gehöre zu den Physikern ... die an Darwins Evolutionstheorie zweifeln. Meine Zweifel haben keine religiösen Ursachen und entstammen auch nicht dem Bestreben, Öl ins Feuer irgendeiner Meinungsverschiedenheit zu gießen. Ich bin einfach nur davon überzeugt, daß der Darwinismus wissenschaftlich nicht haltbar ist. ...

Wir haben keine andere Wahl, als die Evolution anzuerkennen – sie wird durch alle Fossilfunde belegt. Umstritten sind nur die Ursachen. Darwin behauptet, die Ursache sei der Zufall: Während Generation auf Generation folgt, kommen zufällig kleine Abweichungen vor, und diejenigen, die einen Vorteil bieten, bleiben erhalten, während die anderen verschwinden. Deshalb verbessern sich die Lebewesen allmählich, zum Beispiel durch eine größere Fähigkeit, sich Nahrung zu verschaffen oder ihre Feinde zu vernichten. Diesen Vorgang bezeichnete Darwin als natürliche Selektion.

Als Physiker kann ich das nicht akzeptieren. Es scheint mir unmöglich, daß zufällige Abweichungen einen so bemerkenswerten Apparat wie den menschlichen Körper hervorgebracht haben. Nehmen wir nur ein Beispiel: das Auge. Darwin räumte ein, daß es ihn überforderte – er konnte nicht erkennen, wie es sich aus einem einfachen lichtempfindlichen Organ entwickelt haben könnte ... Ich selbst sehe keine Alternative zu der Hypothese, daß die lebende Materie gestaltet wurde. Der Ursprung des Lebens läßt sich mit herkömmlicher Naturwissenschaft nicht erklären, und das gleiche gilt für die wunderbare Folge der Lebewesen, die sich in den Tausenden von Jahrmillionen, seit es die Erde gibt, gebildet haben. Aber wer war der Gestalter?
Mit den besten Grüßen

Der Verfasser legt großen Wert auf die zweimal geäußerte Mitteilung, daß er Physiker ist, was seinen Ansichten besonderes Gewicht verleiht. Ein anderer Naturwissenschaftler, ein Chemieprofessor an der San Jose State University in Kalifornien, platzte mit einer Veröffentlichung unter der Überschrift «Damit die Smyrnafeige entstehen konnte, war Gott nötig» in die Biologie. Er beschreibt darin, wie bemerkenswert komplex die Beziehung zwischen Feigen und den sie bestäubenden Wespen ist (siehe Kapitel 10), und gelangt zu folgendem Schluß: «Eine junge Wespe liegt den ganzen Winter über schlafend in einem Ziegen-Feigenbaum, aber sie schlüpft genau zur richtigen Zeit, um ihre Eier zu legen und die Bestäubung der Pflanze zu gewährleisten. Das alles erfordert einen genauen Zeitplan, und das heißt, daß es von Gott gelenkt wird»! (Das Ausrufezeichen ist von mir). «Zu glauben, dieser ganze exakte Ablauf sei ein Zufall der Evolution, ist absurd. Ohne Gott könnte es so etwas wie die Smyrnafeige nicht geben ... Die Evolutionstheoretiker behaupten, die Dinge entstünden durch Zufall, ohne festgelegten Zweck und ohne einen vollständig durchdachten Plan.»

Fred Hoyle, einer der berühmtesten britischen Physiker (er ist zufällig auch der Autor des Buches *The Black Cloud*, das zu den besten jemals verfaßten Science-fiction-Romanen gehört), äußert häufig eine ähnliche Ansicht über große Moleküle wie die Enzyme, deren «Unwahrscheinlichkeit» – das heißt die Wahrscheinlichkeit, daß sie durch Zufall von selbst entstehen – sich leichter berechnen läßt als die von Augen oder Feigen. Enzyme arbeiten in den Zellen eigentlich wie eine Riesenanzahl von Maschinen zur Massenproduktion von Molekülen. Ihre Effizienz hängt von ihrer dreidimensionalen Struktur ab, die dreidimensionale Struktur hängt von der Knäuelung ihrer Molekülketten ab, und diese Knäuelung hängt von der Reihenfolge der Aminosäuren ab, die in einer solchen Kette hintereinander verknüpft sind. Die Reihenfolge der Aminosäuren wiederum wird unmittelbar von den Genen gesteuert und ist das eigentlich Entscheidende. Könnte sie durch Zufall entstehen?

Hoyle sagt nein, und damit hat er recht. Es steht eine festgelegte Anzahl verschiedener Aminosäuren zur Verfügung, nämlich zwanzig. In einem typischen Enzym sind mehrere hundert solcher Bausteine verknüpft, die alle aus dem Repertoire der 20 verschiedenen Aminosäuren stammen. Wie eine einfache Rechnung zeigt, beträgt die Wahrscheinlichkeit, daß sich eine bestimmte Sequenz von beispielsweise 100 Aminosäuren spontan bildet, eins zu $20 \times 20 \times 20$ ... und das Ganze hundert Mal, also 1 zu 20^{100}. Das ist eine unvorstellbar große Zahl, weitaus größer als die Zahl der Elementarteilchen im gesamten Universum. Fred Hoyle wollte denen gegenüber, die er als seine darwinistischen Gegner einschätzt, fair sein und machte (unnötigerweise, wie wir noch sehen werden) einen Rückzieher: Er vergrößerte die Wahrscheinlichkeit auf 1 zu 20^{10}. Das ist sicher eine bescheidenere Zahl, aber immer noch eine entsetzlich geringe Wahrscheinlichkeit. Der Astrophysiker Chandra Wickramasinghe, sein Koautor und Kollege, zitierte Hoyle mit dem Ausspruch, die spontane, «zufällige» Entstehung eines funktionsfähigen Enzyms sei so, als würde ein Hurrikan über einen Schrottplatz fegen und dabei spontan und durch Zufall eine Boeing 747 zusammensetzen. Aber Hoyle und Wickramasinghe übersehen etwas: Der Darwinismus ist *keine* Theorie des Zufalls, sondern eine Theorie der zufälligen Mutationen in Verbindung mit *nicht zufälliger*, kumulativer natürlicher Selektion. Warum, so frage ich mich, fällt es selbst klugen Wissenschaftlern so schwer, diese einfache Tatsache zu begreifen?

Darwin selbst mußte sich mit einer früheren Generation von Physikern auseinandersetzen, die behaupteten, der «Zufall» sei der entscheidende Schwachpunkt seiner Theorie. William Thomson Lord Kelvin war vielleicht der größte Physiker seiner Zeit und Darwins angesehenster wissenschaftlicher Gegner. Eine seiner vielen Errungenschaften bestand darin, daß er das Alter der Erde anhand der Abkühlungsgeschwindigkeit berechnete; dabei ging er davon aus, daß sie anfangs ein Teil des Sonnen«feuers» war. Er gelangte zu dem Schluß, unser Planet sei einige zigmillionen Jahre alt. Heutige Schätzungen verlegen das Alter in den Bereich von Jahrmilliarden. Aber es schmälert das Verdienst von Lord Kelvin nicht, daß seine Schätzung nur ein Hundertstel des richtigen Wertes war. Zu seiner Zeit gab es keine Datierungsmethoden, die sich auf radioaktiven Zerfall stützen, und die Kernfusion, das wahre «Feuer» der Sonne, kannte man ebenfalls noch nicht. Deshalb war seine Berechnung der Abkühlung von vornherein zum Scheitern verurteilt. Weniger verzeihlich war jedoch, daß er Darwins biologische Belege «als Physiker» so hochmütig abtat: Die Erde war angeblich nicht alt genug; damit der Darwinsche Evolutionsprozeß zu den Ergebnissen führen könnte, die wir um uns herum sehen, reichte die Zeit nicht aus; die biologischen Befunde mußten einfach falsch sein, ausgestochen von den überlegenen Befunden der Physik. Darauf hätte Darwin ebensogut erwidern können (was er nicht tat): Die biologischen Befunde weisen auf die Evolution hin, also muß die Zeit dafür zur Verfügung gestanden haben, und deshalb sind die Belege des Physikers falsch!

Aber zurück zu den Behauptungen über den «Zufall». Lord Kelvin nutzte das prestigeträchtige Forum seiner Antrittsrede als Präsident der British Association, um unter allgemeiner Zustimmung John Herschel zu zitieren, einen anderen bekannten Physiker, der den Darwinismus übrigens als «Gesetz des Drunter und Drüber» bezeichnet hatte:

> Das Prinzip der zufälligen, gelegentlichen Abwandlung und natürlichen Auslese können wir für sich betrachtet ebensowenig als Erklärung für die Lebenswelt der Vergangenheit und Gegenwart akzeptieren, wie wir die (auf die Spitze getriebene) Methode der Laputier zum Verfassen von Büchern als ausreichende Begründung für Shakespeare und die *Principia* ansehen können.

Herschels Anspielung bezog sich auf *Gullivers Reisen*; darin macht Swift sich über die Bewohner von Laputa lustig, die Bücher schreiben, indem sie zufällig Wörter aneinanderreihen. Herschel und Kelvin, Hoyle und Wickramasinghe, meine anonym zitierten Physiker und eine beliebige Anzahl von Traktaten der Zeugen Jehovas machen alle den gleichen Fehler: Sie tun so, als sei die Darwinsche natürliche Auslese das gleiche wie das Bücherschreiben der Laputier. Bis heute und auch in Kreisen, die es eigentlich besser wissen müßten, gilt der Darwinismus weithin als Theorie des «Zufalls».

Dabei liegt es sonnenklar, eindeutig und unmißverständlich auf der Hand, daß der Darwinismus, wäre er wirklich eine Theorie des Zufalls, nicht funktionieren könnte. Man braucht kein Mathematiker oder Physiker zu sein, um auszurechnen, daß es bis zum Sankt-Nimmerleins-Tag dauern würde, bis ein Auge oder ein Hämoglobinmolekül sich durch rein zufälliges Drunter und Drüber zusammenfände. Das ist keineswegs nur ein Problem des Darwinismus: Die astronomische Unwahrscheinlichkeit der Augen und Knie, Enzyme und Ellenbogengelenke sowie aller anderen Wunder des Lebendigen ist genau die Frage, die *jede* Theorie des Lebens beantworten muß, und *nur* der Darwinismus beantwortet sie tatsächlich. Er löst das Problem, indem er die Unwahrscheinlichkeit in kleine, handliche Teile zerlegt und damit den Zufall austrickst; er begibt sich auf die Rückseite des Unwahrscheinlichkeitsgebirges und kriecht dort die sanften Abhänge hoch, einen Millionen-Jahr-Zentimeter nach dem anderen. Nur

Gott würde den verrückten Versuch machen, die steile Felswand auf einmal zu überwinden. Und wenn wir ihn als unseren kosmischen Designer voraussetzen, sind wir wieder genauso weit wie am Anfang. Die Intelligenz und Komplexität eines Gestalters, der die schwindelnde Vielfalt der Lebewesen konstruieren könnte, läge jenseits aller Vorstellungskraft. Und «komplex» ist nur ein anderes Wort für «unwahrscheinlich» – und bedarf daher einer Erklärung. Ein Theologe, der darauf erwidert, sein Gott sei von erhabener Einfachheit, ist dem Thema (eigentlich nicht) elegant aus dem Weg gegangen, denn ein so einfacher Gott mag zwar andere Vorzüge haben, aber er wäre zu simpel, als daß er ein Universum gestalten könnte (ganz zu schweigen von der Vergebung der Sünden, dem Erhören von Gebeten, dem Segnen ehelicher Bindungen, der Wandlung von Wasser in Wein und den vielen anderen Leistungen, die von ihm erwartet werden). Man kann nicht beides haben. Entweder ist Gott in der Lage, Welten zu gestalten und all die anderen göttlichen Dinge zu tun, und dann *brauchen* wir eine Erklärung für ihn. Oder er ist es nicht, und dann *bietet* er uns keine Erklärung. In Gott sollte Fred Hoyle die eigentliche Boeing 747 sehen.

Die Höhe des Unwahrscheinlichkeitsgebirges steht stellvertretend für die Kombination von Vollkommenheit und Unwahrscheinlichkeit, die an Augen und Enzymmolekülen deutlich wird (und an Göttern, die fähig wären, sie zu gestalten). Die Aussage, ein Gebilde wie ein Auge oder ein Enzymmolekül sei unwahrscheinlich, bedeutet etwas recht Genaues. Das Gebilde besteht aus vielen sehr gezielt angeordneten Teilen. Die Anzahl der Möglichkeiten, wie diese Teile angeordnet sein könnten, ist gewaltig – bei den Proteinmolekülen können wir sie sogar ausrechnen. Isaac Asimov nahm eine solche Berechnung für das Hämoglobinmolekül vor und bezeichnete das Ergebnis als «Hämoglobinzahl»; sie hat 190 Nullen. Das ist die Zahl der Möglichkeiten, wie die Bausteine des Hämoglobins angeordnet werden könnten, ohne daß Hämoglobin entsteht. Beim Auge ist eine solche Berechnung nur dann möglich, wenn man eine Menge künstlicher Annahmen aufstellt, aber man erkennt rein intuitiv, daß auch hier eine riesige Zahl herauskommen wird. Die tatsächliche, beobachtete Anordnung ist unwahrscheinlich in dem Sinn, daß sie die einzige von Trillionen möglicher Anordnungen ist.

Nun ist, rückblickend gesehen, jede bestimmte Anordnung in einem uninteressanten Sinn genauso unwahrscheinlich wie jede andere. Selbst der Schrottplatz ist, im nachhinein betrachtet, so unwahrscheinlich wie die Boeing 747, denn seine Teile könnten auch auf viele andere Arten angeordnet sein. Das Problem dabei ist, daß die meisten dieser Anordnungen ebenfalls Schrottplätze wären. Hier kommt der Qualitätsbegriff ins Spiel. Die große Mehrzahl der Anordnungen von Teilen auf einem Boeing-Schrottplatz würde nicht fliegen. Aber bei einer kleinen Minderheit wäre das der Fall. Unter den Trillionen möglichen Anordnungen der Teile eines Auges kann nur ein winzig kleiner Anteil sehen. Das menschliche Auge wirft ein scharfes Bild auf die Netzhaut, wobei sphärische und chromatische Aberrationen korrigiert sind; es öffnet und schließt automatisch eine Irisblende, so daß die Lichtintensität im Inneren trotz starker Helligkeitsschwankungen in der Umwelt immer relativ konstant bleibt; es verändert automatisch die Brennweite der Linse, je nachdem, ob der betrachtete Gegenstand nah oder weit entfernt ist; es nimmt Farben wahr, indem es die Impulshäufigkeiten von drei Typen lichtempfindlicher Zellen vergleicht. Fast alle Zufallsmischungen aus den Teilen eines Auges wären nicht in der Lage, diese heiklen, schwierigen Aufgaben zu erfüllen. Die tatsächlich vorhandene Anordnung ist etwas ganz Besonderes. Jede spezifische Anordnung ist genauso unwahrscheinlich wie alle anderen Anordnungen, aber unter ihnen sind die, die nicht funktionieren, bei weitem zahlreicher als die, die funktionieren. Funktionierende Vorrichtungen sind unwahrscheinlich und benötigen eine besondere Erklärung.

R. A. Fisher, der große mathematische Genetiker und Begründer der modernen wissenschaftlichen Statistik, formulierte die Aussage 1930 in seinem üblichen, peinlich genauen Stil so (ich habe ihn nie kennengelernt, aber man kann fast hören, wie er in seiner überkorrekten Redeweise zu seiner geplagten Frau sprach):

> Man kann einen Organismus nur insoweit als an eine bestimmte Situation oder die Gesamtheit der Situationen, die eine Umwelt ausmachen, angepaßt betrachten, als man sich eine Anordnung von geringfügig anderen Situationen oder Umweltbedingungen vorstellen kann, an die das Tier weniger gut angepaßt wäre; und ebenso nur insoweit, als man sich eine Anordnung von geringfügig anderen Lebensformen vorstellen kann, die an diese Umwelt weniger gut angepaßt wären.

Augen, Ohren und Herzen, der Flügel eines Geiers oder das Netz einer Spinne beeindrucken uns durch ihre offenkundige technische Vollkommenheit, ganz gleich, wo wir sie sehen: Sie müssen uns nicht in ihrer natürlichen Umgebung präsentiert werden, damit wir erkennen, daß sie sich zu einem bestimmten Zweck eignen und daß sie schlechter wären, wenn man sie auf fast jede beliebige Weise umbauen oder verändern würde. Sie sind von einer «unwahrscheinlichen Perfektion». Ein Ingenieur erkennt in ihnen Dinge der Art, wie er sie konstruieren würde, wenn er ein bestimmtes Problem lösen müßte.

Oder, anders ausgedrückt: So etwas läßt sich nicht mit einer zufälligen Entstehung erklären. Den Zufall allein als Begründung heranzuziehen entspricht der Vorstellung, man könne in einem Sprung vom Fuß bis auf den Gipfel des Unwahrscheinlichkeitsgebirges gelangen. Und was entspricht dem langsamen Aufstieg über die freundlichen, grasbewachsenen Böschungen auf der anderen Seite des Gebirges? Es ist das langsame, kumulative, schrittweise, nicht zufällige Überleben von Zufallsvarianten, das Darwin natürliche Selektion genannt hat. Die Metapher vom Unwahrscheinlichkeitsgebirge verdeutlicht in dramatischer Weise den Fehler, den die am Anfang dieses Kapitels zitierten Skeptiker begehen. Sie gingen in die Irre, weil sie ausschließlich auf die senkrechte Felswand und ihre gewaltige Höhe starrten. Sie nahmen an, der steile Aufstieg sei der einzige Weg zum Gipfel, auf dessen Höhe sich Augen, Proteinmoleküle und andere höchst unwahrscheinliche Anordnungen von Teilen befinden. Darwins große Leistung bestand darin, daß er die sanften Steigungen entdeckte, die sich auf der anderen Seite des Gebirges nach oben schlängeln.

Haben wir es demnach mit einem der seltenen Fälle zu tun, wo es tatsächlich Rauch ohne Feuer gibt? Der Darwinismus wird häufig als Theorie des reinen Zufalls mißverstanden. Liegt es nicht nahe, daß er irgendwie selbst dazu beigetragen hat, diese «Falschmeldung» in Umlauf zu bringen? Nun ja, es steckt tatsächlich etwas hinter dem Mißverständnis – man kann es vage erklären. Ein Stadium des darwinistischen Ablaufs ist in der Tat vom Zufall geprägt: die Mutation. Durch sie wird der natürlichen Selektion eine neue genetische Variation angeboten, und in der Regel bezeichnet man das als Zufall. Aber die Darwinisten machen um die «Zufälligkeit» der Mutation nur deshalb soviel Wind, um sie *als Kontrast* zur nicht zufälligen Selektion, der anderen Seite des Prozesses, aufzubauen. Damit die natürliche Selektion funktioniert, *müssen* Mutationen sich nicht zufällig ereignen. Die Selektion wirkt immer, ob die Mutation nun gerichtet verläuft oder nicht. Wenn wir betonen, daß Mutationen zufällig sein *können*, lenken wir damit die Aufmerksamkeit nur auf die entscheidende Tatsache, daß Selektion ihrem Wesen nach *überhaupt nicht* zufällig ist. Es liegt schon eine Ironie in der Tatsache, daß gerade diese Betonung des Unterschieds zwischen Mutation und nicht zufälliger Selektion manch einen zu der Überzeugung gebracht hat, die ganze Theorie sei eine Theorie des Zufalls.

Sogar Mutationen sind in mehrfacher Hinsicht im Grunde nicht zufällig, aber diese Aspekte sind für unser Thema nicht von Bedeutung, denn sie tragen nicht konstruktiv zu der unwahrscheinlichen Vollkommenheit der Lebewesen bei. So haben Mutationen beispielsweise gut bekannte physikalische Ursachen und sind schon insofern nicht zufällig. Wenn jemand, der ein Röntgengerät bedient, vor dem Einschalten einen Schritt zurücktritt oder eine Bleischürze anlegt, dann deshalb, weil Röntgenstrahlung Mutationen verursacht. Außerdem treten Mutationen in manchen Genen mit größerer Wahrscheinlichkeit auf als in anderen. Auf den Chromosomen gibt es «Hotspots», an denen die Mutationsrate deutlich über dem Durchschnitt liegt. Darüber hinaus kennt man eine weitere Art der Nichtzufälligkeit: Mutationen sind umkehrbar («Rückmutationen»). Bei den meisten Genen sind Mutationen in beide Richtungen gleich wahrscheinlich. Bei einigen kommt jedoch die Mutation in einer Richtung häufiger vor als die Rückmutation in der anderen. Auf diese Weise entsteht der sogenannte Mutationsdruck – eine Tendenz, sich ungeachtet der Selektion in einer bestimmten Richtung weiterzuentwickeln. Auch in diesem Sinn kann man Mutationen als nicht zufällig bezeichnen. Zu beachten ist darüber hinaus, daß der Mutationsdruck nicht systematisch in Richtung Verbesserung treibt. Das gilt auch für Röntgenstrahlen. Ganz im Gegenteil: Mutationen sind ungeachtet ihrer Ursache in ihrer großen Mehrheit zufällig, was die Qualität angeht, und das heißt: Meist sind sie schlecht, da es viel mehr Möglichkeiten gibt, schlechter zu werden, als sich zu verbessern.

Theoretisch könnte man sich eine Welt vorstellen, in der sich Mutationen bevorzugt in Richtung von Verbesserungen ereignen. In dieser hypothetischen Welt wären Mutationen nicht nur in dem gleichen Sinn nicht zufällig wie solche, die von Röntgenstrahlen erzeugt werden, sondern sie hätten systematisch die Tendenz, der Auslese einen Schritt vorauszueilen und die Bedürfnisse des Lebewesens vorherzusehen. Aber diese Art der Nichtzufälligkeit hat – im Gegensatz zu vielen Bestrebungen der Theoretiker – mit ziemlicher Sicherheit keine reale Grundlage: Mutationen neigen nicht systematisch dazu, die Bedürfnisse des Lebewesens vorherzusehen, und es ist auch nicht klar, wie ein solches Vorhersehen funktionieren könnte. Was bedeutet «vorhersehen» in diesem Zusammenhang? Angenommen, über eine Gegend mit gemäßigtem Klima bricht eine schreckliche Eiszeit herein, und die dort heimischen Hirsche, die nur ein dünnes Fell besitzen, gehen zugrunde. Die meisten von ihnen sterben zwar sowieso, aber die Spezies als Ganzes ist zu retten, wenn sie rechtzeitig ein dickes Haarkleid entwickelt, ungefähr so wie das eines Moschusochsen. Im Prinzip könnte man sich einen Mechanismus vorstellen, der darauf eingestellt ist, bei Bedarf wünschenswerte Mutationen zu erzeugen. Wir wissen, daß Röntgenstrahlen ganz allgemein die Mutationshäufigkeit steigen lassen, so daß dünnere und dickere Felle gleichermaßen entstehen könnten. Wie wäre es aber, wenn bittere Kälte irgendwie die Mutationsrate nur in einer Richtung erhöht, nämlich hin zu dickerer Behaarung? Und wie wäre es umgekehrt, wenn starke Hitze Mutationen in Richtung eines dünneren Fells verursachte?

Wenn solche vorausschauenden Mutationen aufträten, würde das den Darwinisten nicht *stören*. Es würde den Darwinismus nicht untergraben, sein Anspruch auf Alleingültigkeit wäre allerdings dahin: Rückenwind auf einem Transatlantikflug kann erfreulicherweise zu einer früheren Ankunft führen, aber das untergräbt nicht die Überzeugung, daß die wichtigste Kraft, die uns nach Hause bringt, aus den Düsentriebwerken stammt. Allerdings wäre ein Darwinist wohl sehr überrascht (und auch fasziniert), wenn man einen solchen wohlwollenden Mutationsmechanismus entdecken würde, und zwar aus drei Gründen.

Erstens hat man bisher trotz gründlicher Suche keinen solchen Mechanismus gefunden (zumindest nicht bei Pflanzen und Tieren; einen ausgefallenen und insgesamt nicht sehr relevanten Fall gibt es bei Bakterien, aber hier sind die Tatsachen noch umstritten). Zweitens könnte keine bisher formulierte Theorie erklären, woher der Körper «wissen» sollte, welche Mutation zu veranlassen wäre. Da es im Laufe von Jahrmillionen schon Dutzende von Eiszeiten gegeben hat, kann man sich meines Erachtens eine Art «Rassenerfahrung» vorstellen, eine bisher unentdeckte Art natürlicher Selektion höherer Ordnung, die bei den ersten Anzeichen einer neuen Eiszeit für die richtigen Mutationen sorgt. Aber, wie gesagt: Es gibt keinerlei Indizien für einen solchen Effekt, und keine bisher ausgearbeitete Theorie kann damit umgehen. Drittens – und damit bin ich wieder bei einer früheren Aussage – finden manche Darwinisten, mich selbst eingeschlossen, einen solchen Mechanismus der gerichteten Mutation unelegant und überflüssig. Das ist im wesentlichen eine ästhetische Reaktion und sollte nicht überschätzt werden. Aber wenn wir auf die Idee der gerichteten Mutation ablehnend reagieren, dann vor allem, weil solche Ideen häufig von Menschen stammen, die eine solche Theorie fälschlicherweise für *notwendig* halten: Sie verstehen nicht, daß die Selektion allein mächtig genug ist, die Aufgabe zu erfüllen, auch wenn Mutationen sich zufällig ereignen. Daß die nicht zufällige Selektion ausreicht, wird besonders deutlich, wenn man betont, daß die Theorie zufällige Mutationen *zuläßt*. Aber wie ich schon erläutert habe, hängt diese Theorie nicht davon ab, daß Mutationen zufällig sein *müssen*, und mit Sicherheit bietet sie keine Rechtfertigung dafür, die Theorie ganz und gar über den Kamm der Zufälligkeit zu scheren. Mutationen können zufällig sein, aber die Selektion ist es mit Sicherheit nicht.

Bevor wir unseren Hirsch in der bitteren Kälte allein lassen, müssen wir noch eine Variante der Theorie vorausschauender Mutationen betrachten, auf die man beim Lesen der vorangegangenen drei Absätze kommen könnte. Es ist wirklich schwer einzusehen, woher der Körper «wissen» sollte, daß kaltes Wetter Mutationen in Richtung eines dickeren Fells erfordert, während sie bei warmem Wetter in die andere Richtung verlaufen müssen. Etwas leichter wäre es allerdings, sich vorzustellen, daß die Mutationsrate in Zeiten, in denen das Überleben schwieriger wird, ganz allgemein und in allen Richtungen gleichermaßen ansteigt. Dahinter steht ungefähr folgende intuitive Überlegung: Eine neue Krise, beispielsweise eine Eiszeit oder starke Hitze, wird vom Organismus als Streß empfunden. Und dieser Streß, ob er nun durch Kälte, Hitze, Dürre oder eine andere Ursache entsteht, sagt dem Organismus, daß mit seiner Ausstattung unter den gegebenen Umständen *irgend etwas* nicht stimmt. Für das Individuum mag es zu spät sein, aber vielleicht haben seine Kinder ein besseres Leben, wenn die Gene in seinen Geschlechtszellen stark und in alle Richtungen mutieren. Unabhängig von der Art der Umweltkrise (Kälte, Hitze, Dürre, Überschwemmung) werden diejenigen mutierten Nachkommen, deren Mutationen in die falsche Richtung gegangen sind (vermutlich die Mehrzahl), zugrunde gehen, aber das wäre auch ohne Mutation geschehen, wenn die Krise schwer genug ist. Wenn ein Tier eine Nachkommenschaft aus mutierten Krüppeln und Monstern hervorbringt, steigt vielleicht die Wahrscheinlichkeit, daß eines dieser Kinder mit der Krise besser fertig wird als das ursprüngliche Tier selbst.

Es gibt in der Tat Gene, welche die Aufgabe haben, die Mutationsrate anderer Gene zu steuern. Theoretisch könnte man argumentieren, daß solche «Mutatorgene» durch Streß aktiviert werden, und diese Tendenz könnte durch eine Art natürlicher Selektion auf hoher Ebene begünstigt werden. Aber wie sich herausstellt, spricht für diese Theorie leider nicht mehr als für die zuvor beschriebene mit den einseitig nützlichen Mutationen. Es gibt keine Anhaltspunkte dafür. Und was noch schwerer wiegt: Die Vorstellung, daß höhere Mutationsraten von der natürlichen Selektion begünstigt werden, wirft ernsthafte theoretische Schwierigkeiten auf. Einer ganz allgemeinen Überlegung zufolge ist es im Endeffekt so, daß Mutatorgene immer das Bestreben haben, aus einer Population zu verschwinden, und das trifft auch auf unsere Hypothese mit den gestreßten Tieren zu.

In Kurzform lautet die Argumentation folgendermaßen: Ein Tier, das ein Alter erreicht, in dem es Nachkommen hervorbringen kann, muß schon an sich recht gut ausgestattet sein. Wenn man von etwas recht Gutem ausgeht und es nach dem Zufallsprinzip verändert, wird es dabei wahrscheinlich schlechter. Und tatsächlich führen Mutationen in ihrer großen Mehrzahl zu Verschlechterungen. Es stimmt, daß ein kleiner Bruchteil der Mutationen die Dinge besser macht – das ist letztlich der Grund, weshalb Evolution durch natürliche Auslese überhaupt möglich ist. Und es stimmt auch, daß ein Mutatorgen, das die allgemeine Mutationsrate steigert, seinem Besitzer eher zu diesem seltenen und wertvollen Ereignis – einer Mutation, die zu einer Verbesserung führt – verhilft. Tritt es ein, wird dieses spezielle Exemplar des Mutatorgens vorübergehend gedeihen, denn es befindet sich in einem Körper, an dessen Verbesserung es mitgewirkt hat. Das, so könnte man meinen, bedeutet positive natürliche Selektion zugunsten des Mutatorgens, so daß die Mutationsrate auf diesem Weg steigt. Aber leider muß man an die Folgen denken.

In den nachfolgenden Generationen sorgt die sexuelle Fortpflanzung für Vermischung: Sie ordnet die Gene um, die sich einen Körper teilen, und kombiniert sie immer wieder neu. Im Laufe der Generationen hindert nichts das Mutatorgen daran, sich von dem guten Gen zu trennen, das es erzeugt hat: Manche Individuen werden ausschließlich mit dem guten Gen geboren, andere besitzen nur das Mutatorgen. Das gute Gen selbst wird weiterhin von der natürlichen Auslese begünstigt und wird möglicherweise in den Populationen der Zukunft immer stärker. Das unglückliche Mutatorgen dagegen, das für seine Entstehung gesorgt hat, wird durch die sexuelle Umordnung beiseite geschoben: Sein Schicksal hängt wie das aller anderen Gene langfristig davon ab, welche *durchschnittlichen* Auswirkungen es hat, das heißt, welchen Effekt es auf lange Sicht auf den Durchschnitt aller Körper hat, in denen es sich befindet. Das vom Mutatorgen geschaffene gute Gen hat im Durchschnitt gute Auswirkungen und überlebt in immer mehr Organismen der Population. Die Auswirkungen des Mutatorgens selbst dagegen sind im Durchschnitt gesehen schlecht, und deshalb wird dieses Gen trotz des Nutzens, den es ab und zu hat, von der natürlichen Selektion bestraft. Die meisten Körper, in denen es vorkommt, sind entweder Mißbildungen, oder sie sind tot.

Diese Argumentation, wonach keine positive Selektion auf Mutatorgene stattfindet, setzt sexuelle Fortpflanzung voraus. Bei ungeschlechtlicher Vermehrung fehlt das «Durcheinanderwürfeln» der Gene. In diesem Fall können Mutatorgene über lange Zeit hinweg von der natürlichen Selektion begünstigt werden, denn ohne Sex werden sie nicht von den guten Genen getrennt, die sie gelegentlich erzeugen, und können so «huckepack» mit diesen Genen über die Generationen weitergegeben werden. Bei ungeschlechtlicher Fortpflanzung wird eine neue gute Mutation zum Ausgangspunkt für einen neuen Klon gut gedeihender Individuen. Schlechte Neumutationen dagegen verschwinden schnell und nehmen ihren Unterklon mißgebildeter Individuen mit ins Grab. Bei einer ausreichend guten Mutation vermehrt der Klon sich weiter, und davon profitieren auch seine sämtlichen anderen Gene; sogar die schlechten bleiben erhalten, weil die durchschnittliche Qualität der Gene im Klon trotz ihrer negativen Effekte positiv ist. Und zu diesen gedeihenden Trittbrettfahrern gehört auch das Mutatorgen, das die gute Mutation ursprünglich erzeugt hat.

Was die gute Mutation betrifft, so «wünscht» sie sich, sie könnte den Ballast der schlechten Gene abwerfen, und das Mutatorgen ist in dieser Hinsicht keine Ausnahme. Könnte die gute Mutation denken, würde sie sich nach einer guten, reinigenden sexuellen Fortpflanzung sehnen. «Wäre mein Körper doch nur für ein wenig Sex geeignet», würde sie sagen, «dann könnte er diese ganze Horde von Trittbrettfahrern mit ihren schlechten Zukunftsaussichten loswerden. Dann würden sich nur meine wahren Vorzüge zeigen. Manche Körper, in denen ich mich befände, wären schlecht, andere gut, aber *im Durchschnitt* gesehen stünde es mir frei, von meinen eigenen guten Auswirkungen zu profitieren.» Die schlechten Gene dagegen «wünschen» sich die sexuelle Fortpflanzung nicht: Ihnen geht es gut. Wären sie in der vom Sex geschaffenen Chancengleichheit allein auf sich gestellt, würden sie schnell untergehen.

Diese Argumentation ist allein noch keine Erklärung dafür, warum wir uns überhaupt sexuell fortpflanzen, aber sie könnte zur Grundlage für eine solche Erklärung werden. Meine Aussage, daß gute Gene vom Sex und schlechte von seinem Fehlen profitieren, ist nicht das gleiche, wie zu begründen, warum es Sex überhaupt gibt. Das zu erklären, versuchen viele Theorien, und keine davon ist von durchschlagender Überzeugungskraft. Eine der ältesten, «Mullers Sperrklinke» genannt, ist eine diszipliniertere Version der Theorie, die ich etwas locker als «Wünsche» der guten und schlechten Gene formuliert habe. Meine Erörterung der Mutatorgene kann man als zusätzlichen Impuls für die Mullersche Sperrklinkentheorie ansehen. Ungeschlechtliche Fortpflanzung ermöglicht nicht nur, daß sich schlechte Gene in der Population ansammeln, sondern sie bietet den Mutatorgenen auch aktive Unterstützung. Das beschleunigt wahrscheinlich das Aussterben ungeschlechtlicher Klone, oder, mit anderen Worten: Es beschleunigt die Wirkung der Mullerschen Sperrklinke. Aber die ganze Frage nach der Sexualität, nach den Gründen für ihre Existenz und Mullers Sperrklinke ist ein anderes Thema, und zwar ein schwieriges. Vielleicht nehme ich eines Tages all meinen Mut zusammen, befasse mich eingehend damit und schreibe dann ein ganzes Buch über die Evolution der Sexualität.

Aber ich schweife ab. Die Quintessenz lautet: Wo es sexuelle Vermehrung gibt, wird das Phänomen der Mutationen von der natürlichen Selektion bestraft, auch wenn einzelne Mutationen (eine kleine Minderheit von ihnen) gelegentlich durch die natürliche Selektion begünstigt werden. Das gilt auch für Streßzeiten, in denen eine höhere Mutationsrate auf den ersten Blick vorteilhaft erscheint. Mutationsneigung ist immer schlecht, auch wenn einzelne Mutationen sich gelegentlich als gut erweisen. Eigentlich ist es sehr paradox: Am besten geht man davon aus, daß die natürliche Selektion eine Mutationsrate von Null begünstigt. Zu unserem Glück – und zum Glück für die Fortsetzung der Evolution – wird dieses genetische Nirwana nie ganz erreicht. Die natürliche Selektion, die zweite Stufe des darwinistischen Prozesses, ist eine nicht zufällige Kraft, die in Richtung Verbesserungen drängt. Mutationen dagegen, die erste Stufe, sind insofern zufällig, als sie keinen Druck in Richtung Verbesserungen ausüben. Jede Verbesserung ist also zunächst einmal vom Glück bestimmt, und deshalb halten viele Menschen den Darwinismus fälschlicherweise für eine Theorie des Zufalls. Aber sie haben unrecht.

Die Überzeugung, daß die natürliche Selektion eine Mutationsrate von Null begünstigt und daß Mutationen ungerichtet sind, spricht nicht gegen eine faszinierende Möglichkeit, die ich als «Evolution der Evolutionsfähigkeit» bezeichnet und in einem Essay mit diesem Titel vertreten habe. Eine neue Version dieser Idee, die kaleidoskopische Embryologie, werde ich in Kapitel 7 erläutern. Vorerst wollen wir zur natürlichen Selektion selbst zurückkehren, der zweiten Hälfte der Darwinschen Partnerschaft. Während Mutationen zufällig sein dürfen und in einer bestimmten wichtigen Hinsicht mit ziemlicher Sicherheit auch zufällig sind, besteht das ganze Wesen der natürlichen Selektion darin, daß es sich bei ihr *nicht* um einen Zufall handelt. Von allen Wölfen, die vielleicht überleben könnten, überlebt in Wirklichkeit ein nicht zufälliger Teil – nämlich diejenigen, die am schnellsten rennen können, die schlauesten sind und die schärfsten Sinne und Zähne haben –, und nur sie geben ihre Gene an die nächste Generation weiter. Deshalb handelt es sich bei den Genen, mit denen wir es heute zu tun haben, um Kopien eines nicht zufälligen Teils aller Gene, die in der Vergangenheit existiert haben. Jede Generation ist ein Gensieb. Und die Gene, die nach Jahrmillionen des Siebens noch vorhanden sind, haben das, was man braucht, um durch Siebe zu schlüpfen. Sie haben an der Embryonenkonstruktion von Millionen Körpern mitgewirkt und dabei kein einziges Mal versagt. Jeder dieser Millionen Körper hat bis zum Erwachsenenalter überlebt. Keiner war zu unattraktiv, um einen Partner zu finden – unattraktiv ist in diesem Zusammenhang alles, was den potentiellen Paarungspartnern der jeweiligen Spezies unattraktiv erscheint. Jeder einzelne von ihnen hat sich als fähig erwiesen, mindestens einen Nachkommen hervorzubringen oder zu zeugen. Es ist ein sehr enges Sieb. Gene, die eine Zukunft haben, sind keine Zufallsstichprobe. Sie sind eine Elite.

Sie haben Eis- und Dürrezeiten, Epidemien und Raubtiere ebenso überlebt wie das Auf und Ab der Population. Sie haben Klimaveränderungen nicht nur im herkömmlichen Sinn von Regen, Eis und Trockenheit überstanden, sondern auch ein verändertes «Klima» unter ihren Mitgenen, denn wo es sexuelle Fortpflanzung gibt, ist es das Los der Gene, in jeder Generation andere Partner zu haben; es überleben die Gene, denen es gutgeht, wenn sie dicht an dicht mit aufeinanderfolgenden Auswahlen aus allen Genen der Spezies zusammenleben, und das heißt mit Genen, die mit anderen Genen der Spezies gut kooperieren. Die anderen Gene der Spezies sind es, die das Klima dominieren, in dem ein Gen überleben muß. Sie sind seine Weggefährten in diesem «Fluß aus Eden» der durch die Generationen fließt und dabei verschiedene Körper durchquert. Und die verschiedenen Arten, die sich an den Verzweigungen des Flusses trennen, kann man sich als separate Mikro-Klimazonen vorstellen, in denen verschiedene Genausstattungen überleben müssen.

Einfachheitshalber bezeichnen wir die Mutation als erste und die natürliche Selektion als zweite Stufe des Darwinschen Prozesses. Das ist aber irreführend, wenn es zu der Annahme verleitet, die natürliche Selektion warte tatenlos auf eine Mutation, die sie dann verwirft oder aufgreift, um anschließend erneut zu warten. Es hätte so sein können: Eine natürliche Selektion dieser Art würde wahrscheinlich funktionieren, und vielleicht ist sie irgendwo im Universum am Werk. Aber auf der Erde läuft das eindeutig nicht so ab. In Wirklichkeit gibt es ein großes Reservoir von Variationen, das ursprünglich durch ein Rinnsal von Mutationen gespeist wurde, dann aber – und das ist wichtig – durch die sexuelle Fortpflanzung immer wieder umgerührt wird, so daß immer weitere Variationen entstehen. Variation beruht ursprünglich auf Mutation, aber die Mutationen sind unter Umständen schon recht alt, wenn die natürliche Selektion einsetzt.

Der verstorbene Bernard Kettlewell zum Beispiel, ein Kollege aus Oxford, stellte berühmte Untersuchungen über die Evolution dunkler, fast schwarzer Nachtfalter an, deren biologische Art *zuvor* hell gefärbt war. Bei der Spezies *Biston betularia*, die er besonders eingehend studierte, sind dunkle Exemplare in der Regel etwas widerstandsfähiger als helle, aber in ländlichen Gebieten ohne Luftverschmutzung sind sie selten, weil sie von Vögeln leicht erkannt und gefressen werden. In Industriegebieten dagegen, wo die Baumstämme durch die Luftverschmutzung geschwärzt sind, kann man sie nicht so leicht ausmachen wie ihre helleren Artgenossen, und deshalb entgehen sie eher dem Gefressenwerden. Hier können sie sich auch des zusätzlichen Vorteils ihrer größeren natürlichen Widerstandsfähigkeit erfreuen. Die Folge war eine dramatische Vermehrung der dunklen Formen, die seit der Mitte des 19. Jahrhunderts in Industriegebieten bei weitem überwiegen – eines der am besten belegten Beispiele für das Wirken der natürlichen Selektion. Damit sind wir beim Grund, weshalb ich diesen Fall hier anführe. Fälschlicherweise wird häufig angenommen, daß die natürliche Selektion nach der industriellen Revolution auf eine ganz neue Mutation eingewirkt habe. Aber das Gegenteil ist wahr: Wir können mit Sicherheit davon ausgehen, daß es immer dunkle Individuen gab – sie wurden nur nicht sehr alt. Wie die meisten Mutationen dürfte auch diese immer wieder aufgetreten sein, aber die dunklen Nachtfalter wurden stets sehr schnell von den Vögeln geschnappt. Als sich die Bedingungen durch die industrielle Revolution änderten, fand die natürliche Selektion im Gentopf eine fix und fertige Minderheit von Genen für dunkle Färbung vor, und auf diese konnte sie einwirken.

Jetzt kennen wir die Zutaten, die vorhanden sein müssen, bevor Evolution stattfinden kann: es sind Mutation und natürliche Selektion. Beide ergeben sich automatisch auf jedem Planeten, wenn eine noch grundsätzlichere Voraussetzung gegeben ist, deren Schaffung zwar schwierig, aber offensichtlich nicht unmöglich ist. Diese schwierige Grundvoraussetzung ist die Vererbung. Damit irgendwo im Universum natürliche Selektion stattfinden kann, muß es Abstammungslinien geben, deren Angehörige ihren unmittelbaren Vorfahren stärker ähneln als anderen Mitgliedern der Gesamtpopulation. Vererbung ist nicht das gleiche wie Fortpflanzung. Es kann auch Fortpflanzung ohne Vererbung geben: Ein Waldbrand pflanzt sich fort, aber er vererbt nichts.

Stellen wir uns einmal eine trockene, ausgedörrte Graslandschaft vor, die sich kilometerweit in alle Richtungen erstreckt. Nun läßt ein Raucher an einer bestimmten Stelle achtlos ein brennendes Streichholz fallen, und im Handumdrehen steht das Gras in hellen Flammen. Unser Raucher läuft davon, so schnell seine hustende Lunge es ihm erlaubt, aber mir geht es mehr darum, wie das Feuer sich ausbreitet. Es bewegt sich nicht nur vom ersten Brandherd aus gleichmäßig weiter, es läßt auch Funken in die Luft steigen. Diese Funken, oder auch brennende Stücke trockenen Grases, werden vom Wind weit von der ursprünglichen Brandstelle weggetragen. Fällt ein solcher Funke schließlich zu Boden, setzt er an irgendeiner anderen Stelle der zundertrockenen Prärie ein neues Feuer in Gang. Von diesem neuen Brandherd steigen später ebenfalls Funken auf, die wiederum irgendwo anders neue Feuer entstehen lassen. Man könnte also sagen, daß sich die Feuer irgendwie fortpflanzen. Jedes neue Feuer hat einen Vorgänger, nämlich die Brandstelle, die den zündenden Funken ausgespien hat. Ebenso hat es Großeltern, Urgroßeltern und so weiter, bis zurück zu dem ersten Brand, der durch das verhängnisvolle Streichholz entstand. Jedes neue Feuer hat nur eine «Mutter», aber es kann mehrere Töchter haben, denn es kann mehrere Funken in verschiedene Richtungen sprühen. Würde man das Ganze von oben betrachten und die Entstehungsgeschichte eines jeden Brandes aufzeichnen, hätte man einen vollständigen Stammbaum der Präriebrände.

Entscheidend an dieser Geschichte ist, daß bei den Bränden zwar eine Fortpflanzung stattfindet, es sich aber um keine echte *Vererbung* handelt.

Gäbe es sie, müßte jedes Feuer seinem Elternfeuer stärker ähneln als anderen Feuern im allgemeinen. An der *Idee*, daß ein Feuer seinem Vorfahren ähnelt, ist nichts Falsches; es könnte so sein. Feuer sind unterschiedlich und haben unterschiedliche Eigenschaften, genau wie Menschen. Die Flammen können ihre eigene charakteristische Farbe und Größe haben, der Rauch seine eigene Farbe, der Geräuschpegel könnte charakteristisch sein und so weiter. Ein Feuer könnte seinem Elternbrand in all diesen Eigenschaften ähneln. Würden Brände im allgemeinen ihren Eltern tatsächlich in alldem ähneln, könnte man von echter Vererbung sprechen. Aber in Wirklichkeit ist die Ähnlichkeit mit ihren Vorläufern nicht stärker als die mit dem allgemeinen Ablauf von Bränden überall auf der Prärie. Jeder einzelne Brand bezieht seine charakteristischen Eigenschaften – Flammengröße, Rauchfarbe, Knisterlautstärke und so weiter – aus seiner Umgebung: aus der Grasart, die zufällig an der Stelle wächst, wo der Funke landet, aus der Trockenheit des Grases, aus der Stärke und Richtung des Windes. Das sind alles örtliche Merkmale der Stelle, an der der Funken landet, und keine Eigenschaften des Elternfeuers, von dem der Funke stammt.

Damit echte Vererbung stattfindet, müßte jeder Funke irgendeine Qualität, einen charakteristischen Wesenszug seines Elternfeuers mitnehmen. Nehmen wir beispielsweise an, manche Feuer hätten gelbe Flammen, andere dagegen rote oder blaue. Wenn nun ein Feuer mit gelben Flammen Funken abgäbe, die neue Feuer mit gelben Flammen entstehen lassen, während die Funken der rotflammigen Brände wieder rotflammige Brände in Gang setzten, hätten wir es mit echter Vererbung zu tun. Aber das geschieht nicht. Wenn wir eine blaue Flamme sehen, sagen wir: «In dieser Gegend gibt es irgendwo Kupfersalze», aber wir sagen nicht: «Dieses Feuer muß von einem Funken ausgelöst worden sein, der von einem anderen Feuer mit blauen Flammen stammt.»

Das ist natürlich der Punkt, an dem sich Kaninchen, Menschen und Löwenzahn von Feuern unterscheiden. Man sollte sich übrigens nicht dadurch täuschen lassen, daß Kaninchen zwei Eltern und vier Großeltern haben, Feuer dagegen nur ein «Elternteil» und ein «Großelternteil». Das ist zwar ein wichtiger Unterschied, aber um den geht es im Moment nicht. Vielleicht hilft es, wenn man nicht an Kaninchen denkt, sondern an Heuschrecken oder Blattläuse, deren Weibchen Töchter, Enkeltöchter und Urenkeltöchter haben können, ohne daß ein Männchen etwas damit zu tun hat. Form, Farbe, Größe und Temperament einer Heuschrecke werden zweifellos davon beeinflußt, wo und in welchem Klima sie groß wird. Aber der Funke, der nur von den Eltern zum Kind fliegt, spielt ebenfalls eine Rolle.

Was also ist das für ein geheimnisvoller Funke, der von den Eltern auf die Nachkommen überspringt, nicht aber von Feuer zu Feuer? Auf unserer Erde ist es die DNA, das aufregendste Molekül der Welt. Man kann in der DNA ganz einfach die Information sehen, durch die ein Körper seinesgleichen entstehen läßt. Richtiger wäre es, wenn man einen Körper als Vehikel betrachten würde, das die DNA benutzt, um weitere ihr gleichende DNA herzustellen. Alle DNA-Moleküle, die zu einem bestimmten Zeitpunkt – zum Beispiel jetzt – auf der Erde existieren, entstammen einer ununterbrochenen Kette erfolgreicher Vorfahren. Mit Ausnahme eineiiger Zwillinge haben zwei Individuen niemals genau die gleiche DNA, und die Unterschiede tragen tatsächlich zu ihren Überlebensaussichten bei und beeinflussen ihre Chance, die gleiche DNA fortzupflanzen. Ich wiederhole es noch einmal, da es so wichtig ist: Die DNA, die es geschafft hat, im Fluß der Zeit auf uns zu kommen, bewohnt seit Hunderten von Millionen Jahren die Körper erfolgreicher Vorfahren. Eine große Anzahl potentieller Vorfahren ist jung gestorben oder hat keinen Partner gefunden. Aber von ihrer DNA ist in unserer heutigen Welt nichts mehr vorhanden.

An dieser Stelle könnte man leicht den Fehler begehen und glauben, irgend etwas, irgendein Erfolgselixier, ein heiliger Geruch müsse von den guten, erfolgreichen Körpern der Vorfahren auf die DNA «abgefärbt» haben, die durch sie hindurchfloß. Aber so etwas geschieht nicht. Der DNA-Fluß, der durch uns hindurch in die Zukunft fließt, ist (abgesehen von Mutationen) ein reiner Fluß, der uns genauso verläßt, wie er uns vorgefunden hat. Sicher, durch die geschlechtliche Fortpflanzung wird er ständig neu gemischt. Die DNA in jedem von uns stammt zur Hälfte vom Vater und zur Hälfte von der Mutter. Jede unserer Samen- oder Eizellen enthält eine andere Mischung, zusammengestellt aus den beiden genetischen Rinnsalen, die jeweils von unserem Vater und unserer Mutter ausgehen. Aber was ich zuvor gesagt habe, stimmt dennoch. Von den erfolgreichen Vorfahren färbt nichts auf die Gene ab, die sie auf ihrem Weg in die Zukunft durchqueren.

Die darwinistische Erklärung dafür, warum Lebewesen das, was sie tun, so gut können, ist sehr einfach. Sie sind gut durch die angehäufte Klugheit ihrer Vorfahren. Aber es ist keine erlernte oder erworbene Klugheit. Sie ist ihnen vielmehr durch zufällige, glückliche Mutationen zugefallen und wurde dann gezielt und keineswegs zufällig in der genetischen Datenbank der Spezies festgehalten. In keiner einzelnen Generation gab es eine große Anzahl von Glücksfällen: Sie kamen so selten vor, daß es sogar den zuvor zitierten skeptischen Physikern glaubhaft erscheinen muß. Aber da das Glück sich über so viele Generationen hinweg akkumuliert hat, sind wir am Ende von der offenkundigen Unwahrscheinlichkeit des Ergebnisses zutiefst beeindruckt. Der ganze darwinistische Zirkus hängt davon ab – oder folgt daraus –, daß es die Vererbung gibt. Wenn ich die Vererbung als Grundzutat bezeichne, meine ich damit, daß der Darwinismus und damit das Leben mehr oder weniger zwangsläufig auf jedem Planeten nachfolgt, wenn zuvor so etwas wie Vererbung entsteht.

Damit sind wir wieder beim Unwahrscheinlichkeitsgebirge, und jetzt können wir den Zufall «austricksen»: Wir nehmen das, was wie riesengroßes Glück aussieht – beispielsweise das Glück, ein Auge entstehen zu lassen, wo zuvor kein Auge war –, und erklären es, indem wir es in lauter kleine Glückssplitter zerlegen, von denen jeder kumulativ zu allem Vorherigen hinzukommt. Wie das funktioniert, wissen wir jetzt: Die kleinen Glücksfälle der Vorfahren sammeln sich in der überlebenden DNA an. Neben der Minderheit der genetisch gut ausgestatteten überlebenden Individuen gibt es eine große Anzahl weniger Begünstigter, die zugrunde gegangen sind. Jede Generation hat ihre darwinistischen Versager, aber jedes Individuum stammt nur von den erfolgreichen Minderheiten der vorangegangenen Generation ab.

Wir können von dem Gebirge also dreierlei lernen. Das erste habe ich bereits erwähnt: Es gibt keine plötzlichen Sprünge nach oben, keine jähe Zunahme der geordneten Komplexität. Zweitens gibt es keinen Weg bergab – die Arten können nicht zuerst schlechter und dann besser werden. Und drittens kann es mehrere Gipfel geben, mehrere Wege zur Lösung des gleichen Problems, die sich alle in der Welt durchsetzen.

Wenn wir einen beliebigen Teil eines Tieres oder einer Pflanze betrachten, lautet eine sinnvolle Frage: Wie ist dieser Teil durch allmähliche Umformung aus einem anderen Teil eines Vorfahren entstanden? Manchmal kann man diesen Vorgang an immer jüngeren Fossilien verfolgen. Ein berühmtes Beispiel ist die allmähliche Entstehung der Gehörknöchelchen bei den Säugetieren, jener drei kleinen Knochen, die den Schall (mit ausgezeichneter Impedanztreue – für diejenigen, die den technischen Jargon beherrschen) vom Trommelfell zum Innenohr weiterleiten. An den Fossilien kann man eindeutig erkennen, daß diese Knöchelchen – Hammer, Amboß und Steigbügel – in gerader Linie von drei Knochen abstammen, die bei unseren frühen Vorfahren, den Reptilien, das Kiefergelenk bildeten.

Aber oft lassen die Fossilfunde uns im Stich. Dann sind wir, was die Zwischenformen angeht, auf Vermutungen angewiesen, wobei unserer Phantasie manchmal andere heutige Tiere zu Hilfe kommen, ob sie nun mit der fraglichen Art verwandt sind oder nicht. Elefantenrüssel enthalten keine Knochen und versteinern deshalb nicht, aber auch ohne Fossilien können wir erkennen, daß der Rüssel ursprünglich eine Nase war. Und heute ist er ... nun ja, hier möchte ich aus einem Buch zitieren, das mich beschämenderweise jedesmal, wenn ich es lese, wieder zu Tränen rührt: *Wir kämpfen für die Elefanten* von dem heldenhaften Paar Iain und Oria Douglas-Hamilton. Sie haben die Kapitel abwechselnd geschrieben; von Oria stammt der folgende entsetzliche Bericht auf Seite 229/230 über die «Dezimierung» von Elefanten, die sie in Simbabwe miterlebte:

Ich betrachtete einen der weggeworfenen Rüssel und dachte darüber nach, wie viele Jahrmillionen die Evolution wohl gebraucht haben mochte, um ein solches Wunderwerk zustande zu bringen. Ein Rüssel, ausgestattet mit fünfzigtausend Muskeln und gesteuert von einem ebenso komplexen Gehirn, kann mit gewaltiger Kraft tonnenschwere Gegenstände zerren und stoßen. Doch gleichzeitig vermag er die feinsten Arbeiten durchzuführen, etwa eine kleine Samenkapsel abpflücken und ins Maul befördern. Dieses vielseitige Organ funktioniert wie ein Siphon, der vier Liter Wasser faßt, das dann getrunken oder über den Körper gesprüht wird, und es dient als Greiffinger, als Trompete oder Lautsprecher.

Der Rüssel erfüllt außerdem soziale Funktionen bei Liebkosungen, bei Besänftigungsgesten, bei der Begrüßung und «Umarmung», wenn zwei Tiere die Rüssel ineinander verschlingen. Die Bullen können ihn als Waffe einsetzen, mit der sie Hiebe austeilen und sich wie Ringer ineinander verkeilen, wenn sie mit gegeneinander krachenden Stoßzähnen ihre spielerischen oder ernstgemeinten Rivalenkämpfe austragen. Und hier lag er nun, amputiert wie so viele andere Elefantenrüssel, die ich überall in Afrika gesehen hatte.

Der Absatz übt auf mich die übliche Wirkung aus...

Die Botschaft des Berges ist hier folgende: Unter den Vorfahren der Elefanten muß es eine ununterbrochene Reihe von Zwischenformen mit mehr oder weniger länglicher Nase gegeben haben, beispielsweise nach Art der Tapire, Rüsselspringer, Nasenaffen oder Elefantenrobben. Alle diese Gruppen sind mit dem Elefanten (und auch untereinander) nicht besonders eng verwandt. Ihre langen Nasen haben sich unabhängig voneinander und vermutlich auch aus unterschiedlichen Gründen entwickelt (Abbildung 3.1).

Während der Evolution der Elefanten aus ihren kurznasigen Vorfahren muß es eine ununterbrochene, allmähliche Abfolge immer längerer Nasen gegeben haben, einen gleitenden Anstieg mit immer dickeren Muskeln und raffinierter organisierten Nerven. Und mit jedem Zentimeter, um den der Durchschnittsrüssel länger wurde, muß er seine Aufgaben immer besser erfüllt haben. Man kann deshalb nie sagen: «Dieser mittelgroße Rüssel taugt zwar nichts, weil er weder das eine noch das andere ist und zwischen allen Stühlen sitzt, aber das macht nichts. Warten wir ein paar Millionen Jahre, dann wird er gut sein.» Kein Lebewesen war je nur deshalb auf der Welt, weil es in der Evolution der Übergang zu etwas Besserem war. Tiere überleben, weil sie fressen, dem Gefressenwerden entgehen und sich fortpflanzen. Wäre ein mittelgroßer Rüssel zu diesen Zwecken stets weniger gut geeignet gewesen als eine kleine Nase oder ein langer Rüssel, hätte sich der lange Rüssel niemals entwickelt.

Aber auch wenn der Rüssel in allen Stadien nützlich sein mußte, bedeutet das nicht, daß er sich immer für den gleichen Zweck eignete. Anfangs könnte sich durch die Verlängerung ein Vorteil ergeben haben, der nichts mit dem Aufheben von Gegenständen zu tun hatte. Vielleicht wurde die Nase zunächst einmal länger, weil sich damit die Geruchswahrnehmung verbesserte wie bei den Rüsselspringern; oder sie könnte als Resonanz-

Abb. 3.1 Der afrikanische Elefant *Loxodonta africana* und einige nicht mit ihm verwandte Tiere, deren lange Nasen sich aus verschiedenen, voneinander unabhängigen Gründen entwickelt haben. Im Gegenuhrzeigersinn von links oben: Nasenaffe *(Nasalis larvatus)*; Rotschulterrüsselhündchen *(Rhynchocyon petersi)*; Schabrackentapir *(Tapirus indicus)* und Südlicher See-Elefant *(Mirounga leonina)*.

raum für Rufe gedient haben wie bei den Elefantenrobben; oder sie war eine Verschönerung, die Paarungspartner anlockte wie – so überraschend das unserem Schönheitssinn erscheinen mag – bei den Nasenaffen. Andererseits wäre es aber auch möglich, daß der Nutzen des Rüssels als «Hand» sich in der Evolution der Elefanten schon früh einstellte, als er noch recht kurz war. Diese Vermutung wird durch den Vergleich mit den Tapiren plausibel, die mit der Nase nach Blättern greifen und sie ins Maul ziehen. Die unabhängige Evolution ähnlicher Hilfsmittel bei verschiedenen Tieren ermöglicht manchmal neue Erkenntnisse über sie.

Im Fall des Elefantenrüssels liefern die harten Teile des Schädels, die auch Fossilien bilden, insbesondere die Stoßzähne und die mit ihnen verbundenen Knochen, aufschlußreiche Indizien. Die beiden heutigen Elefantenarten sind die letzten Überlebenden einer früher recht breiten Palette stoßzahnbewehrter Tiere, die auf allen Kontinenten zu Hause waren. Die Stoßzähne der modernen Elefanten sind gewaltig vergrößerte obere Schneidezähne, aber bei vielen fossilen Formen, so bei manchen Mastodonten, waren auch die unteren Schneidezähne nach vorn verlängert. In manchen Fällen waren sie groß und spitz wie diejenigen, die wir heute im Oberkiefer kennen. Bei anderen Arten waren sie so flach, daß die beiden großen Zähne zusammen eine Art Schaufel oder Spaten aus Elfenbein bildeten und die Kontur des Unterkiefers verlängerten; sie dienten vermutlich zum Ausgraben von Wurzeln und Knollen. Die Schaufel ragte vom Unterkiefer so weit nach vorn, daß die Oberlippe die Nahrung, die sie ausgrub, nicht erreichen konnte. Möglicherweise wurde die Anfangsform des Rüssels ursprünglich länger, um sich über die Schaufel zu schieben und die ausgegrabene Nahrung zu ergreifen. Später, so kann man vermuten, bewältigte der entstehende Rüssel diese Aufgabe so gut, daß er auch allein und ohne die Schaufel benutzt wurde. Noch später bildete sich die Schaufel zumindest in den bis heute überlebenden Abstammungslinien zurück, und der Rüssel blieb erhalten wie Strandgut, das die Ebbe zurückläßt. Der Unterkiefer nahm wieder ungefähr die ursprünglichen Ausmaße an und hinterließ als Vermächtnis den heutigen eigenständigen Rüssel. Ein genauerer Bericht über die Evolution des Elefantenrüssels findet sich in dem ausgezeichneten Buch *The Theory of Evolution* von John Maynard Smith auf Seite 291 bis 294.

Wenn ein Organ ursprünglich einem Zweck diente und später in der Evolution übernommen wurde, um eine andere Aufgabe zu erfüllen, spricht man von «Präadaptation». Sie ist eine aufschlußreiche Vorstellung, denn sie bewahrt uns häufig vor Verwunderung über die entwicklungsgeschichtliche Herkunft. Die Stacheln des Stachelschweins sind heute achtunggebietende Waffen. Sie sind aber nicht aus dem Nichts entstanden, sondern sind umgebildete Haare, die zu einem völlig anderen Zweck «präadaptiert» waren: um das Tier warm zu halten. Viele Säugetiere besitzen hochentwickelte, spezialisierte Duftdrüsen. Ihre Herkunft mag zunächst rätselhaft erscheinen, aber wenn man sie unter dem Mikroskop betrachtet, erkennt man, daß sie aus kleineren Drüsen hervorgegangen sind, die eine ganz andere Aufgabe hatten: Sie produzierten Schweiß und kühlten damit den Organismus. Solche nicht umgebildeten Schweißdrüsen kommen an anderen Körperteilen der gleichen Tiere in großer Zahl vor, und deshalb fällt der Vergleich nicht schwer. Andere Duftdrüsen gehen offenbar auf Talgdrüsen zurück, die ursprünglich dazu dienten, die Haare mit einem fettigen Sekret zu schützen. Häufig sind sich die Präadaptation und ihr heutiger Nachfolger nicht unähnlich. Schweiß riecht nun einmal, und er wird abgegeben, wenn das Tier erregt ist (Menschen schwitzen angeblich oft aus Angst – ich kenne das von mir selbst, wenn eine wichtige Vorlesung nicht nach Plan läuft). Deshalb war es nur natürlich, daß aus der alten Präadaptation ihr spezialisiertes Gegenstück wurde.

Manchmal ist nicht ohne weiteres zu erkennen, was zuerst da war – was also die frühe Präadaptation und was die spätere Spezialisierung ist. Darwin fragte sich zum Beispiel, wie die Lunge in der Evolution entstanden ist, und suchte die Antwort in der Schwimmblase, einem gasgefüllten Hohlraum, mit dem die Knochenfische ihren Auftrieb steuern. Das Ganze funktioniert nach dem Prinzip des cartesianischen Tauchers (das sind die kleinen Männchen in einer Flasche, die man mit einem leichten Druck auf den Korken aufsteigen oder absinken lassen kann). Fische regeln mit ihren Muskeln das Volumen der Schwimmblase und können sich auf diese Weise in verschiedenen Wassertiefen in der Schwebe halten. Das gilt aber nur für die normalen Knochenfische. Haie (die trotz ihres fischähnlichen Aussehens mit den Knochenfischen entfernter verwandt sind als wir) besitzen keine Schwimmblase und müssen deshalb mehr Anstrengung in Schwimmbewegungen investieren, um sich in der gewünschten Wassertiefe zu halten. Die Schwimmblase sieht wie eine Lunge aus, und Darwin hielt sie für die Präadaptation, aus der sich unser Atmungsorgan entwickelt hat. Heutige Zoologen drehen dieses vom Schwanz aufgezäumte Pferd lieber um: Sie vermuten, daß die Schwimmblase die jüngere Abwandlung einer Urlunge ist (Lungenfische sind bis heute recht verbreitet). Unabhängig davon, welches von beiden Organen die Vorstufe ist, müssen wir uns fragen, was ihr vorausging. Vielleicht entstand die Lunge/Schwimmblase aus einer Ausstülpung des Darms, die eine primitive Verdauungsfunktion hatte. Jedenfalls mußte die Ausstülpung/Schwimmblase/Lunge in jedem Stadium ihrer Evolution, bei jedem Schritt bergauf an den Böschungen des Unwahrscheinlichkeitsgebirges, für das Tier nützlich gewesen sein.

Könnte der Elefantenrüssel nicht in einem riesigen Schritt plötzlich gewachsen sein? Warum sollte ein Nachkomme nicht auf einmal einen Elefantenrüssel gehabt haben, während seine Eltern noch Nasen wie ein Tapir besaßen? Diese Annahme wirft drei Fragen auf. Erstens: Können sich Mutationen dieser Größenordnung, auch Makromutationen genannt, überhaupt ereignen? Zweitens: Angenommen, es gibt sie. Würde die natürliche Selektion sie jemals begünstigen? Und drittens die heiklere Frage: Was meinen wir mit «groß», wenn wir von großen mutationsbedingten Veränderungen sprechen? Damit bin ich wieder bei einer Abgrenzung, die ich in einem früheren Buch vorgenommen habe: bei dem Unterschied zwischen «Boeing-747-Makromutationen» und «gestreckte-DC8-Makromutationen».

Die Antwort auf die erste Frage lautet ja. Makromutationen finden statt. Manchmal unterscheiden Nachkommen sich grundlegend und in monströser Weise von ihren Eltern und von anderen Angehörigen ihrer Spezies. Die Kröte in Tafel 3.2 wurde nach Angaben des Fotografen Scott Gardner vom *Hamilton Spectator* von zwei Mädchen in ihrem Garten in Hamilton (Ontario) gefunden. Gardner sagte, sie hätten sie, damit er sie fotografieren konnte, auf den Küchentisch gesetzt. Sie hat an der Außenseite des Kopfes überhaupt keine Augen. Als sie das Maul öffnete, so Mr. Gardners Bericht, habe sie ihre Umgebung anscheinend genauer wahrgenommen. Weiterhin berichtete er, er habe sie zur Untersuchung an die Fakultät für Tiermedizin der Universität Guelph gebracht, aber ich konnte bisher keinen vollständigen wissenschaftlichen Bericht darüber finden. Solche Mißbildungen sind interessant, denn sie liefern häufig Hinweise auf den normalen Ablauf der Embryonalentwicklung. Auch bei Menschen sind nicht alle Geburtsfehler genetisch bedingt – man denke nur an die, die durch Contergan verursacht wurden –, aber bei vielen ist das der Fall. Ein einfaches dominantes Gen erzeugt zum Beispiel die Achondroplasie, eine starke Verkürzung der Knochen in den Gliedmaßen, die zu Kleinwüchsigkeit und anormalen Körperproportionen führt. Solche Mutationen mit großer Wirkung – die «Makromutationen» – werden manchmal auch «Saltation» genannt. Das Gen für Achondroplasie erben die Betroffenen in der Regel von einem Elternteil, aber in seltenen Fällen entsteht es auch durch eine Neumutation, und auf diese Weise muß es ursprünglich aufgetaucht sein. Eine ähnlich dramatische Mutation könnte theoretisch – in der Praxis habe ich allerdings große Zweifel – auch dafür gesorgt haben, daß die Nase sich in einer einzigen Generation von Tapir- zu Elefantengröße verlängerte.

Was die zweite Frage angeht, ob eine große, durch eine Makromutation hervorgerufene «Mißbildung» je von der natürlichen Selektion begünstigt wird, so könnte man sich vorstellen, daß es keine allgemeingültige Antwort gibt. Fällt sie nicht von Fall zu Fall verschieden aus und lautet beispielsweise bei der Achondroplasie ja, bei zweiköpfigen Kälbern aber nein? Ein Hundegen, das dem der Menschen für Achondroplasie entspricht, wurde tatsächlich durch die künstliche Selektion der Züchter begünstigt, und zwar nicht nur zur Befriedigung eitler Launen, sondern zur Zucht nützlicher Arbeitshunde. Der Dackel (der ursprünglich Dachshund hieß) wurde dazu gezüchtet, in Dachsbaue einzudringen, und ein wichtiger Bestandteil der genetischen Formgebung, die diese Rasse entstehen ließ, war der Einbau eines Gens für Achondroplasie. Vielleicht kommt es auch in der Natur manchmal vor, daß eine große Mutation wie bei der Achondroplasie plötzlich eine neue Lebens- oder Ernährungsweise ermöglicht: So könnte zum Beispiel ein kleinwüchsiges Tier, das bei der Jagd nach Beute in offenem Gelände stark benachteiligt ist, plötzlich entdecken, daß es die Beute im Gegensatz zu seinen Artgenossen bis in ihr Schlupfloch verfolgen kann.

Gelegentlich haben Evolutionstheoretiker die Ansicht geäußert, große Saltationen seien in der Natur ein Bestandteil des entwicklungsgeschichtlichen Wandels. Der berühmte deutsch-amerikanische Genetiker Richard Goldschmidt vertrat diese Theorie unter dem einprägsamen Schlagwort des *hopeful monster* («aussichtsreiches Ungeheuer»). Ein mögliches Beispiel werde ich in Kapitel 7 erwähnen. Aber Goldschmidts Theorie wurde nie allgemein anerkannt, und es gibt stichhaltige Gründe dafür, daß Makromutationen oder Mißbildungen nicht von großer Bedeutung sind. Lebewesen sind äußerst komplizierte, fein abgestimmte Mechanismen. Wenn man im Inneren eines solchen komplizierten und vielleicht noch nicht einmal besonders gut funktionierenden Mechanismus zufällige Veränderungen anbringt, besteht nur eine sehr geringe Wahrscheinlichkeit, daß man ihn damit verbessert. Sind die Abwandlungen dagegen nur geringfügig, führen sie unter Umständen tatsächlich zu Verbesserungen. Wenn unsere Fernsehantenne nicht genau ausgerichtet ist, besteht bei einer kleinen Drehung eine Chance von 50 zu 50, daß sich der Empfang verbessert, denn unabhängig davon, ob man sie nach rechts oder links bewegt, wird es mit einer Wahrscheinlichkeit von 50 Prozent die richtige Richtung sein. Ein sehr starker, nur vom Zufall bestimmter Eingriff dagegen, bei dem die Antenne gewaltsam um einen großen Winkel gedreht wird, macht das Ganze mit hoher Wahrscheinlichkeit nur schlimmer, unter anderem weil die Drehung selbst dann, wenn sie in die richtige Richtung erfolgt, vermutlich zu stark sein wird. Oder, allgemeiner gesagt: Es gibt für eine falsche Ausrichtung wesentlich mehr Möglichkeiten als für die richtige. Wenn ein komplizierter Mechanismus überhaupt funktioniert, kann er von der optimalen Abstimmung nicht allzu weit entfernt sein. Eine kleine, zufällige Veränderung kann ihn verbessern, und wenn sie zu einer Verschlechterung führt, entfernt er sich nicht allzu weit von der richtigen Anordnung. Sehr große zufällige Abwandlungen sind dagegen wie Stichproben aus der riesigen Menge aller möglichen Anordnungen. Und die große Mehrzahl aller Anordnungen ist falsch.

Auch die bekannte Erfahrung, daß man eine nicht funktionierende Maschine häufig mit einem kräftigen Fußtritt in Ordnung bringen kann, widerspricht meiner Argumentation nicht. Es mag ein heftiger Tritt sein, aber das Fernsehgerät ist ein robustes Stück Technik, und der Tritt hat auf die Anordnung seiner Teile nicht unbedingt große Auswirkungen. Allerdings verändert er unter Umständen ein wenig die Lage irgendeines Teils, das sich geringfügig gelockert hat; und dieses lockere Teil ist sehr wahrscheinlich genau dasjenige, das zu dem Defekt geführt hat.[1]

Über Lebewesen schrieb ich in *Der Blinde Uhrmacher*: «So viele Arten des Lebendigseins es auch geben mag, es gibt mit Sicherheit weitaus mehr Arten des Totseins.» (Es ist, glaube ich, nur allzu menschlich, wenn ich hier meiner Begeisterung darüber Ausdruck verleihe, daß diese Bemerkung ihren Weg in das *Oxford Dictionary of Quotations* gefunden hat!) Wenn man sich alle möglichen Anordnungen von Teilen eines Tiers vorstellt, würden sich fast alle davon als nicht lebensfähig erweisen. Genauer gesagt: Sie wären nie geboren worden. Jede Tier- und Pflanzenart ist eine Insel der Funktionsfähigkeit in einem riesigen Ozean vorstellbarer Anordnungen, von denen die meisten eingehen würden, falls es sie überhaupt jemals gäbe. In dem Ozean aller möglichen Tiervarianten befinden sich solche mit den Augen auf den Fußsohlen, mit Linsen in den Ohren statt in den Augen, mit einem linken Flügel und einer rechten Flosse; Tiere mit einem Schädel um den Magen und ohne Hülle für das Gehirn. Es ist witzlos, seine Phantasie weiter anzustrengen. Mit dem bisher Gesagten habe ich deutlich gemacht, daß die Inseln der Überlebensfähigkeit, so groß und zahlreich sie auch sein mögen, unendlich klein sind, was ihr Ausmaß und ihre Anzahl anbelangt, wenn man sie mit dem Ozean der nicht überlebensfähigen Funktionsunfähigkeit vergleicht.

Wenn ein Kind mit einer Mutation zur Welt kommt, befinden sich seine Eltern, die ja leben, zwangsläufig an einem sicheren Ort auf einer dieser Inseln. Durch eine kleine Abwandlung – hier eine geringfügige Ver-

[1] Judith Flanders machte mich in diesem Zusammenhang auf eine amüsante Geschichte in dem Buch *Accidental Empires* von Robert X. Cringely aufmerksam. Sie betrifft den Apple III, der in den achtziger Jahren herauskam, einen Bürocomputer aus der Generation zwischen dem berühmten Apple II und dem noch berühmteren Macintosh: ... «Die automatisierte Maschine, die Dutzende von Computerchips auf der Hauptplatine anbringt, drückt sie nicht fest genug in ihre Sockel. Daraufhin riet Apple den 90000 Kunden, sie sollten ihren Apple III vorsichtig hochheben und aus einer Höhe von 25 bis 30 Zentimetern fallen lassen, in der Hoffnung, daß die Chips durch den Aufprall besser festsitzen würden.»

längerung eines Beinknochens, dort eine kleine Anpassung bei einem Kieferwinkel – bewegt sich das Kind einfach an eine andere Stelle derselben Insel. Es kann auch eine kleine Sandbank vor der Küste besetzen und sie mit dem trockenen Land verbinden. Eine große Mutation dagegen, eine tiefgreifende, mißbildende, revolutionäre Veränderung, entspricht einem verrückten Sprung ins Blaue. Die Makromutante wird in eine zufällige Richtung geschleudert, meilenweit weg von ihrer Heimatinsel. Es ist natürlich *möglich*, daß sie zufällig auf einer anderen Insel landet. Da es aber wenige kleine Inseln sind und das Meer so groß ist, sind die Aussichten sehr gering. Es kann gelegentlich alle paar Millionen Jahre vorkommen, und wenn es geschieht, hat es tiefgreifende Auswirkungen auf die Evolution.

Wir sollten die Metapher mit den Inseln nicht zu weit treiben. Sie hinkt an vielen Stellen. Alle biologischen Arten sind miteinander verwandt, das heißt, es muß Wege geben, um über den Ozean der Möglichkeiten von jeder Art des Lebendigseins zu jeder anderen zu gelangen. Hier hilft uns der Vergleich mit den Inseln nicht mehr; besser ist die Metapher vom Unwahrscheinlichkeitsgebirge. Die Inseln sollten nur eines deutlich machen: Je umfassender und abwegiger eine Mutation ist, desto geringer sind die Chancen, daß sie begünstigt wird.

Wir müssen auch zwischen verschiedenen Arten von Makromutationen unterscheiden. Als ich Phantasietiere mit Augen auf den Fußsohlen und Linsen in den Ohren beschrieb, habe ich meine Aufmerksamkeit auf Umordnungen der Einzelteile gerichtet. Solche großen Veränderungen werden sicher nur mit sehr geringer Wahrscheinlichkeit das Glück haben zu überleben. Große Abwandlungen kommen aber auch bei den Ausmaßen einzelner Teile vor, ohne daß sich ihre Anordnung ändert. Ein Beispiel wäre das plötzliche Sprießen eines Elefantenrüssels anstelle einer Tapirnase, vorausgesetzt, die Verlängerung ist das einzige, was geschieht. Eine derart drastische Veränderung ist zwangsläufig ein Sprung in den Ozean des Unpraktischen oder des Todes.

Ich habe versprochen, auf die Makromutationen nach Art der «Boeing 747» und der «gestreckten DC-8» zurückzukommen. Denken wir noch einmal an Fred Hoyles Diskussionsbeitrag mit dem Schrottplatz und der 747. Er soll gesagt haben, die Evolution der Proteinmoleküle und anderer komplizierter Strukturen (also auch die eines Auges oder eines Herzens) durch natürliche Selektion sei ebenso wahrscheinlich wie die Konstruktion einer Boeing 747 durch einen Wirbelsturm, der über einen Schrottplatz fegt. Hätte er nicht «natürliche Selektion», sondern «Zufall» gesagt, hätte er recht. Ich bedaure sehr, daß ich ihn als einen der vielen bloßstellen muß, die in dem tiefgreifenden Mißverständnis gefangen sind, natürliche Selektion sei etwas Zufälliges. Jede Theorie, wonach die Evolution einen komplexen neuen Apparat wie ein Auge oder ein Hämoglobinmolekül in einem einzigen Schritt aus dem Nichts zusammenfügen soll, verlangt zuviel vom Zufall. In einer solchen Theorie bliebe für die natürliche Auslese kaum etwas zu tun, weil man die gesamte «Gestaltungs»arbeit in eine einzige riesige Mutation steckt. Auf solche Makromutationen trifft das Bild vom Jumbo-Jet und dem Schrottplatz zu, und deshalb nenne ich sie «Boing-747-Makromutationen». Mutationen dieser Art gibt es nicht, und sie stehen in keinem Zusammenhang mit dem Darwinismus.

Wenden wir uns nun meiner zweiten Flugzeug-Analogie zu. Die gestreckte DC8 ist eine ganz normale DC8, sie ist nur länger. Die Grundkonstruktion der Maschine wurde beibehalten, aber in der Mitte des Rumpfes hat man ein zusätzliches Stück eingefügt. Es gibt auch mehr Sitze, mehr Gepäckfächer und mehr von all den anderen Dingen, die sich in einem Flugzeug befinden. Ebenso offenkundig sind die längeren Kabel, Rohrleitungen und Teppiche, die sich durch den Rumpf des Flugzeugs ziehen. Weniger leicht zu erkennen sind zahlreiche weitere Abwandlungen, die mit Sicherheit an anderen Teilen der Maschine notwendig werden, wenn ein längerer Rumpf vom Boden abheben soll. Grundsätzlich läßt sich der Unterschied zwischen der normalen und der gestreckten DC8 auf eine einzige Makromutation zurückführen: Der Rumpf ist viel länger als sein Vorgänger. Eine abgestufte Reihe von Zwischenformen gibt es nicht.

Giraffen stammen von Vorfahren ab, die stark dem heutigen Okapi ähneln (Abbildung 3.3). Die offenkundigste Veränderung ist der verlängerte Hals. Kann er durch eine einzige große Mutation entstanden sein? Um es gleich vorwegzunehmen: Ich bin sicher, daß es nicht der Fall war. Aber das ist etwas anderes, als zu sagen, es könne nicht so gewesen sein. Eine Boing-747-Mutation – etwa ein völlig neues Auge mit Irisblende und fokussierbarer Linse, das aus dem Nichts entspringt wie Pallas Athene aus

Abb. 3.3 Schritte zu einem langen Hals. Das Okapi *(Okapia johnstoni)* dürfte dem Vorfahren der heutigen Giraffen ähneln, die hier durch die Giraffe *Giraffa camelopardalis reticulata* vertreten sind.

dem Haupte des Zeus – kann sich *nie* ereignen, auch nicht in einer Milliarde mal einer Milliarde Jahren. Aber der Hals der Giraffe könnte wie die gestreckte DC8 auf ein einziges Mutationsereignis zurückgehen (obwohl ich wetten würde, daß es nicht so war). Wo liegt der Unterschied? Entscheidend ist nicht, daß der Hals bedeutend weniger kompliziert wäre als das Auge; soweit ich weiß, ist er womöglich noch komplizierter. Wichtig ist vielmehr die *unterschiedliche* Komplexität des früheren und des späteren Halses. Dieser Unterschied ist gering, zumindest im Vergleich zu dem Unterschied zwischen keinem Auge und einem heutigen Auge. Im Hals der Giraffe findet man die gleiche komplizierte Anordnung von Teilen wie in dem des Okapis (und vermutlich auch des Vorfahren der Giraffe, der noch einen kurzen Hals hatte). Er enthält die gleiche Reihe von sieben Wirbeln, die jeweils mit Blutgefäßen, Nerven, Bändern und Muskelsträngen verbunden sind. Der Unterschied besteht nur darin, daß jeder einzelne Wirbel um vieles länger ist und daß auch alle zugehörigen Teile gestreckt sind oder größere Abstände haben.

Entscheidend ist dabei, daß sich während der Entwicklung des Embryos nur einmal etwas ändern muß, damit der Hals viermal so lang wird. Zum Beispiel müssen nur die Wirbelanlagen schneller wachsen, und schon ergibt sich alles andere von selbst. Damit aber aus bloßer Haut ein Auge hervorgeht, muß sich nicht nur eine Geschwindigkeit ändern, sondern Hunderte (siehe Kapitel 5). Wenn ein Okapi sich so verändert, daß es den Hals einer Giraffe besitzt, haben wir es mit einer Mutation nach Art der gestreckten DC8 und nicht mit einer nach Art der Boeing 747 zu tun, und das ist eine Möglichkeit, die man nicht ganz ausschließen kann. Was die Kompliziertheit angeht, kommt nichts Neues hinzu. Der Rumpf wird länger, mit allen Folgen, aber es ist die Verlängerung einer vorhandenen komplexen Struktur und kein Hinzufügen neuer Komplexität. Das gleiche gälte auch dann, wenn die Giraffe mehr als sieben Halswirbel hätte. Bei den verschiedenen Schlangenarten schwankt die Zahl der Wirbel zwischen 200 und 350. Da alle Schlangen verwandt sind und es keine halben oder viertel Wirbel gibt, bedeutet das, daß hin und wieder eine Schlange mit mindestens einem Wirbel mehr oder weniger als ihre Eltern geboren wird. Diese Mutationen kann man zu Recht als Makromutationen bezeichnen, und sie waren offenbar ein Bestandteil der Evolution, denn alle diese Schlangen gibt es. Aber es sind DC8-Mutationen: Sie beinhalten eine Verdoppelung vorhandener komplexer Strukturen und nicht die Neuerfindung von Komplexität nach Art der 747.

Eine Tatsache könnte allerdings den ausgefallenen Makromutanten in der Evolution zu Hilfe kommen: Die Wirkung eines Gens hängt davon ab, welche anderen Gene im selben Körper vorhanden sind. Die Auswirkungen eines Gens auf den Körper, phänotypischer Effekt genannt, sind ihm nicht auf den ersten Blick anzusehen. Im DNA-Code des Gens für Achondroplasie ist nichts, aus dem ein Molekularbiologe «kurz» oder «Zwerg» herauslesen könnte. Seine Wirkung, die Gliedmaßen zu verkürzen, entfaltet es nur dann, wenn es von einer Menge weiterer Gene umgeben ist, von anderen Eigenschaften der Umwelt ganz zu schweigen. Was ein Gen bedeutet, hängt vom Zusammenhang ab. Der Embryo entwickelt sich in einem Umfeld, das alle Gene gemeinsam gestalten. Welchen Effekt eines davon auf den Embryo hat, wird von allen anderen mitbestimmt. Der bereits zitierte R. A. Fisher formulierte dies schon vor langer Zeit so: Gene wirken als «Modifikatoren» anderer Gene. Das bedeutet nicht, daß sie den DNA-Code anderer Gene abwandeln. Das tun sie mit Sicherheit nicht. Modifikatoren verändern einfach das Umfeld so, daß andere Gene auf den Körper eine veränderte Wirkung ausüben, aber nicht, indem sie die DNA-Sequenz dieser anderen Gene ummodeln.

Wie wir bereits gesehen haben, wäre es nicht (ganz) unvorstellbar, daß ein Tier mit der 15 Zentimeter langen Nase eines Tapirs aufgrund einer Veränderung in einem Gen – einer Makromutation – in einer einzigen Generation ein Kind mit einem Elefantenrüssel von 1,50 Metern zur Welt bringt. Aber es ist sehr unwahrscheinlich, daß die neue Nase sofort wie ein guter Rüssel funktioniert. Hier könnten einem theoretisch die «Modifikator»gene und die Vorstellung vom «Umfeld» der anderen Gene zu Hilfe kommen. Solange die Makromutation wenigstens annähernd zu etwas gut ist, so daß ihre Besitzer nicht aussterben, könnte die anschließende Selektion der modifizierenden Gene die Einzelheiten klären und die Unebenheiten beseitigen. Man kann sich die große Mutation als katastrophale Herausforderung für eine Population vorstellen, ähnlich wie eine Eiszeit. Jede neue Eiszeit sorgt für die Selektion einer ganzen Sammlung von Genen, und den gleichen Effekt hat auch eine tiefgreifende mutationsbedingte Veränderung des Durchschnittskörpers wie beispielsweise eine plötzliche Verlängerung der Nase.

Gene, die im Gefolge einer neuen großen Mutation «aufräumen», beeinflussen nicht nur die offenkundigen Auswirkungen des ausschlaggebenden Gens. Sie können auch auf überraschend weit entfernte Körperteile einwirken und dort die nachteiligen Wirkungen der großen Mutation abschwächen oder ihren Nutzen verstärken. Durch eine stark verlängerte Nase wird beispielsweise der Kopf schwerer, so daß stärkere Halsknochen notwendig sind. Das gesamte Gleichgewicht des Körpers kann sich verändern, so daß sich weitere Auswirkungen beispielsweise auf Wirbelsäule und Becken ergeben. Diese gesamte nachfolgende Auslese wirkt auf Dutzende von Genen, die viele Körperteile beeinflussen.

Die Vorstellung vom «anschließenden Aufräumen» habe ich zwar in Verbindung mit den großen Makromutationen eingeführt, aber diese Art der Auslese ist in der Evolution sicher auch ohne große Mutationssprünge wichtig. Auch kleine Mutationen haben Folgen, die ein «anschließendes Aufräumen» höchst wünschenswert machen. Jedes Gen kann für die Wirkungen jedes anderen als Modifikator wirken, und vielfach geschieht das tatsächlich. Manche Fachleute würden sogar die Behauptung wagen, daß die meisten Gene, die überhaupt eine Wirkung haben (bei vielen ist das nicht der Fall) auch die Wirkungen anderer Gene modifizieren. Dies ist ein weiterer Gesichtspunkt dessen, was ich mit dem «Umfeld» meine, in dem ein Gen überleben muß und das im wesentlichen aus anderen Genen derselben Spezies besteht.

Auch auf die Gefahr hin, daß ich den Makromutationen mehr Aufmerksamkeit schenke, als sie verdienen, muß ich einer letzten möglichen Verwirrung vorbeugen. Es gibt eine höchst fachkundig ausgearbeitete und nicht uninteressante Theorie, die unter dem Namen «unterbrochenes Gleichgewicht» bekannt ist. Sie im einzelnen zu erörtern würde den Rahmen dieses Buches sprengen. Aber da sie so nachdrücklich vertreten und so häufig mißverstanden wird, muß ich ausdrücklich darauf hinweisen: Die Theorie des unterbrochenen Gleichgewichts steht in keinerlei legitimem Zusammenhang mit den Makromutationen und sollte auch nicht so dargestellt werden. Sie geht davon aus, daß Abstammungslinien lange Zeit ohne entwicklungsgeschichtlichen Wandel im Zustand der «Stasis» verharren, daß dieser Zustand aber von gelegentlichen, raschen Schüben der Veränderung unterbrochen wird und daß diese Schübe mit der Entstehung neuer Arten zusammenfallen. Aber auch wenn solche Schübe plötzlich erscheinen mögen, so erstrecken sie sich doch immer noch über viele Generationen, und die Veränderung ist immer noch *graduell*. Die Zwischenformen verschwinden nur einfach so schnell, daß sie nicht als Fossilien erhalten bleiben. Diese «Unterbrechung durch schnellen Gradualismus» ist etwas ganz anderes als die Makromutation, bei der es in einer einzigen Generation zu einer plötzlichen Veränderung kommt. Die Verwirrung ist zum Teil darauf zurückzuführen, daß Stephen Gould, einer der beiden führenden Vertreter dieser Theorie (der andere ist Niles Eldredge), unabhängig davon eine Schwäche für eine bestimmte Art von Makromutationen hat, und gelegentlich verwischt er den Unterschied zwischen schnellem Gradualismus und echten Makromutationen – womit er aber, das möchte ich sofort hinzufügen, keine wundersamen Boeing-747-Mutationen meint. Eldredge und Gould sind zu Recht verärgert über den Mißbrauch ihrer Ideen durch die Kreationisten, nach deren Ansicht es beim unterbrochenen Gleichgewicht – um bei meiner Terminologie zu bleiben – um gewaltige Makromutationen nach Art der 747 geht; solche Mutationen würden, wie sie zu Recht glauben, Wunder erfordern. Gould meint dazu:

> Seit wir das unterbrochene Gleichgewicht als Erklärung für Trends vorgeschlagen haben, macht es mich wütend, wenn ich immer und immer wieder – ob absichtlich oder aus Dummheit, weiß ich nicht – so zitiert werde, als hätte ich eingeräumt, daß es in den Fossilfunden keine Übergangsformen gäbe. Übergangsformen fehlen gewöhnlich auf der Ebene der Arten, aber zwischen den größeren Gruppen gibt es sie in Hülle und Fülle.

Gould wäre der Gefahr solcher Mißverständnisse nicht so ausgesetzt, wenn er den grundlegenden Unterschied zwischen schnellem Gradualismus und Saltation (d. h. Makromutation) stärker betonen würde. Je nachdem, wie man sie definiert, ist die Theorie des unterbrochenen Gleichgewichts entweder bescheiden und möglicherweise richtig oder revolutionär und vermutlich falsch. Verwischt man den Unterschied zwischen schnellem Gradualismus und Saltation, scheint die Theorie des unterbrochenen Gleichgewichts radikaler zu sein. Gleichzeitig schafft man damit aber geradezu eine Aufforderung zum Mißverständnis, und dieser Aufforderung kommen die Kreationisten mit Vergnügen nach.

Daß die Übergangsformen auf der Ebene der Arten fehlen, hat einen höchst banalen Grund. Am besten kann ich es mit einer Analogie erklären. Kinder werden allmählich und gleichmäßig zu Erwachsenen, aber aus juristischen Gründen setzt man ein bestimmtes Alter – vielfach den achtzehnten Geburtstag – als Beginn der Volljährigkeit fest. Deshalb könnte man ohne weiteres sagen: «Großbritannien hat 55 Millionen Einwohner, aber kein einziger davon ist eine Zwischenform zwischen Wahlberechtigtem und Nichtwahlberechtigtem.» Und genau wie sich ein Nichtwahlberechtigter um Schlag Mitternacht seines achtzehnten Geburtstages in einen Wahlberechtigten verwandelt, so bestehen die Zoologen darauf, ein Exemplar entweder der einen oder der anderen Art zuzuordnen. Steht das Exemplar mit seiner Form in Wirklichkeit dazwischen (was oft der Fall ist), sind die Zoologen aufgrund ihrer legalistischen Konventionen gezwungen, sich für das eine oder andere zu entscheiden, wenn sie das Exemplar benennen. Deshalb muß die Behauptung der Kreationisten, es gebe auf der Ebene der Arten keine Zwischenformen, *definitionsgemäß* stimmen, aber daraus ergeben sich für die wirkliche Welt keinerlei Folgerungen – es ist nur für die Benennungskonventionen der Zoologen von Bedeutung.

Wir brauchen nur bis zu unseren eigenen Vorfahren zu gehen: Der Übergang vom *Australopithecus* über *Homo habilis*, *Homo erectus* und dem «archaischen» *Homo sapiens* bis zum «modernen» *Homo sapiens* verlief so allmählich, daß die Experten sich ständig über die Einordnung bestimmter Versteinerungen streiten. Betrachten wir nun die folgende Passage aus einer gegen die Evolutionstheorie gerichteten Propagandaschrift: «Die Funde wurden entweder als *Australopithecus* und demnach als Affen bezeichnet oder aber als *Homo* und sind demzufolge menschlich. Trotz über hundertjähriger energischer Ausgrabungsarbeiten und eingehender Diskussionen bleibt die Glasvitrine, die für den hypothetischen Vorfahren des Menschen reserviert ist, leer. Das fehlende Verbindungsglied fehlt immer noch.» Man fragt sich, was ein Fossil noch alles tun muß, damit es als Zwischenform anerkannt wird. Im Grunde sagt die zitierte Behauptung nichts über die wirklichen Verhältnisse aus, sondern nur etwas (und zwar etwas ziemlich Langweiliges) über die Konventionen der Namensgebung. Kein «Verbindungsglied», und stünde es noch so genau in der Mitte, könnte der höheren terminologischen Gewalt entgehen, die es auf die eine oder andere Seite der Grenze stößt. Wenn man auf richtige Art und Weise nach Zwischenformen suchen will, muß man die Benennung der Fossilien vergessen und sich statt dessen ihre wirkliche Form und Größe ansehen. Tut man das, entdeckt man in den Fossilfunden eine Fülle wunderschöner, allmählicher Übergänge; daneben gibt es allerdings auch Lücken, manche davon sehr groß und nach allgemein anerkannter Ansicht durch Tiere entstanden, die eben keine Fossilien bilden. In gewisser Hinsicht sind unsere Benennungsmethoden noch immer in einem Zeitalter vor der Evolutionstheorie verhaftet, als Unterscheidung alles war und man nicht mit Zwischenformen rechnete.

Wir haben einen ersten Blick auf das Unwahrscheinlichkeitsgebirge geworfen und den Unterschied zwischen den abweisenden Felswänden auf der einen Seite und den sanften Böschungen auf der anderen kennengelernt. In den nächsten beiden Kapiteln betrachten wir eingehend zwei Gipfel, die bei den Kreationisten sehr beliebt sind, da ihre Wände besonders steil erscheinen: die Flügel («wozu ist ein halber Flügel gut?») und die Augen («ein Auge funktioniert erst dann, wenn alle Teile an ihrem Platz sind, und deshalb kann es nicht allmählich entstanden sein»).

Viertes Kapitel **DIE ERDE HINTER SICH LASSEN**

Das Fliegen war für so lange Zeit ein unerfüllbarer Traum der Menschheit und ist selbst heute mit so vielen Schwierigkeiten verbunden, daß man seine Problematik leicht übertreibt. Für viele Tierarten ist Fliegen zur zweiten Natur geworden. Oder, frei nach einem Ausspruch meines Kollegen Robert May: Auf den ersten Blick können alle Arten fliegen. Der Grund liegt in dem, was er tatsächlich gesagt hat: Ein erster Näherungswert ergibt, daß alle Arten Insekten sind. Aber selbst wenn wir nur die warmblütigen Wirbeltiere nehmen, stimmt es, wenn man sagt, daß über die Hälfte aller Arten fliegen könne: Es gibt doppelt so viele Vogel- wie Säugetierarten, und ein Viertel aller Säugetierarten sind Fledermäuse. Uns erscheint das Fliegen vor allem deshalb so außergewöhnlich, weil wir große Tiere sind. Ein paar Tierarten, zum Beispiel Elefanten und Nashörner, sind noch größer, und deshalb nehmen wir sie natürlich besonders genau wahr, aber approximativ gesehen sind alle Tiere kleiner als wir (Abbildung 4.1).

Für kleine Tiere ist die Eroberung der Lüfte kein besonderes Problem. Sind sie sehr klein, ist es vermutlich sogar schwieriger, am Boden zu bleiben. Dieser Unterschied zwischen großen und kleinen Tieren ergibt sich aus einigen unentrinnbaren Grundprinzipien der Physik.

Das Gewicht eines Gegenstandes mit festgelegter Form wächst mit zunehmender Länge unverhältnismäßig stark an (nämlich mit der dritten Potenz). Ist ein Straußenei dreimal so lang wie ein Hühnerei gleicher Form, ist sein Gewicht nicht dreimal so groß, sondern 3 × 3 × 3 mal, das heißt, es ist 27mal so schwer. Solange man sich an diesen Gedanken nicht gewöhnt hat, ist er recht verblüffend. Wenn das Hühnerei für einen Men-

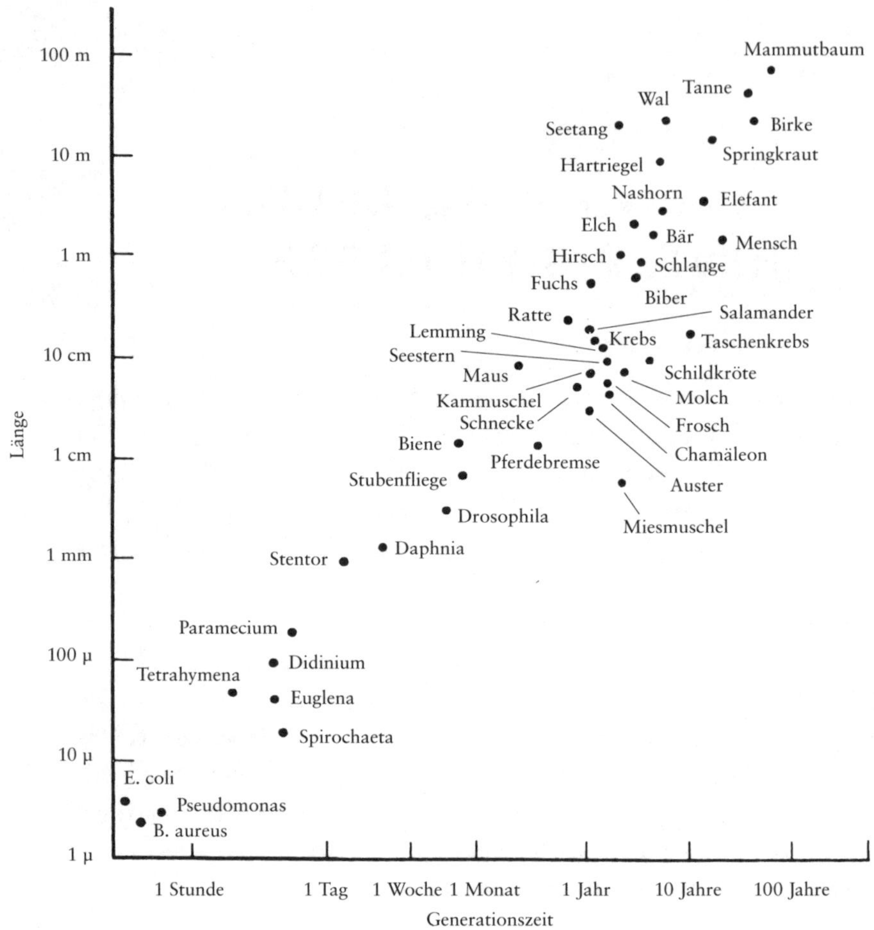

Abb. 4.1 Das Größenspektrum von Lebewesen erstreckt sich über acht Zehnerpotenzen. Um Ordnung in diese Vielfalt zu bringen, ist hier die Generationszeit gegen die Körpergröße aufgetragen (beide Werte korrelieren stark aus Gründen, die hier nicht genauer erörtert werden sollen). Beide Achsen sind mit logarithmischen Skalen versehen, denn sonst wäre ein über 1000 Kilometer langes Stück Papier notwendig, um einen Mammutbaum im gleichen Maßstab zu zeichnen wie ein Bakterium.

schen als Frühstück ausreicht, kann man mit dem Straußenei eine Kompanie von 27 Personen versorgen. Das Volumen und damit das Gewicht steigt mit der dritten Potenz der linearen Ausdehnung. Die Oberfläche dagegen wächst mit dem Quadrat (der zweiten Potenz) der Länge. Am einfachsten läßt sich das Prinzip mit Würfeln verdeutlichen, aber es gilt für Gegenstände mit jeder beliebigen Form.

Stellen wir uns einmal eine große, würfelförmige Schachtel vor. Wie viele kleinere Schachteln mit genau der halben Kantenlänge passen hinein? Wenn man sich die Würfel skizziert, erkennt man die Antwort sofort: acht. Ebenso faßt die große Schachtel nicht doppelt so viele Äpfel wie eine der kleineren, sondern achtmal so viele; und man kann darin auch nicht nur doppelt so viele Dosen mit Farbe unterbringen, sondern achtmal so viele. Aber angenommen, wir wollen die Oberfläche der großen Schachtel bemalen: Wieviel mehr Farbe brauchen wir dann im Vergleich zur Oberfläche einer der kleineren Schachteln? Auch hier erkennt man die Antwort mit Hilfe einer kleinen Skizze schnell: Es ist nicht doppelt und nicht achtmal soviel Farbe notwendig, sondern die vierfache Menge.

Noch augenfälliger wird der Unterschied zwischen Oberfläche und Volumen, wenn man Gegenstände von sehr unterschiedlicher Größe betrachtet. Angenommen, ein Streichholzhersteller baut zu Werbezwecken eine mannshohe Streichholzschachtel, die, wenn sie flach auf dem Boden liegt, zwei Meter hoch ist. Eine normale Streichholzschachtel ist zwei Zentimeter hoch, das heißt, ein Stapel aus 100 solcher Schachteln würde gerade die Höhe der großen Schachtel erreichen. Hintereinander gelegt wären die 100 Schachteln gerade so lang wie die Reklameschachtel, und nebeneinander hätten sie ihre Breite. Aber wenn wir nun die große Schachtel mit normalen Streichholzschachteln füllen wollten, wie viele würden hineinpassen? Die Antwort ist: 100 × 100 × 100, also eine Million. In einem gewissen Sinn ist die große Schachtel hundertmal so groß wie eine Streichholzschachtel, und ein naives menschliches Auge könnte ihre Größe auch auf das Hundertfache schätzen. Aber in einem anderen Sinn ist sie auch eine millionmal so groß, und sie faßt eine millionmal so viele Streichhölzer (in Wirklichkeit sogar noch mehr, weil die Pappe im Verhältnis weniger Volumen beansprucht).

Nehmen wir nun an, die Riesenstreichholzschachtel werde aus der gleichen Pappe gefertigt wie die kleinen Schachteln; wieviel würde dann das Material kosten? Das hängt weder von der Längenausdehnung noch vom Volumen ab, sondern von der Oberfläche. Für die Riesenschachtel würde nicht eine millionmal soviel Pappe gebraucht, sondern die 10 000fache Menge. Die Oberfläche einer normalen, kleinen Streichholzschachtel ist *im Verhältnis zu ihrem Gewicht* viel größer als die der großen Kiste. Schneidet man eine kleine Streichholzschachtel in Stücke, bringt man das zusammengefaltete Material gerade eben in einer zweiten Streichholzschachtel unter. Das zerkleinerte Material der Riesenschachtel dagegen würde in einer zweiten Riesenschachtel nur gerade eben den Boden bedecken, so daß man es kaum bemerkt. Das Verhältnis zwischen Oberfläche und Volumen ist eine sehr wichtige Größe. Das Volumen wächst mit der dritten Potenz, die Oberfläche nur mit der zweiten. Oder mathematisch ausgedrückt: Wenn eine konstante Form größer wird, wächst das Verhältnis von Oberfläche zu Volumen mit der Zweidrittelpotenz der Länge. Kleine Gegenstände haben im Verhältnis zum Volumen mehr Oberfläche als große. Kleine Gegenstände sind stärker «oberflächenbetont» als große mit der gleichen Form.

Nun hängen aber im Leben einige wichtige Dinge von der Oberfläche, andere vom Volumen ab und wieder andere von der Längenausdehnung oder allen drei Größen in unterschiedlicher Kombination. Stellen wir uns einmal ein formgerecht verkleinertes Nilpferd vor, das etwa so groß ist wie ein Floh. Ein echtes Nilpferd ist vielleicht tausendmal so hoch (oder lang oder breit) wie unser Floh-Nilpferd. Sein Gewicht ist eine milliardemal so groß, aber seine Oberfläche ist nur eine millionmal größer als die des Floh-Nilpferdes. Das Floh-Nilpferd hat also *im Verhältnis zum Gewicht* eine tausendmal größere Oberfläche als sein echtes Gegenstück. Schon der gesunde Menschenverstand sagt uns, daß das Floh-Nilpferd bei einem leisen Lüftchen eher davonschweben kann als ein Nilpferd von natürlicher Größe, aber manchmal ist es auch wichtig, zu erkennen, was hinter dem gesunden Menschenverstand steckt.

Natürlich sind große Tiere in Wirklichkeit keine vergrößerten Versionen kleinerer Arten, und jetzt erkennen wir auch, warum. Die natürliche Selektion läßt nicht zu, daß sie einfach nur größer werden, denn für das veränderte Verhältnis von Oberfläche zu Volumen muß ein Ausgleich geschaffen werden. Das Nilpferd hätte eine milliardemal so viele Zellen wie das Floh-Nilpferd, aber auf seiner Oberfläche lägen nur eine millionmal so viele Hautzellen. Jede Zelle braucht Sauerstoff und Nährstoffe und muß Abfallprodukte loswerden, das heißt, das Nilpferd muß eine milliardemal soviel Substanz aufnehmen und abgeben. Beim Floh-Nilpferd könnte die Haut einen beträchtlichen Teil der Oberfläche darstellen, durch die Sauerstoff und Abfallprodukte ausgetauscht werden. Die Haut des richtigen Nilpferdes dagegen ist im Verhältnis viel zu klein; hier muß der Austausch über eine viel größere Oberfläche stattfinden, damit die milliardenfach größere Zellpopulation versorgt wird. Zu diesem Zweck besitzt es einen langen, gewundenen Darm, eine schwammähnliche Lunge und Nieren mit vielen mikroskopisch kleinen Röhren, und das Ganze wird von stark verzweigten und verästelten Blutgefäßen durchspült. Deshalb ist die innere Oberfläche eines großen Tieres bei weitem umfangreicher als seine Außenhaut. Je kleiner ein Tier ist, desto weniger braucht es Lungen, Kiemen oder Blutgefäße: Seine Außenfläche ist so groß, daß sie ohne weitere Hilfsmittel für den Stoffwechsel der relativ wenigen Zellen im Inneren sorgen kann. Ein wenig ungenauer kann man auch sagen: Bei einem kleinen Tier steht ein größerer Teil der Zellen unmittelbar mit der Außenwelt in Kontakt. Von den Zellen eines großen Geschöpfes wie denen des Flußpferdes dagegen kommt nur ein so winziger Prozentsatz mit der Umgebung in Berührung, daß dieser Anteil durch großflächige Hilfsmittel wie Lunge, Nieren und Blutkapillaren gesteigert werden muß.

Mit welcher Geschwindigkeit Stoffe in den Körper gelangen und ihn verlassen können, hängt von seiner Oberfläche ab, aber sie ist nicht der einzige wichtige Faktor. Ein weiterer ist die Neigung, die Luft einzufangen und zu schweben. Das Floh-Nilpferd würde vom leisesten Windhauch weggetragen. Die Thermik würde es hochheben, und dann würde es sanft zu Boden schweben, wo es weich und unverletzt landete. Das echte Nilpferd dagegen, das aus der gleichen Höhe herunterfiele, würde schrecklich zu Boden krachen, und wenn die Fallhöhe proportional zu seiner Körpergröße anwachsen würde, würde es sein eigenes Grab graben. Für das wirkliche Nilpferd ist Fliegen ein unerfüllbarer Traum. Dem Floh-Nilpferd jedoch würde kaum etwas anderes übrigbleiben, als zu fliegen, selbst wenn es das gar nicht wollte. Damit ein wirkliches Nilpferd fliegt, müßte man ihm zwei so große Flügel anheften, daß ... nun, das Vorhaben ist von vornherein zum Scheitern verurteilt, denn zum Bewegen dieser riesigen Flügel würde man eine so schwere Muskelmasse brauchen, daß die Flügel sie nicht heben könnten. Wenn man ein fliegendes Tier konstruieren will, sollte man nicht gerade mit einem Nilpferd anfangen.

Entscheidend ist dabei, daß ein Tier, das vom Boden abheben soll, großflächige Flügel braucht, und zwar im Prinzip aus den gleichen Gründen, die auch großflächige Nieren und Lungen erforderlich machen. Bei einem kleinen Tier dagegen braucht kaum etwas zu wachsen, damit es sich in die Luft erheben kann: Sein Körper als solcher hat schon genug Oberfläche. Es gibt sogenanntes fliegendes Plankton, Millionen kleine Insekten und andere Lebewesen, die hoch in der Luft schweben und sich über die ganze Welt verteilen. Sicher, viele von ihnen haben Flügel. Aber zum Plankton der Lüfte gehören auch zahlreiche ungeflügelte Geschöpfe; sie schweben ohne besondere Tragflächen, einfach weil sie klein sind, und für sie ist das Schweben in der Luft so einfach wie für uns das Schweben im Wasser. Der Vergleich läßt sich sogar noch weiter treiben: Wenn ein winziges schwebendes Insekt Flügel hat, flattert es damit weniger, um die Höhe zu halten, als vielmehr, um in der Luft zu «schwimmen». Das Wort «schwimmen» trifft tatsächlich zu, denn wenn man sehr klein ist, geschehen noch andere seltsame Dinge. In dieser Größenordnung ist die Oberflächenspannung ein so wichtiger Faktor, daß die Luft sich für ein kleines Insekt sirupartig anfühlen muß. Das Flattern mit den Flügeln muß bei ihm ähnliche Empfindungen erzeugen, wie wir sie beim Schwimmen durch Sirup hätten.

Nun kann man sich fragen, welchen Nutzen das Schweben hat, wenn man nicht gleichzeitig die Höhe oder Richtung steuern kann. Ich möchte hier nicht ins Detail gehen, aber aus der Sicht der Gene kann schon die Verbreitung als solche ein Vorteil sein, insbesondere für Lebewesen, die eigentlich seßhaft sind. Das gilt ganz besonders für Pflanzen: Jedes Stück Boden kann irgendwann unbewohnbar werden, beispielsweise durch einen Waldbrand oder eine Überschwemmung. Für eine Pflanze, die viel Sonne braucht, ist der gesamte Waldboden unbewohnbar, außer wenn gelegentlich ein Baum umstürzt und der Schatten eine Lücke bekommt. In der Regel stammt jedes Tier und jede Pflanze von Vorfahren ab, die woanders gelebt haben, und meist enthalten sie Gene, die für die Ausbreitung an einem – irgendeinem – anderen Ort sorgen. Das ist der Grund, weshalb Löwenzahnsamen kleine Faserschirmchen besitzen und Kletten sich mit ihren Haken im Fell der Tiere festhalten. Und aus dem gleichen Grund lassen sich Insekten als Plankton der Lüfte treiben, bis sie schließlich in unbekanntem Gelände niedergehen.

Da kleine Tiere so leicht schweben können, brauchen wir offenbar nur anzunehmen, daß die Fähigkeit zum Fliegen sich ursprünglich bei winzigen Geschöpfen entwickelte, und schon sieht dieser Gipfel des Unwahrscheinlichkeitsgebirges nicht mehr so unnahbar aus. Sehr kleine Insekten schweben ganz ohne Flügel. Etwas größere behelfen sich mit winzigen Flügelstummeln, die den Wind einfangen, und damit sind wir bereits auf einer hübschen, flachen Böschung, die auf das Unwahrscheinlichkeitsgebirge und zu richtigen Flügeln führt. Wie die Ergebnisse scharfsinniger Forschungsarbeiten von Joel Kingsolver und Mimi Koehl von der University of California in Berkeley zeigen, war es in Wirklichkeit vermutlich nicht so einfach. Die beiden befaßten sich mit der Theorie, daß die ersten Insektenflügel an einen ganz anderen Zweck präadaptiert waren und als Sonnensegel zum Aufwärmen dienten. Geflattert hätten sie in jener Frühzeit natürlich nicht. Sie wären nur kleine Auswüchse gewesen, die aus dem Brustteil ragten.

Kingsolver und Koehl wandten eine schlaue Forschungsmethode an. Sie bauten einfache Holzmodelle, die sich an den ältesten bekannten Insektenfossilien orientierten. Manche dieser Modelle hatten keine Flügel; andere besaßen unterschiedlich lange Stummel, viele davon so kurz, daß man in ihnen keine Flügel zum Fliegen erkannt hätte. Die Modellinsekten selbst waren ebenfalls unterschiedlich groß und wurden im Windtunnel auf ihre aerodynamischen Eigenschaften getestet. Im Inneren der Modelle befand sich jeweils ein winziges Thermometer, mit dem man feststellen konnte, wie gut sie das «Sonnenlicht» aus einer Flutlichtlampe aufnahmen.

Ihr erstes Ergebnis entsprach dem, was wir bereits erörtert haben: Winzige Insekten schweben tatsächlich ganz ohne Flügel. Etwas anderes aber war im Hinblick auf mein einfaches Bild von der Böschung des Unwahrscheinlichkeitsgebirges ein wenig verwirrend: Bei dieser geringen

Größe steigerten kleine Flügel die aerodynamische Effizienz offenbar nicht. Sie lieferten erst dann nützliche Auftriebskraft, wenn sie bereits eine beträchtliche Länge erreicht hatten. Bei einem Modellinsekt mit zwei Zentimeter Körperlänge müssen sie dazu ebenso lang sein wie das ganze Tier. Flügel mit nur 20 Prozent der Körperlänge dagegen scheinen dem Tier überhaupt nichts zu nützen. Das sieht nach einer steilen Klippe des Unwahrscheinlichkeitsgebirges aus, denn es scheint eine einzige Mutation zu erfordern, durch die sich die Flügel in einem großen Schritt plötzlich verlängern. Aber es ist keine unüberwindliche Steigung, und zwar aufgrund zweier weiterer Tatsachen. Erstens brauchen nur sehr kleine Insekten relativ große Flügelstummel, um, aerodynamisch gesehen, davon zu profitieren. Ist das Insekt recht groß, bringen kleine Stummelflügel tatsächlich einen gewissen Aufschwung zustande. Bei einer Körperlänge von zehn Zentimetern nimmt der aerodynamische Nutzen sprunghaft zu, wenn man die Flügelstummel von Null an allmählich verlängert.

Die zweite Tatsache hat wiederum mit sehr kleinen Modellinsekten zu tun. Bei ihnen zeigte sich, daß kurze Stummelflügel sofort für den *Wärmehaushalt* nützlich sind. Wenn winzige Flügel um ein weniges größer werden, erzeugen sie zwar keinen zusätzlichen Auftrieb, aber sie werden zu besseren Sonnensegeln. Bei sehr geringer Körpergröße ergibt sich damit offenbar eine kontinuierlich bessere Leistung als Sonnenkollektor. Stummel von einem Millimeter sind besser als gar keine, mit zwei Millimetern sind sie besser als mit einem und so weiter. Aber das «und so weiter» läßt sich nicht beliebig ausdehnen. Von einer gewissen Länge an verbessert sich die Leistung als Sonnensegel kaum noch. Man kann also argumentieren, die allmähliche Verstärkung des Nutzens als Strahlensammler allein könne nicht zu so langen Stummeln geführt haben, daß die aerodynamische Funktion einsetzen konnte. Aber dafür haben Kingsolver und Koehl eine gute Lösung parat. Nachdem sich die Stummel bei sehr kleinen Insekten wegen ihres Nutzens als Sonnensegel entwickelt hatten, nahm die Körpergröße mancher Insekten aus einem ganz anderen Grund zu. Man kann sich mehrere solcher Gründe vorstellen: Es kommt sehr häufig vor, daß Tiere im Laufe der Evolution größer werden. Vielleicht sind größere Insekten im Vorteil, weil sie nicht so leicht gefressen werden. Und wenn sie in entwicklungsgeschichtlichen Zeiträumen aus irgendeinem Grund größer wurden, kann man davon ausgehen, daß die Flügelstummel automatisch mitwuchsen. Diese allgemeine Größenzunahme hatte dann zur Folge, daß die Insekten samt ihrer Stummelflügel in einen Größenbereich gerieten, in dem der aerodynamische Nutzen zum Tragen kam, so daß der stetige Aufstieg auf das Unwahrscheinlichkeitsgebirge weiterging, wenn auch auf einer anderen Böschung und in Richtung eines anderen Gipfels.

Nun kann man schwerlich genau sagen, ob Modelle in einem Windtunnel wirklich das wiedergeben, was sich im Devon vor 400 Millionen Jahren abspielte. Daß Insektenflügel ursprünglich Sonnensegel waren, die sich erst dann zum Fliegen eigneten, als die Körpergröße aus einem anderen Grund zunahm, mag stimmen oder auch nicht. Vielleicht waren die physikalischen Verhältnisse in Wirklichkeit anders als bei den Modellen, so daß die wachsenden Stummel das Fliegen von vornherein immer besser möglich machten. Aber unabhängig davon können wir aus den Arbeiten von Kingsolver und Koehl etwas Wichtiges lernen: Sie zeigen uns einen raffinierten neuen Weg, eine Art Umleitung, durch die wir Wege auf einen Gipfel des Unwahrscheinlichkeitsgebirges finden können.

Bei den Wirbeltieren verlief die Evolution der Flugfähigkeit vermutlich ganz anders, denn sie sind meist ohnehin größer. Das echte, aktive Fliegen hat sich bei Vögeln, Fledermäusen (hier vermutlich sogar mindestens zweimal in getrennten Abstammungslinien) und Pterosauriern unabhängig entwickelt. Eine Möglichkeit besteht darin, daß die echte Flugfähigkeit sich aus dem Gleiten von Baum zu Baum entwickelte, das man bei vielen Tieren beobachtet, auch wenn sie nicht richtig fliegen können. In den Baumwipfeln gibt es eine ganze Lebenswelt. Wir stellen uns den Wald in der Regel als von unten nach oben gewachsen vor, denn wir sehen ihn aus der Perspektive großer, schwerer, unbeholfener, bodenbewohnender Tiere, die sich zwischen den Stämmen ihren Weg suchen. Dichter Wald ist für uns eine höhlenartige, düstere Kathedrale, deren Bögen und Gewölbe sich vom Boden zu einem weitentfernten grünen Dach erstrecken. Aber die meisten Waldbewohner sind in den Baumkronen zu Hause und sehen ihren Lebensraum aus der umgekehrten Perspektive. Ihr Wald ist eine riesige, leicht bewegte, sonnenbeschienene grüne Wiese, die – was sie aber kaum bemerken – zufällig auf Stelzen steht. Zahllose Tierarten verbringen ihr ganzes Leben auf diesen luftigen grünen Matten. Dort sind die Blätter, und die Blätter sind dort, weil die Sonne scheint, und die Sonne ist letztlich die Energiequelle für alles Lebendige.

Ganz ununterbrochen ist diese Landschaft nicht. Die luftige Wiese hat Löcher, durch die man auf die Erde fallen kann, und diese Lücken müssen überbrückt werden. Viele Tierarten sind auf unterschiedliche Weise so ausgestattet, daß sie recht große Lücken überqueren können. Der Unterschied zwischen einem gelungenen und einem fehlgeschlagenen Sprung ist vielfach gleichbedeutend mit dem Unterschied zwischen Leben und Tod. Jede Veränderung der Körperform, durch die sich auch nur eine geringfügig größere Sprungweite ergibt, könnte durchaus ein Vorteil sein. Der Unterschied zwischen einer Ratte und einem Eichhörnchen betrifft vor allem den Schwanz. Ein Schwanz ist kein Flügel, und man kann damit nicht fliegen, aber er kann buschig sein, und dann verleihen seine vielen Haare ihm eine große Oberfläche, die den Luftwiderstand steigert. Eine Ratte mit einem Eichhörnchenschwanz könnte zweifellos größere Lücken überspringen als eine Ratte mit Rattenschwanz. Und wenn die Vorfahren der Eichhörnchen ähnliche Schwänze besaßen wie die Ratten, gäbe es ein kontinuierliches Ansteigen der Verbesserung mit immer federartigeren Schwänzen bis hin zum Schwanz der heutigen Eichhörnchen.

Ich habe vom Schwanz des Eichhörnchens gesagt, er sei federartig. Die Bezeichnung trifft noch genauer auf den Schwanz eines ganz anderen Tieres zu, den des Australischen Zwerggleitbeutlers (Abbildung 4.2). Er ist ein Beuteltier, das heißt, er ist mit Opossums und Känguruhs enger verwandt als mit Ratten und Eichhörnchen. Sein Lebensraum sind die hohen Baumkronen der australischen Eukalyptuswälder. Der Schwanz ist natürlich keine wirkliche Feder, denn Federn mit ihrem raffinierten System winziger Haken und Dornen sind eindeutig eine Erfindung der Vögel. Aber der Schwanz des Zwerggleitbeutlers sieht wie eine Feder aus und erfüllt auch eine ganz ähnliche Aufgabe.

Außerdem besitzt der Zwerggleitbeutler eine Hautfalte, die sich vom Ellenbogen bis zum Knie erstreckt; mit ihrer Hilfe macht das Tier aus einem Sprung bergab einen Gleitflug von fast 20 Metern. Noch weiter haben die Kletterbeutler, eine andere Familie der australischen Beuteltiere, diese Hautfalte entwickelt. Beim Riesengleitbeutler erstreckt sie sich eben-

Abb. 4.2 Der Australische Zwerggleitbeutler *(Acrobates pygmaeus)*, ein Beuteltier aus Australien.

falls nur bis zu den Ellenbogen, aber er kann dennoch über 90 Meter weit gleiten und die Richtung dabei um bis zu 90 Grad ändern. Beim Großen Gleithörnchenbeutler dagegen, der in der Luft noch geschickter ist, reichen sie von den Hand- zu den Fußgelenken, und das gleiche gilt für den Kurzkopfgleitbeutler und den kleineren Hörnchen-Kletterbeutler.

Zwei auf den ersten Blick ganz ähnliche, aber mit den Gleitbeutlern nur sehr entfernt verwandte Tiere sind das Riesengleithörnchen der ostasiatischen Wälder und das in Nordamerika heimische Nördliche Gleithörnchen. Beide sind echte Hörnchen – also Nagetiere –, aber wie die hochentwickelten Gleitbeutler besitzen sie Hautfalten, die sich von den Hand- bis zu den Fußgelenken erstrecken. Gleiten können sie ungefähr ebenso gut wie die entsprechenden Beuteltiere. Auch in Afrika sind manche Nagetiere auf den Trick mit dem Gleiten gestoßen. Diese Tiere, das Beecroft-Dornschwanzhörnchen und der Zenker-Gleitbilch, sind keine echten Hörnchen und haben die Fähigkeit zum Gleiten sicher unabhängig von den amerikanischen Gleithörnchen «erfunden». Eine noch umfangreichere Flughaut, die neben Armen und Beinen auch Kopf, Schwanz, Finger und Zehen einschließt, besitzt der rätselhafte Philippinen-Gleitflieger, der in den Wäldern dieser asiatischen Inselgruppe lebt. (Abbildung 4.3)

Was für ein Tier dieser sogenannte fliegende Lemur ist, weiß niemand genau; zu den Lemuren gehört er jedenfalls mit Sicherheit nicht (echte Lemuren gibt es nur auf Madagaskar, und fliegen oder gleiten kann keiner von ihnen, auch wenn manche Arten eindrucksvolle Sprünge machen). Was der Philippinen-Gleitflieger auch sein mag, er ist mit Sicherheit weder ein Nager noch ein Beuteltier. Und auch er hat die Flughaut und das zugehörige Verhalten völlig unabhängig von den anderen «erfunden».

Der Philippinen-Gleitflieger, die verschiedenen Gleithörnchen und die Gleitbeutler verfügen über eine vergleichbar gute Gleitfähigkeit. Aber da sich die Flughaut beim Philippinen-Gleitflieger bis über die Finger erstreckt, während sie bei den anderen nur bis zu den Handgelenken reicht, könnten aus ihnen im weiteren Verlauf der Evolution alle möglichen Flügel hervorgehen. Das gilt noch offenkundiger für den wunderschön benannten Gewöhnlichen Flugdrachen *(Draco volans)*.

Er ist eine auf Bäumen heimische Echse und lebt ebenfalls in den Wäldern der Philippinen und Indonesiens. Anders als bei den gleitenden Säugetieren umfaßt seine Flughaut nicht die Gliedmaßen, sondern ist zwischen den verlängerten Rippen aufgespannt, die er willkürlich aufrichten kann. Mein liebstes Gleittier ist der Baumfrosch *Rhacophorus nigropalmatus*, ein Bewohner der südostasiatischen Regenwälder. Seine Flughaut befindet sich zwischen den verlängerten Fingern und Zehen, und wie die anderen beschriebenen Arten gleitet er damit durch die Luft von Baum zu Baum.

In keinem dieser Fälle ist es schwierig, einen sanft ansteigenden Weg auf das Unwahrscheinlichkeitsgebirge zu finden. Die Tatsache, daß das Gleiten so viele Male unabhängig entstehen konnte, ist ein Beleg dafür, daß man solche Bergpfade sehr einfach aufspüren kann. Ein vielleicht noch stichhaltigeres Indiz bietet die «fliegende Schlange», eine Schmuckbaumnatter, die ebenfalls in den Wäldern Südostasiens zu Hause ist. Sie

Abb. 4.3 Wirbeltiere, die von Bäumen herab durch die Luft gleiten können, ohne aber richtig zu fliegen. Im Uhrzeigersinn von rechts oben: Philippinen-Gleitflieger *(Cynocephalus volans)*; Gewöhnlicher Flugdrache *(Draco volans)*; Baumfrosch *(Rhacophorus nigropalmatus)*; *Kurzkopfgleitbeutler (Petaurus breviceps)* und Schmuckbaumnatter *(Chrysopelea paradisi)*.

kann sich sehr geschickt wegschnellen und gleitet dann über fast 20 Meter hinweg von Baum zu Baum, obwohl sie keine erkennbaren Segel oder Flughäute besitzt. Sie hat allein durch ihre langgezogene Form im Verhältnis zum Gewicht eine recht große Körperoberfläche, und diesen Effekt verstärkt sie durch Einziehen des Bauches, so daß sich auf ihrer Unterseite eine konkave Fläche bildet. Diese Schlange könnte man als einen hervorragenden ersten Evolutionsschritt in Richtung eines Tieres wie zum Beispiel *Draco volans* sehen, der bereits eine echte Flughaut besitzt. Den zweiten Schritt hat die Schlange nicht getan, vielleicht weil verlängerte Rippen für ihr Leben in anderer Hinsicht eine Behinderung wären.

Die allmähliche Evolution eines Flughörnchens kann man sich folgendermaßen vorstellen: Anfangs lebt ein Vorfahre, zum Beispiel ein normales Eichhörnchen, auf den Bäumen. Eine besondere Flughaut besitzt es noch nicht, es springt jedoch über kleine Lücken hinweg. Ohne spezielle Hautlappen kann es allerdings noch so weit hüpfen, Tatsache ist, daß es immer ein paar Zentimeter weiter käme – und somit sein Leben rettete, wenn es vor einer Lücke stünde, die eine kritische Größe hätte –, wenn es einen kleinen Hautlappen oder einen etwas buschigeren Schwanz besäße. Die natürliche Selektion begünstigt also Exemplare mit ein wenig herabhängender Haut an Arm- oder Beingelenken, so daß dieser Körperbau zur Norm wird. Und damit ist die Entfernung, über die ein durchschnittliches Mitglied dieser Population springen kann, ein paar Zentimeter größer geworden. Jetzt können Individuen mit noch größeren Hautlappen wiederum ein paar Zentimeter weiter springen, so daß in späteren Generationen noch größere Hautlappen zur Norm werden und so weiter. Für jede Größe der Flughaut gibt es eine Lücke mit einer kritischen Grenze, so daß ein geringfügiges Wachstum der Haut den Unterschied zwischen Leben und Tod bedeuten kann. Deshalb nimmt die Größe der Flughaut innerhalb der Population im Durchschnitt stetig zu, und die Lücke, die ein Tier dann im Durchschnitt überwinden kann, wird größer. Nach vielen Generationen sind Arten wie die Gleitbeutler und die Flughörnchen entstanden, die hundert Meter weit gleiten und ihren Flug so steuern können, daß sie gezielt landen.

Aber alles Gleiten ist noch kein echtes Fliegen. Keines dieser gleitenden Tiere flattert mit den Flügeln, und keines kann sich unbegrenzt lange in der Luft halten. Sie gleiten immer abwärts, auch wenn sie manchmal ein kurzes Stück steigen, indem sie unmittelbar vor der Landung auf einem tiefergelegenen Baumstamm die Haltung ändern. Es wäre denkbar, daß sich das echte Fliegen, wie man es bei Fledermäusen, Vögeln und Pterosauriern beobachtet, aus der Gleitfähigkeit solcher Vorfahren entwickelt hat. Die meisten dieser Tiere können Richtung und Geschwindigkeit des Gleitfluges steuern, so daß sie an einer vorherbestimmten Stelle landen. Man kann sich durchaus vorstellen, daß sich das echte, aktive Fliegen aus der ständigen Wiederholung der Muskelbewegungen entwickelt hat, mit denen die Gleitrichtung kontrolliert wird, so daß die durchschnittliche Zeit bis zur Landung im Laufe der Evolution immer länger wurde.

Manche Biologen sehen jedoch im Langstrecken-Abwärtsgleiten eher die Sackgasse einer Entwicklung, die beim Springen von Baum zu Baum ihren Anfang nahm. Echtes Fliegen begann ihnen zufolge nicht auf den Bäumen, sondern am Erdboden. Von Menschen hergestellte Gleitflieger können entweder von einer Erhöhung aus starten oder indem man sie schnell am Boden entlangzieht. Fliegende Fische (Abbildung 4.4) heben nach der zweiten Methode ab, allerdings nicht vom Land, sondern aus dem Meer, und sie können ungefähr genauso weit gleiten wie die besten Gleitbeutler, die von Bäumen starten. Fliegende Fische schwimmen sehr schnell durchs Wasser und schießen dann in die Luft, vermutlich zur großen Verblüffung ihrer natürlichen Feinde im Meer, aus deren Sicht sie sich mehr oder weniger buchstäblich in Luft auflösen. Erst nach fast 100 Metern kommen sie wieder mit dem Wasser in Berührung. Manchmal schlagen sie es dann mit dem Schwanz, schwimmen ein paar Züge, um zu beschleunigen und dann erneut abzuheben. Ihre «Flügel» sind stark vergrößerte Brustflossen, und bei den fliegenden Fischen im Atlantik sind auch die Bauchflossen vergrößert.

Diese echten fliegenden Fische (Exocoetidae) sollte man nicht mit den sogenannten Flughähnen (Dactylopteridae) verwechseln, mit denen sie überhaupt nicht verwandt sind (auch wenn mindestens zwei populäre Bücher, die ich besitze, sie durcheinanderbringen). Die Flughähne fliegen keineswegs, sondern schleppen sich über den Meeresboden. Ihre «Flügel» dienen ihnen, verschiedenen Berichten zufolge, als Stabilisatoren, zur Abschreckung von Verfolgern oder zum Aufwirbeln des Sandes, so daß sie

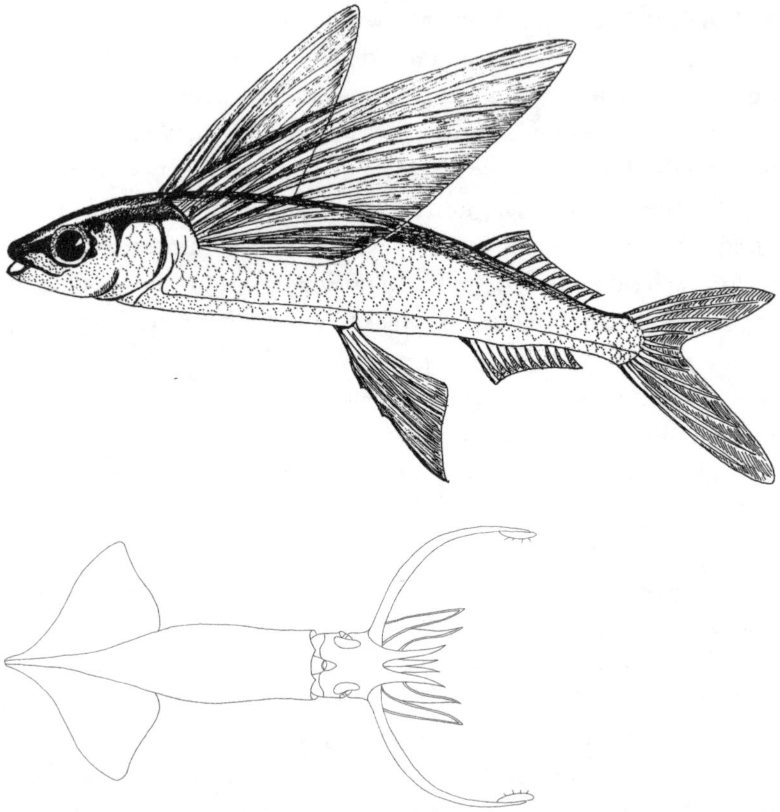

Abb. 4.4 Tiere, die aus dem Wasser schießen und durch die Luft gleiten: der Atlantische Kinnbartel-Flugfisch *(Cypselurus heterurus)* und der fliegende Tintenfisch *Onychoteuthis*.

ihre Beute besser finden; und wenn man diese Fische stört, steigen sie im Wasser ein paar Meter über den Boden, breiten dann ihre «Flügel» aus und gleiten wieder abwärts. Zu einem aber werden die Flügel nicht benutzt: zum In-der-Luft-Fliegen. Wie es zu der Legende kam, daß sie fliegen, ist nicht ganz geklärt: Vielleicht lag es an ihren großen Brustflossen, die auf den ersten Blick denen der fliegenden Fische ähneln. Kehren wir also zu diesen echten fliegenden Fischen zurück: Sie entwickelten sich sicher nicht aus Arten, die am Meeresboden leben, sondern aus Fischen, die schnell und dicht unter der Oberfläche schwimmen. Viele Fische springen auch ohne vergrößerte Flossen aus dem Wasser. Für solche geschickten Springer wäre es vermutlich einfach, einen kleinen Vorteil zu erlangen, indem sie ihre Flossen ein wenig ausstrecken, und Generationen später könnte sich dann die Fläche der Flossen vergrößert haben, bis sie zu «Flügeln» würden. Eigentlich ist es traurig, daß die Delphine mit ihren aufsehenerregenden Sprüngen nie das Stadium der fliegenden Fische erreicht haben. Vielleicht müßten sie kleiner sein, um effizient dazu in der Lage zu sein, aber warmblütige Delphine können kaum kleiner sein, was wiederum andere Gründe hat, die mit Wärmeisolierung und den Eigenschaften ihres Fetts zusammenhängen. Es gibt sogenannte fliegende Tintenfische, die sich wie fliegende Fische verhalten, wenn sie vor den gleichen Feinden (beispielsweise Thunfischen) flüchten müssen. Tintenfische der Gattung *Onychoteuthis* beschleunigen im Wasser bis auf etwa 70 Stundenkilometer, schießen dann in die Luft und gleiten über 50 Meter weit, wobei sie eine Höhe von bis zu zwei Metern über der Wasseroberfläche erreichen. Ihre erstaunliche Geschwindigkeit erzeugen sie mit einem Düsenantrieb, und sie fliegen mit dem Hinterteil voran, weil ihre Wasserdüse, wie bei allen Tintenfischen, in Richtung Kopf zeigt. Wenn sie ihren Wasservorrat durch die Düse gepreßt haben, steht ihnen keine Schubkraft mehr zur Verfügung, bis sie ins Wasser zurückkehren. In dieser Hinsicht sind die fliegenden Fische mit ihrer bereits erwähnten Gewohnheit im Vorteil: Sie nehmen mit Hilfe des Schwanzes wieder Geschwindigkeit auf, während sie sich noch zum größten Teil außerhalb des Wassers befinden und über die Oberfläche gleiten.

Besonders faszinierend ist die Familie der Beilbauchfische, die im Süßwasser südamerikanischer Flüsse zu Hause sind. Sie sollen Berichten zufolge schnell und lautstark mit den Brustflossen schlagen und so tatsächlich aktiv durch die Luft fliegen, allerdings nur über kurze Entfernungen. Diese Fische sind nur entfernt mit den echten fliegenden Fischen (und den Flughähnen) verwandt. Ich muß sagen, ich würde gern einmal einen Beilbauchfisch vor meinen Augen vorüberschwirren sehen. Ich behaupte nicht, daß ich die Berichte nicht glaube; sie stimmen in allen Büchern überein. Aber wie Angler wissen und wie es uns die Geschichte von den «Flug»hähnen wieder mal gelehrt hat: Manchmal ist es besser, wenn man Berichte über Fische selbst nachprüft.

Wie dem auch sei: Die (gleitenden) fliegenden Fische habe ich als Vorspiel zu der Theorie erwähnt, daß die echten, flatternden Flieger sich nicht aus Tieren entwickelt haben, die von Bäumen herabgleiten, sondern aus schnell laufenden Bodenbewohnern, deren Vorderläufe sich von der normalen Laufarbeit befreiten. Obwohl fliegende Fische und Tintenfische im Wasser leben, wird an ihnen das Prinzip deutlich, daß sich ein zum Gleitflug fähiges Tier, das sich auf der Oberfläche schnell genug fortbewegen kann, auch ohne Klippe oder Baum in die Luft erhebt. So könnte es bei den Vögeln gewesen sein, denn sie gingen aus zweibeinigen Dinosauriern hervor (strenggenommen könnte man sogar sagen: Vögel *sind* zweibeinige Dinosaurier), und manche dieser Geschöpfe rannten vermutlich sehr schnell über den Erdboden, ganz ähnlich wie die heutigen Strauße. Verfolgen wir die Analogie zu den fliegenden Fischen hier noch ein wenig weiter: Die Beine könnten die Funktion des Fischschwanzes übernehmen und das Tier mit großer Geschwindigkeit vorantreiben, und die Arme erfüllten die gleiche Aufgabe wie die Flossen, die ursprünglich vielleicht zur Stabilisierung oder Steuerung dienten und später zu Tragflächen heranwuchsen. Manche Säugetiere, beispielsweise die Känguruhs, kommen auf zwei Beinen sehr schnell voran, und die Arme bleiben dabei frei, so daß ihre Entwicklung in andere Richtungen verlaufen kann. Wir Menschen sind offenbar die einzige Säugetierart, die sich nach Art der Vögel auf zwei abwechselnd gesetzten Beinen fortbewegt, aber wir sind dabei nicht besonders schnell und benutzen die Arme nicht zum Fliegen, sondern zum Tragen und Herstellen von Gegenständen. Alle schnell laufenden zweibeinigen Säugetiere haben den Gang der Känguruhs, bei denen die Beine den Körper nicht abwechselnd, sondern gleichzeitig nach vorn stoßen. Diese Fortbewegungsart ergibt sich ganz natürlich aus der horizontalen Biegung der Wirbelsäule bei typischen laufenden Vierbeinern wie beispielsweise den Hunden. (Entsprechend schwimmen auch Wale und Delphine, indem sie die Wirbelsäule nach Art der Wirbeltiere aufwärts und abwärts biegen; Fische und Krokodile dagegen bewegen das Rückgrat nach alter Gewohnheit der Fische abwechselnd nach rechts und links. Eigentlich sollten wir viel stärker über die unbesungenen Helden unter den säugetierähnlichen Reptilien staunen, die als erste das Auf und Ab der Gehbewegung entwickelten, das wir heute an laufenden Geparden und Windhunden so bewundern. Ein Überrest des alten fischartigen Schlängelns ist vielleicht das Schwanzwedeln der Hunde, insbesondere, wenn die Bewegung den ganzen Körper eines unterwürfigen Hundes ergreift, der sich vor uns windet.)

Unter den bodenbewohnenden Säugetieren haben Känguruhs und ähnliche Beuteltiere kein Monopol auf den «Känguruhgang». Mein Kollege Stephen Cobb hielt einmal einen Vortrag vor Zoologiestudenten der Universität Nairobi. Er erklärte, Wallabys (kleine Känguruhs) gebe es nur in Australien und Neuguinea. «Nein, Sir», protestierte ein Student, «ich habe in Kenia eines gesehen.» Der junge Mann war sicher einem Tier wie dem in Abbildung 4.5 begegnet.

Dieses Tier, der sogenannte Springhase, ist weder ein Hase noch ein Känguruh, aber er gehört zu den Nagetieren. Wenn er vor einem Raubtier flüchtet, beschleunigt er durch känguruhartiges Hoppeln. Das gleiche tun auch andere Nager, beispielsweise die Erdhasen. Aber den nächsten

Abb. 4.5 Der Südafrikanische Springhase *(Pedetes capensis)*.

Schritt, nämlich die Kraft des Fliegens zu entwickeln, haben die zweibeinigen Säugetiere offenbar nicht getan. Die einzigen Säugetiere, die wirklich fliegen können, sind die Fledermäuse, und bei ihnen sind Arme und Beine von der Flughaut umschlossen. Man kann sich nur schwer vorstellen, wie sich auf dem Weg über schnelles Laufen ein Flügel entwickeln soll, der die Beine einschließt. Das gleiche gilt für die Pterosaurier. Nach meiner Vermutung entwickelte sich die Flugfähigkeit sowohl bei Fledermäusen als auch bei Pterosauriern aus dem Herabgleiten von Bäumen oder Felsen. Ihre Vorfahren sahen in irgendeinem Stadium vielleicht ähnlich aus wie der Philippinen-Gleitflieger.

Anders könnten die Dinge bei den Vögeln liegen. Ihre Geschichte ist ohnehin eine ganz andere, denn sie dreht sich um ein erstaunliches Hilfsmittel: die Feder. Federn sind abgewandelte Reptilienschuppen. Möglicherweise entwickelten sie sich anfangs zu einem anderen Zweck, für den sie auch heute noch sehr wichtig sind: als Wärmeisolatoren. Jedenfalls bestehen sie aus einem hornähnlichen Material, das leichte, flache, biegsame und dennoch steife Tragflächen ausbilden kann. Vogelflügel sind etwas ganz anderes als die schlaffen Hautfalten der Fledermäuse und Pterosaurier. Deshalb konnten die Vorfahren der Vögel echte Flügel entwickeln, die nicht zwischen Knochen aufgespannt sein mußten. Ein knochiger Arm auf jeder Vorderseite reichte aus; den Rest besorgten die Federn mit ihrer Steifheit. Die Hinterbeine blieben zum Laufen frei.

Im Gegensatz zu den Fledermäusen und vermutlich auch den Pterosauriern sind Vögel auf dem Erdboden keineswegs plump und unbeholfen: Sie können mit ihren Beinen laufen, springen, klettern, Beute fangen und kämpfen. Papageien benutzen ihr Füße sogar wie wir Menschen die Hände. Die Vordergliedmaßen konnten sich mittlerweile weiter mit dem Fliegen beschäftigen.

Ich stelle mir vor, daß die Flugfähigkeit der Vögel folgendermaßen entstanden sein könnte: Der hypothetische Vorfahre, den man sich als kleinen, wendigen Dinosaurier vorstellen kann, läuft Insekten hinterher, springt mit seinen kräftigen Hinterbeinen in die Luft und schnappt nach der Beute. Insekten haben schon seit langem die Fähigkeit entwickelt, in die Luft zu gehen. Ein fliegendes Insekt ist hervorragend in der Lage zu flüchten, und dem springenden Verfolger würde es nützen, wenn er während des Sprunges die Richtung korrigieren könnte. Bis zu einem gewissen Grad kann man das heute bei Katzen beobachten. Es sieht schwierig aus, denn wenn man sich in der Luft befindet, kann man sich nirgendwo abstoßen. Der Trick besteht in der Verlagerung des Schwerpunktes. Dazu verändert man die Lage einzelner Körperteile im Verhältnis zu den anderen. Man könnte beispielsweise Kopf oder Schwanz bewegen, aber am nächstliegenden sind Bewegungen der Arme. Und wenn die Arme zu diesem Zweck bewegt werden, steigt ihre Effizienz, wenn sich Oberflächen mit größerem Luftwiderstand entwickeln. Man hat auch vermutet, die Federn an den Armen könnten ursprünglich als eine Art Fangnetz für Insekten entstanden sein. Das ist nicht so an den Haaren herbeigezogen, wie es zunächst scheint, denn manche Fledermäuse benutzen ihre Flügel tatsächlich zu diesem Zweck. Meiner Theorie nach bestand die wichtigste Aufgabe der Arme jedoch in der Steuerung und Kontrolle. Manche Berechnungen legen die Vermutung nahe, daß sich Ansätze von Flatterbewegungen tatsächlich am besten dazu eignen, das Schlingern und Schwanken während eines Sprunges zu steuern.

Im Vergleich zur Baumgleiter-Theorie stellt die Theorie vom Laufen, Springen und Korrigieren die Reihenfolge auf den Kopf. Beim Gleiten von den Bäumen hätten die Flügelvorstufen ursprünglich Auftrieb liefern müssen. Erst später dienten sie dann zur Steuerung, und schließlich flatterten sie. Nach der Theorie des Springens nach Insekten stand die Steuerung am Anfang, und erst später wurden die Arme so umfunktioniert, daß sie Auftrieb lieferten. Diese Theorie ist deshalb so elegant, weil die gleichen Nervenschaltkreise, die beim springenden Vorfahren zur Verlagerung des Schwerpunktes dienten, im weiteren Evolutionsverlauf ziemlich mühelos die Kontrolle der Tragflächen hätten übernehmen können. Vielleicht fingen die Vögel mit Sprüngen vom Erdboden zu fliegen an, während die Fledermäuse von den Bäumen schwebten. Vielleicht kamen auch die Vögel zunächst im Gleitflug von den Bäumen. Die Diskussion geht weiter.

Jedenfalls haben die heutigen Vögel seit jener Frühzeit einen weiten Weg zurückgelegt. Eigentlich sollte ich sagen: eine Menge weiter Wege, denn sie haben eine wunderbar große Anzahl von Gipfeln des Unwahrscheinlichkeitsgebirges erobert. Ein Wanderfalke, der ein Beutetier erspäht hat, kann mit über 150 Stundenkilometern aus dem Himmel herabstoßen. Habichte und Kolibris verharren in der Luft punktgenau an einer Stelle, etwas, was sich ein Hubschrauberpilot nur in seinen wildesten Träumen vorstellen kann. Küstenseeschwalben sind fast ein halbes Jahr von der Arktis zur Antarktis und wieder zurück unterwegs – eine Entfernung von 20 000 Kilometern. Der Wanderalbatros umrundet, aufgehängt unter der Spannweite seiner Drei-Meter-Schwingen, den Pol stets im Uhrzeigersinn, angetrieben nicht durch Flatterbewegungen, sondern durch ständige Beachtung der natürlichen Kraftmaschine wechselnder Winde, die jenseits des 40. Breitengrades durch die polaren Kältewellen entstehen. Manche Vögel, zum Beispiel Fasane und Pfauen, fliegen nur gelegentlich und nur in Situationen, in denen ihnen plötzlich Gefahr droht. Andere, wie die Strauße, die Nandus und die viel beweinten neuseeländischen Riesenmoas, wurden zu groß zum Fliegen, und ihre Flügel verkümmerten im Vergleich zu den gewaltigen, schreitenden und tretenden Beinen. Das andere Extrem sind die Mauersegler mit ihren kurzen, unbeholfenen Beinen, die aber hochmoderne, nach hinten gepfeilte Flügel besitzen und die Luft fast nie verlassen. Sie landen nur zum Nestbau, paaren sich aber im Flug und schlafen auch in der Luft. Wenn sie sich niederlassen, müssen sie sich einen hochgelegenen Ort suchen, denn vom Erdboden können sie nicht mehr starten. Ihr Nest bauen sie aus schwebendem Material, das ihnen in der Luft begegnet, oder sie reißen es im Vorbeifliegen von den Bäumen. Für einen Mauersegler scheint die Landung auf der Erde etwas Schwieriges, Unnatürliches zu sein, vergleichbar vielleicht mit dem Fallschirmspringen oder Tauchen der Menschen. Für uns ist die Welt ein ununterbrochener, unbeweglicher Hintergrund für unsere Beschäftigungen. Durch die schwarzen Augen des Mauerseglers gesehen, besteht sie aus einem endlos schwankenden und schwindelerregend kippenden Horizont. Unsere feste Erde dürfte für den Mauersegler etwas Ähnliches sein wie eine nervenaufreibende Achterbahn.

Nicht alle Vögel flattern mit den Flügeln, aber segelnde und gleitende Arten stammen vermutlich von flatternden Vorfahren ab. Der Flatterflug ist kompliziert und nicht in allen Einzelheiten aufgeklärt. Es ist ein reizvoller Gedanke, daß die kräftigen Abwärtsschläge der Flügel unmittelbar den Auftrieb erzeugen. Das könnte teilweise stimmen, insbesondere beim Abheben, aber zum größten Teil entsteht der Auftrieb, wie bei einem Flugzeug, durch die Form der Flügel (falls die Geschwindigkeit groß genug ist). Ein entsprechend gebogener oder schrägstehender Flügel liefert Auftrieb, wenn eine Luftströmung darüberstreicht oder – was auf dasselbe herauskommt – wenn sich der ganze Vogel, aus welchem Grund auch immer, relativ zur Luft vorwärts bewegt. Die Flatterbewegung dient im wesentlichen dazu, den notwendigen Vorwärtsschub zu erzeugen. Diese Antriebsfunktion der Flügel beruht darauf, daß sie nicht einfach auf und ab schlagen. Der Vogel macht vielmehr von der Schulter her eine kunstvolle Drehbewegung und nimmt gleichzeitig an allen Gelenken eine raffinierte Feinabstimmung vor; einige weitere Nutzeffekte ergeben sich aus der Biegung der Federn. Die Drehungen, Biegungen und Feinabstimmungen haben zur Folge, daß das Auf und Ab der Flügel in einen Vorwärtsschub umgesetzt wird – das Ganze hat entfernte Ähnlichkeit mit dem auf und ab schlagenden Schwanz der Wale. Aufgrund der Vorwärtsbewegung liefern die Flügel dem Vogel Auftrieb, im wesentlichen funktionieren sie wie die Tragflächen eines Flugzeugs, die allerdings feststehen und deshalb einfacher konstruiert sind. Je höher die Geschwindigkeit, desto größer der Auftrieb – nur deshalb bleibt eine Boeing 747 trotz ihres gigantischen Gewichts in der Luft.

Die Gesetze der Physik sorgen dafür, daß der Flatterflug für größere Vögel immer schwieriger wird. Wenn man sich vorstellt, daß ein Vogel bei gleicher Körperform immer größer wird, nimmt das Gewicht mit der dritten Potenz der Länge zu, die Fläche der Flügel aber nur mit der zweiten. Um sich in der Luft zu halten, würden große Vögel also im Verhältnis immer größere Flügel brauchen, und/oder sie müßten proportional gesehen immer schneller fliegen. Bei weiterer Größenzunahme kommt irgendwann der Punkt, an dem die Muskelkraft des Vogels, der ja weder Kolbenmotoren noch Düsentriebwerke besitzt, nicht mehr ausreicht, um ihn in der Luft zu halten. Dieser kritische Punkt des Größenspektrums liegt irgendwo unterhalb der Ausmaße größerer Geier und Albatrosse. Wie wir gesehen haben, gaben manche schwereren Vögel den Kampf einfach auf, suchten ihre Nahrung am Erdboden und machten sich ein schönes Leben, wobei sie sogar noch größer wurden als die Strauße und Emus. Aber Geier, Kondore, Adler und Albatrosse sind nicht an die Erde gebunden. Warum nicht?

Ihr Trick ist, äußere Energiequellen zu nutzen. Gäbe es nicht die Wärme der Sonne und die wechselnde Anziehungskraft des Mondes, stünden Luft und Meere still. Energie von außen treibt die Meeresströmungen an, läßt den Wind wehen, wirbelt den Staub der Wüste auf und schüttelt die Atmosphäre mit einer Kraft durcheinander, die ein Haus dem Erdboden gleichmachen kann; und sie sorgt auch für thermische Aufwinde, auf denen man zu den Wolken emporsteigen kann, wenn man sie richtig nutzt. Geier, Adler und Albatrosse bedienen sich ihrer perfekt. Als vermutlich einzige Tiere beuten sie die Energie des Wetters ähnlich geschickt aus wie wir. Meine wichtigsten Informationsquellen, was segelnde Vögel angeht, sind die Berichte Colin Pennycuicks von der Universität Bristol. Er nutzte sein Spezialwissen als Segelflieger sowohl zur Untersuchung des Vogelfluges als auch dafür, zwischen den Vögeln zu fliegen und ihre Technik aus nächster Nähe zu studieren.

Geier und Adler nutzen die Thermik wie menschliche Segelflieger. Als thermischen Aufwind bezeichnet man eine aufsteigende Säule aus warmer Luft; sie kann entstehen, wenn ein Stück Erdboden besonders viel Sonnenstrahlung aufnimmt. Segelflieger sind vorwiegend auf solche Aufwinde angewiesen, und sie lernen aus Erfahrung, wie man solche Strömungen schon von weitem erkennt. Ob Thermik vorhanden ist, verraten subtile Indizien, beispielsweise eine charakteristische Form an der Obergrenze von Haufenwolken und bestimmte Formationen an ihrer Basis. Die übliche Segelfliegertechnik schreibt vor, sich zunächst der Thermik entlang nach oben zu schrauben, etwa zu einer Höhe von 1500 Metern, und sich dann geradeaus in die gewünschte Richtung hinuntergleiten zu lassen. Der Weg nach unten ist nicht steil: Ein Geier verliert in der Regel auf einer Flugstrecke von zehn Metern einen Meter an Höhe. Er kann also fast 15 Kilometer weit über die Landschaft gleiten, bevor er wieder eine Thermik finden und sich erneut nach oben tragen lassen muß.

Häufig sind die Aufwinde in «Straßen» angeordnet, die ein Segelflieger im voraus an der Wolkenform erkennen kann. Geier neigen genau wie menschliche Piloten dazu, diesen Straßen zu folgen. Findet ein Geier eine gute Straße, die in der gewünschten Richtung verläuft, gleitet er manchmal auf diesem Weg weiter, wobei er von jeder Thermik wieder nach oben getragen wird, ohne daß er sich um das Kreisen kümmern muß. Auf diese

Weise kann ein Geier große Strecken zurücklegen, ohne Pausen zum Hochschrauben zu machen. Gewöhnlich tun die Vögel das, wenn sie zwischen Futterstelle und Nistplatz pendeln. Die meiste Zeit über fliegen die Geier keine langen Strecken in derselben Richtung, sondern kreisen und suchen nach Aas. Außerdem werfen sie immer einen Blick auf andere Geier. Wenn einer von ihnen einen Kadaver findet und sich niederläßt, bemerken andere das sehr schnell und gesellen sich dazu. Auf diese Weise verbreitet sich eine Welle der Aufmerksamkeit über den Himmel wie die Welle der Feuer auf den Hügelkuppen, die sich über die Länge und Breite Englands verbreiteten und vor der spanischen Armada warnten.

Eines ähnlichen Kunstgriffs der Beobachtung von Artgenossen bedienen sich auch die Weißstörche auf ihrer langen alljährlichen Wanderung von Nordeuropa nach Südafrika, aber er dient bei ihnen einem ganz anderen Zweck. Sie fliegen in Schwärmen von einigen hundert Tieren. Wie die Geier schrauben sie sich in der Thermik nach oben und gleiten dann über die Landschaft, bis sie den nächsten Aufwind finden. Aber während die Störche in der Thermik gemeinsam im Kreis fliegen, zieht sich der Schwarm zu einer breiten Linie nebeneinander fliegender Vögel auseinander, sobald sie den Aufwind verlassen. Wenn eine so breite Linie sich vorwärts bewegt, brauchen sie nur geradeaus zu fliegen, und mit großer Wahrscheinlichkeit werden einige Störche eine neue Thermik finden. Wenn das geschieht, sehen die Nachbarn in der Reihe, wie sie aufsteigen, und fliegen ihnen nach. Auf diese Weise profitieren alle Mitglieder der Gruppe von den Luftströmungen, die einige von ihnen finden.

Was man auch über die Entstehung des Vogelfluges denken mag, ob man die Baumgleiter- oder die Lauf-Spring-Theorie bevorzugt: Geier und Adler, Störche und Albatrosse haben den Gleitflug mit ziemlicher Sicherheit erst später entwickelt. Ihre Flugtechnik geht auf Vorfahren zurück, die kleiner waren und mit den Flügeln flatterten. Für die Anhänger der Überzeugung, die den Ursprung des Vogelfluges im Gleiten von Bäumen sieht, sind die heutigen Geier – obwohl sie auf der Thermik nach oben segeln, statt zum Höhengewinn auf Bäume zu klettern – über eine Zwischenstufe des Flatterns zum Gleitflug *zurückgekehrt*. Während des Zwischenstadiums hat ihr Nervensystem dieser Theorie zufolge zusätzliche Schaltkreise sowie eine neue Lenk- und Manövrierfähigkeit erworben.

Durch diese neuen Fähigkeiten konnten sie dann mit höherer Effizienz zum Flug ohne Flattern zurückkehren. Daß Tiere sich wieder einer sehr viel älteren Lebensweise zuwenden, nachdem sie eine entwicklungsgeschichtliche Lehrzeit mit einer anderen durchgemacht haben, beobachtet man häufig, und man kann mit gutem Grund annehmen, daß sie nach dieser Lehrzeit besser für die ursprüngliche Lebensweise gerüstet sind. Die segelnden Vögel sind hier vielleicht kein gutes Beispiel, da nicht geklärt ist, wie der Vogelflug begann. Eindeutiger sind die Verhältnisse bei Tieren, die zu einer früheren Lebensweise im Wasser zurückgekehrt sind, nachdem sie ein paar Millionen Jahre lang auf dem Trockenen zu Hause waren. Diesen Geschöpfen (Abbildung 4.6) möchte ich mich nun zum Abschluß des Kapitels zuwenden.

Vor 50 Millionen Jahren lebten die Vorfahren der Wale und Seekühe (Dugongs und Manatis) an Land; die Wale waren vermutlich Fleischfresser, während die Seekühe sich von Pflanzen ernährten. Noch viel früher waren die Vorfahren dieser und anderer landbewohnender Säugetiere Meeresfische gewesen. Die Rückkehr der Wale und Dugongs ins Wasser war eine Heimkehr. Wie immer können wir sicher sein, daß sie allmählich erfolgte. Die Tiere gingen ans Wasser, anfangs vielleicht nur zum Fressen wie die heutigen Fischotter. Später müssen sie nach und nach immer weniger Zeit an Land verbracht haben; in irgendeiner Phase ähnelten sie vielleicht den heutigen Robben. Jetzt verlassen sie das Wasser überhaupt nicht mehr, und wenn sie stranden, sind sie völlig hilflos. Dennoch tragen sie viele Merkmale, die an ihre landbewohnenden Vorfahren erinnern, und darüber hinaus besitzen sie, wie alle Säugetiere, auch Überbleibsel aus ihrer ersten Phase im Wasser. Wale atmen mit Lungen, weil ihre landbewohnenden Ahnen die Kiemen verloren haben. Aber bei allen Säugetieren, einschließlich der Wale und Seekühe, findet man beim Embryo Spuren von Kiemen: Sie sind unverkennbare Überreste der entfernten Vergangenheit im Wasser. Auch Süßwasserschnecken sind vom Land ins Wasser zurückgekehrt und atmen Luft. Ihre ältesten Vorfahren waren im Meer zu Hause wie heute die Mehrzahl der Schneckenarten. Aus dem Meer- ins Süßwasser sind die Schnecken offenbar über eine Land«brücke» gelangt; vielleicht erleichtert irgend etwas am Leben auf dem Trockenen die Umstellung. Auch viele andere Landtiere sind ins Wasser

Abb. 4.6 Wale und Seekühe. Diese Tiere sind nach vielen hundert Millionen Jahren des Landlebens ins Wasser zurückgekehrt. Von oben nach unten: Dugong *(Dugong dugon)*; Manati *(Trichechus senegalensis)*; Buckelwal *(Megaptera novaeangliae)*; Schwertwal *(Orcinus orca)*.

zurückgekehrt, so die Schildkröten, Wasserkäfer, Wasserspinnen mit «Tauchglocke» sowie die ausgestorbenen Ichthyosaurier und Plesiosaurier. Schildkröten schaffen es, dem Wasser ein wenig Sauerstoff zu entziehen, aber das tun sie nicht mit Kiemen, sondern mit der Mundschleimhaut, in manchen Fällen auch mit der Schleimhaut das Enddarms und die weichen Seeschildkröten außerdem mit der Haut, die den Panzer bedeckt. Wasserkäfer und Wasserspinnen nehmen sich eine Luftblase mit. Alle diese Tiere sind in den flüssigen Lebensraum ihrer frühen Vorfahren zurückgekehrt, aber als sie dort ankamen, machten sie wegen der dazwischenliegenden Erfahrungen ihrer Abstammungslinie alles anders.

Warum entdecken Landtiere, die ins Wasser zurückkehren, nicht alle Hilfsmittel für das Wasserleben wieder? Warum wachsen den Walen und Seekühen nicht wieder Kiemen, während die Lunge verlorengeht? Damit sind wir bei einer weiteren wichtigen Erkenntnis, die das Unwahrscheinlichkeitsgebirge ermöglicht: In der Evolution zählt nicht nur das optimale Endergebnis. Entscheidend ist auch, wovon man ausgeht. Es ist wie in der Geschichte vom Mann, der nach dem Weg nach Dublin gefragt wurde und darauf erwiderte: «Nun ja, ich würde nicht von hier aus losgehen!» Das Unwahrscheinlichkeitsgebirge hat viele Gipfel. Es gibt viele Arten, im Wasser zu leben. Man kann dem Wasser mit Kiemen den Sauerstoff entziehen, oder man kann an die Oberfläche kommen und Luft atmen. Immer wieder aufzutauchen scheint eine seltsam unbequeme Gewohnheit zu sein. Vielleicht stimmt das, aber wir dürfen nicht vergessen, daß die Vorfahren der Wale und Seekühe sich anfangs nahe bei einem Luftatmungs-Gipfel des Gebirges befanden. Ihr Innenleben war in allen Einzelheiten auf das Atmen von Luft eingestellt. Vielleicht hätten sie das alles umformen und den Staub von ihren alten embryonalen Kiemenresten blasen können, so daß sie wieder mit den Fischen in einer Reihe gestanden hätten, aber das hätte bedeutet, daß der Körperbau tiefgreifend durcheinandergebracht worden wäre. Es wäre gleichbedeutend mit dem Abstieg in ein tiefes Tal zwischen zwei Gipfeln des Gebirges, und das mit der Aussicht, letztlich einen nur geringfügig höheren Gipfel zu erklimmen. Man kann es nicht oft genug betonen: Die darwinistische Theorie läßt nicht zu, daß man zugunsten eines langfristigen Ziels eine vorübergehende Verschlechterung in Kauf nimmt.

Selbst wenn sie in das Tal hinabgestiegen wären, ist es durchaus nicht offenkundig, daß sich der Kiemengipfel, den sie vielleicht letztlich bestiegen hätten, überhaupt als höher erwiesen hätte. Kiemen sind für wasserlebende Tiere nicht zwangsläufig besser als eine Lunge. Zweifellos ist es bequem, wenn man ständig und überall atmen kann, statt immer wieder die augenblickliche Beschäftigung zu unterbrechen und zum Luftholen an die Oberfläche zu schwimmen. Aber unser Urteil ist dadurch gefärbt, daß wir selbst alle paar Sekunden einatmen und schon bei einer kurzen Unterbrechung der Luftzufuhr in Panik geraten. Ein Pottwal dagegen, der durch die natürliche Selektion in Millionen wasserlebenden Generationen entstanden ist, kann 50 Minuten unter Wasser bleiben, bevor er wieder Luft holen muß. Der Weg an die Oberfläche dürfte sich für den Wal ähnlich anfühlen wie unser Bedürfnis, hinauszugehen und Wasser zu lassen. Oder etwas zu essen. Wenn man sich Atemzüge nicht als ununterbrochene Lebensnotwendigkeit, sondern als Mahlzeiten vorstellt, liegt es viel weniger auf der Hand, daß jedes unter Wasser lebende Geschöpf mit Kiemen automatisch besser dran ist. Manche Tiere, beispielsweise die Kolibris, fressen mehr oder weniger ununterbrochen. Für einen Kolibri, der während seines gesamten wachen Lebens alle paar Sekunden Nektar saugen muß, fühlt sich das Aufsuchen der Blüten vermutlich ähnlich an wie für uns das Atmen. Die Seescheiden, taschenförmige, wirbellose Meeresbewohner, die entfernt mit den Wirbeltieren verwandt sind, pumpen einen nie endenden Wasserstrom durch ihren Körper und filtern winzige Nahrungsteilchen heraus. Solche Filtrierer kennen nichts, was mit einer Mahlzeit vergleichbar wäre. Eine Seescheide könnte bei dem Gedanken, sie müßte sich ihre nächste Mahlzeit erst suchen, in Panik geraten, und sie würde sich wahrscheinlich wundern, warum so viele Tiere die ineffiziente und gefährliche Gewohnheit haben, nach Mahlzeiten zu suchen, statt sich einfach hinzusetzen und die Nahrung ununterbrochen einzuatmen.

Wie dem auch sei: Es kann keinen Zweifel daran geben, daß Wale und Seekühe nach wie vor von ihrer Vergangenheit als Landbewohner geprägt sind. Wären sie gezielt für das Leben im Meer geschaffen worden, sähen sie anders aus, nämlich viel fischähnlicher. Solche Tiere, die von ihrer Entwicklungsgeschichte gezeichnet sind, gehören zu den augenfälligsten Belegen, daß Lebewesen nicht gezielt für ihre heutige Lebensweise geschaffen wurden, sondern aus ganz anders gearteten Vorfahren hervorgegangen sind.

Auch Schollen, Seezungen und Flundern sind von ihrer Vergangenheit geprägt, und das bis hin zum Grotesken. Kein zurechnungsfähiger Schöpfer, der einen Plattfisch von Grund auf neu konstruieren wollte, hätte sich auf seinem Zeichenbrett den absurd verzerrten Kopf ausgedacht, der not-

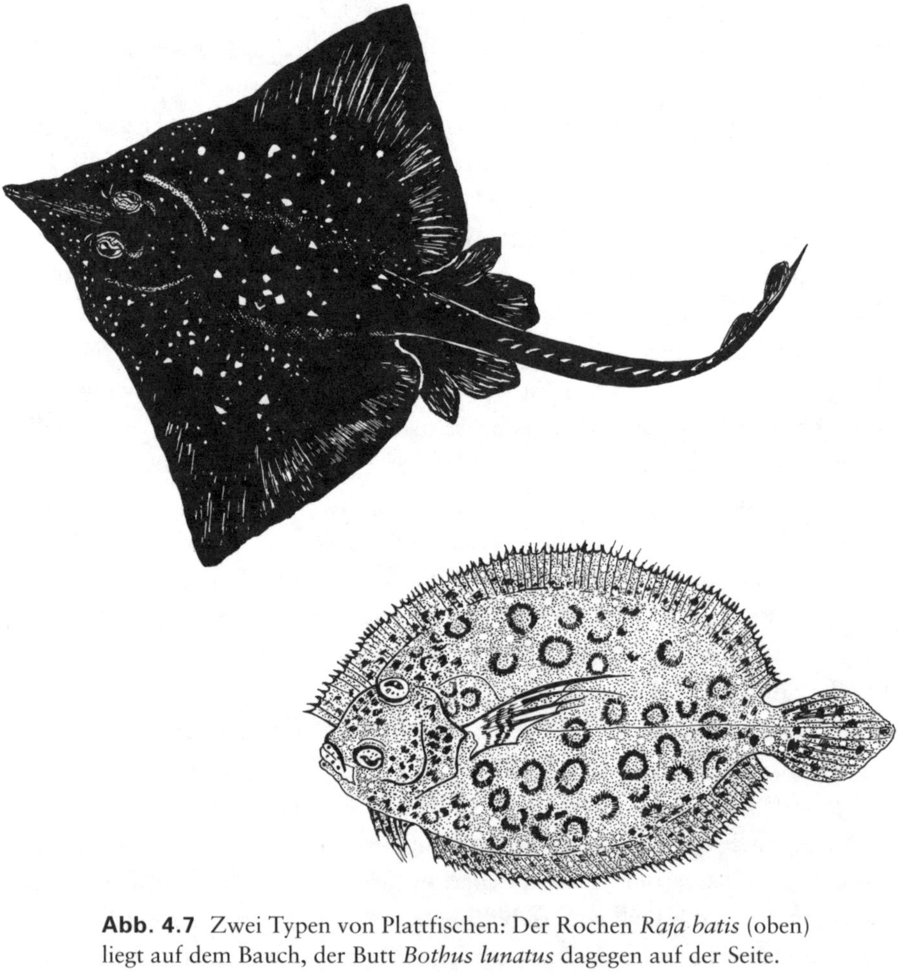

Abb. 4.7 Zwei Typen von Plattfischen: Der Rochen *Raja batis* (oben) liegt auf dem Bauch, der Butt *Bothus lunatus* dagegen auf der Seite.

wendig ist, damit beide Augen auf einer Seite liegen. Er hätte mit Sicherheit von Anfang an den Bauplan der Rochen gewählt, bei dem der Fisch auf dem Bauch liegt, während die Augen symmetrisch auf der Oberseite angeordnet sind (Abbildung 4.7).

Schollen und Seezungen sind aus historischen Gründen so verdreht: Ihre Vorfahren legten sich auf die Seite. Die Rochen dagegen sind so schön symmetrisch gebaut, weil sie zufällig eine andere Vergangenheit haben: Als ihre Vorfahren sich für ein Leben auf dem Meeresboden niederließen, legten sie sich nicht auf die Seite, sondern auf den Bauch. Wenn ich «zufällig» sage, meine ich damit nicht, daß dies ein stichhaltiger Grund für den Unterschied ist. Die Rochen stammen von den Haien ab, und Haie sind bereits ein wenig stärker abgeflacht als die Knochenfische, die in der Regel einen hohen, lanzettförmigen Körper haben. Ein solcher lanzettförmiger Fisch kann nicht auf dem Bauch liegen, sondern muß sich auf eine Seite drehen. Als die Vorfahren der Schollen auf dem Meeresboden heimisch wurden, stiegen sie auf die nächstgelegene Spitze des Unwahrscheinlichkeitsgebirges, ungeachtet der Tatsache, daß sie vielleicht auch einen höheren Gipfel – den der symmetrischen Rochen – hätten erreichen können, wenn sie das kleine Tal durchschritten hätten und zum Fuß dieses höheren Gipfels vorgedrungen wären. Aber, wie gesagt: Die natürliche Selektion erlaubt nicht, daß man die Böschungen des Unwahrscheinlichkeitsgebirges hinuntersteigt, und deshalb hatten diese Fische keine andere Wahl, als ihre Sehfähigkeit durch einen Notbehelf wiederherzustellen: Ein Auge mußte auf die andere Körperseite wandern. Die Vorfahren der Rochen erklommen ebenfalls ihren nächstgelegenen Gipfel für Plattfische, und bei ihnen führte das zu eleganter Symmetrie. Wenn ich sage, sie hätten «keine Wahl gehabt» und daß sie einen «Gipfel erklommen», dann meine ich damit natürlich wie immer nicht die einzelnen Fische, sondern die Abstammungslinien in der Evolution, und die «Wahl» bezieht sich auf andere mögliche Wege des entwicklungsgeschichtlichen Wandels.

Ich habe darauf hingewiesen, daß das Bergabgehen nicht erlaubt ist, aber wer verbietet es eigentlich? Kommt es wirklich *nie* vor? Die Antwort auf beide Fragen ist ungefähr die gleiche wie bei einem Fluß, dem es nicht «erlaubt» ist, in einer anderen Richtung zu fließen, als sein vorhandenes Bett es bestimmt.

Niemand befiehlt dem Wasser, zwischen den Flußufern zu bleiben, aber aus wohlbekannten Gründen tut es das in der Regel. Gelegentlich tritt der Fluß jedoch über die Ufer, oder er sprengt sie sogar, und dann hat er hinterher seinen Lauf vielleicht für immer verändert.

Wie könnte es einer Abstammungslinie in der Evolution gelingen, vorübergehend umzukehren und so einen zuvor unerreichbaren Gipfel des Unwahrscheinlichkeitsgebirges zu besteigen? Für solche Fragen interessierte sich der große Genetiker Sewall Wright – er benutzte übrigens auch als erster die Metapher der Landschaft für die Evolution und schuf damit die Vorstufe für mein Unwahrscheinlichkeitsgebirge. Wright war der Amerikaner in einem rechthaberischen, zänkischen Dreigespann, das in den zwanziger und dreißiger Jahren die heute als Neodarwinismus bezeichnete Denkrichtung begründete. (Die beiden anderen waren die Engländer R. A. Fisher und J. B. S. Haldane, und fairerweise muß man sagen, daß die Rechthaberei offenbar von ihnen ausging und nicht von Wright.) Wright erkannte, daß die natürliche Selektion paradoxerweise auch *gegen* die absolute Vervollkommnung arbeiten kann, und zwar genau aus dem Grund, mit dem wir uns gerade befaßt haben. Der Abstieg in die Täler ist durch die natürliche Selektion verboten. Eine Art, die auf einer kleinen Kuppe am Fuß des Gebirges gefangen ist, kann nicht auf höhere Gipfel gelangen, solange die natürliche Selektion sie auf dem kleinen Hügel festhält. Würde die natürliche Selektion ihren Griff auch nur für kurze Zeit lockern, könnte die Art den Weg so weit ins Tal hinunter finden, daß sie bis an die Böschungen eines höheren Gipfels gelangt, und wenn dort die natürliche Selektion wieder greift, könnte sie schnell die Evolution zu den höheren Abhängen dieses Berges durchmachen.

Ganz allgemein betrachtet, besteht ein Rezept für die Verbesserung in der Evolution also darin, daß Phasen strenger Selektion durch lockerere Perioden unterbrochen werden. Vielleicht ist diese Art der Lockerung in der Evolution tatsächlich von Bedeutung. Wann könnte sie auftreten? Zum Beispiel, wenn ein Vakuum ausgefüllt wird. In geringem Umfang geschieht das, wenn eine Population wächst, weil ihr Lebensraum eine größere Zahl von Individuen versorgen kann. Eine Fülle von Möglichkeiten und eine Lockerung der Selektion dürften möglich werden, wenn ein jungfräulicher Kontinent zum ersten Mal wieder besiedelt wird, nachdem er durch eine Naturkatastrophe leergefegt wurde. Nachdem die Dinosaurier ausgestorben waren, bot sich den überlebenden Säugetieren vielleicht eine solche Fülle neuer Gelegenheiten, daß bei manchen Abstammungslinien «die Aufmerksamkeit nachließ», so daß sie vorübergehend bergab stiegen und dabei neue Gipfel des Unwahrscheinlichkeitsgebirges fanden, die ihnen normalerweise verschlossen geblieben wären.

Eine andere Möglichkeit ist die Verpflanzung neuer Gene an andere Orte. Das ist der springende Punkt, auf den ich zurückkommen wollte, als ich im Kapitel 2 über Spinnennetze berichtete. Im Modell des Programms NetSpinner gab es nicht nur eine Population netzbauender Spinnen, die sich sexuell fortpflanzte, sondern drei «Deme» entwickelten sich parallel. Die Vorstellung dahinter war, daß ihre Evolution unabhängig in drei geographischen Gebieten stattfand. Aber – und das ist das Entscheidende – sie verlief nicht *völlig* unabhängig. Manchmal sickern Gene durch, das heißt, gelegentlich wandert ein Individuum von einer der lokalen Populationen zur anderen. In meiner Formulierung waren diese Gene eine Art neuer «Ideen», die aus einer anderen Population eingeschleust werden, fast so, als ob eine erfolgreiche Spinnenpopulation Gene «ausschickt», die einer weniger erfolgreichen Population bessere Lösungen des Netzbauproblems «vorschlagen». Es ist, als würde sie mit Hilfe einer eingeschmuggelten Landkarte den Weg zu einem höheren Gipfel des metaphorischen Gebirges finden.

Jetzt sind wir soweit, daß wir uns mit dem Lieblingsgegenstand der Kreationisten befassen können, mit dem wichtigsten Stolperstein für potentielle Anhänger der Evolutionstheorie, der oben auf dem höchsten Gipfel, auf der steilsten Klippe des Unwahrscheinlichkeitsgebirges thront: mit dem Auge.

Anmerkung: Nachdem die englische Ausgabe dieses Buches bereits im Satz war, veröffentlichten J. H. Marden und M. G. Kramer eine faszinierende Untersuchung an Steinfliegen, die einen anderen Weg auf das Unwahrscheinlichkeitsgebirge, was den echten Flatterflug anbelangt, nahelegt (Marden, J. H. & Kramer, M. G., «Locomotor performance of insects with rudimentary wings», *Nature* 377, S. 332–334, London 1995). Steinfliegen sind recht primitive Insekten, das heißt, daß sie ihren Vorfahren vermutlich stärker ähneln als andere Insekten, obwohl sie heute leben. *Allocapnia vivipara*, die von Marden und Kramer untersuchte Art, gleitet über die Oberfläche von Wasserläufen, indem sie die Flügel hochstellt und sie als «Segel» zum Einfangen des Windes benutzt. Die Segelgeschwindigkeit ist dabei ungefähr der Flügellänge proportional. Die Individuen mit den kleinsten Flügeln segeln schneller als solche, die ihre Flügel überhaupt nicht anheben. Und diese kleinsten Flügel haben etwa die gleiche Größe wie die beweglichen Kiemenplatten der ersten fossilen Insekten. Vielleicht lebten die ungeflügelten Vorfahren auf dem Wasser und stellten die Kiemenplatten als Segel hoch. Damit gäbe es eine sanft ansteigende Böschung auf das Unwahrscheinlichkeitsgebirge, weil die Kiemenplatten wuchsen und zu immer besseren Segeln wurden. Auch im Hinblick auf den nächsten Schritt zum echten Flatterflug machten Marden und Kramer eine Beobachtung, die für diese Hypothese von Bedeutung ist. *Taeniopteryx burksi*, eine andere Steinfliegenart, gleitet ebenfalls über die Wasseroberfläche, aber dabei schlägt sie mit den Flügeln. Vielleicht durchliefen die Insekten auf ihrem Weg auf das Unwahrscheinlichkeitsgebirge eine Segelphase wie *Allocapnia* und dann eine Phase des Flügelschlagens auf der Wasseroberfläche wie *Taeniopteryx*. Man kann sich ohne weiteres vorstellen, wie ein Insekt, das sich summend über das Wasser fortbewegt, hin und wieder von einem Windhauch hochgehoben wird. Und sofern seine Nachkommen mit ihren flatternden Flügeln länger in der Luft bleiben konnten, hätte sich ein weiterer Weg auf das Unwahrscheinlichkeitsgebirge eröffnet.

Fünftes Kapitel DER VIERZIGFACHE PFAD ZUR ERLEUCHTUNG

Alle Tiere müssen mit ihrer Umwelt und den Dingen in ihr zurechtkommen. Sie gehen auf etwas, kriechen unter etwas, vermeiden Zusammenstöße, heben etwas auf, fressen etwas, paaren sich mit etwas und laufen vor etwas weg. In der Frühzeit der Erde, als die Evolution noch am Anfang stand, mußten die Lebewesen mit anderen Gegenständen in körperlichen Kontakt treten, um überhaupt herauszufinden, daß es sie gab. Eine ganze Fülle von Vorteilen wartete auf das erste Tier, das eine Methode zur Fernwahrnehmung entwickelte: Es bemerkte ein Hindernis, bevor es damit zusammenstieß, und einen Feind, bevor es gefangen wurde; Nahrung, die nicht in seiner Reichweite war, konnte es finden, solange sie sich irgendwo in der näheren Umgebung befand. Was für eine Hochtechnologie konnte das sein?

Die Sonne lieferte nicht nur die Energie, die das Räderwerk des Lebens antrieb, sie bot auch die Chance, eine Technik der Fernwahrnehmung zu entwickeln. Jeden Quadratmillimeter der Erde bombardierte sie mit einem Trommelfeuer aus Photonen: winzigen Partikeln, die in gerader Linie mit der größten Geschwindigkeit, die das Universum zuläßt, hin- und hersausen, als Querschläger in jedes Loch und jede Ritze eindringen, so daß kein Haken entkam und jede Öse gefunden wurde. Da Photonen so schnell und in gerader Linie wandern, da sie von manchen Materialien mehr als von anderen absorbiert oder reflektiert werden und da sie immer so zahlreich und allgegenwärtig waren, boten sie die Voraussetzungen für höchst genaue, wirkungsvolle Methoden der Fernwahrnehmung. Dazu mußte man die Photonen nur wahrnehmen und – was schwieriger war – unterscheiden, aus welchen Richtungen sie kamen. Würde diese

Gelegenheit genutzt werden? Drei Milliarden Jahre später kennen wir die Antwort, denn Sie können diese Worte sehen.

Darwin bediente sich in einer berühmten Passage des Auges, um seine Beschreibung der «Organe von äußerster Vollkommenheit und Verwickelung» einzuleiten:

Anzunehmen, daß das Auge mit allen seinen unnachahmlichen Vorkehrungen, den Focus den verschiedensten Entfernungen anzupassen, verschiedene Lichtmengen zuzulassen und sphärische wie chromatische Abweichungen zu verbessern, durch die Zuchtwahl entstanden sei, scheint, ich bekenne es offen, im höchsten Grad absurd zu sein.

Möglicherweise stand Darwin hier unter dem Einfluß seiner Frau Emma, die in diesem Punkt Zweifel hatte. Schon 15 Jahre vor der *Entstehung der Arten* hatte er seine Theorie von der Evolution durch natürliche Auslese in einem langen Aufsatz in Umrissen skizziert. Er wollte, daß Emma ihn im Fall seines Todes veröffentlichte, und gab ihn ihr zu lesen. Ihre Randbemerkungen sind erhalten geblieben; besonders interessant ist, daß sie seine Vermutung herausgriff, das menschliche Auge «könne möglicherweise durch allmähliche Selektion geringfügiger, aber in jedem Falle nützlicher Abweichungen erworben worden sein». Emmas Bemerkung dazu lautet: «Eine gewagte Vermutung / E. D.» Und lange nachdem die *Entstehung der Arten* erschienen war, räumte Darwin in einem Brief an einen amerikanischen Kollegen ein: «Das Auge verursacht mir bis heute einen kalten Schauder, aber wenn ich an die bekannten feinen Abstufungen denke, sagt mir mein Verstand, daß ich ihn überwinden sollte.»

Darwins gelegentliche Zweifel ähnelten vermutlich denen des Physikers, den ich zu Beginn des dritten Kapitels zitiert habe. Darwin sah darin jedoch eine Herausforderung und keine willkommene Ausrede, um aufzugeben.

Nebenbei bemerkt: Wenn wir von «dem» Auge reden, werden wir dem Problem nicht gerecht. Glaubwürdigen Schätzungen zufolge haben sich Augen im Laufe der Evolution nicht weniger als vierzigmal, ja vielleicht sogar über sechzigmal unabhängig in verschiedenen Gruppen des Tierreichs entwickelt. In einigen Fällen funktionieren diese Augen nach grundlegend unterschiedlichen Prinzipien. Neun solche Funktionsweisen kennt man unter den vierzig bis sechzig verschiedenen Augen. Einige dieser neun Typen – die wir uns als neun verschiedene Gipfel im Massiv des Unwahrscheinlichkeitsgebirges vorstellen können – werde ich im weiteren Verlauf erwähnen.

Woher wissen wir eigentlich, daß etwas sich in zwei verschiedenen Tiergruppen unabhängig entwickelt hat? Woran erkennen wir zum Beispiel, daß die Flügel der Vögel und Fledermäuse getrennt voneinander entstanden sind? Fledermäuse sind die einzigen Säugetiere mit echten Flügeln. Theoretisch wäre es denkbar, daß anfangs alle Säugetiere Flügel hatten und daß alle mit Ausnahme der Fledermäuse sie später verloren. Aber dazu hätten sie in unrealistisch vielen Fällen unabhängig voneinander verschwinden müssen, und sowohl die Indizien als auch der gesunde Menschenverstand weisen darauf hin, daß dies nicht geschehen ist. Die ersten Säugetiere benutzten ihre vorderen Gliedmaßen nicht zum Fliegen, sondern zum Gehen, genauso wie es auch heute die Mehrzahl ihrer Nachkommen tut. Aufgrund ähnlicher Überlegungen fand man auch heraus, daß die Augen im Tierreich viele Male unabhängig voneinander entstanden sind. Hinzu kommen andere Erkenntnisse, beispielsweise über die Einzelheiten der Augenentwicklung im Embryo. So besitzen zum Beispiel sowohl Frösche als auch Tintenfische gute Augen nach dem Kameraprinzip, aber diese Augen entwickeln sich in den jeweiligen Embryonen so unterschiedlich, daß sie während der Evolution mit Sicherheit unabhängig voneinander entstanden sein müssen. Das heißt nicht, daß der gemeinsame Vorfahre von Fröschen und Tintenfischen überhaupt keine Augen besaß. Es würde mich nicht wundern, wenn sie beim gemeinsamen Vorfahren aller Tiere, der vielleicht vor einer Milliarde Jahren lebte, bereits vorhanden waren. Es handelte sich vielleicht um einfache Abschnitte mit lichtempfindlichen Pigmentzellen, durch die gerade mal der Unterschied zwischen Tag und Nacht zu erkennen war. Aber Augen im Sinne komplizierter Abbildungsapparate haben sich viele Male unabhängig voneinander entwickelt, wobei sich die Gestaltung in manchen Fällen einander annäherte, während sie in anderen völlig verschieden war. In jüngster Zeit gibt es höchst interessante neue Befunde, die sich mit der Frage der unabhängigen Evolution der Augen in den einzelnen Bereichen des

Tierreiches beschäftigen. Ich werde darauf am Ende des Kapitels zurückkommen.

Wenn ich im folgenden einen Überblick über die Vielfalt der Tieraugen gebe, werde ich oft darauf hinweisen, wo ungefähr an den Abhängen des Unwahrscheinlichkeitsgebirges die einzelnen Typen zu finden sind. Man sollte aber nicht vergessen, daß es sich dabei immer um die Augen heutiger Tiere handelt und nicht um die echter Vorfahren. Bequemerweise nimmt man an, sie könnten uns Hinweise darauf geben, was für Augen frühere Tiere hatten. Zumindest zeigen sie uns, daß Augen, die wir uns auf halber Höhe des Unwahrscheinlichkeitsgebirges vorstellen, tatsächlich funktioniert haben. Das ist von großer Bedeutung, denn wie ich bereits erwähnt habe, konnte kein Tier jemals davon leben, daß es ein Zwischenstadium auf irgendeinem Evolutionsweg war. Was wir uns als Zwischenstation auf dem Weg zu einem weiterentwickelten Auge vorstellen, war vielleicht für das betreffende Tier das wichtigste Organ und für seine spezielle Lebensweise wahrscheinlich das optimale Auge. Hochauflösende, abbildende Augen eignen sich beispielsweise nicht für sehr kleine Tiere. Augen mit hoher Bildqualität müssen eine bestimmte Mindestgröße haben – und damit meine ich nicht die im Vergleich zum Körper des Tiers relative Größe, sondern eine absolute Größe –, das heißt, je größer ein Auge ist, desto besser ist es. Für ein sehr kleines Tier würde die Entwicklung eines großen Auges vermutlich zuviel Aufwand erfordern, zudem wäre es zu schwer und zu sperrig. Eine Schnecke, deren Augen die gleiche Sehkraft hätten wie die des Menschen, sähe ziemlich verrückt aus (Abbildung 5.1). Eine Schnecke, deren Augen nur geringfügig größer würden als der derzeitige Durchschnitt, dürfte besser sehen als ihre Konkurrenten. Dafür müßte sie aber den Tribut zahlen, daß sie ein höheres Gewicht mit sich herumschleppt, und damit wären ihre Überlebenschancen geringer. Das größte Auge, über das jemals berichtet wurde, hatte übrigens einen Durchmesser von 37 Zentimetern. Der Gigant, der es sich leisten kann, solche Sehorgane mit sich herumzutragen, ist ein Riesenkrake mit zehn Meter langen Fangarmen.

In dem Bewußtsein, daß die Metapher vom Unwahrscheinlichkeitsgebirge ihre Grenzen hat, wollen wir uns nun zum Fuß der Sehfähigkeitsböschung hinunterbegeben. Dort finden wir Augen, die so einfach sind, daß

Abb. 5.1 Phantasieschnecke, deren Augen so groß sind, daß sie damit so gut sehen könnte wie ein Mensch.

sie die Bezeichnung «Auge» kaum verdienen. Besser spricht man davon, daß die gesamte Körperoberfläche ein wenig lichtempfindlich ist. Das gilt zum Beispiel für einige einzellige Lebewesen sowie für manche Quallen, Seesterne, Egel und verschiedene andere Würmer. Solche Tiere können kein Bild sehen, ja, sie erkennen nicht einmal, aus welcher Richtung das Licht kommt. Sie nehmen nur (schwach) wahr, wenn irgendwo in der Umgebung (helles) Licht vorhanden ist. Seltsam ist auch, daß lichtempfindliche Zellen stichhaltigen Befunden zufolge in den Geschlechtsorganen männlicher und weiblicher Schmetterlinge liegen. Es handelt sich dabei nicht um abbildende Augen, aber diese Zellen erkennen den Unterschied zwischen hell und dunkel; sie könnten die Art von Ausgangspunkt sein, den wir für den weit zurückliegenden entwicklungsgeschichtlichen Ursprung der Augen annehmen. Wie die Schmetterlinge sich ihrer bedienen, weiß offenbar niemand, nicht einmal William Eberhard, aus dessen unterhaltsamem Buch *Sexual Selection and Animal Genitalia* ich diese Information habe.

Wenn wir uns vorstellen, die Ebene zu Füßen des Unwahrscheinlichkeitsgebirges sei von Tieren bevölkert, die von Licht überhaupt nicht beeinflußt werden, stehen die Seesterne und Egel mit ihrer lichtempfindlichen Haut (und die Geschlechtsorgane der Schmetterlinge) ein klein wenig höher auf den unteren Abhängen, wo der Weg auf den Gipfel beginnt. Ihn zu finden ist nicht schwer. Vielleicht war die «Ebene» der völligen Lichtunempfindlichkeit sogar immer recht klein. Möglicherweise sind lebende Zellen mehr oder weniger daraufhin angelegt, irgendwie auf Licht anzusprechen – wenn das stimmt, scheinen die lichtempfindlichen Geschlechtsorgane der Schmetterlinge nicht mehr ganz so seltsam zu sein. Ein Lichtstrahl ist ein Photonenstrom. Trifft ein Photon auf das Molekül einer farbigen Substanz, wird es festgehalten, und das Molekül geht in einen anderen Zustand über. Gleichzeitig wird Energie frei. In grünen Pflanzen und grünen Bakterien dient diese Energie in einer Reaktionsfolge, die man als Photosynthese bezeichnet, zum Aufbau von Nährstoffmolekülen. Bei Tieren kann sie eine Nervenreaktion auslösen, und das ist der erste Schritt eines Vorganges, den man Sehen nennen kann, auch wenn das Tier nichts besitzt, was wir als Augen bezeichnen würden. Ansatzweise erfüllt ein breites Spektrum farbiger Pigmente diese Aufgabe. Solche Farbstoffe gibt es überall, und sie dienen außer zum Lichtsammeln auch zu vielen anderen Zwecken. Die ersten zögernden Schritte bergauf an der Böschung des Unwahrscheinlichkeitsgebirges bestanden demnach in der allmählichen Verbesserung von Pigmentmolekülen. Es gab eine flache, ununterbrochene Rampe der Weiterentwicklung, die man leicht in kleinen Schritten hinaufsteigen konnte.

Diese niedrige Rampe führte aufwärts bis zur Evolution des lebenden Gegenstücks zur Photozelle, einer spezialisierten Zelle, die Photonen mit Hilfe eines Pigments einfangen konnte und ihre Energie in Nervenimpulse umsetzte. Ich werde für die Sinneszellen in der Netzhaut (beim Menschen nennt man sie Stäbchen und Zapfen), die auf das Einfangen von Photonen spezialisiert sind, weiterhin den Begriff «Photozellen» benutzen. Sie alle bedienen sich des gleichen Kunstgriffs: Sie bilden immer mehr Pigmentschichten, die Photonen festhalten können. Das ist wichtig, denn durch eine einzige Lage von Farbstoffmolekülen tritt ein Photon mit großer Wahrscheinlichkeit hindurch, und dann kommt es unversehrt auf der anderen Seite wieder heraus. Je mehr Pigmentschichten man besitzt, desto größer ist die Chance, das Photon einzufangen. Aber was spielt es für eine Rolle, wie viele Photonen festgehalten werden oder hindurchdringen?

Sind Photonen nicht immer im Überfluß vorhanden? Nein, das sind sie nicht, und das ist ein entscheidender Punkt, wenn man die Konstruktion der Augen verstehen will. Es gibt eine Art Photonenwirtschaft, die ebenso niedrig gesinnt ist wie die Geldwirtschaft der Menschen und zwangsläufig Wechselgeschäfte beinhaltet.

Aber ganz abgesehen von den interessanten wirtschaftlichen Wechselgeschäften sind Photonen, absolut gesehen, manchmal auch knapp. In einer sternklaren Nacht des Jahres 1986 weckte ich Juliet, meine zweijährige Tochter, und trug sie in eine Decke gewickelt in den Garten. Dort richtete ich ihren schläfrigen Blick auf die angekündigte Position des Halley-Kometen. Sie bekam nicht mit, was ich sagte, aber ich flüsterte ihr hartnäckig die Geschichte vom Kometen ins Ohr, in dem sicheren Wissen, daß ich ihn nie wieder sehen würde, aber sie vielleicht, wenn sie 78 ist. Ich erklärte ihr, ich hätte sie geweckt, damit sie ihren Enkelkindern im Jahr 2062 sagen könne, sie habe den Kometen schon einmal gesehen, und vielleicht würde sie sich dann an ihren Vater erinnern, der sie in einer weltfremden Grille in den Garten getragen hatte, um ihn ihr zu zeigen. (Vielleicht flüsterte ich sogar die Worte «weltfremd» und «Grille», denn Kinder mögen den Klang genau artikulierter Wörter, die sie nicht kennen.)

Vermutlich trafen ein paar Photonen des Halley-Kometen in jener Nacht 1986 tatsächlich auf Juliets Netzhaut auf, aber, um ehrlich zu sein, konnte ich selbst nur mit Mühe zu der Überzeugung gelangen, ich würde den Kometen sehen. Manchmal war mir, als sähe ich ungefähr an der richtigen Stelle ein schwaches, graues Glimmen. Dann wieder schmolz es dahin. Das Problem bestand darin, daß die Zahl der Photonen, die auf unsere Netzhaut trafen, fast bei Null lag.

Photonen treffen zufällig auf, wie Regentropfen. Wenn es richtig regnet, gibt es über diese Tatsache keinen Zweifel, und wir wären froh, wenn man uns nicht den Regenschirm gestohlen hätte. Aber wenn der Regen allmählich anfängt, wie sollen wir dann den Augenblick seines Beginns genau festlegen? Wir spüren einen einzelnen Tropfen und sehen besorgt zum Himmel, zweifelnd, bis ein zweiter und dritter Tropfen kommt. Wenn es so schwach tröpfelt, sagt vielleicht der eine, es regne, und der andere leugnet es. Die Tropfen fallen so vereinzelt, daß der eine sie vielleicht eine Minute früher bemerkt als sein Begleiter. Damit wir wirklich überzeugt sind, daß Licht vorhanden ist, müssen die Photonen in relativ großer Zahl auf unsere Netzhaut prasseln. Als Juliet und ich in die ungefähre Richtung des Halley-Kometen starrten, trafen einige seiner Photonen vermutlich einzelne Photozellen auf unserer Netzhaut, und zwar mit unglaublich geringer Häufigkeit: ungefähr eines in vierzig Minuten! Das heißt, die eine Photozelle sagte: «Ja, da ist Licht», aber die große Mehrheit ihrer Nachbarn war anderer Meinung. Daß ich überhaupt einen Eindruck von einem kometenförmigen Gegenstand bekam, hatte nur einen Grund: Mein Gehirn sammelte die Meldungen mehrerer hundert Photozellen. Zwei Photozellen fangen mehr Photonen ein als eine, drei fangen mehr als zwei und so weiter, immer höher auf der Böschung des Unwahrscheinlichkeitsgebirges. In hochentwickelten Augen wie den unseren stehen Millionen Photozellen dicht nebeneinander wie die Wollfäden in einem Teppich, und jede ist darauf ausgelegt, möglichst viele Photonen einzufangen. Abbildung 5.2 zeigt eine typische hochentwickelte Photozelle.

Es ist die eines Menschen, aber andere sehen im wesentlichen genauso aus. Die Gebilde in der Mitte, die an eine Madenkolonie erinnern, sind die Mitochondrien, kleine Körperchen, die im Zellinneren leben. Sie stammen ursprünglich von parasitär lebenden Bakterien ab, haben sich aber in

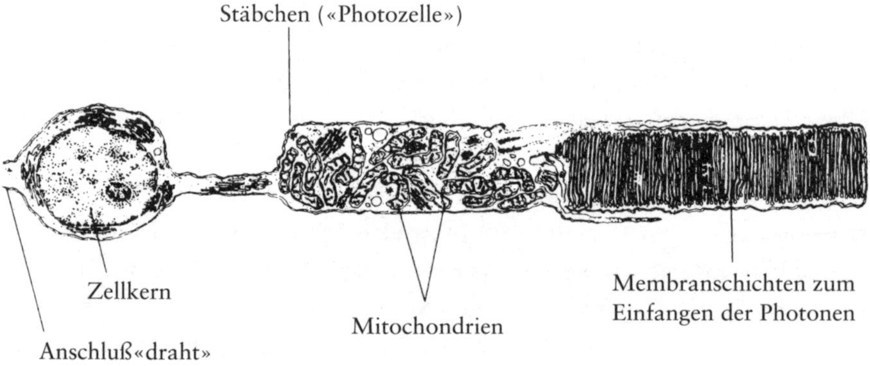

Abb. 5.2 Eine «biologische Photozelle» zum Einfangen von Photonen; dargestellt ist eine einzelne Stäbchenzelle aus der Netzhaut des Menschen.

all unseren Zellen für die Energieproduktion unentbehrlich gemacht. Der Nerv, der den Anschlußdraht der Photozelle bildet, führt links aus dem Bild. Die elegante rechtwinklige Anordnung von Membranen, die rechts mit militärischer Präzision aufgereiht sind, dient dem Einfangen der Photonen. Jede Schicht enthält Moleküle des entscheidenden Pigments, das die Photonen festhält. Ich zähle in der Abbildung 99 Membranschichten. Die genaue Zahl ist nicht entscheidend: Je mehr, desto besser für das Fangen der Photonen, aber es gibt auch allgemeine Unkosten, die zu viele Lagen verhindern. Wichtig ist, daß 91 Membranen die Photonen besser aufhalten als 90, 90 sind effizienter als 89 und so weiter, bis hin zu einer einzigen Membran, die effizienter ist als gar keine. So etwas meine ich, wenn ich von einer sanften Böschung zum Unwahrscheinlichkeitsgebirge spreche. Wäre zum Beispiel jede Zahl von über 45 Membranen effizient, jede darunter aber völlig unwirksam, hätten wir es mit einem plötzlichen Anstieg zu tun. Aber weder der gesunde Menschenverstand noch die wissenschaftlichen Befunde legen den Verdacht auf einen solchen plötzlichen Bruch nahe.

Die Augen der Tintenfische ähneln, wie wir bereits erfahren haben, denen der Wirbeltiere, haben sich aber unabhängig davon entwickelt. Sogar die Photozellen gleichen sich ziemlich. Der wichtigste Unterschied besteht darin, daß die Membranen bei den Tintenfischen keinen Stapel runder Scheiben bilden, sondern um ein hohles Rohr herumgeschichtet sind. (Solche oberflächlichen Unterschiede kommen in der Evolution häufig vor, und zwar aus den gleichen inkonsequenten Gründen, derentwegen beispielsweise die Lichtschalter in England beim Einschalten nach unten bewegt werden, in Amerika dagegen nach oben.) Alle hochentwickelten Photozellen bedienen sich verschiedener Spielarten des gleichen Tricks: Sie vermehren die Schichten der pigmentbesetzten Membranen, die ein Photon passieren muß, um unbehelligt zu entkommen. Aus der Sicht des Unwahrscheinlichkeitsgebirges besteht der springende Punkt darin, daß jede neue Schicht die Chance, Photonen festzuhalten, geringfügig verbessert, ganz gleich, wie viele oder wie wenige Schichten bereits vorhanden sind. Ganz zuletzt, wenn die meisten Photonen eingefangen sind, vermindert sich der Gewinn, der durch den größeren Aufwand weiterer Schichten zu erzielen ist.

Nun besteht in der Wildnis keine große Notwendigkeit, den Halley-Kometen zu entdecken, der alle 76 Jahre mit seinem geringfügigen Beitrag reflektierter Photonen wiederkehrt. Aber empfindliche Augen, mit denen man im Mondschein und sogar bei Sternenlicht etwas sehen kann, sind sehr nützlich, wenn man eine Eule ist. In einer normalen Nacht empfängt jede unserer Photozellen durchschnittlich etwa ein Photon in der Sekunde – zugegebenermaßen mehr als beim Kometen, aber immer noch so wenig, daß es entscheidend ist, möglichst jedes einzelne Photon einzufangen. Aber wenn wir von knapper Photonenwirtschaft sprechen, wäre es völlig falsch, anzunehmen, die Knappheit beschränke sich nur auf die Nacht. Im hellen Sonnenlicht prasseln die Photonen vielleicht auf die Netzhaut wie ein tropischer Wolkenbruch, aber auch dabei bleibt ein Problem. Für die Wahrnehmung eines gegliederten Bildes ist es unerläßlich, daß die Photozellen in den verschiedenen Bereichen der Netzhaut unterschiedliche Lichtintensitäten registrieren, das heißt, sie müssen in den einzelnen Teilen des Photonenregens unterschiedliche Muster erkennen. Die Unterscheidung von Photonen, die in verschiedenen feinkörnigen Teilen des Gesichtsfeldes vor sich geht, kann örtlich zu einer Verknappung führen, die ebenso schwerwiegend ist wie die allgemeine Verknappung in der Nacht. Und mit dieser Unterscheidung wollen wir uns jetzt befassen.

Die Photozellen selbst sagen dem Tier nur, ob Licht vorhanden ist oder nicht. Das Tier kann den Unterschied zwischen Tag und Nacht erkennen, und es merkt, wenn ein Schatten fällt, der zum Beispiel einen Verfolger verrät. Die nächste Verbesserung muß der erste Ansatz zu der Fähigkeit gewesen sein, die Richtung der Lichtquelle und die Richtung von Bewegungen – beispielsweise eines bedrohlichen Schattens – zu erkennen. Am einfachsten erreicht man das, indem man die Photozellen nur auf einer Seite mit einer schwarzen Fläche hinterlegt. Eine transparente Photozelle ohne eine solche Abdeckung nimmt Licht von allen Seiten auf und kann nicht unterscheiden, woher es kommt. Ein Tier, das in seinem Kopf nur eine solche Zelle besitzt, kann zum Licht hin oder von ihm weg steuern, vorausgesetzt, hinter der Photozelle befindet sich eine Abdeckung. Das läßt sich sehr einfach erreichen, indem man den Kopf hin- und herpendeln läßt: Ist die Lichtintensität auf den beiden Seiten nicht die gleiche, ändert man die Richtung so lange, bis sie ausgeglichen ist. Manche Maden bedienen sich genau dieser Methode, um sich in direkter Linie vom Licht zu entfernen.

Aber das Pendeln des Kopfes ist eine sehr primitive Methode, um die Richtung einer Lichtquelle auszumachen. Sie gehört auf die untersten Böschungen des Unwahrscheinlichkeitsgebirges. Besser ist es, wenn mehrere Photozellen in unterschiedliche Richtungen weisen, wobei sich hinter jeder von ihnen eine schwarze Fläche befindet. Wenn man dann die Stärke des Photonenregens auf zwei solcher Zellen vergleicht, kann man Rückschlüsse über die Richtung der Lichtquelle ziehen. Wenn man einen ganzen Teppich aus Photozellen besitzt, wölbt man diesen Teppich mit der dahinterliegenden Abdeckung am besten zu einem Bogen, so daß die Zellen in den Teilen des Bogens abgestuft in verschiedene Richtungen weisen. Eine nach außen gewölbte Biegung kann letztlich zum «Komplexauge» der Insekten führen, auf das ich später zurückkommen werde. Ist die Biegung nach innen gewölbt, entsteht eine Art Becher, und daraus geht der zweite wichtige Augentyp hervor, das Kameraauge, das auch wir Menschen besitzen. Die Photozellen in den verschiedenen Teilen des Be-

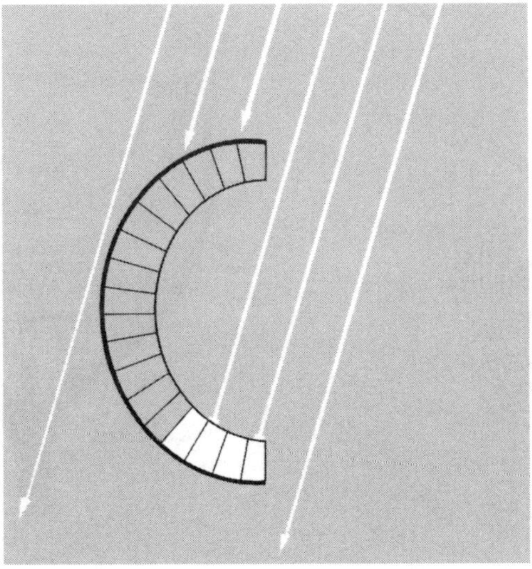

Abb. 5.3 Ein einfaches Becherauge erkennt die Richtung der Lichtquelle.

chers geben Impulse ab, wenn sie aus unterschiedlichen Richtungen vom Licht getroffen werden, und je mehr Zellen es sind, desto feiner ist die Unterscheidungsfähigkeit.

Die Lichtstrahlen (die weißen Pfeile in Abbildung 5.3) werden von der dicken schwarzen Schicht auf der Rückseite des Bechers aufgefangen.

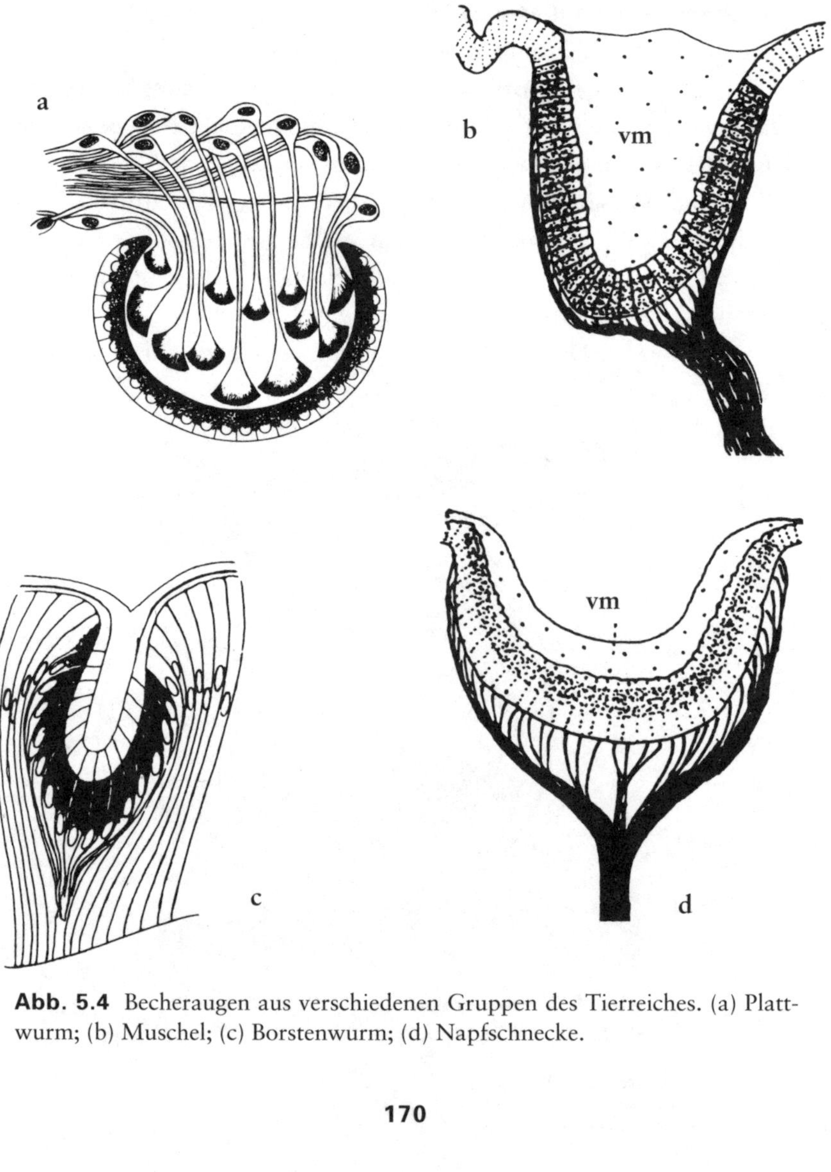

Abb. 5.4 Becheraugen aus verschiedenen Gruppen des Tierreiches. (a) Plattwurm; (b) Muschel; (c) Borstenwurm; (d) Napfschnecke.

Das Gehirn verfolgt, welche Photozellen Impulse abgeben, und nimmt auf diese Weise wahr, woher das Licht kommt. Für den Aufstieg auf das Unwahrscheinlichkeitsgebirge ist es entscheidend, daß es in der Evolution eine kontinuierliche Abstufung – also eine sanft ansteigende Böschung – von Tieren mit einer flachen Zellschicht zu solchen mit einem Augenbecher gibt. Der Becher kann stetig und in kleinen Schritten tiefer oder flacher werden. Je tiefer er ist, desto besser kann das Auge zwischen Lichtstrahlen aus verschiedenen Richtungen unterscheiden. Der Weg auf den Berg braucht keine steilen Felswände zu überwinden.

Solche Becheraugen sind im Tierreich weit verbreitet. Abbildung 5.4 zeigt die Augen einer Napfschnecke, eines Borstenwurmes, einer Muschel und eines Plattwurmes.

Bei diesen Augen hat sich die Becherform vermutlich jeweils unabhängig entwickelt. Besonders deutlich zeigt sich das beim Plattwurm: Der eigenständige Ursprung seines Auges verrät sich dadurch, daß die Photozellen im *Inneren* des Bechers liegen. Auf den ersten Blick sieht diese Anordnung seltsam aus, denn die Lichtstrahlen müssen ein Dickicht aus Verbindungsnerven durchdringen, bevor sie auf die Photozellen treffen, aber wir wollen nicht überheblich sein: Die gleiche scheinbar schlechte Konstruktion verunziert auch unsere eigenen, weitaus raffinierteren Augen. Ich werde darauf zurückkommen und zeigen, daß diese Idee nicht so schlecht ist, wie es den Anschein hat.

In jedem Fall ist ein Becherauge allein bei weitem nicht in der Lage, etwas zu entwerfen, was wir Menschen mit unseren hervorragenden Augen als echtes Bild erkennen würden. Unsere Bildentstehung, die auf dem Linsenprinzip beruht, muß ich ein wenig näher erklären. Dazu wollen wir uns zunächst einmal ansehen, warum eine einfache Schicht aus Photozellen oder ein flacher Becher allein kein Bild – beispielsweise das Bild eines Delphins – sehen kann, auch wenn der Delphin ganz auffällig unmittelbar davor auftaucht.

Würden die Lichtstrahlen sich so verhalten wie in Abbildung 5.5, wäre alles sehr einfach, und das Bild des Delphins würde mit der richtigen Seite nach oben auf der Netzhaut erscheinen.

Aber leider tun sie das nicht. Oder, genauer gesagt: Es gibt Strahlen, die genau so verlaufen wie in der Abbildung. Das Problem ist nur, daß sie

Abb. 5.5 So funktioniert ein Auge nicht – Lichtstrahlen sind nicht so entgegenkommend!

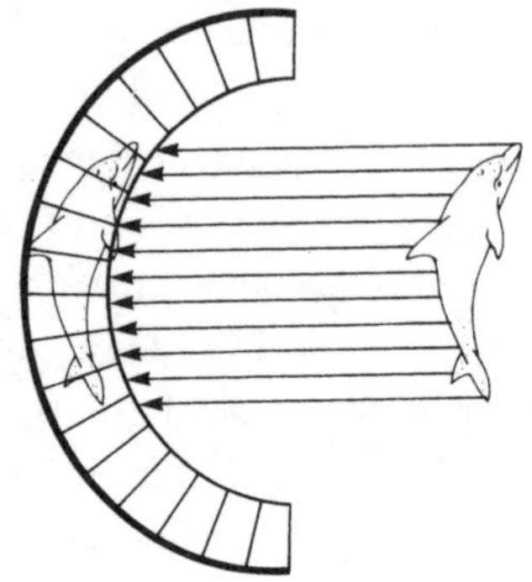

in der viel größeren Zahl anderer Strahlen untergehen, die zur gleichen Zeit in alle anderen Richtungen verlaufen. Jeder Teil des Delphins sendet Strahlen zu jedem Teil der Netzhaut aus. Und nicht nur jeder Teil des Delphins, sondern auch jeder Teil des Hintergrunds und aller anderen Dinge im Blickfeld. Als Folge kann man sich eine unendlich große Zahl von Bildern des Delphins vorstellen, die in allen möglichen Positionen und Orientierungen auf der Innenfläche des Bechers erscheinen. Zusammengenommen ergibt das natürlich überhaupt kein Bild, sondern nur gleichmäßig verteiltes Licht auf der gesamten Fläche (Abbildung 5.6).

Damit haben wir das Problem erkannt. Das Auge sieht zuviel: unendlich viele Delphine statt eines einzigen. Die naheliegende Lösung besteht im Verringern: Man entfernt alle Bilder des Delphins außer einem. Welches das ist, spielt keine Rolle, aber wie wird man die anderen los? Eine

Abb. 5.6 Die Lichtstrahlen laufen von jedem Punkt zu jedem Punkt, so daß sich kein Bild ergibt. Eine unendliche Zahl von Abbildungen des Delphins überlagern sich, und man erkennt gar nichts.

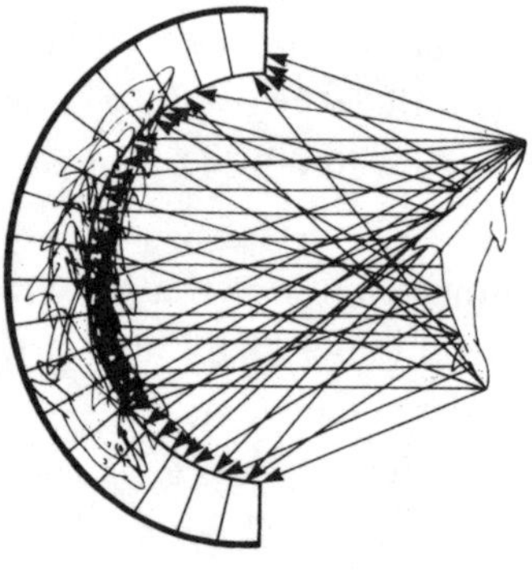

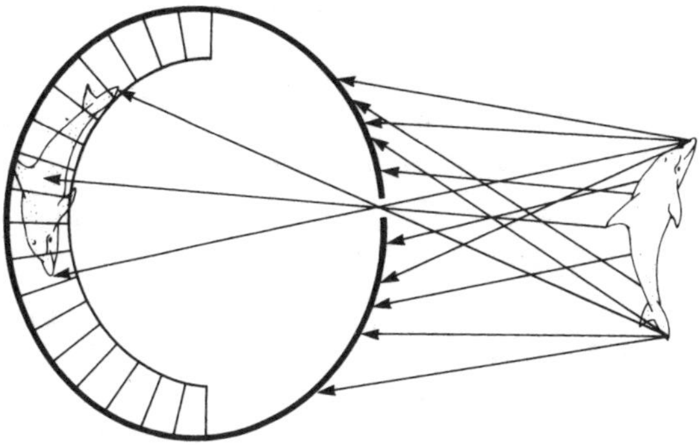

Abb. 5.7 Das Prinzip des Lochkameraauges. Die meisten konkurrierenden Delphinbilder werden ausgeblendet. Im Idealfall fällt nur eines davon (kopfstehend) durch das Loch.

Möglichkeit besteht darin, auf der gleichen Böschung des Unwahrscheinlichkeitsgebirges weiterzugehen, die auch zum Becher geführt hat: Dieser wird immer tiefer, und seine Öffnung verengt sich, bis nur noch ein kleines Loch übrig ist. Jetzt können die allermeisten Strahlen nicht mehr in den Becher eindringen. Und die wenigen, denen es noch gelingt, erzeugen eine kleine Zahl ähnlicher – und kopfstehender – Bilder des Delphins (Abbildung 5.7).

Wird das Loch sehr klein, verschwindet die Unschärfe, und zurück bleibt eine einzige, scharfe Abbildung des Delphins (in Wirklichkeit entsteht bei sehr kleinen Löchern eine neue Art der Unschärfe, aber das wollen wir vorerst beiseite lassen). Man kann sich das Loch als eine Art Bildfilter vorstellen, das aus dem verwirrenden Durcheinander der Delphine alle außer einem einzigen entfernt.

Der Locheffekt ist einfach eine Extremform des Bechereffekts, den wir als Hilfsmittel zur Unterscheidung der Lichtrichtung bereits kennengelernt haben. Wir befinden uns nur ein wenig höher auf derselben Böschung des Unwahrscheinlichkeitsgebirges, und es gibt dazwischen keine jähen Steigungen. Das Lochauge kann sich ohne Schwierigkeiten aus dem Becherauge entwickeln, und ebensowenig ist die Entwicklung des Becherauges aus der flachen Schicht von Photozellen mit Schwierigkeiten verbunden. Die bergauf führende Böschung von der flachen Schicht zum

Loch steigt sanft an und läßt sich auf ihrer ganzen Länge leicht erklimmen. Wenn man sie hinaufsteigt, werden allmählich immer mehr störende Bilder ausgeschaltet, bis auf dem Gipfel nur noch ein einziges übrig ist.

Tatsächlich sind unterschiedlich stark ausgeprägte Lochaugen über das ganze Tierreich verstreut. Das kompromißloseste derartige Sehorgan gehört dem rätselhaften Weichtier *Nautilus* (Abbildung 5.8 a), das mit den ausgestorbenen Ammoniten verwandt ist. (*Nautilus* ist auch ein entfernterer Verwandter der Tintenfische, besitzt aber einen gewundenen Panzer.) Andere, beispielsweise das Auge einer Meeresschnecke in Abbildung 5.8 b, bezeichnet man vielleicht besser als tiefes Becher- und nicht als Lochauge. Zusammen machen sie deutlich, wie sanft diese Böschung des Unwahrscheinlichkeitsgebirges ansteigt.

Zunächst einmal könnte man meinen, ein Lochauge müsse eigentlich recht gut funktionieren, vorausgesetzt, das Loch ist klein genug. Macht man es fast unendlich klein, könnte man annehmen, daß man ein fast unendlich vollkommenes Bild erhält, weil die riesige Mehrheit der konkurrierenden, störenden Bilder ausgeblendet wird. Aber es erheben sich zwei neue Hindernisse. Das erste ist die Lichtbeugung. Ich möchte es aufschieben, sie genauer zu erklären. Sie führt zu Unschärfe, und das liegt daran, daß Licht sich wie Wellen verhält, die einander stören können. Die Unschärfe wird stärker, wenn das Loch sehr klein ist. Das zweite Hindernis bei kleinen Löchern hat mit dem erwähnten harten Tauschgeschäft der «Photonenwirtschaft» zu tun. Wenn das Loch so klein ist, daß es ein scharfes Bild erzeugt, läßt es zwangsläufig nur so wenig Licht durch, daß man Gegenstände nur in fast unerträglich hellem Licht gut wahrnehmen kann. Bei normalen Lichtverhältnissen fallen so wenige Photonen durch das Loch, daß das Auge nicht mehr mit Sicherheit etwas wahrnehmen kann. Ein winziges Loch wirft dasselbe Problem auf wie der Halley-Komet. Um es zu beseitigen, kann man das Loch größer machen, aber dann haben wir wieder das Durcheinander konkurrierender «Delphine» wie am Anfang. Die Photonenwirtschaft hat uns auf diesem Vorhügel des Unwahrscheinlichkeitsgebirges in eine Sackgasse geführt. Mit der Lochkonstruktion kann man ein scharfes, düsteres oder ein helles, verschwommenes Bild erzeugen. Beides zugleich ist nicht zu haben. Solche Wechselgeschäfte sind das tägliche Brot der Wirtschaftswissenschaftler,

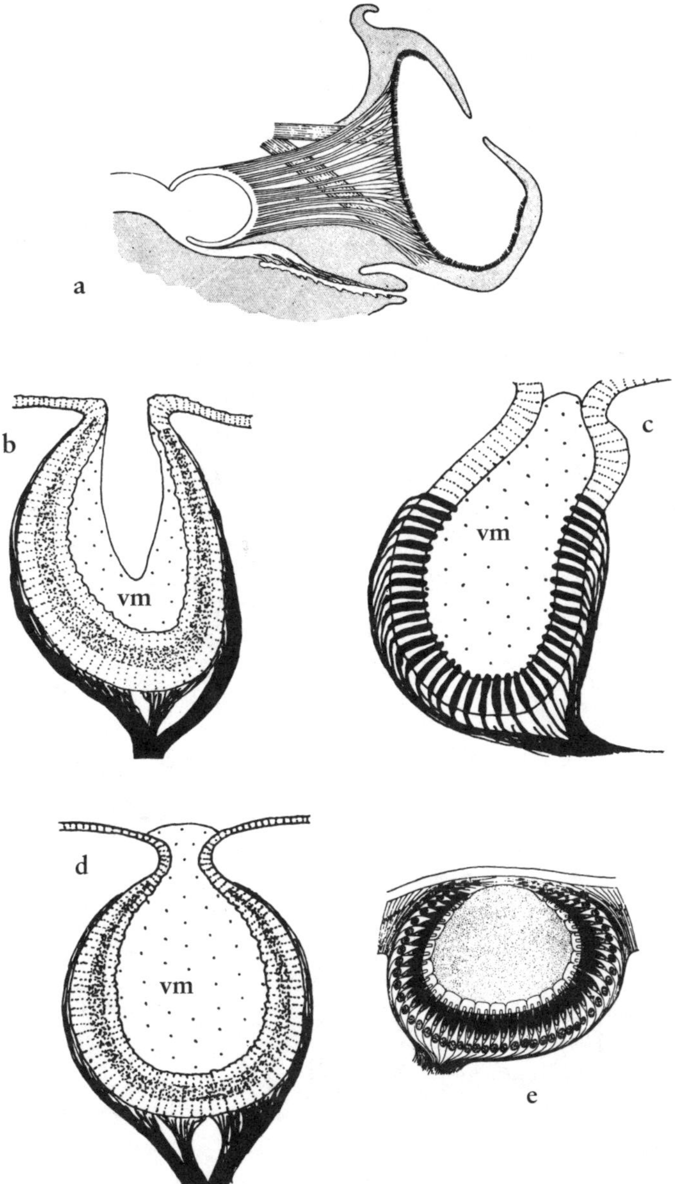

Abb. 5.8 Eine Auswahl von Augen wirbelloser Tiere, die auf unterschiedliche Weise ein grobes, aber erkennbares Bild erzeugen. (a) Das Lochauge von *Nautilus*; (b) Meeresschnecke; (c) Muschel; (d) Seeohr; (e) Borstenwurm.

und deshalb habe ich den Begriff der Photonenwirtschaft geprägt. Aber gibt es keinen Weg, um ein helles und gleichzeitig scharfes Bild zu erzeugen? Glücklicherweise doch.

Betrachten wir das Ganze zunächst einmal als Computerproblem. Stellen wir uns vor, wir erweiterten das Loch so, daß ziemlich viel Licht einfallen kann. Aber anstatt es bei einem klaffenden Loch zu belassen, setzen wir ein «magisches Fenster» ein, ein Meisterwerk elektronischer Tüftelei, das in Glas eingegossen und mit einem Computer verbunden ist (Abbildung 5.9).

Dieses computergesteuerte Fenster hat folgende Eigenschaften: Die Lichtstrahlen fallen nicht in gerader Linie durch das Glas, sondern werden in einem raffinierten Winkel gebrochen. Diesen Winkel berechnet der Computer so, daß alle Strahlen, die von einem bestimmten Punkt ausgehen (zum Beispiel von der Nase des Delphins), in einem zugehörigen Punkt auf der Netzhaut zusammenlaufen. Ich habe nur die Strahlen von der Nase des Delphins eingezeichnet, aber für das magische Fenster besteht natürlich keine Veranlassung, einen Punkt zu bevorzugen; es stellt

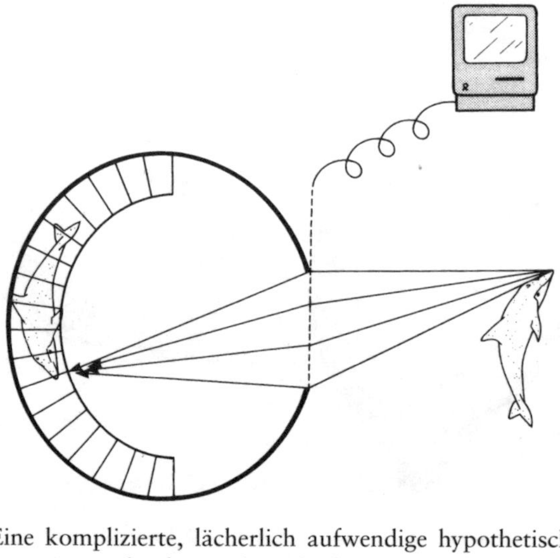

Abb. 5.9 Eine komplizierte, lächerlich aufwendige hypothetische Methode zur Erzeugung eines scharfen und zugleich hellen Bildes: die «berechnete Linse».

die gleiche Berechnung auch für alle anderen Punkte an. Alle Strahlen vom Schwanz des Delphins werden so gebrochen, daß sie sich an einem entsprechenden Schwanzpunkt auf der Netzhaut treffen, und so weiter. Das magische Fenster sorgt also dafür, daß auf der Netzhaut ein vollkommenes Abbild des Delphins erscheint. Es ist aber nicht dunkel wie das von einem winzigen Loch erzeugte Bild, denn von der Nase des Delphins laufen viele Strahlen (das heißt Sturzbäche von Photonen) zusammen, vom Schwanz des Delphins laufen viele Strahlen zusammen, und auch von jedem anderen Punkt des Delphins treffen sich viele Photonenströme an dem jeweils zugehörigen Punkt auf der Netzhaut. Das magische Fenster hat die Vorteile des Loches, aber nicht seinen großen Nachteil.

Ein solches «magisches Fenster» aus dem blauen Dunst der Phantasie heraufzubeschwören ist gut und schön, aber ist es nicht leichter gesagt als getan? Man braucht nur daran zu denken, was für komplizierte Berechnungen der Computer vornehmen muß. Das Fenster nimmt Millionen Lichtstrahlen auf, die von Millionen Punkten in der Umwelt kommen. Jeder Punkt des Delphins schickt Millionen Strahlen in Millionen Winkeln zur Oberfläche des magischen Fensters. Die Strahlen kreuzen einander in einem verwirrenden Durcheinander gerader Linien. Und der mit dem Fenster verbundene Computer muß sich jeden dieser Millionen Strahlen nacheinander vornehmen und berechnen, in welchem speziellen Winkel er gebrochen werden muß. Woher soll dieser phantastische Computer stammen, wenn er nicht durch ein kompliziertes Wunder entsteht? Stehen wir hier vor unserem Waterloo – vor einer unvermeidlichen Steilwand des Unwahrscheinlichkeitsgebirges?

Die Antwort lautet bemerkenswerterweise: nein. Der Computer in der Zeichnung ist nur ein Phantasiegebilde. Ich wollte damit deutlich machen, wie kompliziert das Problem *erscheint*, wenn man es auf eine bestimmte Art betrachtet. Nähert man sich ihm jedoch auf andere Weise, erweist sich die Lösung als geradezu lächerlich einfach. Es gibt ein Hilfsmittel von geradezu lächerlicher Einfachheit, das genau die Eigenschaften unseres magischen Fensters besitzt, aber ohne Computer, ohne elektronische Hexerei, ohne alle Kompliziertheiten auskommt. Dieses Hilfsmittel ist die Linse. Den Computer braucht man nicht, weil die Berechnungen nicht ausdrücklich durchgeführt werden müssen. Für die scheinbar kompli-

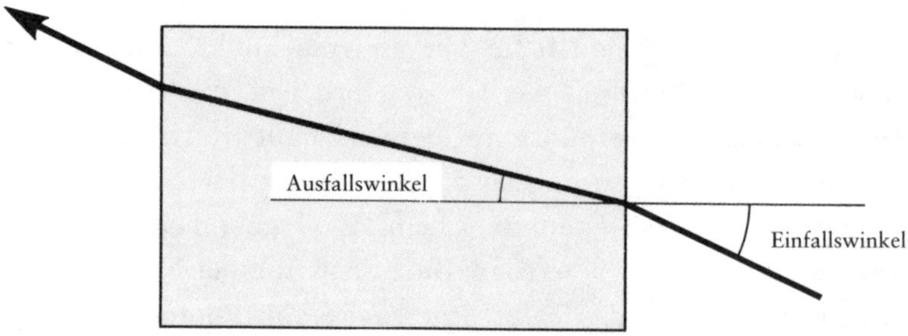

Abb. 5.10 Das Prinzip der Lichtbrechung in einem Glasblock.

zierte Ermittlung von Millionen Strahlungswinkeln sorgt ganz automatisch und ohne großes Aufhebens ein gewölbter Körper aus durchsichtigem Material. Ich möchte mir jetzt ein wenig Zeit nehmen und genauer erklären, wie Linsen funktionieren; es ist das Vorspiel zu dem Nachweis, daß die Evolution der Linse vermutlich nicht besonders schwierig war.

Daß Lichtstrahlen gebrochen werden, wenn sie aus einem durchsichtigen Material in ein anderes eindringen, ist eine physikalische Grundtatsache (Abbildung 5.10). Der Brechungswinkel hängt davon ab, um welche Materialien es sich handelt, denn manche Substanzen haben einen größeren Brechungsindex – er ist ein Maß für die Lichtbrechungsfähigkeit – als andere. Wenn es sich um Glas und Wasser handelt, ist der Brechungswinkel gering, denn Wasser hat fast den gleichen Brechungsindex wie Glas. An der Grenzfläche zwischen Glas und Luft dagegen wird das Licht um einen größeren Betrag abgelenkt, weil der Brechungsindex der Luft relativ gering ist. Und an der Grenze zwischen Wasser und Luft ist der Brechungswinkel so groß, daß ein Pfahl einen Knick zu haben scheint.

Abbildung 5.10 zeigt einen von Luft umgebenen Glasblock. Die dicke Linie stellt einen Lichtstrahl dar, der in das Glas eindringt, gebrochen wird und dann beim Verlassen des Glases durch eine zweite Brechung wieder den ursprünglichen Winkel hat. Aber natürlich gibt es keinen Grund, warum ein Klumpen durchsichtigen Materials so hübsch parallele Seitenflächen haben muß. Je nach dem Winkel seiner Oberflächen kann man den Lichtstrahl in jede beliebige Richtung lenken. Und wenn der Klumpen mit Facetten in vielen verschiedenen Winkeln bedeckt ist, wird eine

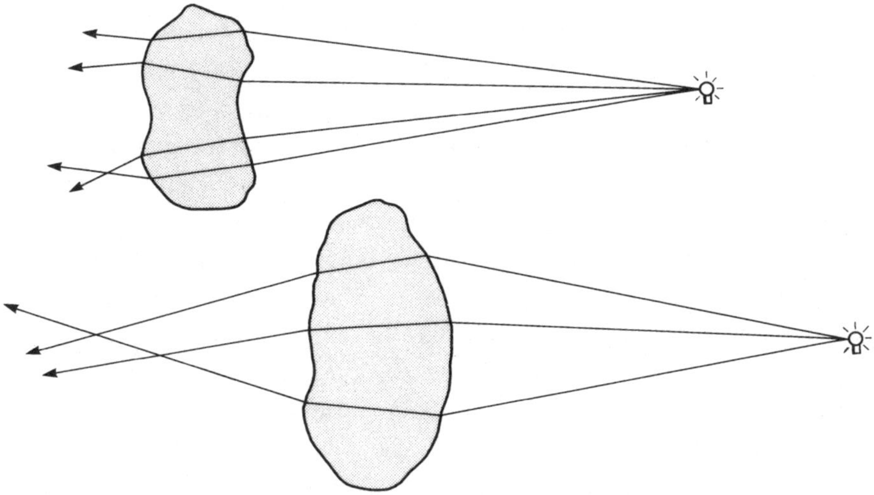

Abb. 5.11 Unregelmäßig geformte Kiesel brechen die Strahlen auf unnütze Weise.

Anzahl von Strahlen in viele verschiedene Richtungen gelenkt (Abbildung 5.11).

Ist der Klumpen auf einer Seite oder auch auf beiden konvex gewölbt, ist er eine Linse, und damit ist er die funktionierende Form unseres magischen Fensters. Durchsichtige Materialien sind in der Natur nicht besonders selten. Luft und Wasser, die häufigsten Stoffe auf der Erde, lassen das Licht durch. Das gleiche gilt für viele andere Flüssigkeiten, aber auch für Kristalle, deren Oberfläche poliert ist, weil die Bewegung der Meereswellen sie zum Beispiel geglättet hat. Stellen wir uns einen Kiesel aus einem kristallinen Material vor, den die Wellen in eine zufällige Form geschliffen haben. Er lenkt die Strahlen aus einer einzigen Lichtquelle in alle möglichen Richtungen, je nachdem, welchen Winkel seine Oberflächen einnehmen. Kiesel haben sehr vielfältige Formen, und sehr häufig sind sie auf beiden Seiten konvex. Was bedeutet das für Lichtstrahlen aus einer bestimmten Quelle, beispielsweise einer Glühbirne?

Wenn die Strahlen aus einem Kiesel mit annähernd konvexen Seitenflächen austreten, laufen sie mehr oder weniger zusammen. Nicht auf einen hübschen, einfachen Punkt, so daß sie ein vollkommenes Abbild der

Lichtquelle erzeugen würden wie unser «magisches Fenster». Das wäre zuviel verlangt. Aber die Tendenz geht eindeutig in die richtige Richtung. Jeder Quarzkiesel, der durch die Verwitterung auf beiden Seiten glatte Wölbungen hat, könnte als gutes «magisches Fenster» dienen und als echte Linse Bilder erzeugen, die zwar alles andere als scharf wären, aber dafür viel heller als die, die ein einfaches Loch liefert. Vom Wasser abgeschliffene Kiesel sind tatsächlich oft auf beiden Seiten gewölbt. Bestehen sie zufällig auch noch aus durchsichtigem Material, stellen viele von ihnen zwar grobe, aber durchaus brauchbare Linsen dar.

Ein Kiesel ist nur ein Beispiel für einen zufällig entstandenen, nicht gestalteten Gegenstand, der wie eine grobe Linse wirken kann. Es gibt auch andere. Ein Wassertropfen, der an einem Blatt hängt, hat eine gewölbte Oberfläche. Er kann gar nicht anders. Automatisch und ohne weitere menschliche Eingriffe funktioniert er ansatzweise als Linse. Flüssigkeiten und Gele nehmen von selbst eine gewölbte Form an, wenn keine Kraft – beispielsweise die Gravitation – es aktiv verhindert. Das bedeutet, daß die Linsenwirkung sich oft gar nicht vermeiden läßt. Das gleiche gilt vielfach auch für biologisches Material. Eine junge Qualle ist sowohl linsenförmig als auch wundervoll durchsichtig. Sie funktioniert als einigermaßen gute Linse, auch wenn sie diese Eigenschaft in ihrem Leben niemals nutzt, und nichts weist darauf hin, daß die natürliche Selektion ihre linsenartigen Eigenschaften begünstigt hat. Aber vermutlich ist die Durchsichtigkeit ein Vorteil, denn die Qualle wird dadurch für Feinde fast unsichtbar, und die gewölbte Form ist aus Strukturgründen nützlich, die aber nichts mit Linsen zu tun haben.

Die folgenden Fotos zeigen einige Bilder, die ich mit verschiedenen einfachen Hilfsmitteln auf eine weiße Fläche projiziert habe. In Abbildung 5.12 a erkennt man den großen Buchstaben A, projiziert auf ein Blatt Papier auf der Rückseite einer Lochkamera (das ist eine geschlossene Pappschachtel, die auf einer Seite ein Loch hat). Wenn man nicht weiß, was es sein soll, kann man das A wahrscheinlich kaum ausmachen, obwohl ich zum Erzeugen des Bildes eine sehr helle Lichtquelle benutzt habe. Um überhaupt ausreichend Licht hineinzulassen, so daß man es lesen konnte, mußte ich das Loch recht groß machen: Es hatte einen Durchmesser von einem Zentimeter. Mit einem kleineren Loch wäre das Bild schärfer ge-

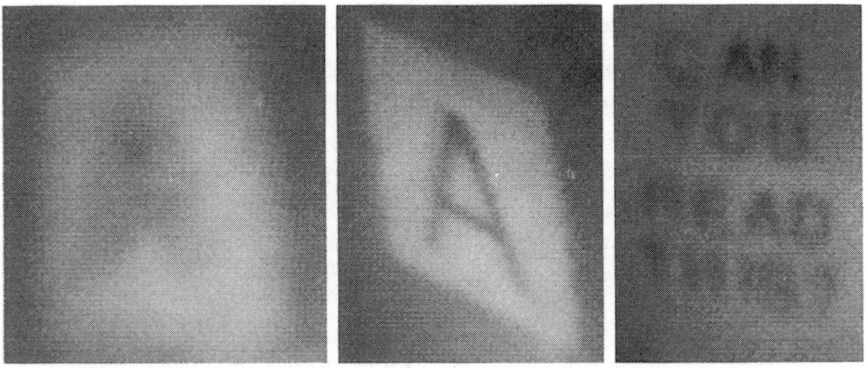

a b c

Abb. 5.12 Bilder, die durch verschiedene einfache Löcher und grobe provisorische Linsen erzeugt wurden. (a) Einfaches Loch; (b) wassergefüllte Plastiktüte; (c) rundes wassergefülltes Weinglas.

worden, aber dann hätte der Film es nicht aufgenommen – das bekannte Tauschgeschäft, das wir bereits erörtert haben.

Betrachten wir nun einmal, welcher Unterschied sich schon mit einer groben, nicht gestalteten «Linse» ergibt. In Abbildung 5.12 b wurde der gleiche Buchstabe A durch dasselbe Loch auf die Rückwand derselben Pappschachtel projiziert. Aber diesmal habe ich eine Plastiktüte voll Wasser vor das Loch gehängt. Die Tüte wurde nicht dafür konstruiert, die Form einer Linse anzunehmen. Wenn man sie mit Wasser füllt, hängt sie ganz von selbst in gewölbter Form herunter. Eine Qualle, die keine Falten hat, sondern sanft gewölbt ist, hätte vermutlich ein noch besseres Bild geworfen. Abbildung 5.12 c («CAN YOU READ THIS?») entstand wiederum mit derselben Pappschachtel und demselben Loch, aber statt der Tüte hatte ich hier ein rundes, wassergefülltes Weinglas vor das Loch gestellt. Zugegeben: Ein Weinglas ist ein von Menschenhand gemachter Gegenstand, aber seine Hersteller hatten nie beabsichtigt, daß es als Linse dienen soll. Sie gaben ihm die runde Form aus ganz anderen Gründen. Auch hier erweist sich also ein Gegenstand, der nicht zu diesem Zweck gestaltet wurde, als geeignete Linse.

Die Tiere früherer Zeiten hatten natürlich weder Plastiktüten noch Weingläser. Ich nehme nicht an, daß die Evolution des Auges ein Plastiktütenstadium durchmachte, und ebensowenig gab es ein Pappschachtelstadium. Der springende Punkt bei der Plastiktüte besteht darin, daß sie wie ein Regentropfen, eine Qualle oder ein rundgeschliffener Quarzkristall nicht als Linse gedacht war. Sie nimmt die Linsenform aus anderen Gründen an, die in der Natur nun einmal von Bedeutung sind.

Demnach konnten also einfache, linsenähnliche Gegenstände ohne jede Schwierigkeit von selbst entstehen. Irgendein alter Klumpen aus einem halbwegs durchsichtigen, gallertartigen Material braucht nur eine gewölbte Form anzunehmen (was aus allen möglichen Gründen geschehen kann), und schon stellt er gegenüber einem einfachen Becher oder Loch eine zumindest geringfügige Verbesserung dar. Und eine geringfügige Verbesserung reicht aus, um die Böschung am Fuß des Unwahrscheinlichkeitsgebirges wiederum ein Stück weiter hochzuklettern. Wie könnten die Zwischenformen ausgesehen haben? Sehen wir uns noch einmal die Abbildung 5.8 an, und ich wiederhole: Es handelt sich hier um heutige Tiere, die man nicht als tatsächliche Vorfahrenreihe ansehen darf. Der Becher in Abbildung 5.8 b (das Auge der Meeresschnecke) ist innen mit einem transparenten Gallert ausgekleidet, dem «Glaskörper»; möglicherweise schützt er die empfindlichen Photozellen vor dem aggressiven Meerwasser, das durch die Becheröffnung ungehindert hereinströmen kann. Diese ausschließlich schützende Masse ist durchsichtig und hat damit eine der Eigenschaften einer Linse, aber es fehlt ihr die richtige Wölbung, und sie müßte dicker sein. Sehen wir uns nun die Abbildungen 5.8 c, d und e an, Augen einer Muschel, eines Seeohrs und eines Borstenwurms. All diese Augen sind nicht nur weitere Beispiele für Zwischenformen zwischen Becher- und Lochkameraauge, sie enthalten auch einen stark verdickten Glaskörper. Solche Glaskörper mit unterschiedlich starker Formlosigkeit findet man überall im Tierreich. Als Linse würde keiner dieser Gallertklumpen auf einen Herrn Zeiss oder Nikon großen Eindruck machen, aber jeder Brocken Gallert, der auch nur ein wenig konvex gewölbt war, bedeutete gegenüber dem offenen Loch eine erhebliche Verbesserung.

Zwischen einer guten Linse und einem Gebilde wie dem Glaskörper des Seeohrs besteht ein wichtiger Unterschied: Eine leistungsfähige Linse darf nicht unmittelbar an die Netzhaut grenzen, sondern zwischen beiden muß ein gewisser Abstand liegen. Diese Lücke muß nicht leer sein, es kann sich weitere Glaskörpermasse in ihr befinden. Entscheidend ist, daß die Linse einen höheren Brechungsindex hat als die Substanz, die sie von der Netzhaut trennt. Das läßt sich auf verschiedene Weisen erreichen, und keine davon ist besonders schwierig. Ich möchte mich nur mit einer der Möglichkeiten befassen: Dabei entsteht die Linse durch Verdichtung eines begrenzten Bereiches innerhalb einer Glaskörpermasse, wie sie in Abbildung 5.8 e dargestellt ist.

Erinnern wir uns zunächst, daß jede durchsichtige Substanz einen Brechungsindex hat. Er ist ein Maß für ihre Fähigkeit, Lichtstrahlen zu beugen. Wenn wir Menschen eine Linse herstellen, gehen wir normalerweise davon aus, daß der Brechungsindex eines Glasstücks überall im Glas der gleiche ist. Ein Lichtstrahl, der in eine Glaslinse eingedrungen ist und seine Richtung entsprechend geändert hat, durchdringt sie in gerader Linie, bis er die andere Seite der Linse erreicht. Die Kunst des Linsenschleifers besteht darin, die Linse durch Schleifen und Polieren der Glasoberflächen in eine sehr präzise Form zu bringen und verschiedene Linsen zu einem Verbund zusammenzufügen.

Man kann verschiedene Glassorten auf komplizierte Art zusammenkleben und so zusammengesetzte Linsen herstellen, deren einzelne Teile unterschiedliche Brechungsindizes haben. Die Linse in Abbildung 5.13 a hat zum Beispiel ein Mittelteil aus einem Glas mit einem höheren Bre-

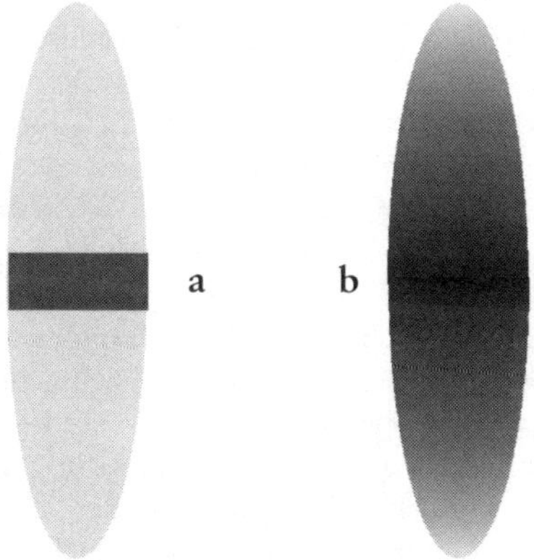

Abb. 5.13 Zwei Arten zusammengesetzter Linsen.

chungsindex. Die Brechungsindizes ändern sich also an den jeweiligen Grenzen. Im Prinzip gibt es aber keinen Grund, warum sich der Brechungsindex im Inneren einer Linse nicht stetig ändern sollte, wie es in Abbildung 5.13 b dargestellt ist. Eine solche «Gleitindex-Linse» ist für einen menschlichen Linsenschleifer schwer herzustellen, weil unsere Linsen aus Glas bestehen.[1]

Lebende Linsen können aber ohne weiteres so konstruiert sein, denn sie werden nicht auf einmal hergestellt: Sie wachsen aus kleinen Anfängen heran, während sich das junge Tier entwickelt. Und tatsächlich findet man Linsen mit stetig veränderlichem Brechungsindex bei Fischen, Tintenfischen und vielen anderen Tieren. Beim genauen Betrachten der Abbildung 5.8 e erkennt man hinter der Augenöffnung einen Bereich, der durchaus einen abweichenden Brechungsindex haben könnte.

Aber ich wollte berichten, wie Linsen sich in der Evolution aus einem Glaskörper entwickelt haben könnten, der anfangs das ganze Auge ausfüllte. Nach welchem Prinzip und mit welcher Geschwindigkeit das geschehen sein könnte, zeigten die schwedischen Biologen Dan Nilsson und

[1] Nachdem ich dieses Kapitel geschrieben hatte, setzte mich Howard Kleyn, ein früherer Mitarbeiter der Cable and Wireless Company, in einem Leserbrief in Kenntnis, daß Menschen tatsächlich etwas herstellen, das der Gleitindex-Linse entspricht. Es ist eigentlich eine Gleitindex-Lichtleitfaser. Nach seiner Beschreibung geht das folgendermaßen: Man geht von einem hohlen Rohr aus gutem Glas aus, das etwa einen Meter lang ist und einen Durchmesser von einigen Zentimetern hat, und erhitzt es. Dann bläst man feines Glaspulver in das Rohr. Das Pulver schmilzt und verbindet sich mit der Innenseite des Rohrs, so daß dessen Wand immer dicker und der innere Hohlraum immer enger wird. Jetzt kommt der springende Punkt. Während der Vorgang abläuft, ändert sich die Qualität des eingeblasenen Glaspulvers: es wurde durch Mahlen von Glas mit immer höherem Brechungsindex gewonnen. Wenn der innere Hohlraum sich schließlich geschlossen hat, ist aus dem Rohr ein Stab geworden; das Glas hat in der Mitte einen hohen Brechungsindex, der nach außen hin kontinuierlich abnimmt. Diesen Stab erhitzt man erneut und zieht ihn zu einer dünnen Faser auseinander. Die Faser besitzt nun im kleinen den gleichen abnehmenden Brechungsindex wie der Stab, aus dem sie entstanden ist. Genaugenommen ist sie eine Gleitindex-Linse, allerdings eine sehr lange, dünne. Ihre Linseneigenschaft dient nicht zum Fokussieren eines Bildes, sondern zur Verbesserung der Lichtleiteigenschaften, denn sie erlaubt nicht, daß der Lichtstrahl sich zerstreut. Aus mehreren derartigen Fasern stellt man normalerweise optische Glasfaserkabel her.

Tafel 5.17
Eine Springspinne.

Tafel 5.19 Photonengewinnung durch Reflexion am leuchtenden Tapetum. Wolfsspinne, *Geolycosa sp.* (oben); Potto (unten).

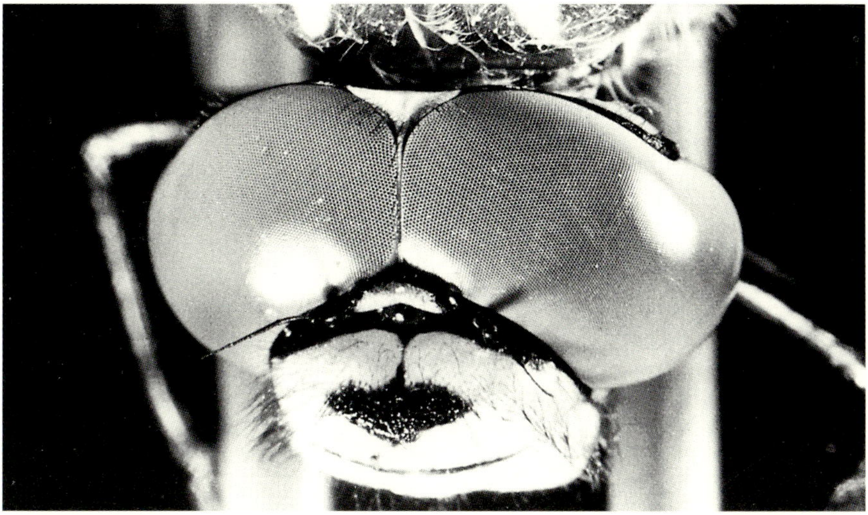

Tafel 5.21 Die großen Komplexaugen der Libelle *Aeshna cyanea*, die ihre Beute sieht und im Flug fängt.

Tafel 5.25 Das Auge eines Tiefseekrebses mit «Faseroptik».

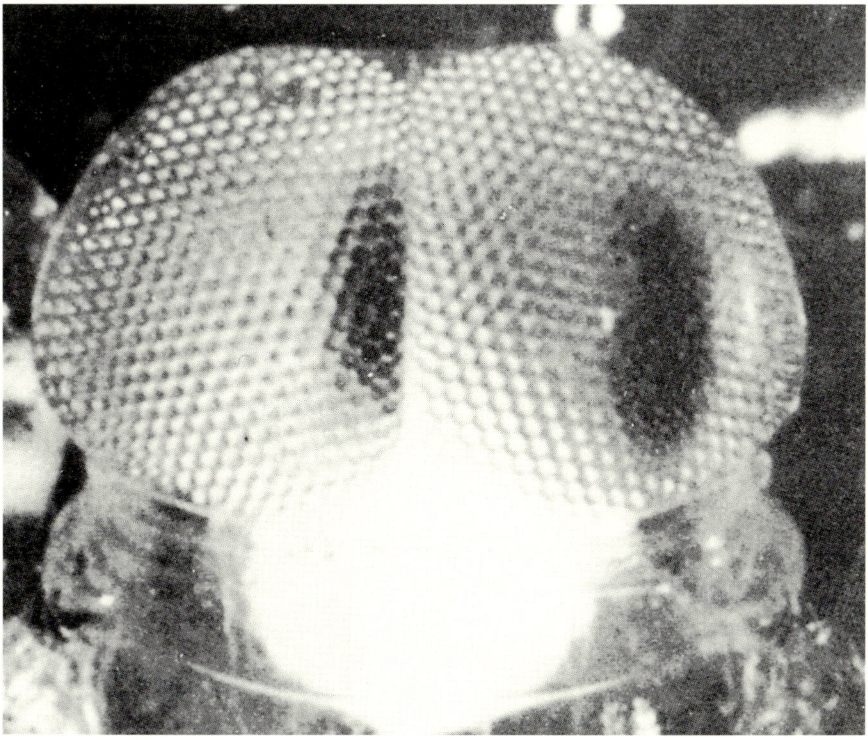

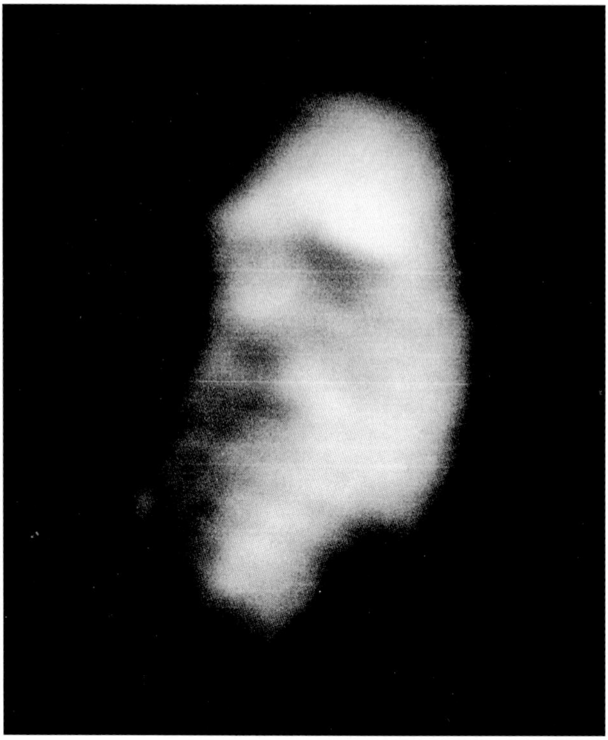

Tafel 5.26 Porträt von Charles Darwin, fotografiert von Michael Land durch die zusammengesetzte Linse eines Glühwürmchens.

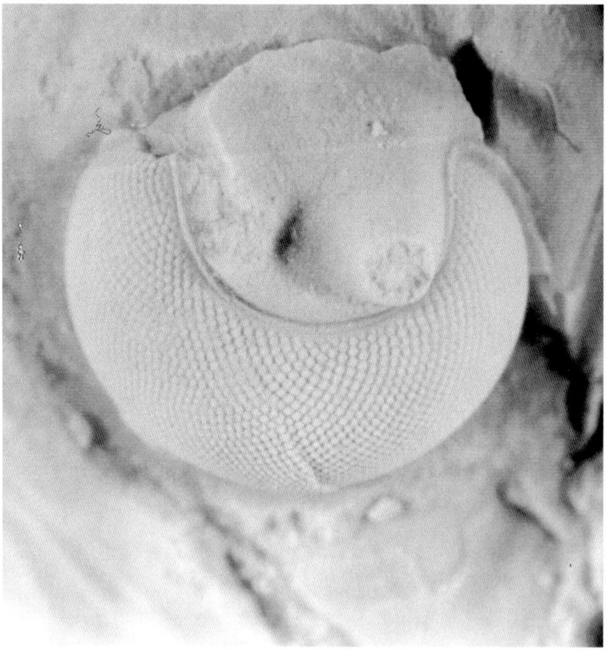

Tafel 5.28 Komplexaugen waren schon vor 400 Millionen Jahren sehr hoch entwickelt; dieses versteinerte Exemplar gehörte einem Trilobiten.

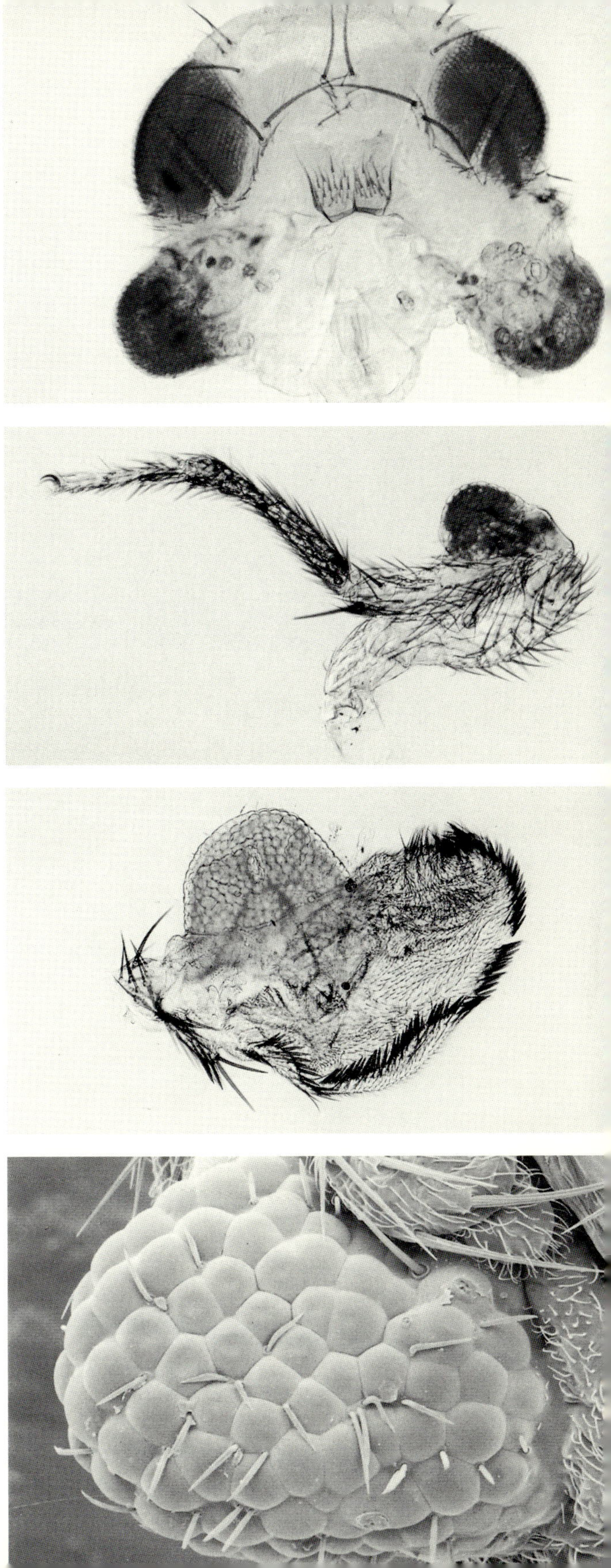

Tafel 5.29 Künstlich erzeugte ektopische Augen bei *Drosophila*; das Auge ganz unten entstand unter dem Einfluß eines Mausgens.

Tafel 6.1 Das Gehäuse von *Nautilus* im Längsschnitt. Das Tier lebt in der größten, zuletzt entstandenen Kammer.

Tafel 6.7 Ein wirkliches Schneckenhaus in Röntgenaufnahmen.

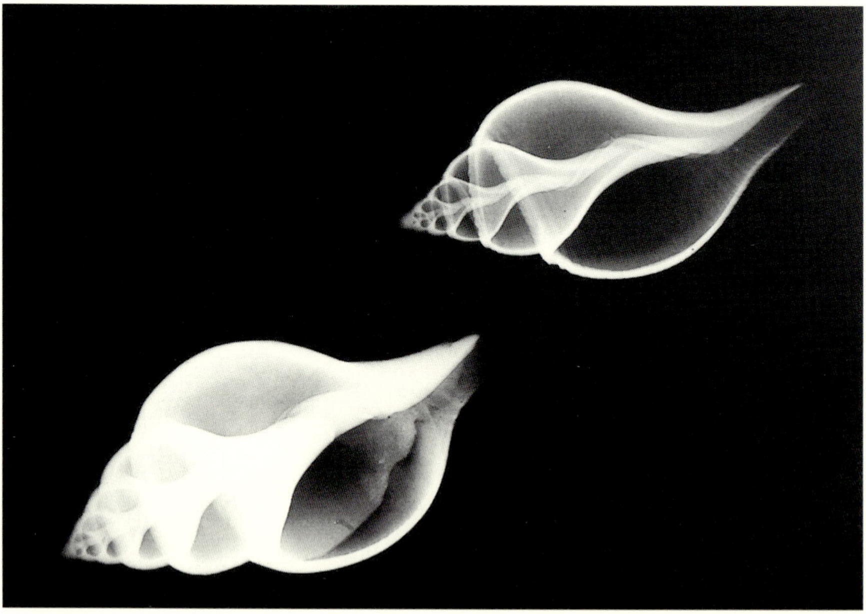

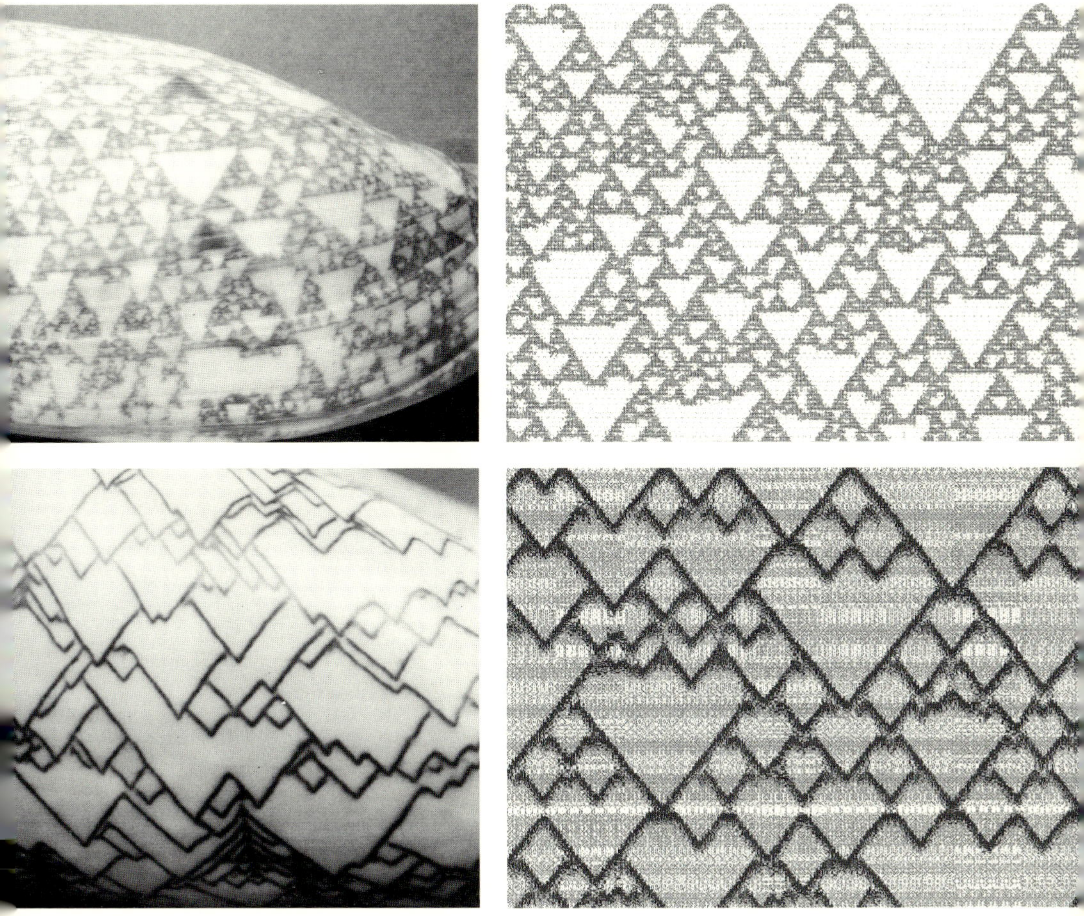

Tafel 6.16 Oberflächenmuster auf Schneckenhäusern und ihr vom Computer erzeugtes Gegenstück.

Tafel 8.1 Die Nachtkerze *Oenothera* (links), aufgenommen in – für Menschen – sichtbarem Licht; dieselbe Blüte (rechts) in ultraviolettem Licht, das die Insekten sehen können, wir aber nicht; jetzt erkennt man in der Mitte ein sternförmiges Muster, das vermutlich dazu beiträgt, Insekten zu Nektar und Pollen zu leiten.

Tafel 8.5 Akazienstacheln sind ein weiteres Beispiel für die Zusammenarbeit von Ameisen und Pflanzen. Im Inneren der knollenförmigen Dornen befinden sich bequeme Hohlräume für die Tiere.

Susanne Pelger in einem sehr schönen Computermodell. Meine Erklärung ihrer Arbeiten möchte ich auf eine etwas indirekte Weise beginnen. Statt einfach zu beschreiben, wie sie vorgingen, werde ich zu unserer Computermodellserie von den Biomorphen bis zu NetSpinner zurückkehren und fragen, wie man im *Idealfall* ein ähnliches Computermodell auch für die Evolution des Auges entwickeln könnte. Dann werde ich erklären, daß dies im wesentlichen das gleiche ist wie das, was Nilsson und Pelger taten, auch wenn sie nicht ganz genauso vorgingen.

Wie ich bereits erläutert habe, entwickeln sich die Biomorphe durch künstliche Selektion: Die Auswahl wird durch das Geschmacksurteil eines Menschen getroffen. Wir konnten uns keinen wirklichkeitsnahen Weg vorstellen, die natürliche Selektion in das Modell einzubauen, und wechselten deshalb zu dem Modell der Spinnennetze. Sie hatten den Vorteil, zweidimensionale Gebilde zu sein, so daß man ihre Effizienz beim Fliegenfang vom Computer automatisch berechnen lassen kann. Auch der Aufwand an Seide ließ sich berechnen, und deshalb konnte der Computer die simulierten Netze in einer Art natürlicher Selektion automatisch «auswählen». Weiterhin waren wir übereingekommen, daß Spinnennetze in dieser Hinsicht eine Ausnahme darstellen: Wir könnten nicht ohne weiteres damit rechnen, daß sich ähnliche Berechnungen für das Rückgrat eines Geparden oder die Schwanzflosse eines Wals anstellen lassen, weil die physikalischen Details, die für die Effizienz eines dreidimensionalen Organs eine Rolle spielen, zu kompliziert sind. Ein Auge gleicht aber in dieser Hinsicht einem Spinnennetz. Die Effizienz eines zweidimensional gezeichneten Modellauges kann der Computer automatisch beurteilen. Damit will ich nicht sagen, das Auge sei eine zweidimensionale Struktur – das ist es sicher nicht. Aber wenn man annimmt, daß das Auge, von vorn betrachtet, kreisförmig ist, läßt sich seine Effizienz in drei Dimensionen aus dem Computerbild eines Querschnitts in der Mitte ableiten. Der Computer kann eine einfache Strahlenwegsanalyse vornehmen und daraus die Schärfe des Bildes berechnen, das von dem Auge erzeugt wird. Diese Qualitätsbeurteilung entspricht der von NetSpinner, das die Effizienz eines simulierten Spinnennetzes beim Fliegenfang berechnet.

So wie NetSpinner mutierte Tochternetze schuf, können wir auch dafür sorgen, daß simulierte Augen mutierte Tochteraugen hervorbringen. Jedes Tochterauge hat dabei grundsätzlich die gleiche Form wie sein Vorgänger, aber ein kleiner Aspekt seiner Gestalt ist nach dem Zufallsprinzip verändert. Natürlich sehen manche dieser Computer«augen» so völlig anders aus als richtige Augen, daß sie den Namen nicht verdienen, aber das spielt keine Rolle. Sie können sich dennoch fortpflanzen, und ihre optische Qualität läßt sich in Zahlen ausdrücken – sie wäre allerdings vermutlich sehr gering. Deshalb können wir genau wie bei NetSpinner im Computer eine Evolution immer besserer Augen ablaufen lassen. Dabei können wir entweder von einem ziemlich guten Auge ausgehen und daraus ein sehr gutes Auge machen. Oder wir gehen von einem schlechten Auge oder sogar von überhaupt keinem Auge aus.

Es ist aufschlußreich, ein Programm wie NetSpinner als echte Simulation der Evolution ablaufen zu lassen, indem man etwas sehr Einfaches an den Anfang setzt und dann abwartet, was daraus wird. Läßt man die «Evolution» mehrmals ablaufen, kann man sogar zu unterschiedlichen Höhe- und Endpunkten gelangen, denn möglicherweise sind mehrere Gipfel des Unwahrscheinlichkeitsgebirges zugänglich. Auch das Augen-Modell könnte man nach Art der Evolution ablaufen lassen, und dabei erhielte man eine sehr klare Demonstration. Aber man erfährt eigentlich nicht viel mehr dabei, als wenn man systematisch untersucht, wohin der ansteigende Weg (oder die Wege) auf das Unwahrscheinlichkeitsgebirge führt. Die natürliche Selektion bewegt sich von einem vorgegebenen Ausgangspunkt immer bergauf und niemals bergab. Dem gleichen Weg folgt sie auch, wenn man das Computermodell nach Art der Evolution ablaufen läßt. Es spart also Rechenzeit, wenn wir systematisch nach bergauf führenden Wegen und Gipfeln suchen, die von einem angenommenen Startpunkt zu erreichen sind. Wichtig ist dabei, daß die Spielregeln das Bergabgehen verbieten. Auf diese eher systematische Suche nach bergauf führenden Wegen begaben sich Nilsson und Pelger, aber jetzt ist zu erkennen, warum ich ihre Arbeiten so vorgestellt habe, *als ob* wir mit ihnen die Evolution nach Art von NetSpinner nachvollziehen wollten.

Unabhängig davon, ob wir unser Modell nach Art der natürlichen Selektion oder als systematische Suche nach Wegen auf das Gebirge ablaufen lassen, müssen wir uns für einige embryologische Regeln entscheiden, das heißt für Regeln, nach denen die Gene über die Entwicklung des Körpers bestimmen. Auf welche Aspekte der Form wirken sich Mutationen aus? Wie groß oder wie klein sind die Mutationen selbst? Bei NetSpinner wirken die Mutationen auf bekannte Verhaltensweisen von Spinnen und bei den Biomorphen auf die Längen und Winkel der Äste wachsender Bäume. Bei den Augen stellten Nilsson und Pelger zunächst in Rechnung, daß es in einem typischen «Kamera»auge drei Hauptgewebetypen gibt. Die Kamera hat eine äußere Hülle, die in der Regel lichtundurchlässig ist. Dann gibt es eine Schicht lichtempfindlicher «Photozellen», und schließlich findet man irgendein durchsichtiges Material, das als schützendes Fenster dienen kann oder das Innere des Bechers ausfüllt – wenn überhaupt ein Becher vorhanden ist, denn in unserer Simulation setzen wir nichts als gegeben voraus. Als Ausgangspunkt – also als Fuß des Gebirges – wählten Nilsson und Pelger eine flache Schicht aus Photozellen (in Abbildung 5.14 dunkelgrau dargestellt). Darunter befindet sich eine flache Hintergrundabschirmung (schwarz) und darüber eine flache Schicht aus durchsichtigem Gewebe (hellgrau). Sie unterstellten, daß jede Mutation die Größe von irgend etwas um einige Prozentpunkte verändert: So kann zum Beispiel die Dicke einer Schicht um ein paar Prozent abnehmen, oder der Brechungsindex in einem abgegrenzten Bereich der transparenten Schicht um einige Prozent wachsen. Ihre eigentliche Frage lautete: An welche Stelle auf dem Gebirge kann man gelangen, wenn man von einem festgelegten Basislager ausgeht und sich stetig bergauf bewegt? Bergaufgehen bedeutet, daß Mutationen in kleinen Schritten stattfinden, wobei nur diejenigen akzeptiert werden, die zu einer Verbesserung der optischen Leistungsfähigkeit führen.

Wohin also gelangen wir? Es ist erfreulich: Wenn man von etwas ausgeht, was überhaupt noch kein richtiges Auge ist, führt ein ununterbrochener Weg bergauf zum altbekannten, vollständigen Fischauge mit Linse. Aber die Linse ist nicht einheitlich wie ihr von Menschen hergestelltes Gegenstück. Es handelt sich vielmehr um eine Gleitindex-Linse, wie wir sie in Abbildung 5.13 b kennengelernt haben. Ihr stetig wachsender Brechungsindex ist in der Zeichnung als immer dunkleres Grau wiedergegeben. Die Linse ist aus dem Glaskörper «kondensiert», indem sich der Brechungsindex allmählich an verschiedenen Punkten veränderte. Nilsson und Pelger benutzten weder Tricks noch Kunstgriffe. Sie programmierten

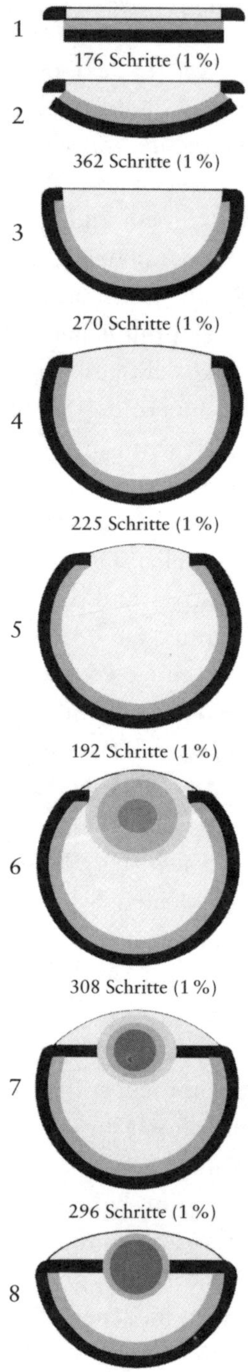

Abb. 5.14 Der theoretische Evolutionsverlauf, der in den Arbeiten von Nilsson und Pelger zu einem «Fischauge» führte. Die Zahl der Einzelschritte zwischen den Stadien beruht auf der willkürlichen Annahme, daß sich in jedem Schritt die Größe irgendeiner Eigenschaft um ein Prozent ändert. Wie sich diese willkürlichen Einheiten in Generationen der Evolution umrechnen lassen, wird im Haupttext genauer erläutert.

in ihren simulierten Glaskörper keine Linsenvorstufe ein, die dann irgendwann zum Vorschein kommen würde. Sie sorgten nur dafür, daß sich der Brechungsindex jedes kleinen Abschnitts in dem durchsichtigen Material unter genetischer Kontrolle ändern konnte. Jedes Fitzelchen der transparenten Substanz hatte die Freiheit, nach dem Zufallsprinzip einen niedrigeren oder höheren Brechungsindex anzunehmen. In dem Glaskörper *hätten* sich also unendlich viele verschiedene Verteilungen unterschiedlicher Brechungsindizes entwickeln können. Daß die Linse «linsenförmig» wurde, lag an der ununterbrochenen Aufwärtsbewegung, das heißt an der selektiven Züchtung, zu der in jeder Generation das am besten sehende Auge benutzt wurde.

Nilsson und Pelger wollten aber nicht nur nachweisen, daß es einen ununterbrochenen Weg der Verbesserung vom flachen Nichtauge zu einem guten Fischauge gibt. Sie konnten vielmehr mit ihrem Modell auch abschätzen, wie lange es dauert, bis sich ein Fischauge aus dem Nichts entwickelt. Unter der Voraussetzung, daß jeder Schritt die zahlenmäßige Größe einer Eigenschaft um ein Prozent veränderte, waren in ihrem Modell 1829 Einzelschritte notwendig. Die Zahl ein Prozent hat nichts Magisches. Bei 0,005 Prozent wäre das gleiche Ausmaß der Veränderung in 363 992 Schritten erreicht worden. Nilsson und Pelger mußten die Gesamtgröße der Veränderung nicht in beliebigen, sondern in realistischen Einheiten ausdrücken, und das heißt in Einheiten des genetischen Wandels. Dazu mußten sie einiges voraussetzen. Sie mußten zum Beispiel bestimmte Annahmen über die Intensität der Selektion zugrunde legen. Sie unterstellten, daß auf 101 Tiere, die mit der Verbesserung überlebten, 100 Tiere kamen, die ohne sie überlebten. Wie man leicht erkennt, ist das eine sehr geringe Intensität, wie sie auch dem gesunden Menschenverstand entgegenkommt – man ist ohne die Verbesserung fast ebenso gut dran wie mit ihr. Sie wählten absichtlich eine niedrige, vorsichtige oder «pessimistische» Zahl, da sie alles daransetzen wollten, die Evolution in ihrer Schätzung eher zu langsam als zu schnell ablaufen zu lassen. Darüber hinaus mußten sie zwei weitere Annahmen zugrunde legen, und zwar im Hinblick auf die «Erblichkeit» und den «Variationskoeffizienten». Der Variationskoeffizient ist ein Maß dafür, wieviel Variation in einer Population vorhanden ist. Die natürliche Selektion braucht die Variation, auf die sie einwirken kann, und auch hier wählten Nilsson und Pelger absichtlich einen pessimistisch niedrigen Wert. Die Erblichkeit ist ein Maß dafür, wieviel von der in einer Population vorhandenen Variationsbreite in die nächste Generation weitergegeben wird. Eine geringe Erblichkeit bedeutet, daß die Variationen in der Population zum größten Teil umweltbedingt sind, und dann hat die natürliche Selektion relativ geringe Auswirkungen auf die Evolution, auch wenn sie «auswählt», welche Individuen leben oder sterben. Bei hoher Erblichkeit dagegen wirkt die natürliche Selektion sich stark auf die zukünftigen Generationen aus, denn dann führt das Überleben des Individuums tatsächlich zum Überleben seiner Gene. Wie sich herausgestellt hat, liegt die Erblichkeit häufig bei über 50 Prozent; Nilssons und Pelgers Entscheidung, hier den Wert von 50 Prozent einzusetzen, war also ebenfalls eine pessimistische Annahme. Und schließlich unterstellten sie pessimistisch, daß verschiedene Teile des Auges sich nicht gleichzeitig in derselben Generation ändern können.

«Pessimistisch» bedeutet in all diesen Fällen, daß man mit der Schätzung, wieviel Zeit die Evolution des Auges beansprucht, zu einem eher langen Zeitraum gelangt. Daß wir eine solche Überschätzung pessimistisch und nicht optimistisch nennen, hat folgenden Grund: Wer wie Emma Darwin die Kraft der Evolution skeptisch betrachtet, neigt natürlich zu der Annahme, daß die Evolution des Auges, eines derart berüchtigt komplizierten, aus vielen Teilen bestehenden Organs, unglaublich lange dauern muß – wenn sie überhaupt möglich ist. Nach Nilssons und Pelgers endgültiger Schätzung war diese Zeit jedoch erstaunlich kurz. Am Ende ihrer Berechnungen stellte sich heraus, daß die Evolution eines guten, mit einer Linse versehenen Fischauges nur 364 000 Generationen in Anspruch nehmen würde. Legt man optimistischere (und das heißt vermutlich realistischere) Annahmen zugrunde, verkürzt sich die Zeit sogar noch.

Wieviel Jahre sind 364 000 Generationen? Das hängt natürlich von der Generationszeit ab. Bei den Tieren, von denen hier die Rede ist, handelt es sich um kleine Meerestiere wie Würmer, Weichtiere und kleine Fische. Bei ihnen dauert eine Generation in der Regel ein Jahr oder weniger. Deshalb gelangten Nilsson und Pelger zu der Schlußfolgerung, daß die Evolution eines Linsenauges in einer halben Million Jahren oder weniger stattgefunden haben könnte. Das ist nach erdgeschichtlichen Maßstäben tatsächlich ein sehr kurzer Zeitraum. Er ist so kurz, daß er in den Fossilschichten aus der alten Zeit, um die es hier geht, als ein einziger Augenblick erscheinen würde. Der Einwand, für die Evolution des Auges sei nicht genug Zeit gewesen, ist also nicht nur einfach falsch, sondern er ist zutiefst, entschieden und schmählich falsch.

Natürlich gibt es bei einem voll ausgeprägten Auge einige Einzelheiten, mit denen Nilsson und Pelger sich nicht befaßt haben und deren Evolution vielleicht (auch wenn die beiden das nicht glauben) länger gedauert haben könnte. Da ist zum Beispiel die vorausgehende Entwicklung lichtempfindlicher Zellen – ich habe sie Photozellen genannt –, ein Vorgang, den sie zu Beginn ihres Modellsystems als abgeschlossen betrachteten. Weiterhin gibt es andere, kompliziertere Bestandteile der heutigen Augen, so die ganze Apparatur, die benötigt wird, um den Fokus oder die Größe der Pupillen zu verändern und die Augen bewegen zu können. Und dann sind da noch die ganzen Mechanismen im Gehirn, die zur Weiterverarbeitung der vom Auge kommenden Informationen gebraucht werden. Die Beweglichkeit der Augen ist von großer Bedeutung, und zwar nicht nur aus den auf der Hand liegenden Gründen, sondern vor allem, um etwas starr im Blick zu behalten, während der Körper sich bewegt. Vögel benutzen dazu die Halsmuskeln und halten den ganzen Kopf still, auch wenn der übrige Körper beträchtliche Bewegungen ausführt. Die höher entwickelten Systeme bedienen sich zu diesem Zweck recht komplizierter Gehirnmechanismen. Aber wie man leicht erkennt, ist schon eine nur ansatzweise vorhandene, unvollkommene Abstimmung besser als nichts, so daß man ohne weiteres eine Ahnenreihe zusammenstellen kann, die sich auf einem glatten Weg das Unwahrscheinlichkeitsgebirge hinaufbewegt.

Um die Lichtstrahlen, die von einem weit entfernten Objekt ausgehen, zu bündeln, braucht man eine weniger starke Linse als für Strahlen aus geringerem Abstand. Die Möglichkeit, auf nah und fern zu fokussieren, ist ein Luxus, der fürs Leben nicht unbedingt nötig ist, aber in der Natur zählt jede kleine Verbesserung der Überlebenschancen, und tatsächlich findet man bei den verschiedensten Tieren vielfältige Mechanismen, um die Brennweite der Linse zu verändern. Wir Säugetiere besitzen zu diesem Zweck Muskeln, die an der Linse ziehen und sie ein wenig verformen. Das gleiche tun auch die Vögel und die meisten Reptilien. Bei Chamäleons, Schlangen, Fischen und Fröschen funktioniert es wie bei einer Kamera: Die Linse wird geringfügig nach vorn oder hinten bewegt. Tiere mit kleineren Augen machen sich diese Mühe nicht. Ihre Augen ähneln einer Boxkamera: Die Abbildung ist auf alle Entfernungen einigermaßen scharf, aber nie wirklich brillant. Wenn wir älter werden, nehmen unsere Augen leider auch immer mehr die Eigenschaften der Boxkamera an, und oft brauchen wir Bifokalgläser, um sowohl in der Nähe als auch in der Ferne scharf zu sehen.

Wie die Mechanismen zur Veränderung der Brennweite in der Evolution entstanden sind, kann man sich ohne Schwierigkeiten ausmalen. Als ich mit dem wassergefüllten Plastikbeutel experimentierte, bemerkte ich sehr schnell, daß ich die Scharfeinstellung verbessern (oder verschlechtern) konnte, wenn ich mit den Händen an der Tüte herumdrückte. Dabei nahm ich die Form des Beutels nicht bewußt wahr, ich sah ihn nicht einmal an; ich konzentrierte mich nur auf die Qualität des projizierten Bildes und fingerte dabei so lange nach dem Zufallsprinzip an der Tüte herum, bis die Schärfe sich verbesserte. Jeder Muskel in der Nähe eines Glaskörperklumpens, der sich aus anderen Gründen zusammenzog, konnte nebenher zufällig die Scharfeinstellung der Linse verbessern. Damit eröffnet sich ein breiter Weg für allmähliche Verbesserungen, der die Böschungen des Unwahrscheinlichkeitgebirges hinaufführt; an seinem höchsten Punkt steht zum Scharfeinstellen des Bildes entweder die Methode der Säugetiere oder die der Chamäleons.

Die Veränderung der Blende – also der Größe der Öffnung, durch die das Licht einfällt – könnte ein wenig schwieriger sein, aber nicht viel. Sie zu verändern ist aus dem gleichen Grund nützlich wie bei einer Kamera. Jeder Film beziehungsweise jede Photozelle hat einen bestimmten Empfindlichkeitsgrad, und entsprechend gibt es eine zu große (blendende) oder eine zu geringe Lichtmenge. Und außerdem wird die Schärfentiefe – der Entfernungsbereich, der scharf abgebildet wird – um so besser, je kleiner die Einfallsöffnung ist. Eine raffinierte Kamera und auch das Auge hat einen eingebauten Belichtungsmesser, der die Blende automatisch schließt, wenn die Sonne zum Vorschein kommt, und sie wieder öffnet, wenn Wolken aufziehen. Die Pupille des menschlichen Auges ist ein recht

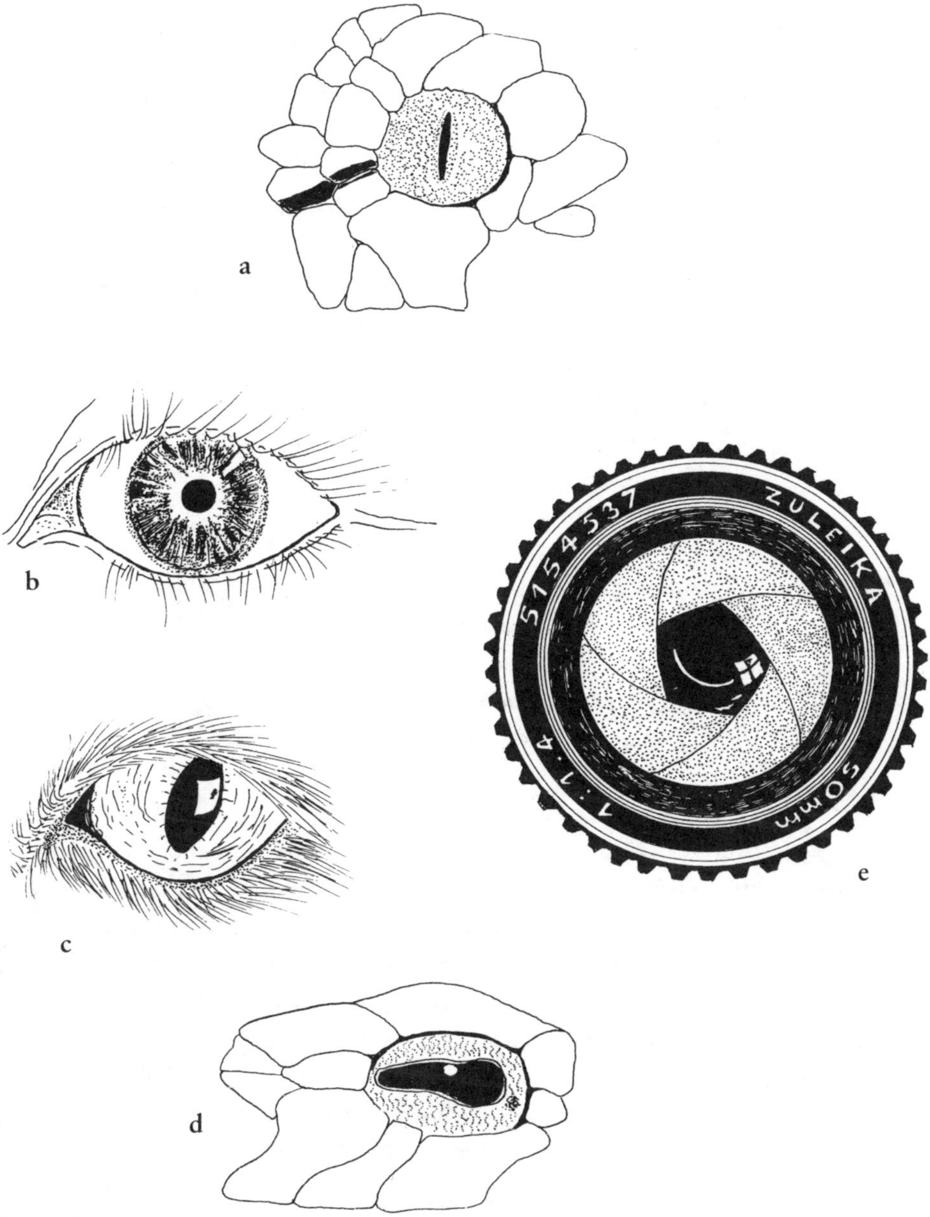

Abb. 5.15 Verschiedene Pupillenformen. Sie können so unterschiedlich sein, weil die genaue Form keine Rolle spielt. (a) Netzpython; (b) Mensch; (c) Katze; (d) Nachtbaumnatter; (e) Kamera.

hochentwickeltes Stück Automatisierungstechnik, auf das ein japanischer Elektronikingenieur stolz sein könnte.

Aber auch hier ist ohne Schwierigkeiten zu erkennen, wie dieser hochentwickelte Mechanismus an den unteren Böschungen des Unwahrscheinlichkeitsgebirges seinen Anfang nahm. Wir stellen uns die Pupille rund vor, aber so muß sie nicht aussehen. Auch jede andere Form erfüllt den gleichen Zweck. Schafe und Rinder besitzen eine lange, waagerechte, rautenförmige Pupille. Das gleiche gilt für Tintenfische und manche Schlangen, aber andere Schlangen haben einen senkrechten Schlitz. Die Pupille der Katzen kann sich von der Kreisform bis zu einem schmalen, waagerechten Schlitz verändern (Abbildung 5.15):

> Ob Minnaloushe wohl weiß, daß die Pupillen
> Sich ständig ändern hin und her
> Und daß vom Kreis zur schmalen Sichel,
> Von schmaler Sichel bis zum Kreis das Spektrum reicht?
> Minnaloushe schleicht durch das Gras,
> Allein, wichtig und weise,
> Und hebt zum ewig wandelbaren Mond
> Die ewig wandelbaren Augen.
>
> W. B. Yeats

Auch bei teuren Kameras ist die Blende oft kein vollkommener Kreis, sondern ein grobes Vieleck. Wichtig ist nur, daß die Lichtmenge, die ins Auge gelangt, sich steuern läßt. Wenn man sich das klarmacht, ist die anfängliche Evolution der veränderlichen Pupille kein Problem mehr. Es gibt eine Menge sanft ansteigender Wege, die von den unteren Böschungen des Unwahrscheinlichkeitsgebirges nach oben führen. Die Irisblende ist kein größeres Evolutionshindernis als der Afterschließmuskel. Vielleicht die wichtigste Eigenschaft, die sich verbessern muß, ist die Reaktionsgeschwindigkeit der Pupille. Wenn man erst einmal Nerven besitzt, ist diese Beschleunigung ein sanftes Aufwärtsgleiten an den Böschungen des Gebirges. Die Pupille des Menschen reagiert sehr schnell – das kann man nachprüfen, indem man in einen Spiegel blickt und eine Taschenlampe auf die Augen richtet. (Am deutlichsten ist der Effekt zu erkennen, wenn man mit der Taschenlampe das eine Auge beleuchtet und gleichzeitig die Pupille des anderen beobachtet: Beide Blenden sind gekoppelt.)

Wie wir gesehen haben, entwickelte sich in dem Modell von Nilsson und Pelger eine Gleitindex-Linse. Sie unterscheidet sich von den Linsen, die Menschen herstellen, ähnelt aber denen der Fische, Tintenfische und anderer Wasserbewohner mit Kameraaugen. Die Linse entsteht durch die Kondensation eines umgrenzten Bereichs mit hohem Brechungsindex innerhalb der zuvor gleichförmigen, durchsichtigen Gallertmasse.

Nicht alle Linsen sind durch Kondensation aus einem solchen Gallert entstanden. Abbildung 5.16 zeigt zwei Insektenaugen, deren Linsen sich ganz anders gebildet haben.

Beide sind sogenannte Einfachaugen, und man sollte sie nicht mit den Komplexaugen verwechseln, auf die ich gleich zu sprechen komme. Das erste Einfachauge gehört der Larve einer Pflanzenwespe. Seine Linse ist eine Verdickung der Hornhaut, der äußeren durchsichtigen Hautschicht. Bei dem zweiten – es stammt von einer Eintagsfliege – ist die Hornhaut nicht verdickt, sondern die Linse entwickelt sich als Masse farbloser, transparenter Zellen. Beide Wege der Linsenentwicklung eignen sich ebenso für den Aufstieg auf das Unwahrscheinlichkeitsgebirge wie die Glaskörpermasse im Wurmauge. Linsen haben sich offenbar wie das Auge selbst viele Male unabhängig entwickelt. Das Unwahrscheinlichkeitsgebirge hat viele kleine und große Gipfel.

Auch bei der Netzhaut verraten vielfältige Formen die mehrfache Entstehung. Mit einer Ausnahme lagen die Photozellen bei allen Augen, die ich bisher beschrieben habe, vor den Nervenverbindungen zum Gehirn. Es ist das nächstliegende Konstruktionsprinzip, aber es gilt nicht überall. Bei dem Plattwurmauge in Abbildung 5.4a befinden sich die lichtempfindlichen Zellen scheinbar auf der falschen Seite der Verbindungsnerven, und genauso ist es auch bei unserem eigenen Wirbeltierauge. Die Photozellen weisen nach hinten, weg vom Licht. Das ist nicht so widersinnig, wie man zunächst meint. Da Photozellen sehr klein und durchsichtig sind, spielt es keine große Rolle, in welche Richtung sie weisen: Die meisten Photonen durchdringen sie in gerader Linie und treffen auf den Schutzschirm pigmentbeladener Schichten, die nur darauf warten, sie einzufangen. Daß die Photozellen der Wirbeltiere nach hinten weisen, ist nur in

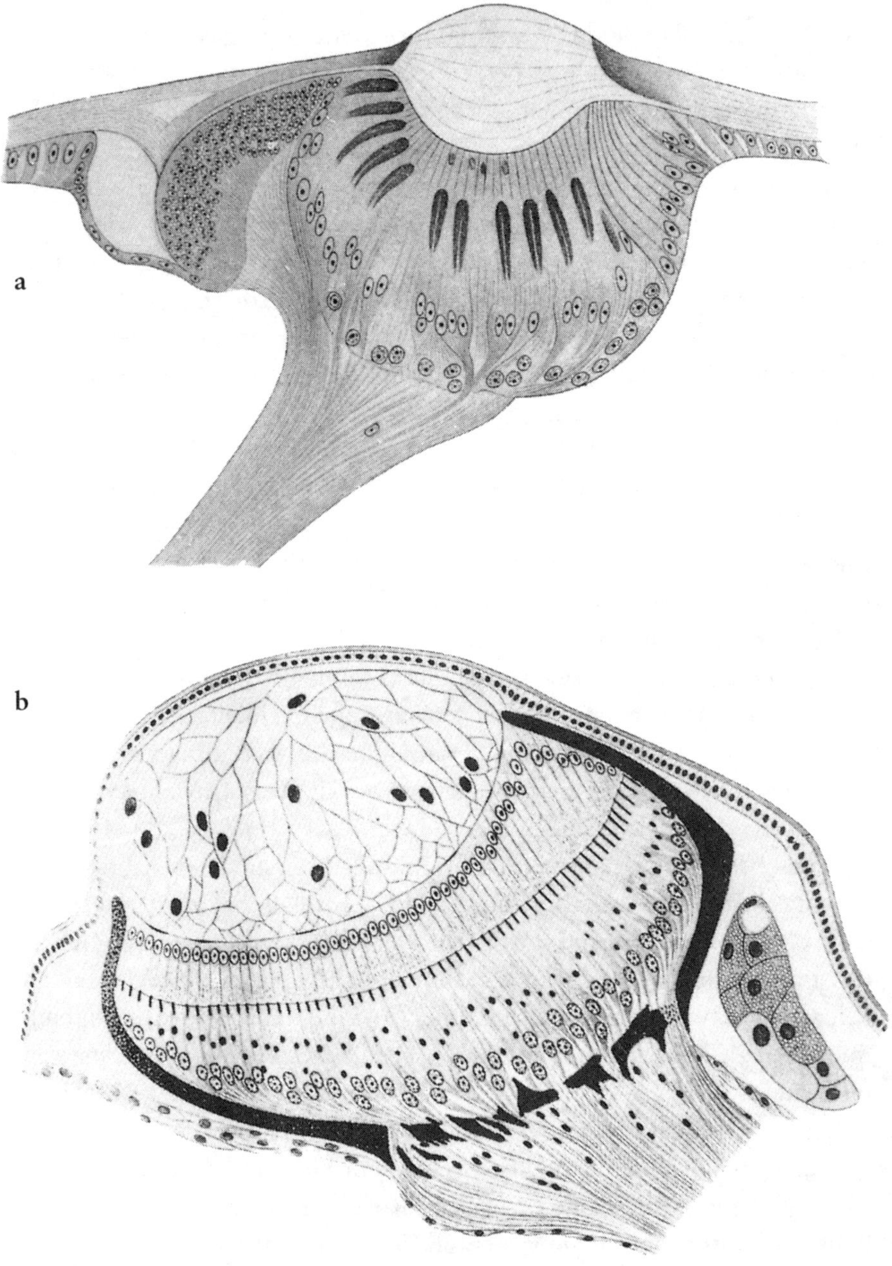

Abb. 5.16 Zwei Entwicklungswege für die Augenlinsen von Insekten. (a) Pflanzenwespenlarve; (b) Eintagsfliege.

einer Hinsicht von Bedeutung: Die «Drähte» (Nerven), die sie mit dem Gehirn verbinden, zweigen in der falschen Richtung ab, nämlich hin zum Licht und nicht zum Gehirn. Sie verlaufen über die Oberfläche der Netzhaut zu einer besonderen Stelle, dem «blinden Fleck». Dort durchdringen sie die Netzhaut und vereinigen sich zum Sehnerv, und das ist der Grund, daß das Auge an dieser Stelle blind ist. Strenggenommen sehen wir alle am blinden Fleck nichts, aber das bemerken wir kaum, denn das Gehirn ist so schlau, das fehlende Stück zu ergänzen. Der blinde Fleck fällt uns nur dann auf, wenn das Bild eines kleinen Gegenstandes darauffällt, von dem wir aufgrund anderer Hinweise wissen, daß er vorhanden ist: Er scheint zu verschwinden wie eine Lichtquelle, die man ausschaltet, und an seine Stelle tritt scheinbar die allgemeine Hintergrundfarbe des betreffenden Bereichs.

Ich habe gesagt, es spiele kaum eine Rolle, daß unsere Netzhaut verkehrt herum aufgebaut ist. Nun könnte man aber behaupten, es sei unter sonst gleichen Bedingungen besser gewesen, wenn sie genau umgekehrt angeordnet wäre. Das ist vielleicht ein gutes Beispiel für die Tatsache, daß das Unwahrscheinlichkeitsgebirge viele Gipfel hat, zwischen denen tiefe Täler liegen. Wenn die Evolution eines guten Auges mit einer von hinten nach vorn aufgebauten Netzhaut einmal begonnen hat, ist ein weiterer Aufstieg nur durch Verbesserungen des schon Vorhandenen möglich. Um zu einem völlig anderen Konstruktionsprinzip zu wechseln, müßte man bergab steigen, und zwar nicht nur ein wenig, sondern bis in eine tiefe Schlucht hinunter, und das erlaubt die natürliche Selektion nicht. Die Netzhaut der Wirbeltiere ist so und nicht anders orientiert, weil sie sich im Embryo so entwickelt, und das geht sicher auf sehr frühe Vorfahren zurück. Bei vielen wirbellosen Tieren verläuft die Augenentwicklung anders, und deshalb liegt die Netzhaut bei ihnen «richtig».

Wenn man einmal von der interessanten Tatsache absieht, daß die Netzhaut der Wirbeltiere nach hinten weist, befindet sie sich auf einem der höchsten Gipfel des Berges. Die menschliche Retina enthält etwa 166 Millionen Photozellen verschiedener Typen. Die beiden Hauptgruppen sind die Stäbchen (die auf relativ ungenaues Schwarzweißsehen bei schwachem Licht spezialisiert sind) und die Zapfen (für genaues Farbensehen bei heller Beleuchtung). Wenn Sie diese Worte lesen, benutzen Sie nur die Zapfen. Hätte Juliet aber den Halley-Kometen gesehen, dann hätten ihre Stäbchen dafür gesorgt. Die Zapfen findet man in besonders hoher Dichte in der Sehgrube oder Fovea (mit ihr liest man auch), einem besonderen Bereich, in dem es keine Stäbchen gibt. Wenn man einen besonders schwach leuchtenden Gegenstand wie den Halley-Kometen sehen will, darf man deshalb den Blick nicht genau darauf richten, sondern muß ein wenig daneben blicken, damit sein schwaches Licht nicht auf die Fovea trifft. Was den Aufstieg auf das Unwahrscheinlichkeitsgebirge angeht, stellen die Zahl der Photozellen und ihre Aufteilung in mehrere Typen kein besonderes Problem dar. Beide Verbesserungen bilden ganz offenkundig sanfte Steigungen, die hinaufführen.

Eine große Netzhaut sieht besser als eine kleine. Es passen mehr Photozellen hinein, und man erkennt mehr Einzelheiten. Aber das ist wie immer auch mit Kosten verbunden – wir brauchen nur an die surrealistische Schnecke in Abbildung 5.1 zu denken. Es gibt jedoch eine Möglichkeit, wie ein kleines Tier eine größere Netzhaut nutzen kann, ohne mehr dafür zu «zahlen». Michael Land, Professor an der Sussex University, der eine beneidenswerte Reihe exotischer Entdeckungen in der Welt der Augen gemacht hat und von dem ich den größten Teil meiner Kenntnisse über die Sehorgane habe, fand ein sehr schönes Beispiel bei Springspinnen[1]. Spinnen haben keine Komplexaugen; die Springspinnen haben das Kameraauge zu einer bemerkenswerten ökonomischen Höchstleistung entwickelt (Tafel 5.17). Land entdeckte an ihrer Netzhaut etwas Ungewöhnliches. Sie ist keine breite Fläche, auf die ein ganzes Bild projiziert wird, sondern ein langer, senkrechter Streifen, der so schmal ist, daß er keine vollständige Abbildung aufnehmen kann. Aber als Ausgleich für die schmale Netzhaut bedient sich die Spinne eines raffinierten Hilfsmittels. Sie bewegt die Netzhaut systematisch hin und her, so daß das Gebiet, auf das ein Bild proji-

[1] Diese fesselnden kleinen Tiere haben die Gewohnheit, den Kopf aufzurichten und uns anzusehen, was ihnen eine fast menschliche Liebenswürdigkeit verleiht. An ihre Beute schleichen sie sich wie eine Katze an, und dann springen sie plötzlich und ohne Vorwarnung darauf zu. Dazu pumpen sie hydraulisch Flüssigkeit in alle acht Beine gleichzeitig – ungefähr so, wie wir (diejenigen von uns, die einen besitzen) unseren Penis aufrichten, aber ihre «Beinerektion» stellt sich nicht allmählich ein, sondern sehr schnell.

ziert werden könnte, «gescannt» wird. Der «netzhautwirksame» Bereich ist also viel größer als die Netzhaut selbst – es ist das gleiche Prinzip wie bei der Bolaspinne, die mit ihrem wirbelnden Einzelfaden fast die gleiche Fläche abdeckt wie mit einem richtigen Netz. Findet die Netzhaut der Springspinne etwas Interessantes, beispielsweise eine Fliege oder eine andere Springspinne, konzentriert sie ihre Scan-Bewegungen genau in die Richtung dieses Ziels. Damit hat sie das dynamische Gegenstück zur Fovea. Mit diesem klugen Kunstgriff haben die Springspinnen das Linsenauge auf einen beachtlichen kleinen Gipfel in ihrer Gegend des Unwahrscheinlichkeitsgebirges gebracht.

Ich habe die Linse als ausgezeichnetes Mittel gegen die Nachteile des Lochauges beschrieben. Sie ist aber nicht das einzige. Der Hohlspiegel funktioniert nach einem anderen Prinzip, und auch er ist eine gute Lösung für das Problem, eine große Lichtmenge von jedem Punkt des Objekts zu sammeln und auf einen Bildpunkt zu fokussieren. Für manche Zwecke ist der Hohlspiegel eine ökonomischere Lösung als die Linse; die größten optischen Fernrohre der Welt sind ausnahmslos Spiegelteleskope (Abbildung 5.18 a).

Ein kleines Problem ergibt sich, weil das Bild vor dem Spiegel entsteht, den ankommenden Strahlen also im Weg steht. Bei Spiegelteleskopen wirft in der Regel ein kleiner Spiegel das fokussierte Bild seitlich in ein Okular oder eine Kamera. Der kleine Spiegel steht nicht im Weg, jedenfalls nicht so stark, daß er das Bild beeinträchtigen würde. Man sieht kein fokussiertes Abbild des kleinen Spiegels; er verursacht nur eine geringfügige Verminderung der gesamten Lichtmenge, die auf den großen Spiegel am Ende des Teleskops trifft.

Theoretisch ist der Hohlspiegel also eine brauchbare physikalische Lösung für ein wichtiges Problem. Gibt es im Tierreich Beispiele für Hohlspiegelaugen? Die erste Vermutung in dieser Richtung äußerte Sir Alister Hardy, mein alter Professor in Oxford, in einer Erklärung zu seiner Zeichnung des bemerkenswerten Tiefseekrebses *Gigantocypris* (Abbildung 5.18 b). Die Astronomen fangen die wenigen Photonen von weit entfernten Sternen in Observatorien wie Mount Wilson oder Mount Palomar mit riesigen Hohlspiegeln ein. Es ist ein reizvoller Gedanke, daß *Gigantocypris* das gleiche mit den wenigen Photonen tut, die bis in die Tiefsee vor-

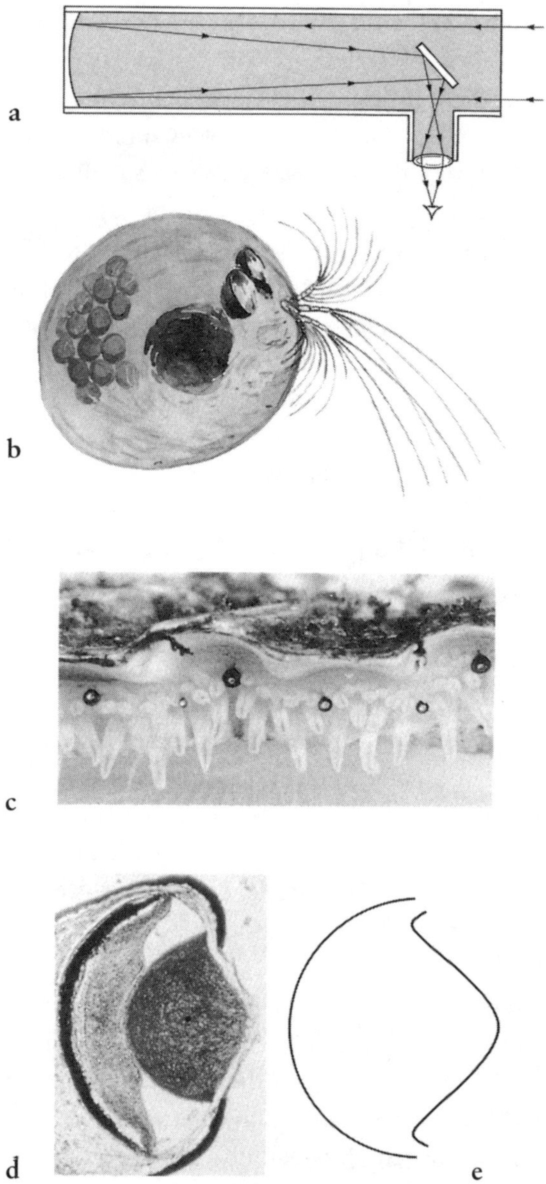

Abb. 5.18 Hohlspiegellösungen für das Problem der Bilderzeugung. (a) Spiegelteleskop; (b) *Gigantocypris*, ein großer Planktonkrebs, gemalt von Sir Alister Hardy; (c) Augen der Pilgermuschel, die durch einen Spalt der Schale spähen; (d) Auge der Pilgermuschel im Längsschnitt; (e) cartesianisches Oval.

dringen, aber neuere Untersuchungen von Michael Land schließen, was die Details angeht, jede Ähnlichkeit aus. Wie *Gigantocypris* sieht, ist derzeit noch ungeklärt.

Tiere einer anderen Gruppe erzeugen ein Bild aber eindeutig mit einem richtigen Hohlspiegel, wobei allerdings eine Linse Hilfestellung leistet. Auch das wurde von Michael Land entdeckt, dem König der Tieraugenforschung. Das Tier ist die Pilgermuschel.

Die Nahaufnahme in Abbildung 5.18 c zeigt einen kleinen, zwei Schalenkerben breiten Abschnitt an der Öffnung einer solchen Muschel. Zwischen der Schale und den Tentakeln befindet sich eine Reihe mit Dutzenden kleiner Augen. Jedes davon erzeugt ein Bild mit Hilfe eines Hohlspiegels, der ein ganzes Stück hinter der Netzhaut liegt. Wegen dieser Spiegel glänzen die Augen wie winzige blaue oder graue Perlen. Im Längsschnitt sieht ein solches Auge aus wie in Abbildung 5.18 d. Wie bereits erwähnt, enthält es neben dem Spiegel auch eine Linse – ich werde später darauf zurückkommen. Die Netzhaut ist der graue Bereich zwischen der Linse und dem gebogenen Spiegel, und der Teil von ihr, der unmittelbar an die Rückseite der Linse grenzt, sieht das scharfe Bild, das vom Spiegel zurückgeworfen wird. Dieses Bild steht auf dem Kopf und entsteht durch die Strahlen, die der Spiegel reflektiert.

Wozu ist dann eigentlich die Linse da? Hohlspiegel wie dieser erzeugen eine bestimmte Art von Verzerrung, die man sphärische Aberration nennt. Das Schmidt-Teleskop, eine berühmte Form von Spiegelfernrohren, bewältigt diese Schwierigkeit mit einer raffinierten Kombination aus Spiegel und Linse. Pilgermuschelaugen lösen das Problem offenbar auf etwas andere Weise. Theoretisch läßt sich die sphärische Aberration mit einer besonderen Linse ausgleichen, deren Form man als «cartesianisches Oval» bezeichnet. Seine theoretische Idealform ist in dem Diagramm in Abbildung 5.18 e dargestellt. Betrachten wir nun noch einmal die Seitenansicht der wirklichen Linse im Auge der Pilgermuschel (Abbildung 5.18 d). Der verblüffenden Übereinstimmung wegen vermutet Professor Land, daß die Linse der sphärischen Aberration des Spiegels entgegenwirkt, der hier das wichtigste Mittel der Bilderzeugung ist.

Was den Ursprung des Hohlspiegelauges an den unteren Abhängen in seiner Gegend des Gebirges angeht, können wir einige begründete Vermutungen anstellen. Reflektierende Schichten hinter der Netzhaut sind im Tierreich weit verbreitet, aber meist dienen sie nicht der Bilderzeugung wie bei den Pilgermuscheln, sondern einem anderen Zweck. Wenn man nachts mit einer starken Taschenlampe in den Wald geht, wird man von zahlreichen leuchtenden Augenpaaren angestarrt. Viele Säuger, vor allem Nachttiere wie der westafrikanische Potto (ein Halbaffe) in Tafel 5.19 unten, besitzen ein sogenanntes Tapetum, eine reflektierende Schicht hinter der Netzhaut. Es verschafft den Photozellen eine zweite Chance zum Einfangen der Photonen, die ihnen beim ersten Mal entgangen sind: Jedes Photon wird genau zu der Zelle zurückgeworfen, der es auf dem Hinweg entkommen ist, so daß das Bild nicht verzerrt wird. Auch wirbellose Tiere haben das Tapetum entdeckt. Eine helle Taschenlampe ist in einem nächtlichen Wald ein ausgezeichnetes Hilfsmittel, bestimmte Spinnenarten zu finden. Wenn man sich das Porträt einer Wolfsspinne (Tafel 5.19 oben) ansieht, fragt man sich, warum die «Katzenaugen» an den Rändern unserer Straßen nicht «Spinnenaugen» heißen. Das Tapetum, das auch noch die letzten Photonen einfängt, dürfte sich in den urtümlichen Becheraugen sogar noch früher entwickelt haben als die Linse. Vielleicht ist das Tapetum eine Präadaptation, die bei vereinzelten Tieren so abgewandelt wurde, daß ein Auge nach dem Prinzip des Spiegelteleskops entstand. Oder der Spiegel hat sich aus anderen Ursprüngen entwickelt. Es ist schwer zu sagen.

Linsen und Hohlspiegel sind zwei Möglichkeiten, ein Bild scharf zu fokussieren. Die Abbildung ist in beiden Fällen seitenverkehrt und steht auf dem Kopf. Ein ganz anderes Auge, das ein richtig positioniertes Bild erzeugt, ist das Komplexauge, das man vor allem bei Insekten, Krebsen, manchen Würmern und Weichtieren, Königskrabben (seltsamen Meerestieren, die den Spinnen näherstehen sollen als den Krebsen) und der großen, heute ausgestorbenen Gruppe der Trilobiten findet. Eigentlich gibt es mehrere verschiedene Typen von Komplexaugen. Ich möchte bei der einfachsten Art beginnen, dem sogenannten Appositionsauge. Um zu verstehen, wie es funktioniert, begeben wir uns noch einmal bis fast zum Fuß des Unwahrscheinlichkeitsgebirges. Wie wir bereits erfahren haben, braucht ein Auge, das ein Bild oder überhaupt mehr als nur die reine Lichtintensität wahrnehmen soll, mehrere Photozellen, die das Licht aus verschiedenen Richtungen aufnehmen. Damit sie in verschiedene Richtungen weisen, kann man sie in einem Becher mit einer undurchsichtigen Rückseite anbringen. Alle bisher beschriebenen Augen leiten sich von diesem Prinzip des konkaven Bechers ab. Aber eine vielleicht noch näherliegende Lösung besteht darin, daß die Photozellen auf der konvexen Außenseite des Bechers liegen und nach außen in alle möglichen Richtungen blicken. Genau so kann man sich die einfachste Form eines Komplexauges vorstellen.

Erinnern wir uns, wie zum ersten Mal von dem Problem die Rede war, das Bild eines Delphins zu erzeugen. Ich habe darauf hingewiesen, daß es darin bestand, daß zu viele Bilder vorhanden sind. Eine unendliche Anzahl von «Delphinen» in allen möglichen Positionen und Ausrichtungen auf der Netzhaut ergeben insgesamt keinen irgendwie erkennbaren Delphin (Abbildung 5.20 a). Das Lochkameraauge funktionierte, weil es fast alle Strahlen abhielt und nur die geringe Anzahl passieren ließ, die sich im

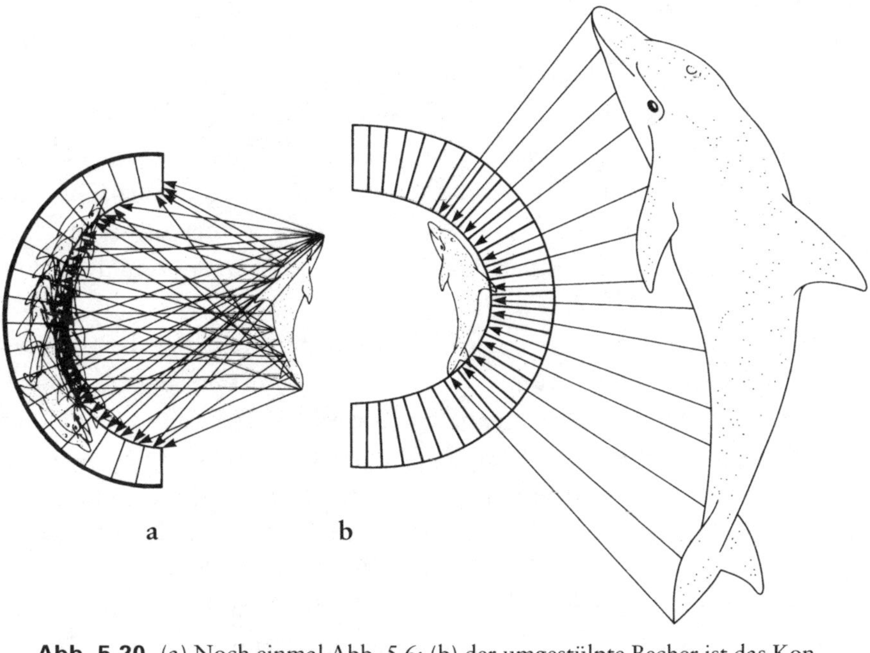

Abb. 5.20 (a) Noch einmal Abb. 5.6; (b) der umgestülpte Becher ist das Konstruktionsprinzip des Appositionsauges.

Loch kreuzten und ein einziges auf dem Kopf stehendes Bild des Delphins erzeugten. Die Linse sahen wir als raffinierte Weiterentwicklung des gleichen Prinzips. Das Appositionsauge löst das Problem auf eine noch einfachere Weise.

Dieses Auge ist eine dichtgedrängte Anordnung langer, gerader Röhren, die auf der Außenseite einer Kuppel in alle Richtungen ragen. Jede Röhre gleicht einem Zielfernrohr, das nur den kleinen Ausschnitt der Welt erkennt, der in seiner Schußlinie liegt. Wenn wir den Gesichtspunkt des Ausfilterns weiter beibehalten, könnte man sagen: Strahlen aus anderen Teilen der Umgebung werden von den Wänden des Rohrs und der dahinterliegenden Kuppel abgeschirmt, so daß sie nicht auf das Ende des Rohrs treffen, wo die Photozellen liegen.

Das ist die grundsätzliche Funktionsweise des Appositionsauges. In Wirklichkeit sind die kleinen Augenröhren, die man auch Ommatidien nennt (Einzahl Ommatidium), etwas mehr als nur Röhren. Jede besitzt eine eigene Linse und eine eigene winzige «Netzhaut», die meist aus etwa einem halben Dutzend Photozellen besteht. Wenn ein Ommatidium am Ende des Rohrs überhaupt ein Bild erzeugt, steht dieses Bild auf dem Kopf: das Ganze funktioniert wie ein langes, schlechtes Kameraauge. Aber die kopfstehenden Bilder der einzelnen Ommatidien nimmt das Tier nicht zur Kenntnis; die Einzelaugen geben nur weiter, wieviel Licht sie aufnehmen. Und die Linse dient dazu, noch mehr Licht aus der Blickrichtung des Ommatidiums zu sammeln und auf die Retina zu fokussieren. Nimmt man alle Ommatidien zusammen, ist das Gesamt«bild» richtig orientiert wie in Abbildung 5.20 b.

Wie immer bedeutet der Begriff «Bild» nicht unbedingt das, was wir Menschen gewöhnlich darunter verstehen: Es muß keine genaue, Technicolor-farbige Abbildung einer ganzen Szene sein. Es geht hier vielmehr um *jede* Fähigkeit, mit Hilfe der Augen zu unterscheiden, was in verschiedenen Richtungen passiert. Manche Insekten dürften beispielsweise ihre Komplexaugen ausschließlich dazu benutzen, bewegliche Ziele zu verfolgen. Für unbewegte Bilder sind sie vielleicht blind. Ob Tiere die Dinge genauso sehen wie wir, ist zum Teil eine philosophische Frage, und wer sie beantworten will, dürfte eine außerordentlich schwierige Aufgabe vor sich haben.

Das Prinzip des Komplexauges funktioniert immerhin so gut, daß beispielsweise eine Libelle eine vorübersummende Fliege anpeilen kann, aber damit es so viele Einzelheiten erkennt wie wir, müßte es weitaus größer sein als die einfachen Kameraaugen, die wir besitzen. Annäherungsweise beschrieben hat das folgenden Grund: Es liegt auf der Hand, daß man um so genauer sehen kann, je mehr Ommatidien in alle möglichen Richtungen blicken. Eine Libelle besitzt vielleicht 30 000 solcher Einzelaugen und kann Insekten im Flug recht gut erwischen (Tafel 5.21). Aber um so viele Details zu sehen wie wir, müßte sie mehrere Millionen Ommatidien haben. Und mehrere Millionen Ommatidien haben nur dann Platz, wenn sie außerordentlich klein sind. Leider gibt es aber für die Größe der Ommatidien eine genau festgelegte Untergrenze. Es ist die gleiche, auf die wir auch in unserer Erörterung sehr kleiner Löcher für die Kamera gestoßen sind, und man bezeichnet sie als Beugungsgrenze. Die Folge: Ein Kom-

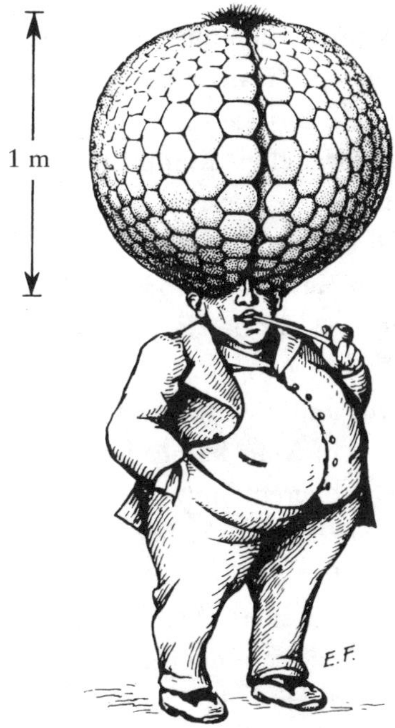

Abb. 5.22 Wie ein Mensch aussehen würde, der mit Komplexaugen genauso gut sehen könnte wie wir. Zeichnung von Kuno Kirschfeld.

plexauge, das so gut sehen soll wie unser menschliches Kameraauge, müßte lächerlich groß sein: Es hätte einen Durchmesser von 24 Metern! Dies machte der deutsche Wissenschaftler Kuno Kirschfeld sehr eindringlich deutlich: Auf seiner Zeichnung sieht man, wie ein Mann aussehen würde, der mit Komplexaugen ebenso gut sieht wie wir mit normalen menschlichen Augen (Abbildung 5.22). Das Wabenmuster in der Zeichnung gibt übrigens nur den äußeren Eindruck wieder: Jede Facette steht in Wirklichkeit für 10 000 Ommatidien. Daß die Komplexaugen dieses Mannes nur einen Durchmesser von einem und nicht von 24 Metern haben, liegt daran, daß wir Menschen nur in der Mitte der Netzhaut sehr genau sehen, und diese Tatsache stellte Kirschfeld in Rechnung. Er nahm den Durchschnitt unserer genauen Sehfähigkeit in der Mitte und der sehr viel ungenaueren Wahrnehmung an den Rändern der Netzhaut, und so gelangte er zu den dargestellten Ausmaßen. Ob ein Meter oder 24 – so große Komplexaugen sind einfach unpraktisch. Die Moral der Geschichte ist: Wenn man die Welt originalgetreu und detailliert sehen will, sollte man dazu ein einfaches Kameraauge mit einer einzelnen guten Linse benutzen und kein Komplexauge. Dan Nilsson bemerkte über Komplexaugen sogar: «Es ist nur eine geringe Übertreibung, wenn man sagt, die Evolution fechte einen verzweifelten Kampf aus, um eine grundsätzlich katastrophale Konstruktion zu verbessern.»

Warum geben Insekten und Krebse dann das Komplexauge nicht auf und entwickeln statt dessen Kameraaugen? Möglicherweise ist das einer der Fälle, in denen Lebewesen auf der falschen Seite des Unwahrscheinlichkeitsgebirges in eine Falle gegangen sind. Damit aus einem Komplexauge ein Kameraauge wird, muß es eine ununterbrochene Reihe brauchbarer Zwischenformen geben: Man kann nicht in ein Tal hinabsteigen, um anschließend auf einen höheren Gipfel zu klettern. Welche Schwierigkeiten ergeben sich also mit den Zwischenformen zwischen Komplex- und Kameraaugen?

Es fällt einem sofort zumindest eine bedeutende Schwierigkeit ein. Das Kameraauge erzeugt ein Bild, das auf dem Kopf steht, beim Komplexauge dagegen ist das nicht der Fall. Hier eine Zwischenform zu finden ist, gelinde gesagt, ein schwieriges Unterfangen. Eine mögliche Zwischenform bestünde darin, daß es überhaupt kein Bild gibt. Manche Tiere, die in der

Tiefsee oder an anderen völlig dunklen Orten leben, haben so wenige Photonen zur Verfügung, daß sie das Spiel mit Bildern völlig aufgegeben haben. Ihnen bleibt nur eines übrig: zu erkennen, ob es überhaupt irgendwo Licht gibt. Solche Tiere könnten den Nervenapparat zur Bildverarbeitung ganz verlieren und sich damit die Ausgangsposition für einen neuen Aufstieg über eine ganz andere Böschung des Gebirges sichern. Sie könnten also eine Zwischenstufe zwischen Komplex- und Kameraauge sein.

Manche Tiefseekrebse besitzen große Komplexaugen, aber weder Linsen noch überhaupt eine optische Apparatur. Ihre Ommatidien haben keine Röhren mehr, sondern die Photozellen liegen unmittelbar auf der Außenseite, wo sie die wenigen vorhandenen Photonen aufnehmen können, unabhängig davon, aus welcher Richtung sie kommen. Von dort scheint es nur noch ein kleiner Schritt zu dem bemerkenswerten Auge in Abbildung 5.23 zu sein. Es gehört einem Krebs namens *Ampelisca*, der in nicht besonders großer Tiefe lebt – möglicherweise geht er den Weg, den seine tiefseebewohnenden Vorfahren eingeschlagen haben, wieder zurück. Das Auge von *Ampelisca* funktioniert wie ein Kameraauge: Eine einzige Linse wirft ein kopfstehendes Bild auf die Netzhaut. Aber die Netzhaut

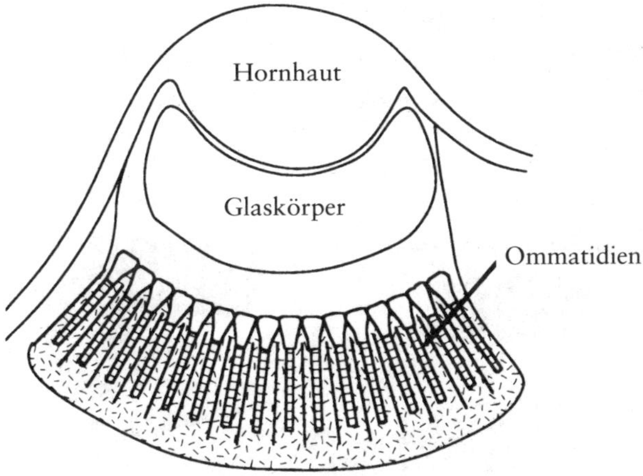

Abb. 5.23 Das bemerkenswerte Auge von *Ampelisca*. Ein Kameraauge, das auf ein Komplexauge zurückgeht.

stammt eindeutig von einem Komplexauge ab und besteht aus den Überresten einer Ansammlung von Ommatidien. Ein kleiner Schritt vielleicht, aber nur dann, wenn das Gehirn während der dazwischenliegenden völligen Blindheit genügend Evolutionszeit hatte, um die Verarbeitung nicht auf dem Kopf stehender Bilder völlig zu «vergessen».

Damit haben wir ein Beispiel für die Evolution vom Komplex- zum Kameraauge (und im übrigen auch ein weiteres Beispiel dafür, wie leicht Augen sich offenbar überall im Tierreich unabhängig voneinander entwickeln können). Aber wie entstand das Komplexauge überhaupt? Was finden wir an den unteren Abhängen dieses speziellen Gipfels des Unwahrscheinlichkeitsgebirges?

Wieder einmal können wir uns behelfen, indem wir uns im heutigen Tierreich umsehen. Außer bei den Gliederfüßern (Insekten, Krebsen und ihren Verwandten) finden wir Komplexaugen nur noch bei manchen Borsten- und Röhrenwürmern sowie bei einigen Muscheln (wo sie sich vermutlich wiederum unabhängig entwickelt haben). Würmer und Muscheln helfen uns bei der Aufklärung der Entwicklungsgeschichte, denn in den gleichen Gruppen findet man auch eine Reihe einfacherer Augen, die plausible Zwischenformen darstellen und sich von den unteren Böschungen des Unwahrscheinlichkeitsgebirges bis zum Gipfel der Komplexaugen hinaufziehen. Die Augen in Abbildung 5.24 gehören zwei verschiedenen Wurmarten. Auch sie sind keine Vorfahren, sondern heutige Tiere, und sie stammen vermutlich noch nicht einmal von den tatsächlichen Zwischenformen ab. Aber sie vermitteln uns ohne weiteres einen Eindruck

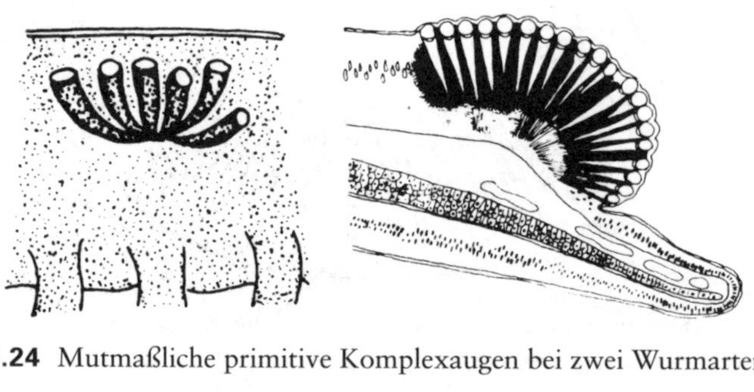

Abb. 5.24 Mutmaßliche primitive Komplexaugen bei zwei Wurmarten.

davon, wie die Evolution verlaufen sein könnte: von einer lockeren Ansammlung von Photozellen links bis zu einem richtigen Komplexauge rechts. Diese Steigung ist sicher ebenso sanft wie die, der wir zum normalen Kameraauge gefolgt sind.

In ihrer bisher beschriebenen Form funktionieren Ommatidien nur dann, wenn sie von ihren Nachbarn getrennt sind. Der Blick aus dem Fernrohr, der auf die Schwanzspitze des Delphins zielt, darf keine Strahlen von anderen Teilen des Delphins aufnehmen, sonst wären wir wieder bei dem ursprünglichen Problem mit den Millionen Delphinbildern. Die meisten Ommatidien erreichen diese Trennung mit einer Hülle aus dunklem Pigment rund um das Rohr. Ab und zu führt das aber zu unerwünschten Nebenwirkungen. Einige Meeresbewohner sind zum Beispiel aus Gründen der Tarnung darauf angewiesen, durchsichtig zu sein. Sie leben im Meerwasser und sehen aus wie Meerwasser. Das Wesen ihrer Tarnung besteht also gerade darin, Photonen nicht festzuhalten. Aber die dunkle Abdeckung um die Ommatidien soll Photonen abfangen. Wie läßt sich dieser grausame Widerspruch auflösen?

Einige Tiefseekrebse haben eine phantasievolle Teillösung entwickelt (Tafel 5.25). Sie besitzen kein Abdeckpigment, und ihre Ommatidien sind eigentlich keine Röhren, sondern transparente Lichtleiter, die wie eine von Menschen hergestellte Faseroptik wirken. Jeder Lichtleiter verdickt sich am Vorderende zu einer winzigen Linse, deren Brechungsindex wie bei einem Fischauge variabel ist. Der Lichtleiter samt Linse und allem anderen bündelt eine große Lichtmenge und leitet sie zu den Photozellen an seiner Unterseite. Es handelt sich dabei aber nur um Strahlen, die unmittelbar aus der Blickrichtung der Röhre stammen. Seitliche Strahlen werden nicht von einer Pigmentabdeckung aufgenommen, sondern reflektiert, so daß sie nicht in den Lichtleiter gelangen.

Nicht alle Komplexaugen unternehmen überhaupt den Versuch, ihre eigene Lichtversorgung abzutrennen. Das tun nur Augen des Appositionstyps. Es gibt mindestens drei Typen sogenannter Superpositionsaugen, in denen etwas Raffinierteres abläuft. Sie fangen die Strahlen keineswegs in Röhren oder Lichtleitern ein, sondern in ihnen kann Licht, das durch die Linse eines Ommatidiums fällt, durchaus von den Photozellen des Nachbarommatidiums aufgenommen werden. Es gibt eine leere, durchsichtige Zone, die allen Ommatidien gemeinsam ist. Die Linsen aller Ommatidien erzeugen zusammen ein einziges Bild auf einer gemeinsamen Netzhaut, die sich aus den lichtempfindlichen Zellen aller Ommatidien zusammensetzt. Tafel 5.26 zeigt Charles Darwin in einer Aufnahme von Michael Land, gesehen durch die Komplexlinse im Superpositionsauge eines Glühwürmchens.

Wie beim Appositionsauge, aber anders als beim Kameraauge oder dem Auge von *Ampelisca* in Abbildung 5.23, steht das Bild eines Superpositionsauges nicht auf dem Kopf. Das ist zu erwarten, wenn man von der Voraussetzung ausgeht, daß die Superpositionsaugen von Appositionsaugen abstammen. Es erscheint historisch sinnvoll und muß auch, was das Gehirn betrifft, ein müheloser Übergang gewesen sein. Dennoch ist es bemerkenswert: Man braucht sich nur einmal zu überlegen, welche physikalischen Probleme es aufwirft, auf diese Weise ein einziges, nicht auf dem Kopf stehendes Bild zu erzeugen. Im Appositionsauge befindet sich vorn an jedem Ommatidium eine normale Linse, die, wenn sie überhaupt etwas abbildet, ein auf dem Kopf stehendes Bild erzeugt. Damit aus einem Appositions- ein Superpositionsauge wird, müssen also die Strahlen beim Durchgang durch die Linse irgendwie umgedreht werden. Und nicht nur das: All die Einzelbilder der verschiedenen Linsen müssen sorgfältig übereinandergelegt werden, damit ein gemeinsames Bild entsteht. Das Ganze hat den Vorteil, daß das Bild sehr viel heller wird. Aber das Umdrehen der Strahlen ist mit beträchtlichen physikalischen Schwierigkeiten verbunden. Verblüffenderweise wurde dieses Problem im Lauf der Evolution nicht nur gelöst, es wurde sogar auf drei unabhängigen Wegen gelöst: mit raffinierten Linsen, raffinierten Spiegeln und raffinierten Schaltkreisen im Gehirn. Die Einzelheiten sind so verwickelt, daß eine genaue Beschreibung dieses ohnehin komplizierte Kapitel sprengen würde, und deshalb möchte ich mich nur kurz mit ihnen befassen.

Eine einzelne Linse stellt das Bild auf den Kopf. Entsprechend dreht eine zweite, die in geeignetem Abstand hinter der ersten steht, das Bild wieder richtig herum. Einer solchen Kombination bedient man sich zum Beispiel in einem Instrument, das als Kepler-Teleskop bezeichnet wird. Der gleiche Effekt läßt sich auch mit einer einzigen zusammengesetzten Linse erreichen, deren Brechungsindex raffiniert abgestuft ist. Wie wir gesehen haben, erreichen lebende Linsen im Gegensatz zu den von Menschen hergestellten leicht einen abgestuften Brechungsindex. Diesen Kepler-Teleskop-Effekt findet man bei Eintagsfliegen, Netzflüglern, Käfern, Faltern, Köcherfliegen und fünf verschiedenen Gruppen der Krebstiere. Da sie nur entfernt verwandt sind, liegt die Vermutung nahe, daß zumindest einige dieser Gruppen den Keplerschen Trick unabhängig voneinander erfunden haben. Einen ähnlichen Kunstgriff verwenden drei Gruppen der Krebstiere, die Spiegel benutzen. Zu zwei dieser drei Gruppen gehören auch Arten, die sich des Linsentricks bedienen. Wenn man sich ansieht, welche Tiergruppen die einzelnen Typen von Komplexaugen besitzen, stellt man etwas Faszinierendes fest. Die verschiedenen Problemlösungen tauchen hier und dort immer wieder auf, und das läßt wieder einmal darauf schließen, daß sie sich schnell und beim geringsten Anlaß entwickeln.

Die «neurale» oder «fest verdrahtete» Superposition ist in der großen, wichtigen Insektengruppe der Zweiflügler oder Fliegen entstanden. Ein ähnliches System kommt auch bei den Rückenschwimmern (einer Gruppe der Wanzen) vor, wo es sich offenbar – wieder einmal – unabhängig entwickelt hat. Die neurale Superposition ist teuflisch raffiniert. Eigentlich kann man gar nicht von Superposition sprechen, denn die Ommatidien sind wie beim Appositionsauge getrennte Röhren. Ein Superpositionseffekt ergibt sich aber durch die verwickelte Verschaltung der Nervenzellen hinter den Ommatidien. Das Ganze funktioniert folgendermaßen: Wie ich bereits erwähnt habe, besteht die «Netzhaut» eines einzelnen Ommatidiums aus etwa einem halben Dutzend Photozellen. In einem normalen Appositionsauge werden die Impulse dieser Zellen einfach zusammengezählt, und deshalb habe ich das Wort «Netzhaut» in Anführungszeichen gesetzt: Alle Photonen, die durch das Rohr fließen, werden registriert, unabhängig davon, welche Photozelle sie treffen. Daß mehrere lichtempfindliche Zellen vorhanden sind, hat nur den Sinn, die Lichtempfindlichkeit insgesamt zu steigern. Deshalb spielt es auch keine Rolle, daß das winzige Bild am Ende eines Appositions-Ommatidiums eigentlich auf dem Kopf steht.

Im Fliegenauge dagegen werden die Impulse der sechs Zellen nicht *untereinander*, sondern jeweils mit Impulsen *ganz bestimmter* Zellen *benachbarter* Ommatidien zusammengefaßt (Abbildung 5.27). Aus Gründen der Übersichtlichkeit stimmt der Maßstab in dieser Zeichnung

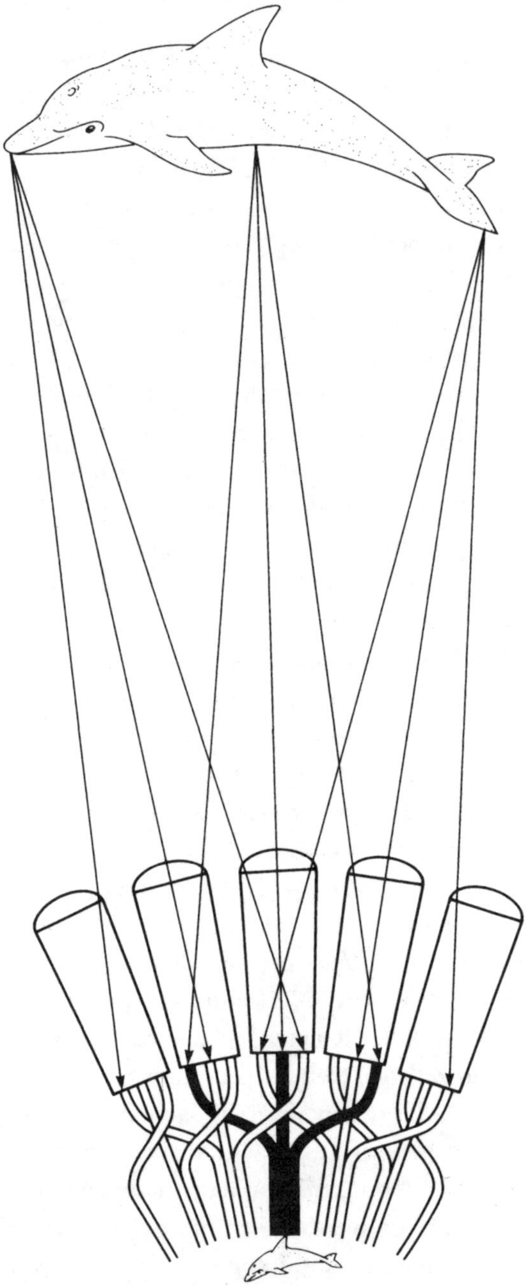

Abb. 5.27 Das geniale Prinzip des Komplexauges mit «verdrahteter Superposition».

überhaupt nicht. Aus dem gleichen Grund stellen auch die Pfeile keine Strahlen dar (die durch die Linsen gebrochen würden), sondern Übertragungen von Punkten des Delphins auf Punkte am Ende der Röhren. Jetzt erkennen wir, wie unglaublich raffiniert das Ganze konstruiert ist. Der springende Punkt besteht darin, daß die Photozellen, die in einem Ommatidium zum Kopf des Delphins blicken, mit solchen zusammengeschaltet werden, die in den benachbarten Ommatidien das gleiche wahrnehmen. Genauso sind die Photozellen, die in den benachbarten Ommatidien den Schwanz des Delphins sehen, miteinander verbunden und so weiter. Deshalb wird jeder Teil des Delphins durch eine größere Zahl von Photozellen angezeigt, als es in einem gewöhnlichen Appositionsauge mit einer einfachen Röhrenanordnung möglich wäre. Es ist keine optische, sondern eine Art rechnerische Lösung des alten Problems, mehr Photonen von einem Punkt unseres Delphins aufzunehmen.

Man erkennt auch, warum man hier von Superposition spricht, obwohl es eigentlich keine ist. Bei der echten Superposition mit Linsen oder Spiegeln überlagert sich das Licht, das durch benachbarte Facetten fällt, so daß viele Photonen vom Kopf des Delphins letztlich an dieselbe Stelle gelangen. Bei der neuralen Superposition treffen die Photonen wie im Appositionsauge auf verschiedene Stellen, aber die Signale, die diese Photonen auslösen, gelangen durch die kunstvolle Verknüpfung der zum Gehirn führenden Nerven an dieselbe Stelle.

Wie ich erwähnt habe, verlief die Evolution des Kameraauges nach der Schätzung von Nilsson so schnell, daß sie nach erdgeschichtlichen Maßstäben mehr oder weniger augenblicklich beendet war. Nur mit viel Glück würde man Fossilien finden, in denen sich die Übergangsstadien widerspiegeln. Für Komplexaugen und die anderen Konstruktionsprinzipien hat man keine so genauen Schätzungen vorgenommen, aber ich bezweifle, daß ihre Evolution wesentlich länger dauert. In der Regel rechnet man nicht damit, daß man an Fossilien Einzelheiten der Augen erkennen kann, denn sie sind so weich, daß sie nicht versteinern. Komplexaugen sind aber in dieser Hinsicht eine Ausnahme, denn viele ihrer Details verraten sich durch die elegante Anordnung der mehr oder weniger stark verhornten Facetten auf ihrer Oberfläche. Tafel 5.28 zeigt ein Trilobitenauge aus dem Devon vor etwa 400 Millionen Jahren. Es sieht genauso hochentwickelt aus wie ein heutiges Komplexauge. Genau das erwartet man auch, wenn die Zeit, die zur Evolution eines Auges gebraucht wird, nach erdgeschichtlichen Maßstäben zu vernachlässigen ist.

Eine Hauptaussage dieses Kapitels lautet: Augen entstehen in der Evolution leicht, schnell und beim geringsten Anlaß. Zu Beginn habe ich einen Experten zitiert, nach dessen Ansicht sich Augen in verschiedenen Gruppen des Tierreiches mindestens vierzigmal unabhängig voneinander entwickelt haben. Diese Behauptung scheint auf den ersten Blick durch eine Reihe verblüffender experimenteller Befunde in Frage gestellt zu werden, über die eine Schweizer Arbeitsgruppe, die mit Professor Walter Gehring assoziiert ist, kürzlich berichtete. Ich möchte ihre Erkenntnisse kurz darlegen und dann erklären, warum sie der Schlußfolgerung dieses Kapitels in Wirklichkeit nicht widersprechen. Bevor ich damit beginne, muß ich mich für eine völlig verrückte Konvention entschuldigen, der die Genetiker beim Benennen von Genen folgen. Die Taufliege *Drosophila* besitzt ein Gen mit der Bezeichnung *eyeless* («augenlos»), das aber in Wirklichkeit Augen entstehen läßt (ist das nicht herrlich?). Diese böswillig-verwirrende terminologische Widersprüchlichkeit hat einen sehr einfachen und sogar interessanten Grund. Was ein Gen bewirkt, erkennt man daran, was passiert, wenn es nicht funktioniert. Es gibt ein Gen, das bei einem Defekt (einer Mutation) dafür sorgt, daß Fliegen keine Augen haben. Deshalb bezeichnet man die Position dieses Gens auf den Chromosomen als *eyeless*-Locus («locus» ist das lateinische Wort für «Ort», und in der Genetik bezeichnet es einen Platz auf dem Chromosom, an dem sich verschiedene Formen eines Gens befinden können). Wenn man aber von einem Locus namens *eyeless* spricht, meint man damit in der Regel die normale, unversehrte Form des Gens an diesem Locus. Daher das Paradox, daß das *eyeless*-Gen Augen erzeugt. Es ist, als würde man einen Lautsprecher als «Schweigeapparat» bezeichnen, weil man entdeckt hat, daß ein Radio keinen Ton mehr von sich gibt, wenn man den Lautsprecher entfernt. Ich halte nichts davon und bin versucht, das Gen auf *eyemaker* umzutaufen, aber das wäre auch wieder verwirrend. Mit Sicherheit werde ich es aber nicht *eyeless* nennen, sondern die allgemein übliche Abkürzung *ey* verwenden.

Nun ist es zwar ganz allgemein so, daß alle Gene eines Tieres in jeder einzelnen seiner Zellen vorhanden sind; in jedem Körperteil wird aber nur ein kleiner Teil dieser Gene angeschaltet oder «exprimiert». Deshalb unterscheidet sich die Leber von der Niere, obwohl die Zellen beider Organe die vollständige Genausstattung enthalten. Bei der ausgewachsenen *Drosophila*-Fliege wird *ey* gewöhnlich nur im Kopf exprimiert, und deshalb entwickeln sich dort die Augen. George Halder, Patrick Callaerts und Walter Gehring entdeckten nun ein experimentelles Verfahren, mit dem man *ey* auch in anderen Körperteilen zur Expression bringen kann. Sie manipulierten *Drosophila*-Larven mit raffinierten Verfahren und konnten damit erreichen, daß *ey* auch in Antennen, Flügeln und Beinen exprimiert wurde. Die so behandelten Fliegen wuchsen tatsächlich mit voll ausgebildeten Komplexaugen an Flügeln, Beinen, Antennen und anderen Stellen auf (Tafel 5.29). Diese «ektopischen» Augen sind zwar etwas kleiner als ihr normales Gegenstück, aber es sind richtige Komplexaugen mit zahlreichen gut ausgebildeten Ommatidien. Sie funktionieren sogar. Wir wissen zwar nicht, was die Fliegen damit wirklich sehen können, aber zumindest zeigen elektrische Aufzeichnungen von den Nerven am Ende der Ommatidien, daß sie lichtempfindlich sind.

Das ist der erste bemerkenswerte Befund. Noch bemerkenswerter ist Befund Nummer zwei. Mäuse besitzen ein Gen namens *small eye* und Menschen eines mit der Bezeichnung *aniridia*. Auch sie sind nach der Negativkonvention der Genetiker benannt: Mutationsbedingte Defekte dieser Gene führen dazu, daß die Augen oder Teile davon kleiner sind oder ganz fehlen. Rebecca Quiring und Uwe Waldorf, zwei andere Mitarbeiter desselben Schweizer Instituts, fanden heraus, daß diese Gene in ihrer DNA-Sequenz fast genau mit dem *Drosophila*-Gen *eyeless* übereinstimmen. Demnach ist dieses Gen von sehr frühen Vorfahren in heutige Tiere gelangt, die so entfernt verwandt sind wie Säugetiere und Insekten, und offenbar hat das Gen auch in beiden Gruppen des Tierreiches mit den Augen zu tun. Fast unglaublich ist aber die Tatsache Nummer drei: Halder, Callaerts und Gehring konnten das Mausgen in *Drosophila*-Embryonen einschleusen, und obwohl es aus der Maus stammte, ließ es – Wunder über Wunder – in den Fliegen ektopische Augen entstehen. Tafel 5.29 zeigt unten ein kleines Komplexauge am Bein einer Taufliege, das von dem Gegenstück zu *ey* aus der Maus erzeugt wurde. Interessant ist dabei übrigens auch, daß es sich um ein Insektenauge und nicht um das Auge einer Maus handelt. Das Mausgen hat einfach den *Drosophila*-eigenen Apparat der Augenentwicklung in Gang gesetzt. Gene mit fast der gleichen DNA-Sequenz wie *ey* fand man auch bei Weichtieren, Schnurwürmern (einer Gruppe von Meeresbewohnern) und Seescheiden. Es könnte gut sein, daß *ey* bei allen Tieren vorkommt, und möglicherweise erweist es sich als allgemeines Prinzip, daß eine Form dieses Gens, die von einer Art in einem Bereich des Tierreiches stammt, bei einer anderen in einem weit entfernten Bereich die Augenentwicklung auslösen kann.

Was bedeutet diese aufsehenerregende Versuchsreihe für unsere Schlußfolgerungen in diesem Kapitel? War die Annahme, die Augen hätten sich vierzigmal unabhängig entwickelt, falsch? Ich glaube nicht. Zumindest die Grundaussage, daß Augen sich leicht und beim geringsten Anlaß entwickeln, bleibt unangetastet. Vermutlich bedeuten die Experimente, daß der gemeinsame Vorfahre von Taufliegen, Mäusen, Menschen, Seescheiden und so weiter bereits Augen besaß. Dieser entfernte Urahn konnte bereits in irgendeiner Form sehen, und seine Augen, wie sie auch ausgesehen haben mögen, entwickelten sich vermutlich unter dem Einfluß einer DNA-Sequenz, die dem heutigen *ey* ähnelte. Die eigentliche Form der verschiedenen Augentypen jedoch, Einzelheiten wie Netzhaut, Linsen oder Spiegel, die Alternative zwischen Einfach- und Komplexauge sowie bei den Komplexaugen zwischen Apposition und den verschiedenen Formen von Superposition, haben sich schnell und unabhängig voneinander entwickelt. Das erkennen wir an der vereinzelten – und fast skurrilen – buntscheckigen Verteilung dieser unterschiedlichen Hilfsmittel und Systeme im Tierreich. Kurz gesagt: Tiere besitzen oftmals Augen, die denen ihrer entfernten Verwandten stärker ähneln als denen ihrer engen Vettern. Der Nachweis, daß der gemeinsame Vorfahre all dieser Tiere vermutlich irgendeine Art von Augen besaß und daß die Embryonalentwicklung aller Augen wegen ihrer vielen Gemeinsamkeiten von derselben DNA-Sequenz in Gang gesetzt werden kann, erschüttert diese Schlußfolgerung nicht.

Nachdem Michael Land freundlicherweise den ersten Entwurf für dieses Kapitel gelesen und kritisch begutachtet hatte, bat ich ihn, den Augenbereich des Unwahrscheinlichkeitsgebirges graphisch darzustellen.

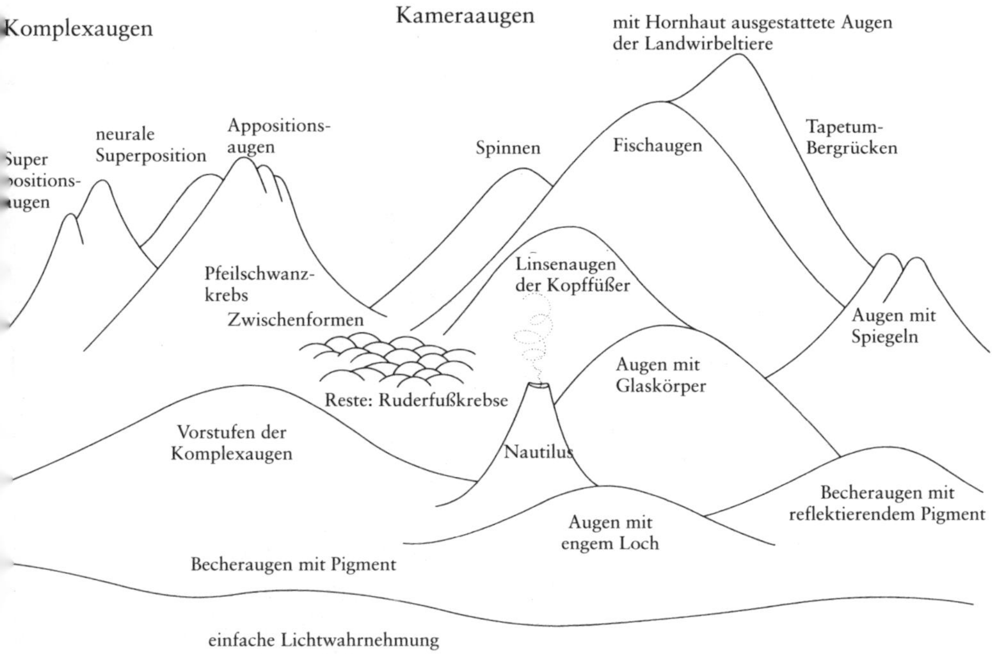

Abb. 5.30 Die Augenregion im Unwahrscheinlichkeitsgebirge: Landschaft der Augenevolution, gezeichnet von Michael Land.

Das Ergebnis zeigt Abbildung 5.30. Es liegt in der Natur von Metaphern, daß sie sich für manche Zwecke eignen und für andere nicht, und wir müssen bereit sein, sie abzuwandeln oder sogar ganz fallenzulassen, wenn es nötig ist. Der Leser wird hier nicht zum ersten Mal bemerken, daß das Unwahrscheinlichkeitsgebirge nicht nur einen einzigartigen Namen hat – das Schicksal teilt es mit dem Berggipfel Jungfrau im Berner Oberland –, sondern auch eine kompliziertere Angelegenheit mit vielen Gipfeln ist.

Dan Nilsson, der zweite große Experte für Tieraugen, der den Entwurf des Kapitels las, faßte die Hauptaussage zusammen, indem er meine Aufmerksamkeit auf das vielleicht bizarrste Beispiel für die spontane, opportunistische Evolution eines Auges lenkte. In drei verschiedenen Fischgruppen ist dreimal unabhängig der sogenannte Vier-Augen-Zustand ent-

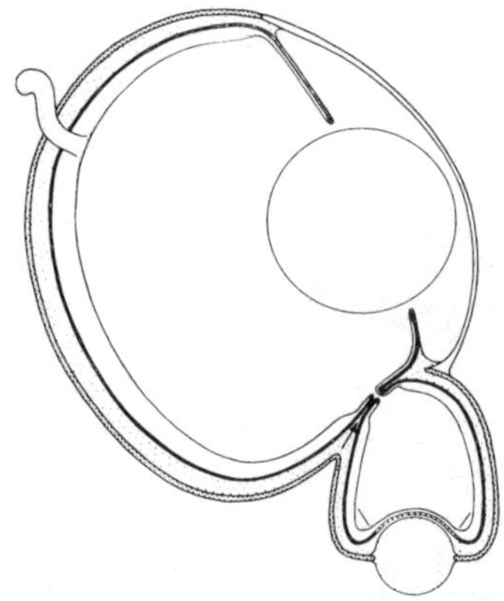

Abb. 5.31 Das bemerkenswerte Doppelauge des Fisches *Bathylychnops exilis.*

standen. Der wohl bemerkenswerteste dieser vieräugigen Fische ist *Bathylychnops exilis* (Abbildung 5.31). Er besitzt ein typisches Fischauge, das in der üblichen Richtung nach außen blickt. Zusätzlich hat sich aber ein sekundäres Auge entwickelt, das in der Wand des Hauptauges liegt und geradeaus nach unten blickt. Wer weiß, was es sieht? Vielleicht hat *Bathylychnops* unter einem schlimmen natürlichen Feind zu leiden, der sich normalerweise von unten nähert. Interessant ist aus unserer Sicht vor allem, daß die Embryonalentwicklung des sekundären Auges völlig anders verläuft als die des Hauptauges, auch wenn wir vermuten können, daß sie ebenfalls von einer Form des *ey*-Gens in Gang gesetzt wird. Und insbesondere hat diese Spezies, wie Dr. Nilsson es in einem Brief an mich formulierte, «die Linse neu erfunden, obwohl sie bereits eine besaß. Das ist ein guter Beleg für die Ansicht, daß die Evolution von Linsen nicht schwierig ist.»

Evolution ist nie so schwierig, wie wir Menschen es uns vorstellen. Darwin ging zu weit, als er einen Rückzieher machte und einräumte, die Evolution eines Auges sei nicht einfach. Und seine Frau ging zu weit, als sie in einer Randbemerkung ihre Skepsis betonte. Darwin wußte, was er tat. Die Kreationisten lieben die Stelle, die ich am Anfang dieses Kapitels zitiert habe, aber sie geben das Zitat nie vollständig wieder. Nachdem Darwin sein rhetorisches Zugeständnis gemacht hatte, fuhr er fort:

DER VIERZIGFACHE PFAD ZUR ERLEUCHTUNG

Als zum erstenmal ausgesprochen wurde, die Sonne stehe still und die Erde drehe sich, hielt die allgemeine Meinung diese Lehre für falsch; aber dem alten Sprüchlein: «vox populi, vox dei» darf, wie jeder Forscher weiß, in der Wissenschaft kein Vertrauen geschenkt werden. Die Vernunft sagt mir, daß, wenn zahlreiche Abstufungen vom einfachen und unvollkommenen Auge bis zum zusammengesetzten und vollkommenen nachgewiesen werden können, wenn jede Abstufung ihrem Besitzer nutzt, wie es sicherlich der Fall ist; wenn ferner das Auge immer variiert und diese Veränderungen erblich sind, was gleichfalls bestimmt der Fall ist; und wenn diese Veränderungen einem Tier unter wechselnden Lebensverhältnissen nützlich sind – dann dürfte die Schwierigkeit anzunehmen, daß ein vollkommenes, kompliziertes Auge durch die natürliche Zuchtwahl gebildet werden könnte – so unübersteigbar sie auch in unserer Einbildungskraft erscheint – für unsere Theorie nicht als zerstörend gelten können.

Sechstes Kapitel DAS MUSEUM ALLER SCHNECKENHÄUSER

Die natürliche Selektion ist der Druck, der die Evolution an den Hängen des Unwahrscheinlichkeitsgebirges in die Höhe treibt. «Druck» ist eine recht gute Metapher. Wir sprechen vom «Selektionsdruck», und man kann es fast spüren, wie er eine Art zur Weiterentwicklung drängt, so daß sie an den Böschungen des Gebirges höhersteigt. Die Raubtiere, sagen wir, lieferten den Selektionsdruck, der die Antilopen zur Entwicklung ihrer flinken Beine veranlaßte. Aber auch wenn wir es so ausdrücken, vergessen wir nicht, was es wirklich bedeutet: Die Gene für langsame Beine landen mit größerer Wahrscheinlichkeit im Magen der Räuber, und deshalb gibt es in der Welt weniger von ihnen. Der «Druck», der von wählerischen Weibchen ausging, trieb bei den Pfauenmännchen die Entwicklung des üppigen Federschmucks voran. Im Grunde heißt das nur, daß ein Gen für eine schöne Feder besonders leicht auf einer Samenzelle in den Körper eines Weibchens schwimmt. Aber wir stellen uns das als «Druck» vor, der die Männchen zu größerer Schönheit treibt. Raubtiere übten zweifellos einen Druck in entgegengesetzter Richtung aus – hin zu einem unauffälligeren Federkleid –, denn auffällige Männchen ziehen nicht nur die Blicke der Weibchen auf sich, sondern auch die der natürlichen Feinde. Ohne den Druck durch die Räuber wären die Männchen unter dem Druck der Weibchen noch farbenfroher. Der Selektionsdruck kann also in unterschiedliche Richtungen wirken, aber auch in der gleichen Richtung oder (die Mathematiker finden Möglichkeiten, das bildlich darzustellen) in jedem beliebigen «Winkel» zueinander. Außerdem kann der Druck «stark» oder «schwach» sein, wobei die umgangssprachliche Bedeutung dieser Wörter hier gut paßt. Welchen Weg auf das Unwahrscheinlichkeitsgebirge eine Abstammungslinie einschlägt, hängt von vielen verschiedenen Formen des Selektionsdruckes ab; sie drängen und ziehen unterschiedlich stark und in unterschiedliche Richtungen: Einmal wirken sie zusammen, ein anderes Mal arbeiten sie gegeneinander.

Aber mit dem Druck allein ist es nicht getan. Welcher Weg auf das Unwahrscheinlichkeitsgebirge gewählt wird, hängt auch von der Form der Böschungen ab. Der Selektionsdruck schiebt und zieht mit unterschiedlicher Kraft in diese und jene Richtung, aber es gibt auch Widerstandslinien und unüberwindliche Klippen. Der Selektionsdruck kann noch so sehr in eine bestimmte Richtung drängen – wenn diese Richtung durch einen unpassierbaren Steilhang versperrt ist, kommt nichts dabei heraus. Die natürliche Selektion muß zwischen Alternativen wählen können. Selektionsdruck allein, und sei er noch so stark, kann ohne genetische Variation nichts ausrichten. Wer sagt, daß Räuber einen Selektionsdruck zugunsten schnell laufender Antilopen schaffen, der meint damit nur, daß die Räuber die langsamsten Antilopen fressen. Wenn aber keine Wahlmöglichkeit zwischen den Genen langsamer und schneller Antilopen besteht – das heißt, wenn die Unterschiede in der Laufgeschwindigkeit ausschließlich von der Umwelt bestimmt sind –, findet keine Evolution statt. Dann bietet das Unwahrscheinlichkeitsgebirge in der Richtung von mehr Schnelligkeit keine Böschung, die man hinaufsteigen könnte.

Damit sind wir bei einem Bereich, in dem es echte Unsicherheiten und bei den Biologen unterschiedliche Meinungen gibt. Am einen Ende des Spektrums stehen diejenigen, nach deren Ansicht wir genetische Variationen mehr oder weniger als selbstverständlich voraussetzen können. Wenn ein Selektionsdruck besteht, sind nach dieser Vorstellung immer auch genügend genetische Varianten vorhanden, die ihn aufnehmen können. Welchen Weg eine Abstammungslinie im Evolutionsraum einschlägt, hängt demnach in der Praxis ausschließlich davon ab, wie die verschiedenen Formen des Selektionsdruckes sie hin- und herschieben. Das andere Extrem ist die Ansicht, vorhandene genetische Variationen seien der wichtigste Faktor, der die Evolutionsrichtung bestimme. Manche Fachleute gehen sogar so weit, der natürlichen Selektion eine untergeordnete Nebenrolle zuzuschreiben. Wenn wir zwei Vertreter dieser Ansichten karikieren wollten, könnten wir uns vorstellen, wie sie sich darüber streiten, warum Schweine keine Flügel haben. Der Anhänger der Selektion sagt dann: «Sie haben keine Flügel, weil Flügel ihnen keinen Vorteil bringen würden.» Der Selektionsgegner dagegen behauptet: «Schweine könnten von Flügeln durchaus Vorteile haben, aber sie besitzen keine, da keine Mutation stattgefunden hat und sich so nie Flügelstummel gebildet haben, auf die die natürliche Auslese hätte wirken können.» In Wirklichkeit ist die Diskussion komplizierter, und das Unwahrscheinlichkeitsgebirge ist, trotz seiner mannigfachen Gipfel, keine Metapher, die stark genug wäre, hier durchzusteigen. Wir brauchen ein anderes Bild, und dazu bedienen wir uns einer Art von Phantasie, wie Mathematiker sie lieben, auch wenn wir keine ausgesprochen mathematischen Symbole verwenden werden. Es ist anspruchsvoller als die Vorstellung vom Unwahrscheinlichkeitsgebirge, aber die Mühe lohnt sich. In *Der blinde Uhrmacher* habe ich kurze Ausflüge in ein Gebiet gemacht, das ich «genetischen Raum», «Land der Biomorphe» oder «Bahnen im Raum der Tiere» genannt habe. Der Philosoph Daniel Dennett ist in jüngerer Zeit weiter in dieses unerforschte Land eingedrungen und bezeichnet es in poetischer Anspielung auf Borges' Bibliothek von Babel als «Mendels Bibliothek». Meine Version in diesem Kapitel ist ein riesiges Museum mit Produkten zoologischer Phantasie.

Stellen wir uns ein Museum vor, dessen Saalfluchten sich in alle Richtungen bis zum Horizont erstrecken und ebenso nach oben und unten, so weit das Auge reicht. Ausgestellt sind darin alle Formen von Tieren, die es jemals gegeben hat, und auch alle Formen, die man sich vorstellen kann. Jedes Tier steht neben demjenigen, dem es am ähnlichsten sieht. Jede Dimension des Museums – das heißt jede Richtung, in der sich eine Flucht von Sälen erstreckt – entspricht einer Richtung, in der sich die Tiere unterscheiden. Wandert man zum Beispiel nach Norden durch eine bestimmte Reihe von Räumen, so stellt man fest, daß die Hörner der Tiere in den Vitrinen immer länger werden. Dreht man sich um und wandert nach Süden, gelangt man zu immer kürzeren Hörnern. Wendet man sich nach Osten, bleiben die Hörner gleich, aber etwas anderes verändert sich, zum Beispiel die Zähne, die immer schärfer werden. Da Hornlänge und Schärfe der Zähne nur zwei von vielen tausend Eigenschaften sind, in denen Tiere sich unterscheiden, müssen die Saalfluchten einander in vielen Dimensionen kreuzen und nicht nur in dem üblichen dreidimensionalen

Raum, den wir uns mit unserem beschränkten Geist vorstellen können. Das habe ich gemeint, als ich sagte, wir müßten mathematisches Denken lernen.

Was heißt es, in vier Dimensionen zu denken? Angenommen, wir haben es mit Antilopen zu tun und messen vier Größen: Hornlänge, Schärfe der Zähne, Länge des Darms und Behaarung der Haut. Lassen wir eine dieser Dimensionen – zum Beispiel die Behaarung – außer acht, können wir jede unserer Antilopen an ihrem richtigen Platz in einem dreidimensionalen Diagramm, also einem Würfel, mit den verbleibenden Variablen Hornlänge, Schärfe der Zähne und Länge des Darms unterbringen. Aber wie fügen wir nun die vierte Dimension hinzu, die Behaarung der Haut? Die Antwort: Wir machen die ganze Würfelprozedur für alle kurzhaarigen Antilopen, dann zeichnen wir einen neuen Würfel für alle Antilopen mit etwas längeren Haaren und so weiter. Eine bestimmte Antilope wird zunächst in dem Würfel untergebracht, der ihrer Haarlänge entspricht, dann wird sie innerhalb dieses Würfels an der Stelle angeordnet, an die sie nach ihren Hörnern, Zähnen und Gedärmen gehört. Die Behaarung ist die vierte Dimension. Im Prinzip könnte man weitere Familien von Würfeln konstruieren, und Würfel von Würfeln, und Würfel von Würfeln von Würfeln, bis man alle Tiere in der Entsprechung eines vieldimensionalen Raumes angeordnet hat.

Um einen Eindruck davon zu bekommen, was wir uns unter dem Museum aller möglichen Tiere vorzustellen haben, wollen wir uns in diesem Kapitel mit einem Sonderfall beschäftigen, der sich mehr oder weniger auf drei Dimensionen beschränken läßt. Im nächsten Kapitel werde ich dann auf die Meinungsverschiedenheiten zurückkommen, von denen zuvor die Rede war, und der anderen Seite einen konstruktiven Vorschlag machen (denn ich bin als Partisan bekannt). Der dreidimensionale Spezialfall in diesem Kapitel sind Schneckenhäuser und andere gewundene Gehäuse. Daß man die Saalfluchten mit den Schneckenhäusern auf drei Dimensionen beschränken kann, liegt daran, daß sich ihre wichtigsten Unterschiede mit nur drei Zahlen beschreiben lassen. Mit den nun folgenden Absätzen trete ich in die Fußstapfen von David Raup, einem angesehenen Paläontologen an der University of Chicago. Raup bezog die Anregung seinerseits von dem berühmten D'Arcy Wentworth Thompson, der an der alten, sehr bekannten schottischen University of St Andrews arbeitete. Sein Buch *On Growth and Form*, das 1919 erstmals erschien, hatte fast das gesamte 20. Jahrhundert über großen Einfluß auf die Zoologie, obwohl es nicht ganz ihrer Hauptrichtung entsprach. Es ist eine der kleinen Tragödien in der Biologie, daß D'Arcy Thompson kurz vor Beginn des Computerzeitalters starb, denn sein großartiges Buch schreit fast auf jeder Seite nach dem Rechner. Raup schrieb ein Programm, das Gehäuseformen erzeugt, und ich verfaßte ein ähnliches, um dieses Kapitel zu illustrieren; allerdings fügte ich es – wie nicht anders zu erwarten war – in ein Programm zur künstlichen Selektion nach Art des «Blinden Uhrmachers» ein.

Alle Gehäuse von Schnecken und anderen Weichtieren (Mollusken), aber auch die der Armfüßer (Brachiopoden), die trotz äußerlicher Ähnlichkeiten nichts mit den Weichtieren zu tun haben, wachsen auf die gleiche Art, und die unterscheidet sich von der Art und Weise, wie wir Menschen wachsen. Ein Mensch ist anfangs klein und wird dann insgesamt größer (wobei manche Teile schneller wachsen als andere), aber man kann ihn nicht auseinanderschneiden und das Stück heraustrennen, das er als Baby war. Bei einem Weichtiergehäuse ist genau das möglich: Es ist zunächst klein und wächst dann an den Rändern, so daß das junge Gehäuse das innere Teil der ausgewachsenen Form ist. Jedes Tier trägt seine Säuglingsform in Form des engsten Gehäuseteils mit sich herum. Das Gehäuse von *Nautilus* (der bereits wegen seines Lochkameraauges erwähnt wurde) ist in luftgefüllte Schwimmkammern aufgeteilt, mit Ausnahme des größten, zuletzt gebauten Abschnitts an der Wachstumskante, in dem das Tier jeweils lebt (Tafel 6.1).

Da die Gehäuse an den Rändern wachsen, haben sie, generell gesehen, alle die gleiche Form, eine feststehende Version der sogenannten logarithmischen oder gleichwinkligen Spirale. Von der logarithmischen ist die archimedische Spirale zu unterscheiden, die beispielsweise ein Seemann produziert, wenn er auf dem Deck ein Seil aufwindet. Bei ihr hat jede Windung den gleichen Abstand von der vorhergehenden – nämlich die jeweilige Dicke des Seils –, ganz gleich, wie viele Drehungen die Spirale hat. Die logarithmische Spirale dagegen öffnet sich mit zunehmender Entfernung vom Mittelpunkt immer weiter. Verschiedene Spiralen können sich unterschiedlich schnell öffnen, aber jede Spirale hat ihre spezifische Ge-

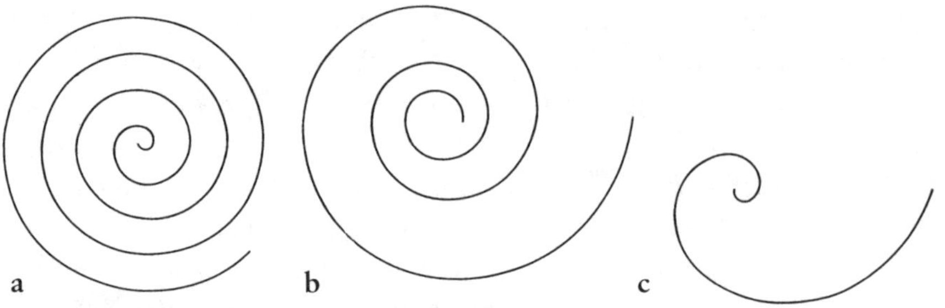

Abb. 6.2 Spiralarten: (a) archimedische Spirale; (b) logarithmische Spirale mit geringer Erweiterungsrate; (c) logarithmische Spirale mit hoher Erweiterungsrate.

schwindigkeit. Abbildung 6.2 zeigt neben einer archimedischen Spirale nach Art des aufgerollten Seils zwei logarithmische Spiralen mit unterschiedlicher Erweiterungsrate.

Schneckenhäuser wachsen nicht als Linie, sondern als Röhre. Ihr Querschnitt muß nicht kreisförmig sein wie bei einem Jagdhorn, aber vorerst wollen wir annehmen, daß es so wäre. Außerdem gehen wir davon aus, daß die gezeichnete Spirale den äußeren Rand des Rohrs darstellt. Sein Durchmesser könnte sich genau im richtigen Maße erweitern, so daß die Innenseite immer bruchlos an die vorherige Windung anschließt wie in Abbildung 6.3 a. Aber das muß nicht so sein. Wächst der Durchmesser des Rohrs langsamer als der äußere Durchmesser der Spirale, entsteht zwischen den aufeinanderfolgenden Windungen eine immer breitere Lücke (Abbildung 6.3 b). Je «lückenhafter» ein solches Gehäuse ist, desto mehr scheint es sich für einen Wurm anstelle einer Schnecke zu eignen.

Raup beschreibt die Gehäusespiralen mit drei Zahlen, die er *W*, *D* und *T* nennt. Ich hoffe, es wirkt nicht zu skurril, wenn ich sie in *weit*, *wurm* und *spira* umtaufe. Diese Bezeichnungen kann man sich einfach besser merken als die mathematischen Symbole. *Weit* ist ein Maß für die Geschwindigkeit, mit der sich die Spirale erweitert. Ein *weit*-Wert von 2 bedeutet, daß die Spirale sich mit jeder vollständigen Windung auf das Doppelte der vorherigen Größe erweitert. Das ist zum Beispiel in Abbildung 6.2 b der Fall: Dort verdoppelt sich die Weite der Spirale mit jeder Windung. Die stärker geöffnete Spirale in Abbildung 6.2 c hat einen *weit*-Wert

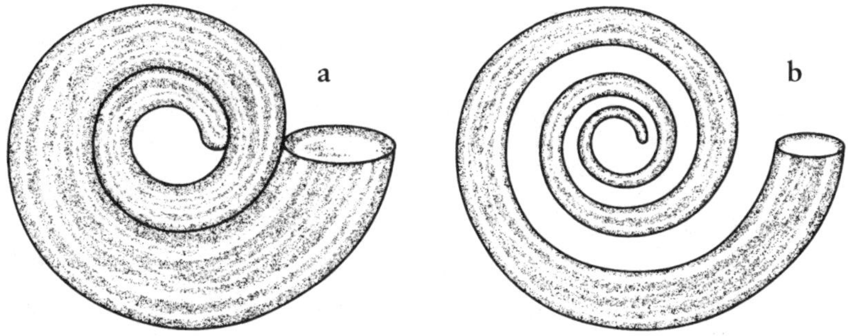

Abb. 6.3 Zwei unterschiedlich große Röhren mit der gleichen Spiralform. (a) Der Rohrdurchmesser ist so groß, daß jede Windung bruchlos an die vorhergehende anschließt; (b) bei einer engeren Röhre bleibt Luft (oder Wasser) zwischen den Windungen.

von 10: Ihre Weite würde sich mit jeder vollständigen Windung verzehnfachen (allerdings ist eine solche Spirale in der Praxis zu Ende, bevor sie eine ganze Windung beschrieben hat). Herzmuscheln und ähnliche Gebilde, die man gar nicht als Spiralen ansieht, haben *weit*-Werte von mehreren tausend.

In meiner Erklärung von *weit* habe ich bewußt nicht behauptet, daß dieser Wert ein Maß für die Zunahme des Rohrdurchmessers sei. Hier kommt die zweite Zahl *wurm* ins Spiel. Sie ist notwendig, weil das Rohr den Raum, den die weiter werdende Spirale schafft, nicht unbedingt völlig ausfüllen muß. Das Gehäuse kann Lücken haben wie die Spirale in Abbildung 6.3 b, die eher «wurmförmig» ist. Die beiden Spiralen in Abbildung 6.3 haben den gleichen *weit*-Wert (nämlich 2), aber der *wurm*-Wert ist in Abbildung 6.3 b höher (0,7) als in Abbildung 6.3 a (0,5). Ein *wurm*-Wert von 0,7 bedeutet, daß der Abstand vom Mittelpunkt der Spirale zur Innenseite des Rohrs 70 Prozent der Entfernung vom Mittelpunkt zur Außenseite des Rohrs beträgt. An welcher Stelle des Rohrs man die Messung vornimmt, ist dabei ohne Bedeutung – der *wurm*-Wert ist immer der gleiche (logisch betrachtet muß das nicht unbedingt stimmen, aber bei wirklichen Schnecken ist es offenbar häufig der Fall, und wir wollen es voraussetzen, solange nicht ausdrücklich etwas anderes gesagt wird). Wie man leicht erkennt, steht ein hoher *wurm*-Wert wie 0,99 für ein sehr dünnes, fadenförmiges Rohr, dessen Innenseitenabstand vom Mittelpunkt der Spirale 99 Prozent des Außenseitenabstandes beträgt.

Welcher *wurm*-Wert ist notwendig, damit die Windungen wie in Abbildung 6.3a genau aneinandergrenzen? Das hängt vom *weit*-Wert ab. Oder, genauer gesagt: Der *wurm*-Wert beim lückenlosen Kontakt ist genau reziprok zum *weit*-Wert (das heißt, er ist eins dividiert durch *weit*). Da *weit* in beiden Teilen von Abbildung 6.3 bei 2 liegt, beträgt *wurm* für lückenlosen Anschluß 0,5, und das finden wir in Abbildung 6.3a. In Abbildung 6.3b liegt *wurm* über dem «kritischen Anschlußwert», und deshalb hat das Gehäuse Lücken. Für eine Schnecke wie in Abbildung 6.2c mit einem *weit* von 10 beträgt der kritische *wurm*-Wert 0,1.

Und wenn *wurm* kleiner ist als der kritische Anschlußwert? Kann man sich ein so dickes Rohr vorstellen, daß es über den lückenlosen Anschluß hinausgeht und gewissermaßen in die vorherige Windung eindringt – beispielsweise eine Spirale wie in Abbildung 6.3, aber mit einem *wurm*-Wert von 0,4? Dieser Widerspruch läßt sich auf zweierlei Weise auflösen. Erstens könnte die Spirale einfach vorherige Windungen einschließen. Genau das tut *Nautilus*. Es bedeutet, daß der Querschnitt des Rohrs kein Kreis mehr sein kann, sondern ihm ein Stück «fehlen» muß. Das ist aber keine Katastrophe, denn wie ich erläutert habe, war die Annahme, der Querschnitt sei in jedem Fall kreisförmig, eine willkürliche Entscheidung. Viele Weichtiere leben sehr zufrieden in einer Röhre, deren Querschnitt alles andere als ein Kreis ist – wir werden auf sie noch zurückkommen. In manchen Fällen interpretiert man den von der Kreisform abweichenden Querschnitt des Rohrs am besten als Mittel, um Platz für vorherige Windungen des Rohrs zu schaffen.

Die andere Möglichkeit, dem Eindringen in vorherige Windungen zu entgehen, ist eine Verschiebung der Spiralebene. Damit sind wir bei *spira*, der dritten Zahl zur Kennzeichnung der Schneckenhäuser. Stellen wir uns vor, daß die wachsende Spirale seitlich ausweicht, so daß ein konisches, kreiselförmiges Gebilde entsteht. *Spira*, die dritte Zahl, bezeichnet die Geschwindigkeit, mit der die aufeinanderfolgenden Windungen an der Längsachse des Kegels entlangwandern. *Nautilus* hat zufällig einen *spira*-Wert von 0: Seine Windungen liegen alle in einer Ebene.

Damit haben wir drei Zahlen zur Beschreibung von Schneckenhäu-

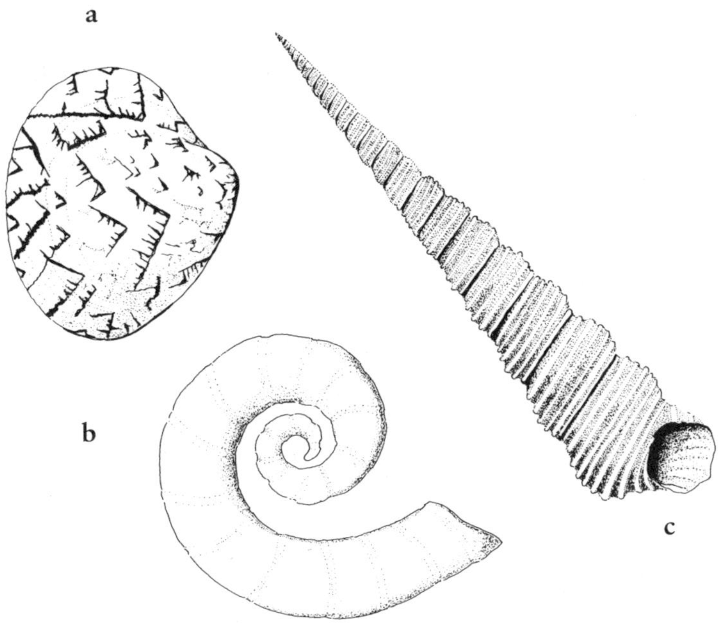

Abb. 6.4 Gehäuse, die *weit-*, *wurm-* und *spira-*Werte illustrieren. (a) Hoher *weit-*Wert: *Liconcha castrensis*, eine Muschel; (b) hoher *wurm-*Wert: *Spirula*; (c) hoher *spira-*Wert: *Turritella terebra*.

sern: *weit*, *wurm* und *spira* (Abbildung 6.4). Lassen wir eine davon, zum Beispiel *spira*, außer acht, können wir ein Diagramm für die beiden anderen auf ein Blatt Papier zeichnen. Jeder Punkt in diesem Diagramm stellt eine einzigartige Kombination der beiden Werte dar, und man kann einen Computer so programmieren, daß er das zu diesem Punkt gehörende Schneckenhaus zeichnet. Abbildung 6.5 zeigt 25 Punkte des Diagramms mit regelmäßigen Abständen. Bewegt man sich in der Zeichnung von links nach rechts, werden die Spiralen mit zunehmendem *wurm* immer «wurmförmiger». Von oben nach unten nimmt *weit* zu, so daß die Spiralen immer offener aussehen, bis sie schließlich überhaupt nicht mehr als Spiralen zu erkennen sind. Um eine gut verteilte Darstellung zu erhalten, lassen wir *weit* von oben nach unten logarithmisch ansteigen, das heißt, ein gleich großer Sprung nach unten entspricht einer *Multiplikation* mit einer Zahl (in diesem Fall 10) anstelle einer *Addition* wie in einem nor-

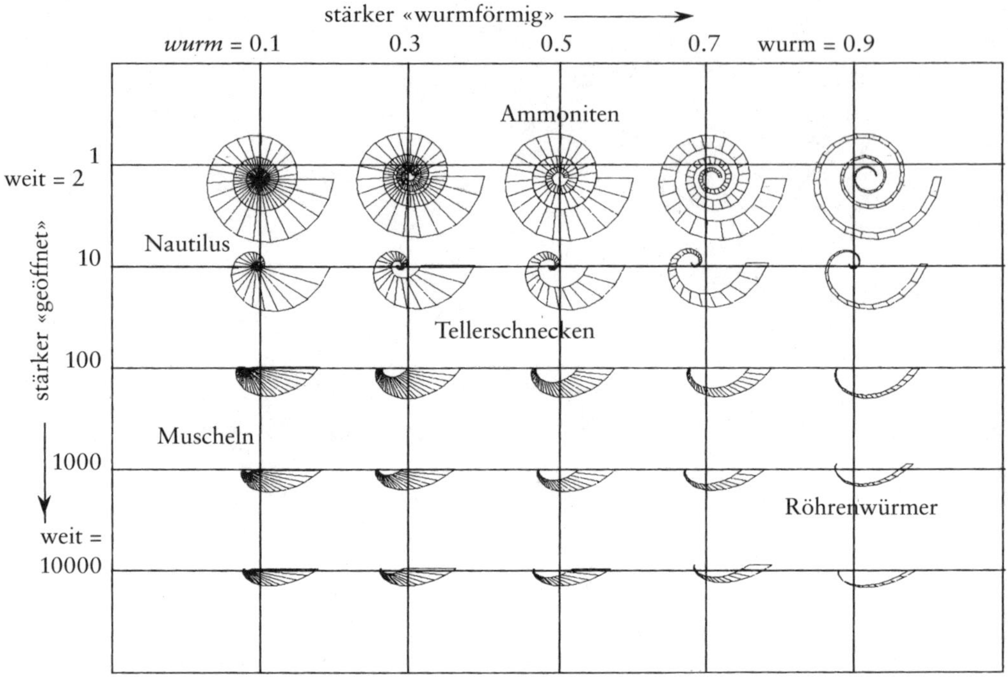

Abb. 6.5 Vom Computer erzeugte Gehäuseformen mit systematisch veränderlichem *wurm-* und *weit-*Wert. Veränderungen von *spira*, der dritten Dimension, sind in diesem Diagramm nicht zu erkennen. Die *weit-*Achse trägt eine logarithmische Skala – gleiche Abstände von oben nach unten entsprechen jeweils einem zehnfach höheren *weit-*Wert. Auf der *wurm-*Achse dagegen nimmt die «Wurmförmigkeit» mit jedem Schritt von links nach rechts um den gleichen Betrag zu. Einige wirkliche Tiere sind mit ihrer ungefähren Position in das Diagramm eingetragen.

malen Diagramm und auch in der Zunahme der *wurm-*Werte in waagerechter Richtung. Die logarithmische Skala ist notwendig, damit wir die Gehäuse von Herz- und anderen Muscheln (die *weit-*Werte von mehreren tausend haben, so daß kleine Unterschiede keine Rolle spielen) in demselben Diagramm (und zwar unten links) darstellen können wie Ammoniten und Schneckenhäuser (deren *weit-*Werte in der Regel im einstelligen Bereich liegen, wobei geringfügige Abweichungen zu beträchtlichen Veränderungen führen). Die Formen in den verschiedenen Bereichen des Dia-

weit = 2, *wurm* = 0, *spira* = 3

weit = 1.3, *wurm* = 0, *spira* = 8.2

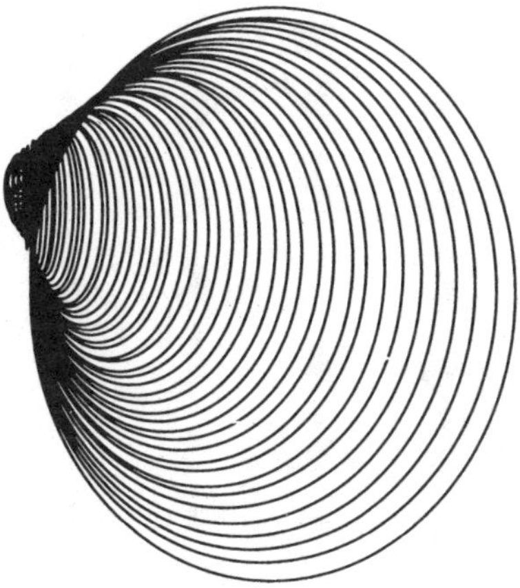

weit = 1000, *wurm* = 0, *spira* = 0.5

weit = 2, *wurm* = 0.25, *spira* = 1.5

Abb. 6.6 Vier vom Computer gezeichnete Gehäuse in «Röntgenansicht»; man erkennt die unterschiedlichen *weit*-, *wurm*- und *spira*-Werte.

gramms ähneln Ammoniten, *Nautilus*, Muscheln, Tellerschnecken und Röhrenwürmern; ihre ungefähren Positionen habe ich gekennzeichnet.

Mein Computerprogramm kann zwei Ansichten von Schneckenhäusern zeichnen. Abbildung 6.5 zeigt diejenige, in der die Form der Spirale hervorgehoben wird. Die zweite, ein Querschnitt in «Röntgenansicht», ist in Abbildung 6.6 dargestellt; sie vermittelt einen Eindruck von der robusten Gestalt der Schneckenhäuser. Tafel 6.7 ist eine Röntgenaufnahme echter Schneckenhäuser, die diese Ansicht näher erklärt. Die vier Gehäuse in Abbildung 6.6 sind ausgewählte Computerbilder, die wie die echten Gehäuse in Abbildung 6.4 verschiedene Werte von *weit*, *wurm* und *spira* deutlich machen.

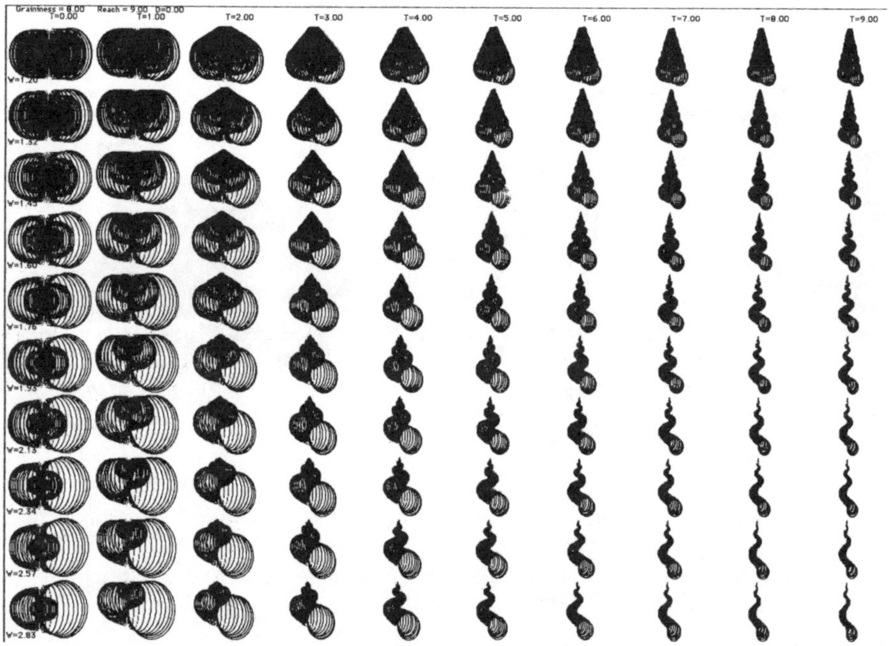

Abb. 6.8 Computerdiagramm mit Gehäuseformen (in «Röntgenansicht»), in dem *weit* (hier W genannt, von oben nach unten) gegen *spira* (T, von links nach rechts) aufgetragen ist. Die Skala für *weit* ist wie in Abbildung 6.5 logarithmisch, aber *weit* beschränkt sich hier auf niedrigere Werte – kein Gehäuse öffnet sich besonders weit.

Das Diagramm in Abbildung 6.8 ähnelt dem in Abbildung 6.5, nur sind die Computerzeichnungen hier in Röntgenansicht gezeigt, und die Achsen stehen nicht für *weit* und *wurm*, sondern für *weit* und *spira*.

Natürlich könnte man auch *wurm* gegen *spira* auftragen, aber den Platz möchte ich mir sparen. Statt dessen gehe ich sofort zu Raups berühmtem Würfel über (Abbildung 6.9). Da man ein Gehäuse mit drei Zahlen vollständig definieren kann (wobei wir die Frage nach der Form des Röhrenquerschnitts beiseite lassen), kann man jedem Gehäuse eine einzigartige Position in einer dreidimensionalen Schachtel zuweisen. Das Museum aller möglichen Schneckenhäuser ist – im Gegensatz beispiels-

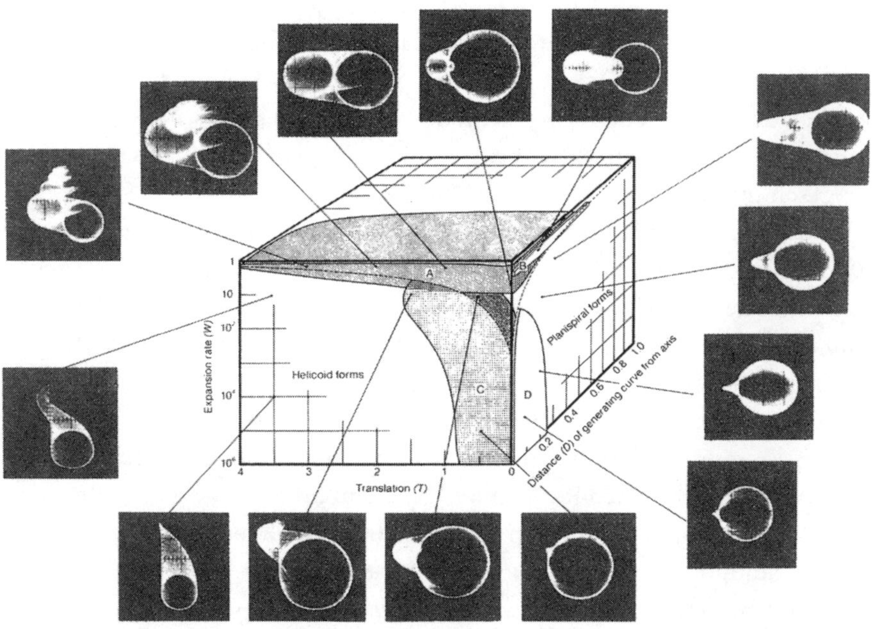

Abb. 6.9 Der Raup-Würfel. David M. Raup zeichnete ein räumliches Diagramm mit *weit* (von ihm W genannt) von oben nach unten, *spira* (T) von rechts nach links und *wurm* (D) von vorn nach hinten. Als Beispiele sind Gehäuseformen (in «Röntgenansicht») von verschiedenen wichtigen Stellen des Würfels eingezeichnet. Bereiche des Würfels, in denen sich wirklich vorkommende Gehäuse befinden, sind grau unterlegt. Die hellen Bereiche entsprechen theoretisch denkbaren Formen, die es aber in Wirklichkeit nicht gibt.

weise zum Museum aller möglichen Beckenknochen – ein einfacher Quaderbau. Jeder der drei Kennzahlen entspricht eine Dimension. Man kann im Museum stehen und zum Beispiel nach Norden wandern, in die Richtung, die wir als *wurm*-Dimension bezeichnen wollen. Auf dem Weg durch die Säle werden die Gehäuse immer «wurmartiger», alle anderen Eigenschaften bleiben aber gleich. Wenden wir uns an irgendeiner Stelle mit einer Linksdrehung nach Westen, kommen wir an Gehäusen mit stetig steigendem *spira* vorüber: Sie werden immer kegelförmiger, während alles andere gleichbleibt. Und wenn wir schließlich an irgendeiner Stelle in Ost-West- oder Nord-Süd-Richtung stehenbleiben und abwärts klettern (in der *weit*-Dimension), begegnen uns Gehäuse, die sich immer stärker öffnen. Man kann von jedem Gehäuse im Museum zu jedem anderen gelangen, wenn man sich im richtigen Winkel durch den Würfel bewegt, und unterwegs kommt man an einer ununterbrochenen Reihe von Zwischenformen vorbei. Die Abbildungen 6.5 und 6.8 kann man als Außenflächen des Raup-Würfels betrachten. Auf dem zweidimensionalen Papier können wir jede Scheibe zeichnen, die in beliebigem Winkel aus dem Würfel geschnitten wurde.

Das ursprüngliche Computerprogramm, das die Anregung für meines war, schrieb Raup. In dem von ihm veröffentlichten Diagramm versuchte er nicht, alle Gehäuse in den Würfel einzuzeichnen, sondern griff einzelne Punkte heraus. Die Bilder am Rand von Abbildung 6.9 zeigen die theoretischen Gehäuse, die an den angegebenen Stellen des Raumes liegen. Manche davon sehen wie wirkliche Schneckengehäuse aus, die man am Strand finden könnte. Andere haben auf der Erde nicht ihresgleichen, aber sie gehören dennoch in den Raum aller berechenbaren Gehäuse. Die Bereiche des Diagramms, in denen sich die tatsächlich vorhandenen Gehäuse befinden, sind in Raups Abbildung grau unterlegt.

Die Ammoniten, jene früher allgegenwärtigen Verwandten von *Nautilus*, denen offenbar das gleiche traurige Ende (wie immer es auch ausgesehen haben mag) wie den Dinosauriern beschieden war, hatten gewundene Gehäuse, aber anders als bei den Schnecken lagen ihre Windungen fast immer in einer Ebene. Ihr *spira*-Wert war 0. Zumindest gilt das für die typischen Ammoniten. Einige von ihnen jedoch, so die Gattung *Turrilites* aus der Kreidezeit, entwickelten einen hohen *spira*-Wert und erfanden demnach unabhängig ebenfalls die Schneckenform. Von solchen Ausnahmeerscheinungen abgesehen, gehören die Ammoniten an die östliche Wand des Schneckenhausmuseums (Bezeichnungen wie «östlich» und «südlich» sind natürlich willkürliche Kennzeichnungen des Diagramms). Die Vitrinen mit den Ammoniten nehmen nur die südliche Hälfte der Ostwand ein und dort nur die wenigen obersten Etagen. Die Schnecken und ihre Verwandten überschneiden sich mit dem Korridor der Ammoniten, aber sie breiten sich auch weit nach Westen aus (in der *spira*-Dimension) und dringen ein wenig weiter in die unteren Etagen des Gebäudes vor. Zum größten Teil sind diese unteren Stockwerke – wo *weit* groß ist und die Gehäuse sich schnell öffnen – aber mit den beiden großen Gruppen der zweischaligen Lebewesen besetzt. Die Muscheln erstrecken sich ein wenig nach Westen – sie haben eine leichte Drehung wie die Schnecken, aber die Röhre öffnet sich so schnell, daß sie nicht wie Schnecken aussehen. Die Brachiopoden oder Armfüßer, die, wie wir gesehen haben, keine Weichtiere sind, obwohl sie den Muscheln oberflächlich ähneln, besitzen wie die Ammoniten eine «Windung», die ganz und gar in einer Ebene liegt. Aber wie bei den Muscheln öffnet sich ihre Röhre so schnell, daß sie keine Windung besitzen, die diesen Namen verdient.

Jede einzelne Evolutionsgeschichte ist ein Weg durch das Museum aller möglichen Schneckenhäuser; um das darzustellen, habe ich das Computerprogramm zum Zeichnen von Schneckenhäusern in das umfassende Programm zur künstlichen Selektion namens «Blinder Uhrmacher» eingebaut. Dazu entfernte ich aus dem «Blinden Uhrmacher» einfach die Baumwachstums-Embryologie und setzte an ihre Stelle eine Embryologie des Schneckenhauswachstums. Das Kombinationsprogramm heißt «Blinder Schneckenmacher». Mutationen sind gleichbedeutend mit kleinen Bewegungen im Museum – wie bereits erwähnt, ist jedes Schneckenhaus von den Nachbarn umgeben, die ihm am ähnlichsten sind. Die drei Kennzahlen werden in dem Programm jeweils durch einen Genlocus wiedergegeben, dessen Zahlenwert schwanken kann. Es gibt also drei Arten von Mutationen: kleine Veränderungen von *weit*, kleine Veränderungen von *wurm* und kleine Veränderungen von *spira*. Diese Veränderungen können innerhalb bestimmter Grenzen negativ oder positiv sein. Der Mindestwert von *weit* ist 1 (kleinere Werte würden nicht Wachstum, sondern Schrumpfung bedeuten), sein Höchstwert ist nicht festgelegt. Der Wert von *wurm* ist ein Zahlenverhältnis, das von 0 bis knapp unter 1 schwanken kann (ein *wurm* von 1 entspräche einem so dünnen Rohr, daß es nicht mehr vorhanden wäre). *Spira* hat keine Begrenzungen: negative Werte bezeichnen einfach ein auf dem Kopf stehendes Gehäuse. Entsprechend dem ursprünglichen Programm «Blinder Uhrmacher» stellt der «Blinde Schnekkenmacher» in der Mitte des Bildschirms ein Ausgangsgehäuse her, das von einer Reihe ungeschlechtlich entstandener Nachkommen umgeben ist – seinen zufällig mutierten Nachkommen im Museum aller Schneckenhäuser. Der auswählende Mensch klickt mit der Maus auf das Gehäuse, das zur weiteren Zucht dienen soll. Dieses rutscht in die Mitte, und der Bildschirm füllt sich erneut mit Nachkommen. Der ganze Vorgang wiederholt sich so lange, bis die Geduld des Menschen erschöpft ist. Man merkt dabei, wie man langsam durch das Museum aller Schneckenhäuser schlendert. Manchmal kommt man an altbekannten Gehäusen vorbei, wie man sie an jedem Strand aufsammelt. Ein anderes Mal bewegt man sich außerhalb der Realität in mathematischen Räumen, in denen niemals wirkliche Schneckenhäuser existiert haben.

Wie ich zuvor erläutert habe, läßt sich die Menge aller möglichen Gehäuse zwar mit drei Zahlen beschreiben, aber das schließt eine vereinfachende Voraussetzung ein, die falsch ist: die Annahme, der Querschnitt des Rohrs sei immer ein Kreis. Zwar scheint es allgemein zu stimmen, daß die weiter werdende Röhre die gleiche Form beibehält, aber bei dieser Form handelt es sich keineswegs immer um einen Kreis. Es kann auch ein Oval sein. Mein Computerprogramm enthält ein viertes Gen namens *form*, dessen Zahlenwert sich durch Division der Höhe der ovalen Röhre durch ihre Breite ergibt. Ein Kreis ist der Sonderfall eines *form*-Wertes von 1. Dieses Gen trägt überraschenderweise viel dazu bei, daß das Modell echte Gehäuse wiedergeben kann. Aber das reicht noch nicht. Viele wirkliche Gehäuse haben verschiedene, komplizierter geformte Querschnitte, die weder kreisförmig noch oval sind und sich einer einfachen mathematischen Beschreibung entziehen. Abbildung 6.10 zeigt eine Reihe von Gehäusen, die nicht nur aus verschiedenen Teilen des würfelförmigen Museums stammen, sondern deren Röhre außerdem keinen kreisförmigen, sondern einen komplizierteren Querschnitt hat.

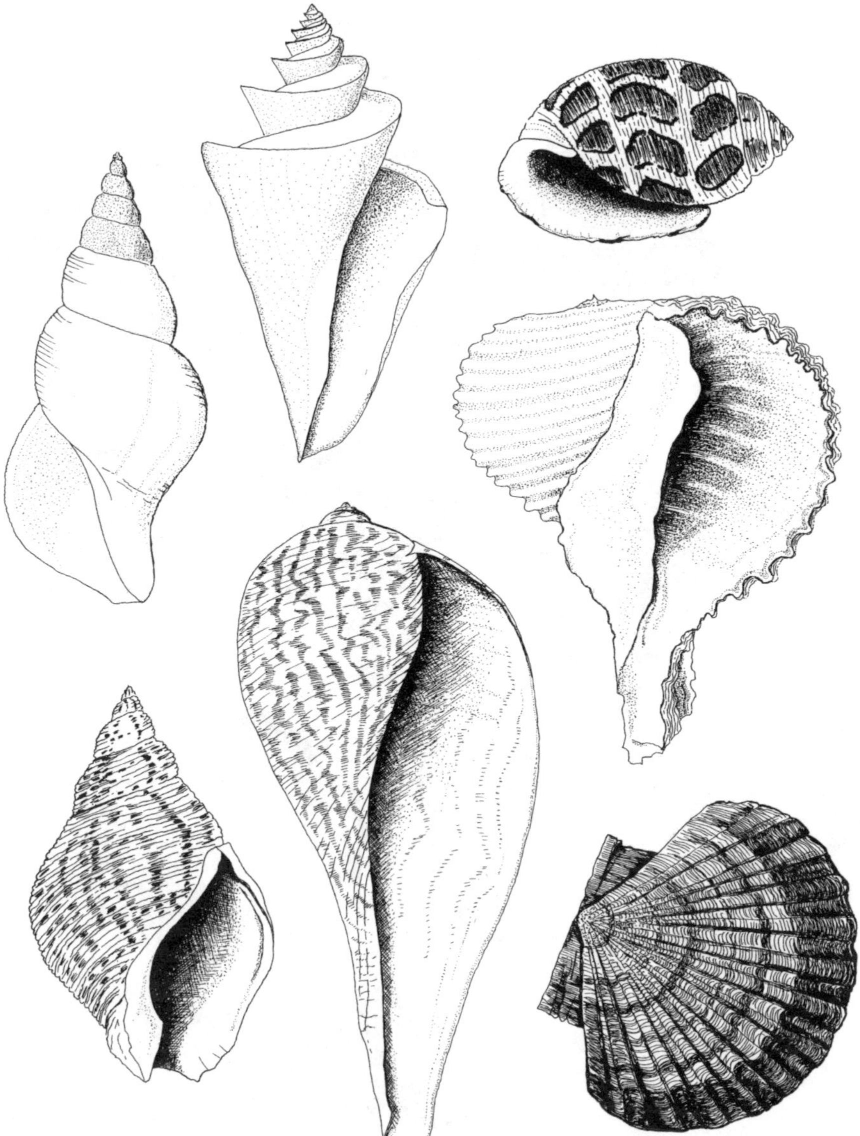

Abb. 6.10 Wirkliche Gehäuse mit unterschiedlich geformtem Querschnitt. Im Uhrzeigersinn von links unten: Wellhornschnecke *(Cominella adspersa)*; linksgedrehtes Neptunshorn *(Neptunia contraria)*; Japanische Wunderschnecke *(Thatcheria mirabilis)*; Acteonide *(Acteon eloisae)*; *Rapa rapa*; Große Kammuschel *(Pecten maximus)*; Zierliche Feigenschnecke *(Ficus gracilis)*.

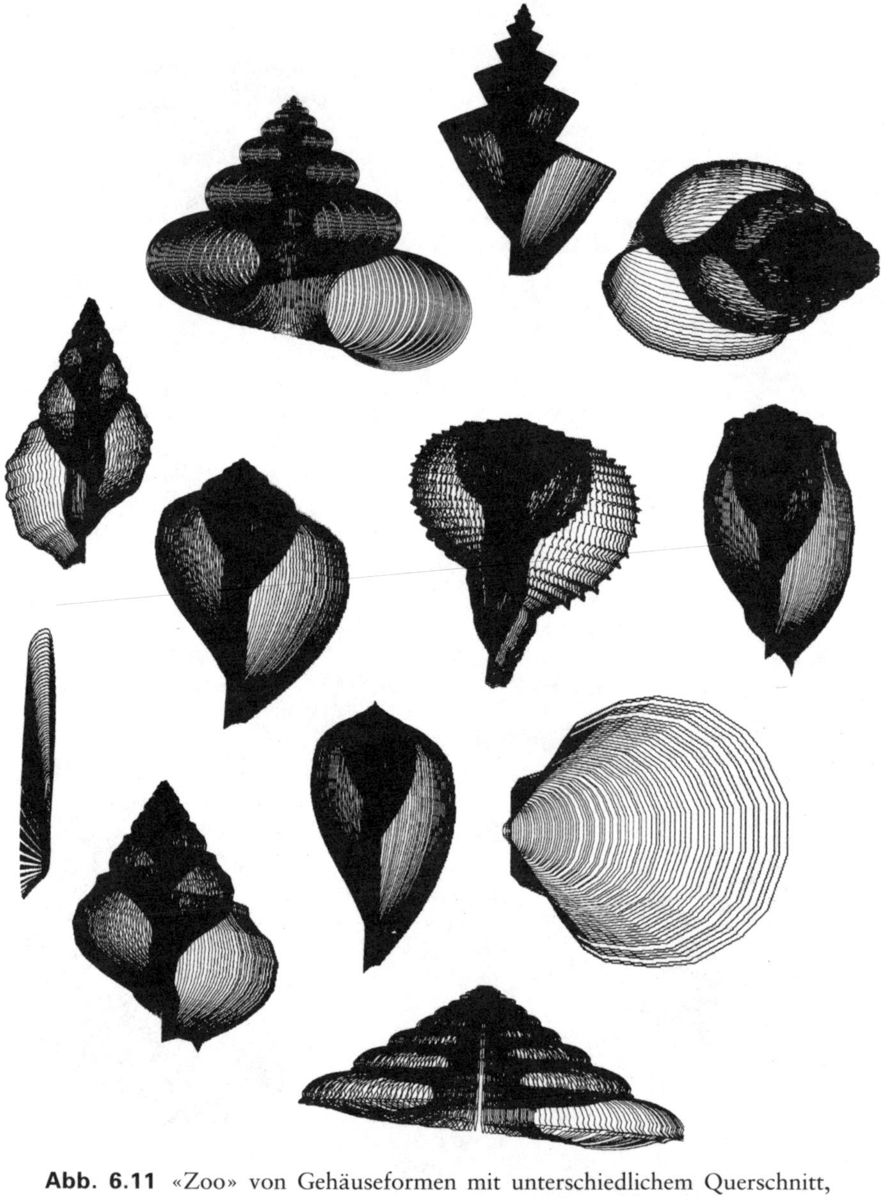

Abb. 6.11 «Zoo» von Gehäuseformen mit unterschiedlichem Querschnitt, gezüchtet mit dem Computerprogramm «Blinder Schneckenmacher». Die Zucht erfolgte durch künstliche Selektion; maßgeblich für die Auswahl war die Ähnlichkeit mit bekannten wirklichen Gehäusen, darunter einige in Abbildung 6.10.

Mein Programm «Blinder Schneckenmacher» berücksichtigt diese zusätzliche Abwandlung mit einem recht groben Notbehelf: Es liefert eine Auswahl vorgezeichneter Querschnitte. Jeder dieser Umrisse wird dann durch den derzeitigen (und durch Mutation veränderlichen) Wert des Gens *form* abgewandelt (das heißt waagerecht oder senkrecht abgeflacht). Anschließend erzeugt das Programm eine Röhre mit dem so veränderten Umriß und windet sie auf, als hätte sie einen kreisförmigen Querschnitt. Ein besserer Weg zum Umgang mit diesem Problem, den ich auch eines Tages ausprobieren werde, wäre eine Computerprogrammierung, die das wirkliche Wachstum simuliert; dazu müßte man die vordere Kante der Röhre variieren und so vielfältig geformte Querschnitte erzeugen. Aber immerhin zeigt Abbildung 6.11 einen «Zoo» von Gehäusen, die mit dem derzeitigen Programm erzeugt wurden, wenn auch durch künstliche Selektion mit dem menschlichen Auge. Sie wurden auf Ähnlichkeit mit wirklichen Gehäusen hin gezüchtet; manche ähneln in etwa denen in Abbildung 6.10, andere gleichen weiteren Gehäusen, die man am Strand oder beim Tauchen finden kann.

Die Form des Röhrenquerschnitts kann man als zusätzliche Dimension (oder als Menge von Dimensionen) im Museum aller Schneckenhäuser betrachten. Wenn wir sie beiseite lassen und zu unserer vereinfachten Vorstellung eines kreisförmigen Querschnitts zurückkehren, haben die Gehäuse unter anderem den Vorteil, daß sie sich leicht in ein Museum einordnen lassen, das wir tatsächlich in drei Dimensionen aufzeichnen können. Aber das bedeutet nicht, daß alle Teile des theoretischen Museums sich auch im wirklichen Leben wiederfinden. In Wirklichkeit ist der Gebäudequader, wie wir gesehen haben, zum größten Teil leer. Raup unterlegte die besetzten Bereiche grau (Abbildung 6.9), aber sie machen noch nicht einmal die Hälfte des Gesamtvolumens aus. Weit nach Norden und Westen beherbergt eine Saalflucht nach der anderen theoretische Gehäuse, die dem mathematischen Modell nach existieren könnten, obwohl sie auf der Erde in Wirklichkeit noch nie aufgetaucht sind. Warum nicht? Und wo wir schon einmal bei solchen Fragen sind: Warum sind die Gehäuse, die es *tatsächlich* gegeben hat, überhaupt auf ein solches quaderförmiges Gebäude beschränkt?

Wie könnte ein Gehäuse aussehen, das nicht in den mathematischen

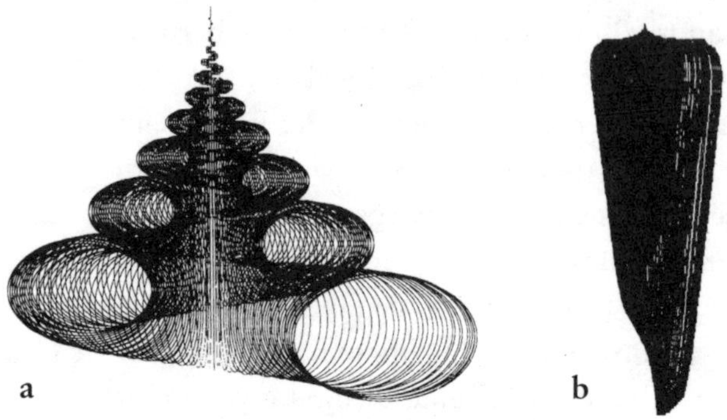

Abb. 6.12 (a) Schneckenhaus und (b) kegelförmiges Gehäuse, beide vom Computer gezeichnet; durch einen «Gradienten» im *spira*-Gen entsteht eine schmale Spitze.

Quader paßt? Abbildung 6.12 a zeigt eine solche vom Computer erzeugte Schnecke. Ihr *spira*-Wert ist nicht festgelegt, sondern ändert sich mit fortschreitendem Alter. Die jüngeren, stärker erweiterten Teile des Gehäuses wachsen mit einem niedrigeren *spira* als die engeren Bereiche, die sich früher entwickelt haben. Deshalb hat das Gehäuse eine so «unnatürliche» und vermutlich empfindliche Spitze. Es ist eine hypothetische Schnecke, die nur im Computer existiert. Auch die vom Computer gezeichnete «Kegelschnecke» in Abbildung 6.12 b hat eine unnatürliche Spitze. Sie wurde ebenfalls vom Programm «Blinder Schneckenmacher» erzeugt, aber diesmal wurde mit zunehmendem Alter ein abnehmender *spira*-Wert einprogrammiert.

Die Schneckenhäuser in Abbildung 6.13 gibt es wirklich, und ich vermute, daß sie ebenfalls einen veränderlichen *spira*-Wert haben: Er ist zu Beginn ihres Lebens hoch und sinkt mit fortschreitendem Alter allmählich ab. Nach Raups Ansicht änderten sich die Gehäusekennzahlen bei manchen Ammoniten, wenn sie älter wurden. Man könnte auch sagen: Diese seltsamen Gehäuse wandern mit fortschreitendem Alter von einem Teil des Museums in einen anderen, aber sie bleiben im Museum. Da aber der junge Körper zu einem Teil des älteren wird, gibt es eigentlich im Museum keine Vitrine, die den ganzen Organismus aufnehmen könnte. Bei der Frage, ob die Tiere in Abbildung 6.13 wirklich auf die drei Dimensionen

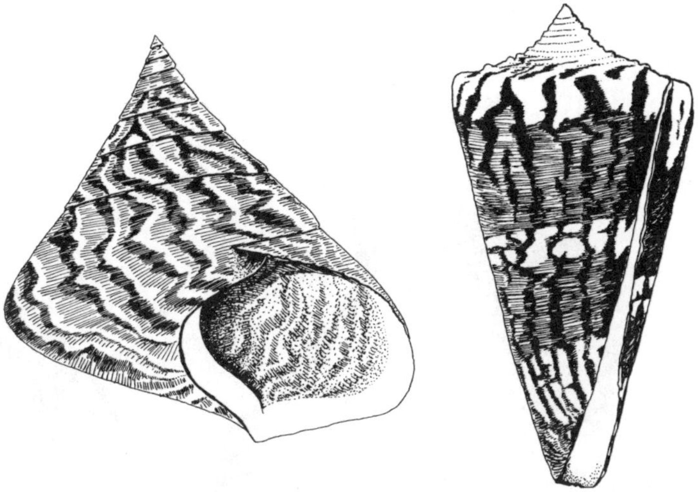

Abb. 6.13 Wirkliche Gehäuse, die den Computerzeichnungen der vorangegangenen Abbildung ähneln. Man kann deshalb annehmen, daß sie sich ebenfalls mit einem Gradienten von *spira* entwickeln. Links: *Maurea tigris*; rechts: Kegelschnecke *(Conus generalis)*.

des Würfels beschränkt sind, kann man unterschiedlicher Meinung sein. Geerat Vermeij, heute einer der führenden Fachleute für die Zoologie gehäusetragender Tiere, hält die Neigung, die Kennzahlen mit höherem Alter zu verändern, eher für die Norm und nicht für die Ausnahme. Oder mit anderen Worten: Nach seiner Ansicht ändern die meisten Weichtiere ihre Stellung in dem mathematischen Museum zumindest ein wenig, wenn sie älter werden.

Wenden wir uns nun der umgekehrten Frage zu: Warum gibt es in so großen Bereichen des Museums keine wirklichen Gehäuse? Abbildung 6.14 zeigt als Beispiel einige vom Computer gezeichnete Gehäuse aus den «nicht zugänglichen» Bereichen des Museums. Manche davon würden sich auf dem Kopf einer Antilope oder eines Büffels gut machen, aber als Molluskengehäuse haben sie nie das Licht der Welt erblickt. Mit der Frage, warum es solche Gehäuse nicht gibt, sind wir wieder bei der Meinungsverschiedenheit, von der wir ausgegangen waren. Wird die Evolution durch fehlende Variationen begrenzt, oder «will» die natürliche Se-

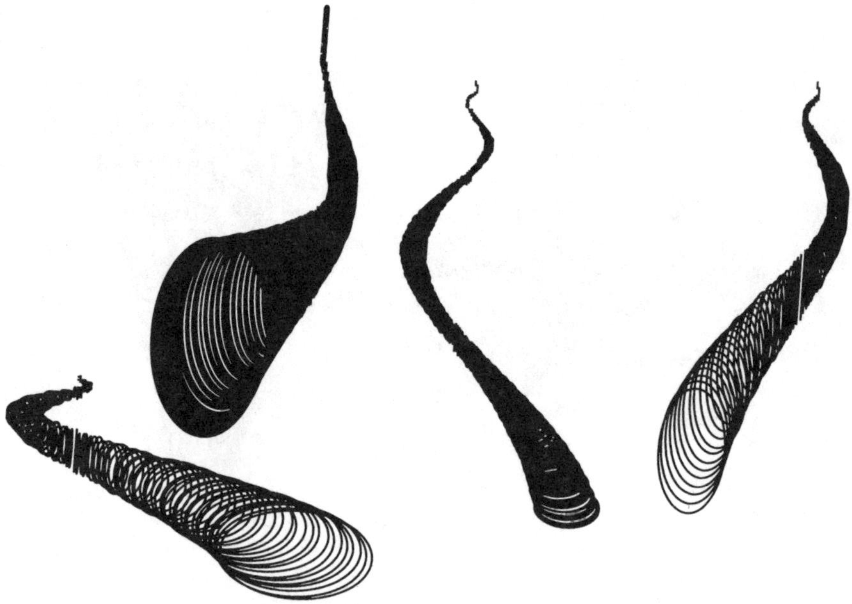

Abb. 6.14 Theoretische Gehäuse, die es nicht gibt – außer vielleicht als Antilopenhörner.

lektion bestimmte Teile des Museums überhaupt nicht betreten? Raup selbst interpretierte die leeren Gebiete – die weißen Bereiche seines Würfels – aus der Sicht des Selektionsanhängers. Es gibt für die Muscheln keinen Selektionsdruck, der sie in die Lücken treiben würde. Oder anders ausgedrückt: Gehäuse mit diesen theoretischen Formen wären im wirklichen Leben schlechte Gehäuse; vielleicht sind sie empfindlich und werden leicht zermalmt, sind anderweitig verletzlich oder zu unwirtschaftlich, was das Material angeht.

Nach Ansicht anderer Biologen standen die Mutationen, die zur Wanderung in diese Teile des Museums notwendig gewesen wären, einfach nicht zur Verfügung. Anders formuliert besagt diese Meinung: Der Würfel vorstellbarer Gehäuse, den wir gezeichnet haben, gibt eigentlich nicht den Raum aller möglichen Gehäuse wieder; große Bereiche des Quaders sind nicht möglich, auch wenn sie unter dem Gesichtspunkt des Überlebens wünschenswert wären. Mein eigener Instinkt bevorzugt Raups Interpretation, aber ich möchte das Thema vorerst nicht weiterverfolgen, denn ich habe die Gehäuse ohnehin nur beschrieben, weil ich deutlich machen wollte, was wir unter dem mathematischen Raum aller möglichen Tiere verstehen.

Ich kann aber die «nicht zugänglichen» Bereiche nicht verlassen, ohne einen kurzen Blick auf einige Seltsamkeiten zu werfen, die tatsächlich existieren. *Spirula* ist ein kleines, schwimmendes Weichtier aus der Gruppe der Kopffüßer (zu der auch Tintenfische und Ammoniten gehören) und ein Verwandter von *Nautilus*. Die geöffnete Gehäuseform deutet auf ein hohes *wurm* hin (größer als 1/*weit*), und in dieser Eigenschaft haben wir *Spirula* schon in Abbildung 6.4 kennengelernt. Wenn man nun davon ausgeht, daß Schalen wie diese mit hohem *wurm* schwach gebaut sind und deshalb in der Regel nicht überleben, dann paßt *Spirula* ganz gut dazu: Das Tier lebt nämlich nicht in dem Gehäuse, sondern benutzt es als inneres Schwimmorgan. Da das Gehäuse nicht zum Schutz dient, erlaubte ihm die Natur einen Evolutionsweg, der in eine ansonsten nicht zugängliche Region des Museums führte. Es befindet sich immer noch eindeutig in-

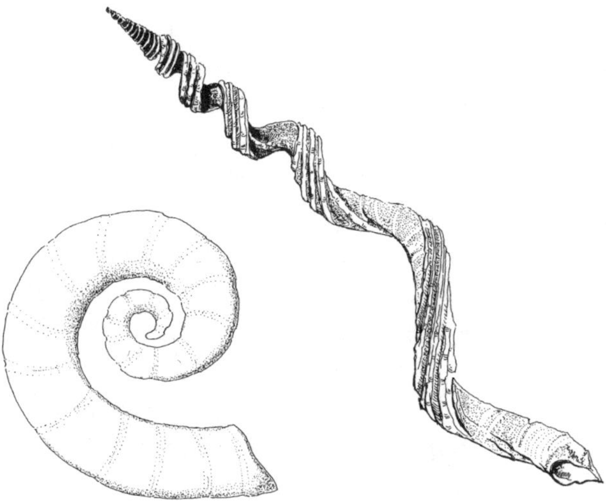

Abb. 6.15 Echte Gehäuse aus einer dünn besetzten Region im Museum aller Schneckenhäuser: das Posthörnchen *(Spirula spirula)* und die westindische Röhrenschnecke *Vermicularia spirata*.

nerhalb des Museumswürfels. Das gleiche dürfte auch für die westindische Röhrenmuschel in Abbildung 6.15 gelten, die sich die Lebensweise – und die Form – eines Röhrenwurmes zu eigen gemacht hat. Unten rechts in Abbildung 6.8 befinden wir uns zumindest allgemein in dem Teil des Museums, in dem die westindische Röhrenmuschel zu Hause ist. Andererseits haben enge Verwandte dieses Tiers (und auch einige ausgestorbene Ammoniten) eine viel seltsamere, unregelmäßigere Form, so daß man sie im Museum sicherlich nirgendwo unterbringen kann.

Unser Museum läßt nicht nur die Tatsache außer acht, daß der Röhrenquerschnitt nicht unbedingt ein Kreis sein muß. Es berücksichtigt auch nicht die vielfältigen Oberflächenmuster der Gehäuse: die Tigerstreifen und Leopardenflecken in Abbildung 6.10, die V-förmige Kalligraphie in Abbildung 6.4 a und die ganze Palette der Riffelungen und Wülste, die auf anderen Gehäusen modelliert oder aufgezeichnet sind. Manche dieser Muster können wir in unser Modell einbauen, indem wir dem Computer folgende Anweisung geben: «Wenn du das wachsende Rohr in ständig wiederholten Zyklen als Reihe von Ringen aufbaust, mach jeden *n*ten Ring dicker als die übrigen.» Das führt je nach Wert von *n* zu senkrechten Streifen, die in regelmäßigen Abständen auf der Gehäuseoberfläche liegen. Raffiniertere Muster kann man mit komplizierteren Regeln für den Computer erzeugen. Eine ganz besondere Untersuchung solcher Regeln nahm der deutsche Wissenschaftler Hans Meinhardt vor. Tafel 6.16 zeigt links zwei Oberflächenmuster echter Gehäuse von einer Oliven- und einer Walzenschnecke. Rechts erkennt man zwei verblüffend ähnliche Muster, die mit den Computerregeln in Meinhardts Programm erzeugt wurden. Wie man daran erkennt, ähneln die Produkte des Programms den Computerbiomorphen, aber sie entstehen nicht in Form wachsender Zweige, sondern durch Wellen einer Aktivität, die über die Zellen hinwegfegen und dabei die Pigmentbildung anregen oder hemmen. Die Einzelheiten finden sich in seinem Buch *The Algorithmic Beauty of Sea Shells*; ich muß aber das Thema jetzt verlassen und zu meinem Hauptgegenstand zurückkehren: dem Museum aller Schneckenhäuser.

Ich habe den Vergleich mit einem Museum einer einzigartigen Tatsache wegen eingeführt: Sieht man von den Komplikationen des Röhrenquerschnitts, der Musterung und der wechselnden Kennzahlen ab, lassen sich die meisten Gehäusevarianten näherungsweise mit einer Zeichenregel und nur drei Zahlen darstellen. Um anderen Formen aus dem Tierreich gerecht zu werden, muß man sich meist ein Museum mit viel mehr Dimensionen vorstellen, als wir zeichnen können. Sich das Museum aller Tiere mit seinen unzähligen Dimensionen auszumalen ist zwar schwierig, aber man kann sich durchaus die einfache Idee merken, daß jedes Tier neben den Nachbarn steht, die ihm am ähnlichsten sind, und daß man sich nicht nur entlang der Korridore, sondern in jeder beliebigen Richtung durch das Museum bewegen kann. Eine Evolutionsgeschichte ist ein gewundener Weg durch einen Teil des Museums. Und da die Evolution in allen Bereichen des höchst vielfältigen Tier- und Pflanzenreiches unabhängig abläuft, können wir uns Tausende solcher Wege vorstellen, die in unterschiedlicher Richtung durch verschiedene Regionen des vieldimensionalen Museums verlaufen (man beachte, wie weit wir uns von der ganz anderen Metapher des Unwahrscheinlichkeitsgebirges entfernt haben).

Jetzt können wir die Debatte vom Anfang des Kapitels neu beleben: Nach Ansicht mancher Biologen findet man bei den Wanderungen durch die Museumskorridore in allen Richtungen allmähliche Abstufungen. Große Teile des Museums werden in Wirklichkeit zwar nie mit wirklich einmal lebenden Tieren bestückt, aber nach Ansicht dieser Biologen könnten sie bestückt werden, wenn die natürliche Selektion ihre Nase in diese Bereiche stecken «wollte». Die Biologen einer anderen Gruppe – ich stehe ihnen weniger nahe, aber sie könnten ebenfalls recht haben – glauben, daß große Bereiche des Museums der natürlichen Selektion für immer verschlossen bleiben. Die natürliche Selektion könnte demnach zwar eifrig an die Türen eines Korridors trommeln, aber sie würde nicht eingelassen, weil die dazu erforderlichen Mutationen sich einfach nicht ereignen können. Andere Teile des Museums sind einer phantasievollen Spielart dieser Ansicht zufolge keineswegs unzugänglich, sondern wirken auf die natürliche Selektion wie Magnete: Sie ziehen Tiere an, fast ungeachtet aller Bemühungen der natürlichen Selektion. Nach dieser Sichtweise des Lebens ist das Museum aller möglichen Tiere kein gleichmäßig angelegtes Gebäude, in dessen langen Saalfluchten und prächtigen Korridoren sich die Eigenschaften bruchlos ändern, sondern eine Anordnung gut getrennter Magnete, von denen jeder einen Klumpen Eisenfeilspäne trägt. Die

Eisenfeilspäne entsprechen den Tieren, und die leeren Räume zwischen den Magneten stellen Zwischenformen dar, die, wenn sie entstünden, überleben könnten oder auch nicht, die es aber von vornherein überhaupt nicht geben kann. Eine andere und vermutlich bessere Art und Weise, diese Ansicht zu formulieren, wäre zu sagen, daß die Wahrnehmung dessen, was eine «Zwischenform» oder einen «Nachbarn» im Raum aller möglichen Tiere ausmacht, falsch ist. Nachbarn sind diejenigen Formen, die tatsächlich durch einen einzigen Mutationsschritt zu erreichen sind. In unseren Augen können sie aussehen wie Nachbarn oder auch nicht.

Ich bin in dieser Kontroverse beiden Seiten gegenüber aufgeschlossen, obwohl ich selbst in eine Richtung neige. Auf einem aber bestehe ich: Wenn es in der Natur eine ausreichend starke Illusion guter Gestaltung zu einem Zweck gibt, ist die natürliche Selektion der einzige bekannte Mechanismus, mit dem sie sich erklären läßt. Ich bestehe nicht darauf, daß die natürliche Selektion den Schlüssel zu sämtlichen Korridoren im Museum aller Tiere besitzen müsse, und mit Sicherheit glaube ich nicht, daß jeder Teil des Museums von jedem anderen Teil aus zu erreichen ist. Die natürliche Selektion kann höchstwahrscheinlich nicht überall nach Belieben herumwandern. Vielleicht haben einige meiner Kollegen recht, und die natürliche Auslese, die in unserem Museum herumschleicht oder sogar herumspringt, hat nur eine sehr begrenzte Zugangsberechtigung. Aber wenn ein Ingenieur ein Tier oder Organ betrachtet und sieht, daß es für eine Aufgabe gut gestaltet ist, werde ich aufstehen und behaupten, daß die natürliche Selektion für die hohe Qualität der scheinbaren Gestaltung verantwortlich ist. «Magneten» oder «Attraktoren» im Raum der möglichen Tiere können ohne Mitwirkung der natürlichen Selektion nicht zu guter funktioneller Gestaltung gelangen. Aber jetzt möchte ich eine mildere Haltung einnehmen und die Vorstellung der «kaleidoskopischen» Embryonalentwicklung vorstellen.

Siebtes Kapitel KALEIDOSKOP DER EMBRYONEN

Organismen werden durch Wachstumsvorgänge aufgebaut, und zwar vorwiegend im Embryo. Wenn eine Mutation die Körperform ändert, wirkt sie deshalb in der Regel auf die Vorgänge während der Embryonalentwicklung ein. Eine solche Genveränderung könnte zum Beispiel dafür sorgen, daß ein bestimmter Gewebeabschnitt im Kopf des Embryos schneller wächst, so daß der Erwachsene später einen vorstehenden Unterkiefer hat. Veränderungen in einem frühen Stadium der Embryonalentwicklung können später tiefgreifende Wirkungen haben – zwei Köpfe vielleicht oder ein zusätzliches Flügelpaar. Solche drastischen Mutationen werden aus Gründen, die wir in Kapitel 3 kennengelernt haben, von der natürlichen Selektion meist nicht begünstigt. In diesem Kapitel geht es mir um etwas anderes: Die *Art* von Mutationen, auf die die natürliche Selektion einwirken kann, hängt von der Embryonalentwicklung der jeweiligen Spezies ab. Bei Säugetieren entwickeln sich Embryonen ganz anders als bei Insekten. Entsprechende, wenn auch kleinere Unterschiede der Embryonalentwicklung dürfte es auch zwischen den verschiedenen Ordnungen der Säugetiere geben. Ich will darauf hinaus, daß manche Formen der Embryonalentwicklung sich in einem gewissen Sinn «besser» weiterentwickeln als andere. Damit meine ich nicht, daß häufiger Mutationen auftreten – das ist ein ganz anderes Thema. Ich glaube vielmehr, daß die Variationen, die bei einer bestimmten Form des Embryonenwachstums auftreten, von ihrem Wesen her innerhalb der Evolution vielversprechender sind als die Variationen anderer Arten von Entwicklung. Außerdem könnte eine Art Selektion höherer Ordnung – ich habe bereits früher von der «Evolution der Evolutionsfähigkeit» gesprochen – dazu führen, daß die Welt mit Geschöpfen bevölkert ist, die sich aufgrund ihrer Embryonalentwicklung gut für die weitere Evolution eignen.

Diese Ansicht, geäußert von einem durch und durch überzeugten Darwinisten wie mir, könnte wie blanke Ketzerei erscheinen. Als anständiger Neodarwinist geht man nicht davon aus, daß die natürliche Selektion aus großen Gruppen wählen kann. Und waren wir uns nicht in Kapitel 3 einig, daß die natürliche Selektion eine Mutationsrate von Null begünstigt (die zum Glück für die Lebenswelt der Zukunft nie erreicht wird)? Wie können wir jetzt behaupten, eine bestimmte Embryonalentwicklung könne besonders «gut» sein für Mutationen? Nun, vielleicht in folgendem Sinn: Manche Formen der Embryonalentwicklung dürften bevorzugt anfällig für Veränderungen eines bestimmten Typs sein, andere neigen zu anderen Formen der Variation. Und manche dieser Formen sind in der Evolution in gewisser Hinsicht fruchtbarer, vielleicht weil sie eher ein breites Spektrum neuer Formen hervorbringen, wie es die Säugetiere nach dem Aussterben der Dinosaurier taten. Das meine ich mit meiner recht seltsamen Vermutung, manche Formen der Embryonalentwicklung seien «evolutionsfähiger» als andere.

Eine treffende Analogie ist das Kaleidoskop, nur daß es bei Kaleidoskopen um optische Schönheit geht und nicht um nützlichkeitsorientierte Gestaltung. Die farbigen Glasstücke im Kaleidoskop lagern sich zu einer Zufallsanordnung zusammen, aber wegen der klug abgewinkelten Spiegel im Inneren des Instruments sehen wir durch das Okular eine prachtvoll regelmäßige Form, die einer Schneeflocke ähnelt. Kleine Schläge («Mutationen») an die Außenseite führen zu geringfügigen Bewegungen im Haufen der Glasstücke. Aber wir, die wir durch das Okular blicken, sehen darin Veränderungen, die sich symmetrisch an allen Stellen der Schneeflocke abspielen. Immer wieder klopfen wir an das Kaleidoskop, und dabei wandern wir scheinbar durch eine kleine Zauberhöhle voll farbenprächtig glänzender Formen.

Das Entscheidende am Kaleidoskop ist die räumliche Wiederholung. Zufällige Veränderungen wiederholen sich in allen vier Himmelsrichtungen. Oft sind es auch nicht vier, sondern noch mehr, je nach der Anzahl der Spiegel. Auch die Wirkungen von Mutationen, die für sich betrachtet Einzelereignisse sind, können sich in verschiedenen Körperteilen wiederholen. Darin können wir eine weitere Form der Nichtzufälligkeit von Mutationen sehen, die zu den in Kapitel 3 behandelten noch hinzukommt. Die Zahl der Wiederholungen hängt vom Verlauf der Embryonalentwicklung ab. Ich werde mich mit verschiedenen Arten der kaleidoskopischen Embryonalentwicklung befassen. Wie wichtig sie ist, erkannte ich durch meine Erfahrungen mit der Zucht von Biomorphen, insbesondere als ich in das Programm des «Blinden Uhrmachers» eine Art Software«spiegel» einbaute (siehe unten). Deshalb ist es kein Zufall, daß ich zur Illustration dieses Kapitels in großem Umfang Biomorphe und andere Computertiere verwende.

Erst einmal die Symmetrie, und wir fangen mit ihrem Fehlen an. Wir selbst sind ziemlich symmetrisch gebaut (allerdings nicht ganz), und das gleiche gilt auch für die meisten Tiere, die uns begegnen; deshalb vergessen wir leicht, daß Symmetrie keine selbstverständliche Eigenschaft ist, die jedes Lebewesen besitzen müßte. Manche Protozoen (einzellige Tiere) sind asymmetrisch: Man kann sie an jeder beliebigen Stelle durchschneiden, und nie werden die beiden Teile wie Bild und Spiegelbild aussehen. Wie wirkt sich eine Mutation auf ein völlig asymmetrisches Tier aus? Um diese Frage zu beantworten, beschäftigt man sich am besten mit den Computer-Biomorphen.

Die vier Biomorphe in Abbildung 7.1 a sind mutierte Varianten derselben Form, und sie sind durch eine Embryonalentwicklung entstanden, die nicht durch Symmetrie eingeschränkt war. Symmetrische Formen sind nicht verboten, aber es besteht auch keine besondere Neigung, sie zu erzeugen. Mutationen verändern nur die Form, und das ist alles: «Kaleidoskopeffekte» oder «Spiegelungen» sind nicht zu erkennen. Aber sehen wir uns einige weitere Biomorphe an (Abbildung 7.1 b). Wiederum handelt es sich um mutierte Abwandlungen einer Form, aber ihre Embryonalentwicklung beinhaltet eine Symmetrieregel: Das Programm wurde so abgewandelt, daß es an der Mittellinie einen «Softwarespiegel» aufbaut. Wie bei den asymmetrischen Biomorphen kann sich durch Mutationen alles mögliche verändern, aber jede zufällige Abwandlung auf der linken Seite wird auch nach rechts gespiegelt. Diese Formen sehen «biologischer» aus als die des vorangegangenen Bildes.

Man kann sich Symmetrieregeln in der Embryonalentwicklung als

Abb. 7.1 Biomorphe, deren Form durch unterschiedlich viele «Kaleidoskopspiegel» eingeschränkt ist und deshalb unterschiedliche Arten der Symmetrie zeigt.

Beschränkungen vorstellen. In dem strengen Sinn, daß eine uneingeschränkte Embryonalentwicklung im Prinzip sowohl symmetrische als auch asymmetrische Formen hervorbringen kann und deshalb insgesamt eine größere Fülle schafft, sind sie das auch. Aber wie wir in diesem Kapitel noch sehen werden, kann sich die Symmetrieregel auch als Bereicherung erweisen, also als das genaue Gegenteil einer Beschränkung. Bei der uneingeschränkten Embryonalentwicklung ergibt sich nämlich die Schwierigkeit, daß sie unzählige Formen durchlaufen muß, bevor zufällig einmal eine symmetrische auftaucht. Und selbst dann ist die langersehnte Symmetrie durch Mutationen in den Folgegenerationen ständig gefährdet. Wenn Symmetrie unabhängig von allen anderen Veränderungen fast immer wünschenswert ist, wird die eingeschränkte Embryonalentwicklung erheblich «produktiver», genau wie sie für unsere Augen schöner ist. Im Gegensatz zur unbeschränkten Variante verliert sie keine Zeit mit asymmetrischen Formen, die ohnehin zum Scheitern verurteilt sind.

Tatsächlich sind die Tiere in ihrer großen Mehrzahl und auch wir in der Rechts-links-Richtung zwar nicht vollständig, aber doch größtenteils symmetrisch. Schönheit als solche ist dabei nicht besonders wichtig, und deshalb müssen wir uns fragen, warum die Rechts-links-Symmetrie unter Nützlichkeitsgesichtspunkten wünschenswert ist. Manche Zoologen hängen einer Idee aus dem 18. Jahrhundert an: Danach sind Tiere in ihren wichtigen anatomischen Eigenschaften, zu denen auch die Symmetrie gehört, so und nicht anders, weil sie auf fast mystische Weise einem «grundlegenden Körperbauplan» treu bleiben. (Das Wort «Bauplan» wird auch im englischen Sprachgebrauch verwendet. In der Regel wechselt man die Sprache, um Tiefgründigkeit zu demonstrieren – «diese Tubatöne aus den Tiefen des Rheins», wie Sir Peter Medawar es sarkastisch formulierte. In Wirklichkeit aber – der Scherz sei mir in Klammern gestattet – hat der englische Begriff «blueprint» etwas Ironisches, denn er weist auf einen «reduktionistischen» Eins-zu-eins-Zusammenhang zwischen Plan und Bauwerk hin, und das würde im Zusammenhang mit der Genetik gerade diejenigen beleidigen, die das Wort «Bauplan» am meisten schätzen.) Ich bevorzuge die angelsächsische Einfachheit meines Kollegen Henry Bennet-Clark, mit dem ich das Thema erörtert habe: «Alle Fragen über das Leben haben die gleiche Antwort (die allerdings nicht immer weiterhilft): natürliche Selektion.» Die Details der Rechts-links-Symmetrie sind für die einzelnen Tierarten zweifellos in unterschiedlicher Weise nützlich, aber Bennet-Clark äußert auch einige allgemeine Vermutungen, die ungefähr in folgende Richtung gehen.

Die meisten Tiere sind entweder wurmförmig, oder sie stammen von wurmförmigen Vorfahren ab. Wenn man sich überlegt, wie das Leben als Wurm aussieht, erscheint es sinnvoll, wenn sich am einen Ende – demjenigen, das zuerst auf Nahrung trifft – ein Mund befindet, während der After am anderen Ende liegt, so daß man Abfälle hinter sich lassen kann, anstatt sie unabsichtlich zu fressen. Damit sind vorn und hinten definiert. Als nächstes besteht in der Welt gewöhnlich ein bedeutender Unterschied zwischen oben und unten. Einer der Gründe dafür ist die Schwerkraft. Insbesondere Tiere bewegen sich häufig über eine Oberfläche, zum Beispiel über die Erde oder den Meeresboden. Aus allen möglichen Detailgründen ist es sinnvoll, wenn die dem Boden zugewandte Seite eines Tieres anders aussieht als diejenige, die zum Himmel weist. Es ergibt sich also eine dorsale (Rücken-) und eine ventrale (Bauch-)Seite, und da Vorder- und Hinterende bereits festliegen, ergeben sich rechts und links von selbst. Aber warum sollten rechte und linke Seite Spiegelbilder sein? Schlicht gesagt: Warum nicht? Im Gegensatz zur Asymmetrie von vorn und hinten und von oben und unten, die gute Gründe haben, gibt es keinen Grund für die Annahme, die beste Form sehe für die linke Seite anders aus als für die rechte. Im Gegenteil: Wenn es eine beste linke Seite gibt, kann man vernünftigerweise annehmen, daß die beste rechte Seite die gleichen Eigenschaften hat. Spezifischer gesagt: Jede größere Abweichung von der Rechts-links-Symmetrie könnte dazu führen, daß das Tier im Kreis läuft, wenn es eigentlich die kürzeste Verbindung zwischen zwei Punkten wählen sollte.

Wenn man es – aus welchen Gründen auch immer – als wünschenswert voraussetzt, daß die rechte und linke Körperseite in der Evolution als zusammenhängende Spiegelbilder entstehen, hat eine «kaleidoskopische» Embryonalentwicklung mit einem einzigen «Spiegel» an der Mittellinie einen Vorteil. Neue Mutationen, die zu irgend etwas gut sind, entfalten ihre Wirkung automatisch auf beiden Seiten. Was wäre die nichtkaleidoskopische Alternative? Eine Abstammungslinie erwirbt eine nützliche Veränderung beispielsweise zunächst auf der linken Körperseite. Anschließend muß sie viele asymmetrische Generationen lang warten, bis sich auf der rechten Seite eine dazu passende Mutation einstellt. Wie man leicht erkennt, dürfte die kaleidoskopische Embryonalentwicklung durchaus Vorteile haben. Vielleicht gibt es also eine natürliche Selektion zugunsten einer immer stärker eingeschränkten – aber entsprechend produktiven – kaleidoskopischen Embryonalentwicklung.

Damit ist nicht gesagt, daß eine Asymmetrie von rechts und links im Lauf der Evolution nicht entstehen könnte. Gelegentlich wirken Mutationen sich auf einer Seite stärker aus als auf der anderen. Es gibt besondere Gründe, weshalb asymmetrische Mutationen manchmal wünschenswert sind – um die Hinterleiber von Einsiedlerkrebsen zum Beispiel in Schneckenhäuser einzupassen –, und dann werden sie von der natürlichen Selektion begünstigt. In Kapitel 4 sind wir bereits den Plattfischen, wie Schollen, Seezungen und Flundern, begegnet (siehe Abbildung 4.7). Die Schollen haben sich auf ihre ursprünglich linke Seite gelegt, und das linke Auge ist auf die anfangs rechte und jetzt obere Seite hinübergewandert. Bei den Seezungen war es im Prinzip genauso, nur liegen sie auf der rechten Seite, was vielleicht – aber nicht unbedingt – darauf hindeutet, daß diese Lebensweise sich bei beiden unabhängig entwickelt hat. Die ursprünglich linke Körperseite der Scholle ist von der Funktion her zur Unterseite geworden, deren Haut den Boden berührt, und entsprechend wurde sie flach und silbrig. Die eigentlich rechte Seite hat die Funktion der zum Himmel weisenden Oberseite übernommen, und deshalb hat sie die zugehörige gewölbte Form und die Tarnfärbung. Die anfängliche Rücken- und Bauchseite wurden in ihrer Funktion zur linken und rechten Seite. Die zugehörige Rücken- und Afterflosse, die normalerweise sehr unterschiedlich aussehen, wurden zu fast genauen Spiegelbildern und erfüllen die Funktionen einer linken und rechten Flosse. Die wiederentdeckte Rechts-links-Symmetrie von Schollen und Seezungen ist eigentlich eine gute Werbung für die Kraft der natürlichen Selektion im Gegensatz zu grundsätzlich festgelegten allgemeinen Körperbauplänen. Interessant (und durchaus durchführbar) wäre die Beantwortung der Frage, ob Mutationen bei Schollen sich automatisch auf der (neuen) linken und rechten Seite widerspiegeln (das heißt, auf der alten Rücken- und Bauchseite) oder ob sie nach dem alten Prinzip auf die ursprünglich rechte oder linke Seite (jetzt oben und unten) übertragen werden. Wurde der Unterschied zwischen der silbrigen und der getarnten Seite einer Scholle gegen den Widerstand der alten, feindseligen kaleidoskopischen Embryonalentwicklung durchgesetzt oder mit Hilfe einer freundlichen neuen kaleidoskopischen Embryonalentwicklung erreicht? Wie immer die Antwort lautet: In jedem Fall macht sie deutlich, daß «feindselig» und «freundlich» (gegenüber der Evolution) im Zusammenhang mit der Embryonalentwicklung geeignete Begriffe sind. Und wieder stellt sich die Frage: Dürfen wir die Vermutung wagen, daß eine Art natürliche Selektion höherer Ordnung die Freundlichkeit der Embryonalentwicklung gegenüber bestimmten Arten der Evolution verstärkt?

In diesem Kapitel ist die Rechts-links-Symmetrie vor allem deshalb wichtig, weil jede Mutation ihre Wirkungen nicht nur an einem Ort, sondern an zweien gleichzeitig entfaltet. Das meine ich mit kaleidoskopischer Embryonalentwicklung: Es ist, als würden die Mutationen gespiegelt. Aber rechts-links ist nicht die einzige Form der Symmetrie. Der Mutationsspiegel kann auch in anderen Ebenen aufgestellt werden. Die Biomorphe in Abbildung 7.1 c sind nicht nur von rechts nach links symmetrisch, sondern auch von vorn nach hinten, als hätte man zwei Spiegel im rechten Winkel angebracht. Wirkliche Lebewesen mit einer solchen «Zwei-Spiegel-Symmetrie» sind nicht so leicht zu finden wie solche mit Rechts-links-Übereinstimmung. Ein geisterhaft schönes Beispiel ist der Venusgürtel, ein fetzenförmiges, schwimmendes Planktontier aus dem wenig bekannten Stamm der Rippenquallen (Ctenophora). Häufiger trifft man auf eine kaleidoskopische Embryonalentwicklung mit vierfacher Symmetrie wie bei den Biomorphen in Abbildung 7.1 d. Diese Art der Symmetrie zeigen viele Quallen. Die Tiere dieses Stammes schwimmen entweder im Meer (wie die Quallen selbst), oder sie sind am Boden festgewachsen (wie die Seeanemonen); deshalb unterliegen sie nicht den Zwängen von vorn und hinten, die wir bei Würmern und anderen Kriechtieren erörtert haben. Eine Ober- und Unterseite zu besitzen haben sie allen Grund, aber der Druck in Richtung vorne-hinten oder rechts-links fehlt. Von oben gesehen besteht deshalb keine Veranlassung, einen Punkt der Rundung gegenüber anderen zu bevorzugen, und tatsächlich sind sie «radialsymmetrisch». Die Qualle in

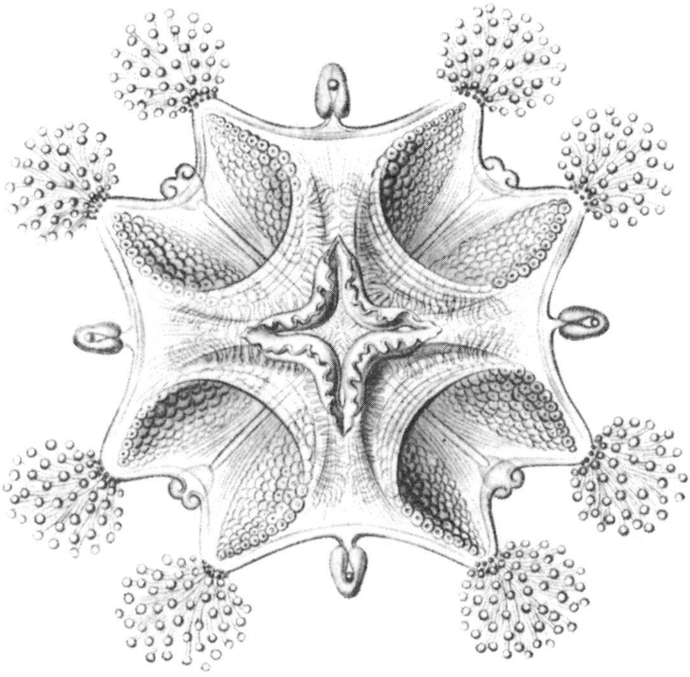

Abb. 7.2 Die Stielqualle, ein vierfach symmetrisches Tier. Man beachte, daß die vier Achsen in sich jeweils rechts-links-symmetrisch sind, so daß Abweichungen sich achtfach widerspiegeln.

Abbildung 7.2 weist zufällig eine vierfache Radialsymmetrie auf, aber wie wir noch sehen werden, kommen auch andere Zahlen von Symmetrieachsen häufig vor. Das Bild wurde, wie viele andere in diesem Kapitel, im 19. Jahrhundert von dem berühmten deutschen Zoologen Ernst Haeckel gezeichnet, der auch ein hervorragender Illustrator war.

Tiere mit einer solchen Symmetrie sind zu einer gewaltigen Formenvielfalt fähig, allerdings mit einer Einschränkung, die sich meiner Vermutung nach wiederum weniger als Beschränkung denn als kaleidoskopische Verbesserung erweisen wird. Zufällige Veränderungen wirken sich auf alle vier Ecken gleichzeitig aus. Da die Einheiten, die sich vierfach wiederholen, ihrerseits häufig ebenfalls spiegelbildlich aufgebaut sind, kommt jede Mutation achtmal zum Tragen. Sehr deutlich zeigt sich das

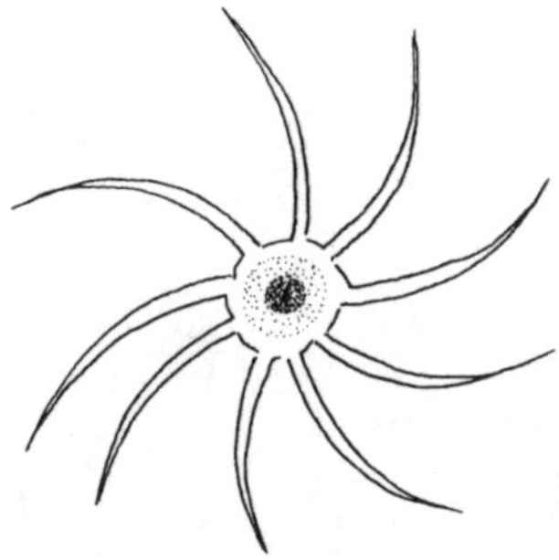

Abb. 7.3 «Hakenkreuzsymmetrie»: Samenzelle eines Panzerkrebses.

bei der Stielqualle in Abbildung 7.2, die acht kleine Quasten trägt, an jeder Ecke zwei. Eine Mutation der Quastenform würde sich vermutlich achtmal ausprägen. Wie Radialsymmetrie ohne zusätzliche Verdoppelung aussieht, erkennt man bei den Biomorphen in Abbildung 7.1 e. Wirkliche Tiere mit einer solchen «Hakenkreuz»- oder «Isle-of-Man»-Symmetrie sind kaum zu finden, aber Abbildung 7.3 zeigt, wonach wir hier suchen; dargestellt ist die Spermazelle eines Panzerkrebses.

Die meisten radialsymmetrischen Tiere zeigen unabhängig von der Zahl der Symmetrieachsen innerhalb jedes Arms eine Rechts-links-Spiegelsymmetrie. Wenn wir also wissen wollen, wie viele Male eine Mutation «gespiegelt» wird, müssen wir die Zahl der Strahlen verdoppeln. Ein typischer Seestern, dessen Arme jeweils rechts-links-symmetrisch sind, wird eine Mutation demnach zehnmal «widerspiegeln».

Besonders gern zeichnete Haeckel einzellige Lebewesen wie zum Beispiel die Diatomeen in Abbildung 7.4. Hier sehen wir kaleidoskopische Embryonalentwicklungen mit drei, vier, fünf und mehr «Spiegeln», zusätzlich zum Rechts-links-Spiegel der einzelnen Arme. Bei jeder dieser Symmetrieformen verläuft die Embryonalentwicklung so, daß Mutationen sich nicht nur an einem Ort, sondern an einer festgelegten Zahl von Stellen auswirken. Der fünfstrahlige Stern in der Mitte des oberen Rands von Abbildung 7.4 könnte zum Beispiel durch eine Mutation schärfere Spitzen bekommen. Dann würden alle fünf Spitzen gleichzeitig schärfer werden, ohne daß wir auf fünf Einzelmutationen warten müßten. Vermutlich sind die verschiedenen Zahlen von Spiegeln ebenfalls durch (viel

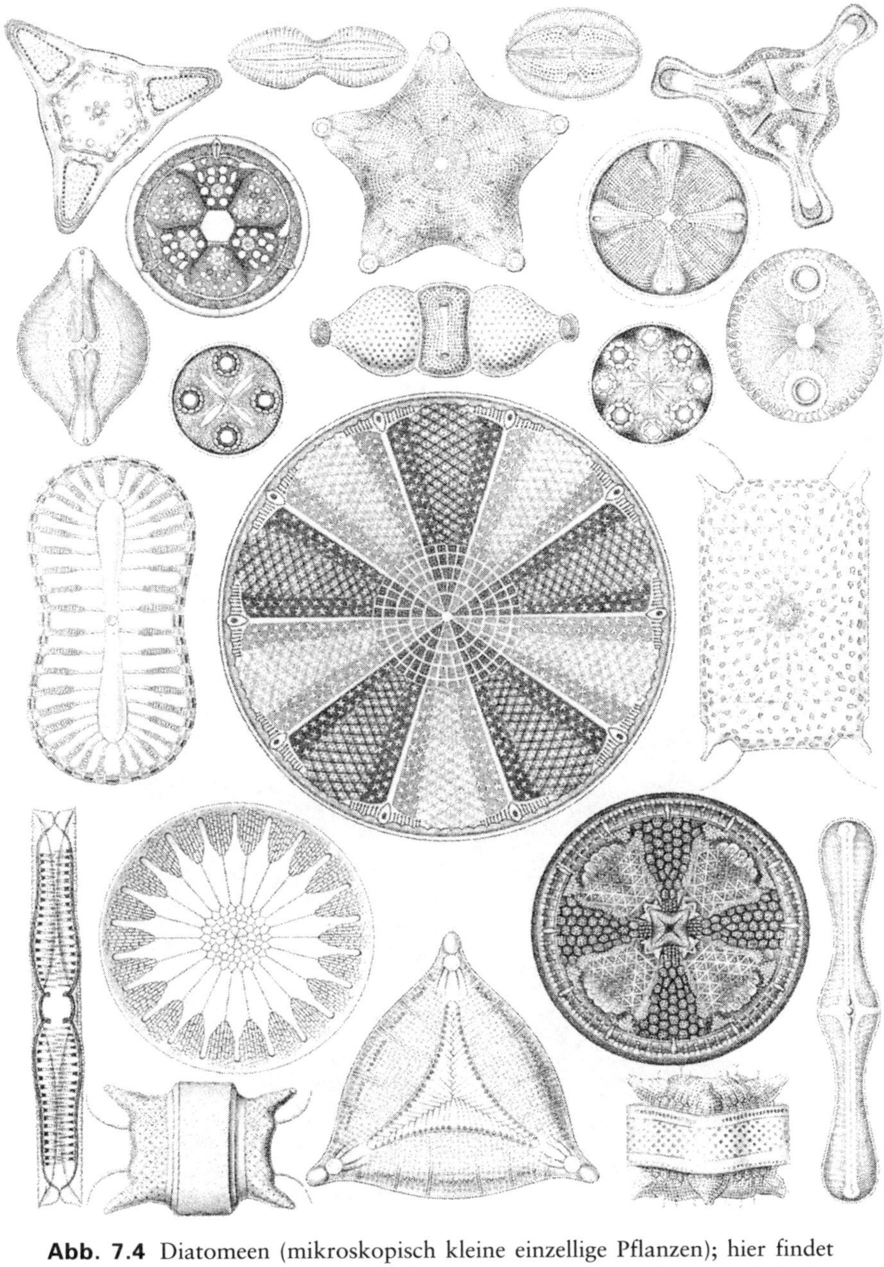

Abb. 7.4 Diatomeen (mikroskopisch kleine einzellige Pflanzen); hier findet man in einer einzigen Gruppe von Lebewesen unterschiedlich viele Kaleidoskopspiegel.

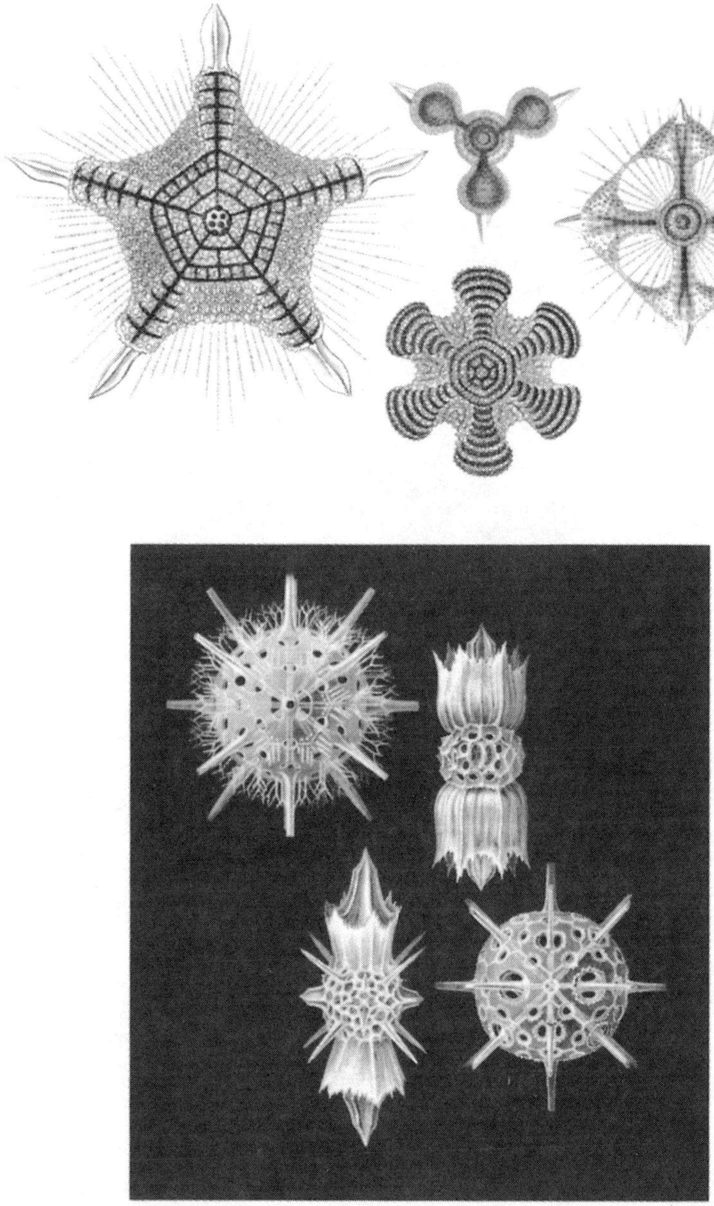

Abb. 7.5 Radiolarien (Rädertierchen). Weitere Beispiele für eine unterschiedliche Zahl von Kaleidoskop-Symmetrieachsen in einer Gruppe mikroskopisch kleiner Einzeller.

seltenere) Mutationen aus einer jeweils anderen Zahl entstanden. Ein dreizackiger Stern könnte zum Beispiel gelegentlich zu einem fünfzackigen mutieren.

Die besten mikroskopischen Kaleidoskope sind für mich die Radiolarien (Rädertiere), eine andere Gruppe von Planktonlebewesen, denen Haeckel besondere Aufmerksamkeit schenkte (Abbildung 7.5). Auch an ihnen erkennt man sehr schön die verschiedenen Ordnungen der Symmetrie, die einem Kaleidoskop mit drei, vier, fünf, sechs und mehr Spiegeln

Abb. 7.6 Ein großes, besonders schönes Radiolarienskelett.

entsprechen. Ihre winzigen Kalkskelette sind von einer Schönheit und Eleganz, die überall die kaleidoskopische Embryonalentwicklung erkennen läßt.

Das kaleidoskopische Meisterwerk in Abbildung 7.6 könnte der Visionär und Architekt Buckminster Fuller entworfen haben. (Ich hatte einmal das Glück, ihn zu hören; er war über neunzig und hielt uns mit einem dreistündigen Vortrag ohne Pause in Atem.) Das Skelett bezieht seine Widerstandskraft wie Fullers geodätische Kuppeln aus der robusten geometrischen Form des Dreiecks. Es ist eindeutig das Ergebnis einer kaleidoskopischen Embryonalentwicklung höherer Ordnung. Jede Mutation wird sich darin viele Male widerspiegeln. Die genaue Zahl ist aus dem Bild nicht zu erkennen. Andere von Haeckel gezeichnete Radiolarien dienten den Kristallographen zur Verdeutlichung der regelmäßigen Formen, die seit der Antike als Oktaeder (acht dreieckige Flächen), Dodekaeder (zwölf fünfeckige Flächen) und Ikosaeder (zwanzig dreieckige Flächen) bekannt sind. D'Arcy Thompson, den wir bereits im Zusammenhang mit den Schneckenhäusern kennengelernt haben, vertrat sogar die Ansicht, die Embryonalentwicklung der Radiolarien habe mit dem Wachstum von Kristallen mehr gemeinsam als mit der Entwicklung von Embryonen im herkömmlichen Sinn.

Jedenfalls haben einzellige Lebewesen wie Diatomeen und Radiolarien zwangsläufig eine ganz andere Embryonalentwicklung als Vielzeller, und jede Ähnlichkeit zwischen ihren Kaleidoskopen wäre vermutlich reiner Zufall. Ein Beispiel für ein vierfach symmetrisches, vielzelliges Tier haben wir in Form der Qualle bereits kennengelernt. Die Zahl vier oder ein Vielfaches davon findet man bei solchen Hohltieren häufig; sie ist vermutlich durch einfache Verdoppelungsvorgänge im Frühstadium der Embryonalentwicklung ohne Schwierigkeiten zu erzeugen. Es gibt auch sechsfach symmetrische Hohltiere, zum Beispiel die Trachymedusen aus der Gruppe der Hydrozoen (Abbildung 7.7).

Die berühmtesten Vertreter der fünffachen Symmetrie sind die Stachelhäuter, ein großer Stamm kalkhaltiger Meeresbewohner, zu dem die Seesterne, Seeigel, Schlangensterne, Seegurken und Seelilien gehören (Abbildung 7.8). Man hat vermutet, die heutigen fünffach symmetrischen Stachelhäuter könnten von entfernten Vorfahren mit dreifacher Symme-

Abb. 7.7 Sechsfach symmetrische Medusen.

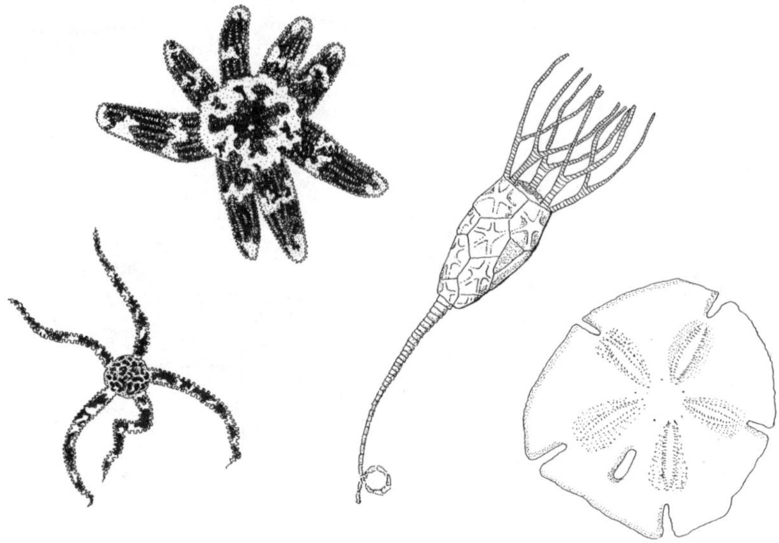

Abb. 7.8 Stachelhäuter verschiedener Gruppen. Von links nach rechts: Schlangenstern, vielarmiger Seestern (die ungleichen Arme sind wahrscheinlich durch Verlust und Regeneration einzelner Arme entstanden), Seelilie und Sanddollar.

trie abstammen, aber die Fünfersymmetrie besitzen sie schon seit über einer halben Milliarde Jahren, und man ist leicht versucht, dieses Bauprinzip für einen zentralen Bestandteil jener höchst stabilen Baupläne zu halten, von denen die traditionellen europäischen Zoologen so begeistert sind. Zum Leidwesen dieser Idealisten gibt es nicht nur eine ansehnliche Minderheit von Seesternarten mit einer anderen Zahl von Armen, sondern auch bei Arten, die anerkanntermaßen fünf Spitzen haben, kommen gelegentlich *Individuen* mit drei-, vier- oder sechsfacher Symmetrie vor.

Andererseits sind Stachelhäuter, im Gegensatz zu unserer einfachen Analyse der Anforderungen eines Lebens am Meeresboden, auch dann radialsymmetrisch, wenn sie sich kriechend fortbewegen. Und offenbar nehmen sie diese Radialsymmetrie auch ernst, das heißt, es ist ihnen gleichgültig, welche Richtung sie einschlagen: Kein Arm ist bevorzugt. Ein Seestern hat zwar immer einen «Führungsarm», aber dieser wechselt von Zeit zu Zeit. Manche Stachelhäuter haben im Laufe der Evolution auch

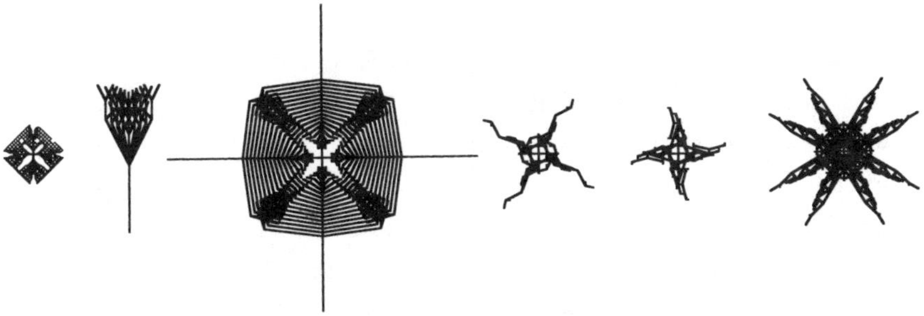

Abb. 7.9 Computerbiomorphe, die auf den ersten Blick wie Stachelhäuter aussehen; die schwer faßbare Fünfersymmetrie nehmen sie jedoch nie an – dazu müßte man das Programm neu schreiben.

die Rechts-links-Symmetrie wiederentdeckt. Die eingegrabenen Herzigel und Sanddollars, die durch den Sand einem starken Druck in Richtung der Stromlinienform unterliegen müssen, haben zur Asymmetrie von vorn und hinten zurückgefunden und ihrer Form eine oberflächliche Rechts-links-Asymmetrie überlagert, die deutlich erkennbar auf den fünffach symmetrischen Seeigel zurückgeht.

Stachelhäuter sind wunderbare Kreaturen, und als ich versuchte, mit dem Programm «Blinder Uhrmacher» lebensnahe Biomorphe zu erzeugen, wollte ich natürlich ihr Ebenbild schaffen. Aber alle Versuche, eine fünffache Symmetrie zu züchten, schlugen fehl. Die Embryonalentwicklung des «Blinden Uhrmachers» war nicht in der richtigen Weise kaleidoskopisch: Ihr fehlte die richtige Zahl von «Spiegeln». Wie wir gesehen haben, weichen in Wirklichkeit sogar einige sonderbare Stachelhäuter von der Fünfersymmetrie ab, und ich «mogelte», indem ich Seesterne, Schlangensterne und Seeigel mit einer geraden Zahl von Symmetrieachsen simulierte (Abbildung 7.9). Es bleibt aber die Tatsache – und sie verdeutlicht sogar die zentrale Aussage dieses Kapitels –, daß das Programm «Blinder Uhrmacher» in seiner derzeitigen Version keine fünffach symmetrischen Biomorphe hervorbringen kann. Um diesen Mangel zu beheben, müßte ich in das Programm selbst eingreifen (und zwar nicht nur mit einer quantitativen Mutation eines vorhandenen Gens, sondern mit einem ganz neuen «Spiegel»), damit eine neue Kategorie kaleidoskopischer Mutationen entstehen könnte. Wenn ich das täte, würden die zeitaufwendigen

Vorgänge der zufälligen Mutation und der natürlichen Selektion mit Sicherheit weit bessere Abbilder der wichtigen Stachelhäutergruppen hervorbringen. In seiner ursprünglichen Version, die ich in *Der blinde Uhrmacher* beschrieben habe, konnte das Programm nur rechts-links-symmetrische Mutationen erzeugen. Die Fähigkeit des derzeitigen im Handel erhältlichen Programms zur Produktion von Biomorphen mit Vierfach-, «Hakenkreuz»- und «Isle-of-Man»-Symmetrie war die Folge meiner Entscheidung, es umzuschreiben und eine Reihe von «Softwarespiegeln» der genetischen Kontrolle zu unterwerfen.

Ich habe verschiedene Formen der Symmetrie als Beispiele für kaleidoskopische Embryonalentwicklung genannt. Geometrisch weniger aufsehenerregend, aber in der wirklichen Welt der Tiere ebenso wichtig ist das Phänomen der Segmentierung. Darunter versteht man die mehrfache Wiederholung zwischen Vorder- und Hinterende des Körpers, und zwar in der Regel bei langen, rechts-links-symmetrischen Tieren. Die offenkundigsten Beispiele für segmentierte Lebewesen sind die Ringelwürmer (Regenwürmer, Sandwürmer, Borstenwürmer und Röhrenwürmer) und die Gliederfüßer (Insekten, Krebstiere, Tausendfüßer, Trilobiten und so weiter), aber wir Wirbeltiere sind ebenfalls segmentiert, wenn auch auf ganz andere Weise. Wie ein Eisenbahnzug, dessen Waggons grundsätzlich gleich gebaut sind, sich aber in den Details unterscheiden, besteht auch ein Gliederfüßer aus einer Reihe von Segmenten, die im Detail unterschiedlich aussehen können. Ein Hundertfüßer ist mit einem Güterzug zu vergleichen: Seine «Waggons» sehen alle ziemlich gleich aus. Andere Gliederfüßer kann man sich als verzierte Hundertfüßer vorstellen: als Züge mit verschiedenartigen Waggons für besondere Zwecke (Abbildung 7.10).

Der Körper der Hundertfüßer ist nach einem einfachen Wiederholungsprinzip aufgebaut. Auf seiner ganzen Länge findet man räumliche Wiederholung, und innerhalb der einzelnen Segmente besteht eine Rechts-links-Spiegelsymmetrie. Wenn wir uns aber von den Hundertfüßern und ihren Verwandten entfernen, bemerken wir eine hartnäckige Evolutionstendenz in Richtung immer größerer Unterschiede zwischen den Segmenten: Mutationen wiederholen sich nicht mehr einfach in jedem derartigen Abschnitt. Insekten gleichen Hundertfüßern, die ihre Beine an allen

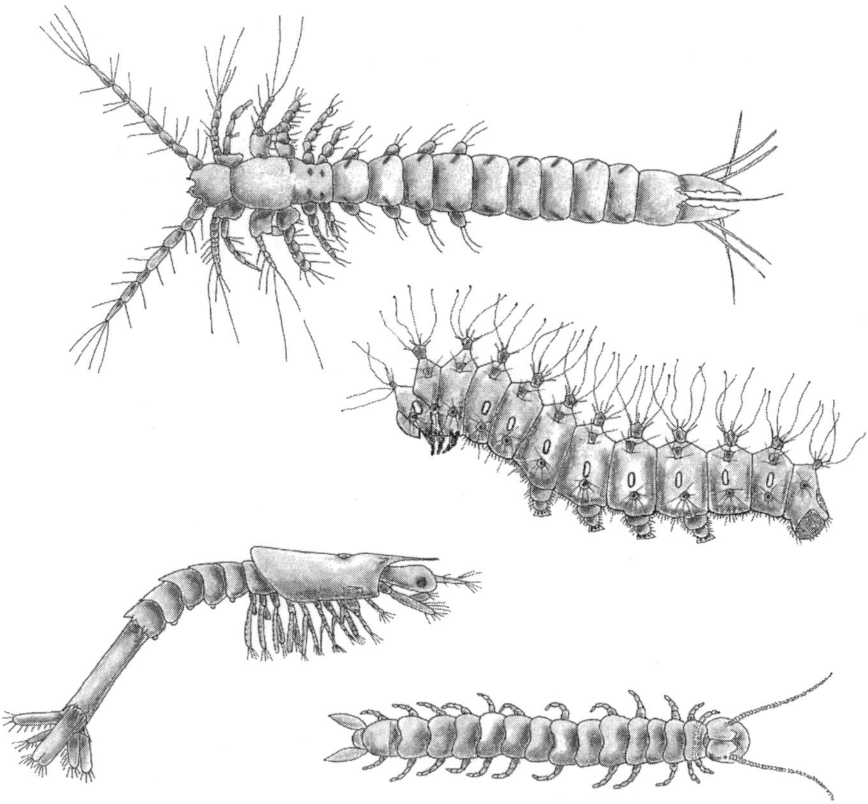

Abb. 7.10 Gliederfüßer bestehen aus Segmenten, die sich – oft mit Abwandlungen – von vorn nach hinten wiederholen. Von oben nach unten: Ruderfußkrebs *(Derocheilocaris)*; Raupe des Großen Nachtpfauenauges *(Saturnia pyri)*; Garnele *(Penaeus)*; Zwergfüßer (*Scutigerella*, ähnelt den Tausendfüßern).

Segmenten außer dreien – Nummer sieben, acht und neun, vom Vorderende aus gezählt – verloren haben. Spinnen haben die Beine an vier Segmenten behalten. In Wirklichkeit ist sowohl bei den Spinnen als auch bei den Insekten noch mehr von den primitiven «Gliedmaßen» übriggeblieben, beispielsweise die Antennen und Kiefer. Hummer und insbesondere Krabben haben die unkaleidoskopische Differenzierung zwischen den Segmenten noch weiter getrieben.

Raupen besitzen die üblichen drei «richtigen Insektenbeine» in der

Nähe des Vorderendes, haben aber außerdem die weiter hinten liegenden Beine neu erfunden. Diese wiederentdeckten Beine sind weicher und unterscheiden sich auch in anderer Hinsicht von den typischen, mit Gelenken und Panzern versehenen Beinen an den drei Thoraxsegmenten. Außerdem tragen Insekten in der Regel Flügel an den Segmenten Nummer sieben und acht. Bei manchen Arten fehlen sie aber, und auch bei ihren Vorfahren waren sie nie vorhanden. Andere Insekten, so die Flöhe und die Arbeiterinnen bei den Ameisen, haben im Laufe der Evolution die Flügel ihrer Vorfahren verloren. Arbeitsameisen besitzen die genetische Ausstattung für das Wachstum der Flügel: jede von ihnen hätte bei anderer Aufzucht zur Königin werden können, und Ameisenköniginnen haben Flügel. Interessanterweise verliert die Königin aber ihre Flügel im Lauf ihres Lebens – manchmal beißt sie sie sogar selbst ab, nachdem sie den Hochzeitsflug beendet hat und bereit ist, sich in der Erde niederzulassen. Im

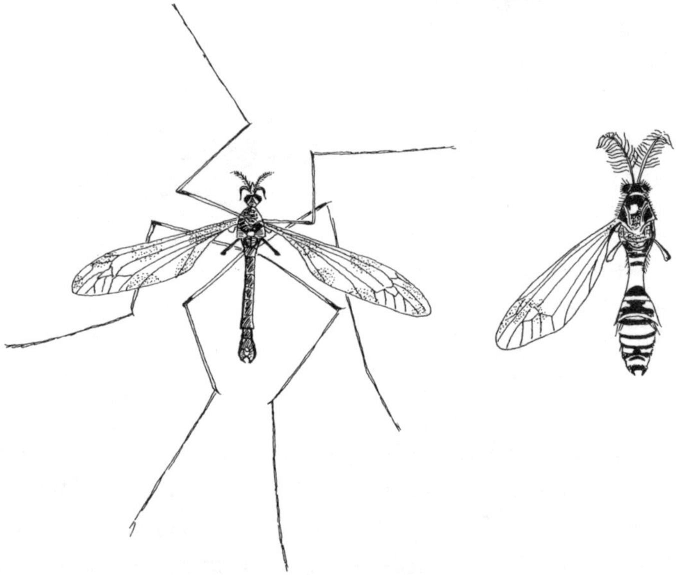

Abb. 7.11 Alle Insekten aus der Familie der Fliegen besitzen Schwingkölbchen (Halteren) anstelle des zweiten Flügelpaares. Besonders deutlich sind sie bei großen Arten wie diesen Schnaken zu erkennen. Links: Riesenschnake *(Tipula maxima)*; rechts: Kammschnake (*Ctenophora ornata*, Beine und rechter Flügel sind nicht eingezeichnet).

Boden sind Flügel hinderlich, und das gilt auch für das Wirtsdickicht von Fell oder Federn, das Flöhe bewohnen.

Während die Flöhe überhaupt keine Flügel mehr besitzen, haben Fliegen (zu dieser großen Familie gehören zahlreiche Arten, unter anderem auch die Mücken) ein Flügelpaar verloren, das andere aber behalten. Das zweite Flügelpaar ist in stark verkümmerter Form ebenfalls noch vorhanden und bildet die Schwingkölbchen oder Halteren, winzige Auswüchse unmittelbar hinter den richtigen Flügeln (Abbildung 7.11). Man muß kein Ingenieur sein, um zu erkennen, daß die Halteren als Flügel nicht funktionieren würden. Um aber zu sehen, wozu sie wirklich dienen, braucht man eine ganze Menge technisches Verständnis. Sie sind offenbar winzige Stabilisatoren, die für das Insekt eine ähnliche Aufgabe erfüllen wie das Gyroskop für ein Flugzeug oder eine Rakete. Die Halteren vibrieren mit der Frequenz des Flügelschlages, und winzige Sensoren an ihrer Ansatzstelle nehmen in den drei Richtungen die Drehbewegungen wahr, die bei Piloten als Stampfen, Rollen und Gieren bekannt sind. Für die Evolution ist es typisch, daß sie opportunistisch das benutzt, was bereits vorhanden ist. Ein Flugzeugingenieur würde sich an sein Zeichenbrett setzen und einen Stabilisator von Grund auf neu entwerfen. Die Evolution erreicht das gleiche durch Abwandlung des bereits Vorhandenen, in diesem Fall eines Flügels.

Eine Evolution, durch die einzelne Segmente sich immer stärker unterscheiden, ist nicht kaleidoskopisch: ganz im Gegenteil. Es gibt aber andere Wege der Veränderung, die man als kaleidoskopisch bezeichnen kann, allerdings in einem komplizierteren Sinn, als wir es bisher getan haben. Der Körper der Gliederfüßer hat oft eine ähnliche Struktur wie ein Satz in Klammern. (Wenn man einen Satz in Klammern setzt, muß man die Klammer irgendwann auch wieder schließen.) Der Satz in den Klammern kann länger oder kürzer ausfallen, aber unabhängig davon muß er eingebunden sein. Die gleiche «Verschachtelungsregel» gilt für Anführungszeichen und, was noch interessanter ist, auch für Nebensätze in Hauptsätzen. Der Satz «Der Mann, der sich auf eine Nadel setzte ...» gleicht einer offenen Klammer und verlangt nach dem Prädikat des Hauptsatzes. Man kann sagen «Der Mann, der sich auf eine Nadel setzte, sprang hoch», aber man kann nicht bei «Der Mann, der sich auf eine Nadel setzte» aufhören, außer bei der Antwort auf eine Frage oder in einer Bildunterschrift, denn da ergibt sich der Rest des Satzes von selbst. Die Grammatik verlangt die richtige Verschachtelung von Sätzen. Ganz ähnlich sind auch bei Krabben, Garnelen, Hummern und Langusten sechs Segmente am Vorderende zusammengedrängt, und am Hinterende haben sie ein besonderes Segment, das man Telson nennt. Was dazwischen liegt, ist veränderbarer.

Bisher haben wir eine Art kaleidoskopischer Abwandlungen kennengelernt: die «Spiegelmutationen», die sich durch die verschiedenen Symmetrieebenen mehrfach ausprägen. «Grammatikalische» Mutationen wären in einem anderen Sinn kaleidoskopisch. Auch hier sind nur beschränkte Abwandlungen erlaubt, aber die Beschränkung liegt in diesem Fall nicht in der Symmetrie, sondern in Regeln wie «das Bein muß mit einer Klaue enden, gleichgültig, wie wandelbar die Zahl der Beingelenke ist». In Zusammenarbeit mit Ted Kaehler von der Computerfirma Apple schrieb ich ein Programm, das solche Regeln umfaßt. Es ähnelt dem «Blinden Uhrmacher», aber die von ihm erzeugten «Tiere» nennen wir Arthromorphe, und ihre Embryonalentwicklung folgt Regeln, die es bei den Biomorphen nicht gibt. Die Arthromorphe bestehen wie echte Arthropoden aus verketteten Segmenten. Jedes Segment hat einen rundlichen Körper, dessen genaue Form und Größe wie bei den Biomorphen von «Genen» bestimmt werden. Außerdem kann aus jedem Segment rechts und links ein Beinpaar herausragen oder auch nicht. Auch darüber bestimmen Gene, und ebenso steuern sie die Dicke der Beine sowie die Zahl, Länge und Winkel der Gelenke. Am Ende der Beine kann sich eine Klaue befinden oder nicht, und auch das wird, wie die Form der Klaue, von Genen festgelegt.

Hätten die Arthromorphe die gleiche Embryonalentwicklung wie Biomorphe, müßte es ein Gen namens *NSeg* geben, das die Zahl der Segmente festlegt. *NSeg* hätte einfach einen Zahlenwert, und dieser könnte mutieren. Bei einem Wert von elf hätte das Tier beispielsweise elf Segmente. Weiterhin gäbe es ein Gen mit der Bezeichnung *NJoint*, das die Zahl der Gelenke in den einzelnen Gliedmaßen steuert. Die Biomorphe im «Safaripark» in Abbildung 1.16 besitzen trotz ihres vielfältigen Aussehens – und auf diese Vielfalt bin ich stolz! – ausnahmslos die gleiche Zahl von Genen, nämlich 16. Die ursprünglichen Biomorphe des «Blinden Uhrmachers» hatten nur neun Gene. Bei den farbigen Biomorphen waren es mehr (nämlich 36), und um sie unterzubringen, mußte das Programm völlig neu geschrieben werden. Es sind drei verschiedene Programme. Die Arthromorphe funktionieren aber nicht so. Sie besitzen kein festgelegtes Genrepertoire. Ihr genetisches System ist wandelbarer. (Nur Programmiersüchtige werden wissen wollen, daß die Gene eines Arthromorphs als verkettete Liste mit Zeigern gespeichert sind, die der Biomorphe dagegen als feste Pascal-Registrierung.) In der Evolution der Arthromorphe können durch Verdoppelung alter Gene spontan neue entstehen. Manchmal findet eine solche Verdoppelung in hierarchisch aufgebauten Gengruppen statt. Das heißt, ein mutierter Nachkomme kann theoretisch doppelt so viele Gene besitzen wie sein Vorgänger. Wenn durch Verdoppelung ein neues Gen oder eine neue Gengruppe auftaucht, haben diese anfangs den gleichen Zahlenwert wie die Gene, aus denen sie hervorgegangen sind. Neben der Verdoppelung sind als weiterer Mutationstyp auch Deletionen möglich, so daß die Zahl der Gene nicht nur steigen, sondern auch sinken kann. Verdoppelungen und Deletionen zeigen sich als Veränderungen des Körperbaus und unterliegen deshalb der Selektion (die wie bei den Biomorphen künstlich erfolgt).

Veränderungen in der Zahl der Gene zeigen sich häufig in einer anderen Zahl von Segmenten (Abbildung 7.12). Ebenso kann sich auch die Zahl der Gelenke in einer Extremität verändern. In beiden Fällen ergibt

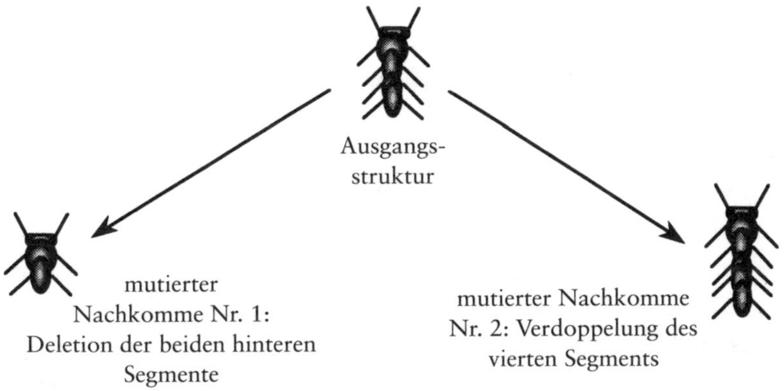

Abb. 7.12 Arthromorphe mit unterschiedlicher Zahl von Segmenten. Die Ausgangsstruktur oben hat zwei mutierte Nachkommen.

sich eine «grammatikalische» Neigung der mittleren Waggons, zu dem Zug hinzuzukommen oder ihn zu verlassen, während der vorderste und hinterste Wagen erhalten bleiben.

Verdoppelung und Deletion von Segmenten können nicht nur an den Enden eines Tiers, sondern auch in der Mitte auftreten. Und ebenso können Gelenke nicht nur an den Enden der Gliedmaßen, sondern auch in der Mitte ihre Zahl verdoppeln oder verschwinden. Das macht die «grammatikalische» Eigenschaft der Arthromorphe aus: Sie können in der Mitte eines größeren «Satzes» etwas einbauen oder etwas verlieren, das einem ganzen Relativ- oder Präpositionalsatz entspricht. Und neben der Eigenschaft der «grammatikalischen» Einbettung haben die Arthromorphe auch einen zusätzlichen Hauch von kaleidoskopischer Embryonalentwicklung. Jede quantitative Eigenschaft eines Arthromorphs (zum Beispiel der Winkel einer bestimmten Klaue oder der Rumpfdurchmesser eines Segments) wird von drei Genen beeinflußt, deren Zahlenwerte auf eine ganz bestimmte Art multipliziert werden – ich werde das gleich erklären. Ein Gen ist spezifisch für das jeweilige Segment, ein zweites wirkt auf das ganze Tier, und ein drittes beeinflußt eine Untergruppe von Segmenten (Tagma, Mehrzahl Tagmata). Der Begriff «Tagma» stammt aus der richtigen Biologie und bezeichnet zum Beispiel den Thorax oder das Abdomen echter Insekten.

Bei jedem Detail, beispielsweise dem Klauenwinkel, wirken die drei Gene folgendermaßen zusammen: Das segmentspezifische Gen ist überhaupt nicht kaleidoskopisch, denn wenn es mutiert, betrifft das nur das jeweilige Segment. Abbildung 7.13 zeigt ein Arthromorph, bei dem das segmentspezifische Gen für den Klauenwinkel in jedem Abschnitt einen anderen Wert hat. Das hat zur Folge, daß jedes Segment einen anderen Klauenwinkel aufweist. Nebenbei bemerkt zeigen alle Arthromorphe eine einfache Rechts-links-Symmetrie.

Das zweite Gen, das beispielsweise den Klauenwinkel beeinflußt, wirkt auf alle Segmente des Tiers. Mutiert es, verändern sich die Klauen sämtlicher Segmente gleichzeitig. Abbildung 7.13 b zeigt das gleiche Arthromorph wie Abbildung 7.13 a, nur sind die Klauen diesmal leicht eingezogen oder verkürzt. Das Gen, das die Klauengröße auf der Ebene des ganzen Tiers beeinflußt, ist zu einem kleineren Wert mutiert. Deshalb schrumpfen

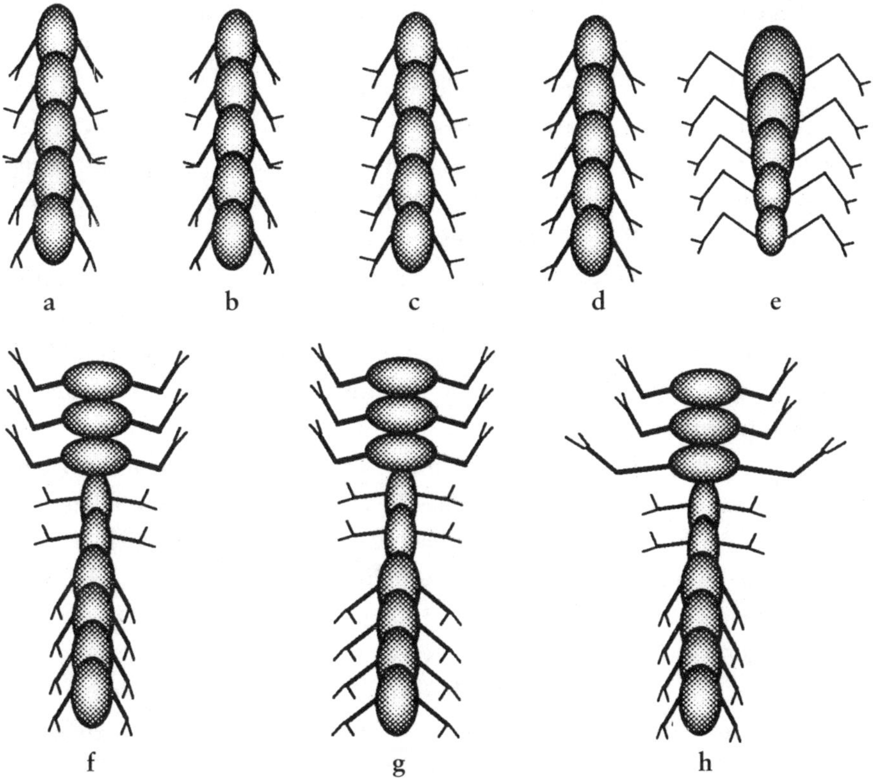

Abb. 7.13 Arthromorphe mit unterschiedlichen genetischen Effekten. (a) Arthromorph mit unterschiedlichem Klauenwinkel-Gen in jedem Segment; (b) Mutation des auf den ganzen Körper wirkenden Gens für den Klauenwinkel; (c) keine Abweichungen zwischen den Segmenten; (d) wie (c), aber mit einer einzigen Mutation in dem den ganzen Körper betreffenden Gen für den Klauenwinkel; (e) Gradient der Segmentgrößen, ohne Einfluß auf die Größe der Gliedmaßen; (f) drei Tagmata mit Unterschieden in bestimmten Eigenschaften, die innerhalb eines Tagmas gleich sind; (g) wie (f), aber mit einer Mutation des Gens für die Gliedmaßen im dritten Tagma; (h) Mutation von (f), die nur die Gliedmaßen eines Segments betrifft.

die einzelnen Klauen, aber ihre segmentspezifischen Besonderheiten bleiben erhalten. Wie ich bereits erwähnt habe, wird dieser Effekt mathematisch erreicht, indem man die Zahlenwerte des segmentspezifischen und des auf den ganzen Körper wirkenden Gens für den Klauenwinkel multipliziert. Natürlich ist der Klauenwinkel nur eine von vielen quantitativen Einzelheiten, die man durch ähnliche Multiplikationsvorgänge auf der gesamten Länge des «Zuges» gleichzeitig festlegen kann. So gibt es zum Beispiel auch Gene, die im ganzen Körper die Beinlänge bestimmen, und ihre Werte werden wiederum mit denen der zugehörigen segmentspezifischen Gene multipliziert. In den Abbildungen 7.13 c und d erkennt man Arthromorphe ohne Variation zwischen den Segmenten, aber mit unterschiedlichen Klauenwinkeln auf der Gesamtlänge des Körpers.

Die Gene der dritten Gruppe beeinflussen einen abgegrenzten Körperbereich (Tagma) wie den Thorax eines Insekts. Echte Insekten haben drei Tagmata, aber bei den Arthromorphen entwickelt sich jede beliebige Zahl von ihnen, und jedes Tagma kann eine beliebige Zahl von Segmenten umfassen. Die Zahlen der Segmente und Tagmata sind wiederum in der beschriebenen «grammatikalischen» Weise mutationsbedingten Änderungen unterworfen. In jedem Tagma bestimmt eine Gruppe von Genen über die Form des Körpers, der Gliedmaßen und der Klauen. Ein Gen wirkt sich innerhalb des Tagmas zum Beispiel auf alle Klauenwinkel aus. Abbildung 7.13 f zeigt ein Arthromorph mit drei Tagmata; unter diesen Tagmata bestehen größere Unterschiede als innerhalb der einzelnen Tagmas. Dieser Effekt ergibt sich durch die Multiplikation der Zahlenwerte für die einzelnen Gene, wie wir es bereits bei den auf den ganzen Körper wirkenden Genen kennengelernt haben.

Insgesamt ergibt sich die Größe jeder Eigenschaft aus der Multiplikation der Zahlenwerte dreier Gene: des Segmentgens für den Klauenwinkel, des Tagma-Gens für den Klauenwinkel und des Ganzkörpergens für den Klauenwinkel. Da die Multiplikation mit null immer null ergibt, folgt daraus, daß die Segmente in einem Tagma, dessen Gen für die Größe der Gliedmaßen den Wert 0 hat, überhaupt keine Gliedmaßen besitzt (wie das Abdomen einer Wespe), und zwar unabhängig von den Werten der beiden anderen Gene. Abbildung 7.13 g gibt eine Tochter des Arthromorphs in Abbildung 7.13 f wieder, bei der das Gen für die Gliedmaßengröße auf der

Ebene des dritten Tagmas mutiert ist. Das Gebilde in Abbildung 7.13 h ist eine weitere Tochter von Abbildung 7.13 f, aber diesmal ist ein Gen für die Gliedmaßenlänge mutiert, das nur zu einem Segment gehört.

Die Arthromorphe haben also eine Art dreischichtige kaleidoskopische Embryonalentwicklung. Sie können innerhalb eines Segments mutieren, so daß die Veränderung sich nur einmal auf der gegenüberliegenden Körperseite spiegelt. Sie sind aber auch kaleidoskopisch auf der Ebene des «Hundertfüßers» oder des ganzen Organismus: Eine Mutation auf dieser Ebene wiederholt sich in allen Körpersegmenten (und ist außerdem rechts-links-spiegelsymmetrisch). Und schließlich sind sie kaleidoskopisch auf der dazwischenliegenden Tagma- oder «Insekten»ebene, auf der eine Mutation sich in allen Segmenten eines Körperabschnitts auswirkt, nicht aber im übrigen Körper. Müßten die Arthromorphe in der wirklichen Welt ihr Leben fristen, hätten ihre dreischichtigen kaleidoskopischen Mutationen meiner Meinung nach durchaus Vorteile, und zwar aus den gleichen Gründen entwicklungsgeschichtlicher Ökonomie, die wir bereits im Zusammenhang mit der Spiegelsymmetrie erörtert haben. Wenn beispielsweise die Gliedmaßen im mittleren Tagma als Laufbeine und im hinteren als Kiemen dienen, ist es sinnvoll, wenn evolutionsbedingte Verbesserungen sich in allen Segmenten eines Tagmas auswirken, nicht aber in den anderen: Verbesserungen des Gehapparats bringen für die Atmungsorgane vermutlich keinen Nutzen. Hier könnte es von Vorteil sein, wenn es eine Klasse von Mutationen gibt, die sich bereits beim ersten Auftreten in allen Segmenten eines Tagmas wiederfinden. Andererseits könnte es aber auch von besonderem Nutzen sein, die Gliedmaßen bestimmter Segmente gezielt auf spezielle Aufgaben abzustimmen; dann wird eine Embryonalentwicklung bevorzugt, in der eine besondere Tendenz zum Auftauchen ausschließlich rechts-links-symmetrischer Mutationen besteht. Und schließlich sind manchmal auch Mutationen nützlich, die alle Körpersegmente gleichzeitig verändern, wobei sie die vorhandenen Unterschiede zwischen den Segmenten und Tagmata nicht völlig zunichte machen, sondern sie – zum Beispiel durch Vervielfältigung – anders gewichten.

Als biologisch inspirierten nachträglichen Einfall führten Ted Kaehler und ich in unser Arthromorphprogramm «Gradientengene» ein. Ein solches Gen sorgt dafür, daß eine bestimmte Eigenschaft des Arthromorphs, beispielsweise der Klauenwinkel, über die Länge des Tiers nicht gleichbleibt, sondern allmählich zu- oder abnimmt. Abbildung 7.13 e zeigt ein Arthromorph, dessen Segmente keine Variationen zeigen, mit Ausnahme eines (negativen) Gradienten der Segmentgröße. Der Körper wird von vorn nach hinten schmaler.

Arthromorphe pflanzen sich fort und machen durch künstliche Selektion eine Evolution durch, genau wie die Biomorphe. In der Mitte des Bildschirms befindet sich ein Ausgangs-Arthromorph, das von Nachkommen mit Zufallsmutationen umgeben ist. Wie bei den Biomorphen sieht der auswählende Mensch keine Gene, sondern nur ihre Wirkungen – die Körperformen –, und wählt dann aus, welches Individuum zur Weiterzucht dient (Sexualität gibt es auch hier nicht). Das ausgewählte Arthromorph rutscht in die Mitte und umgibt sich wiederum mit einem Wurf seiner mutierten Nachkommen. Im Laufe der Evolution kommt es durch die zufälligen Mutationen hinter den Kulissen zu Veränderungen in der Anzahl der Gene und ihren Zahlenwerten. Wie man von allen Computerbiomorphen behaupten kann, daß sie von 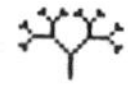 abstammen, so gehen auch alle Arthromorphe auf  zurück. Die hübsche Schattierung, die den Körpersegmenten ein räumliches Aussehen verleiht, ist eine kosmetische Beigabe, die sich in dem derzeitigen Programm nicht verändert, aber man könnte sie in zukünftigen Versionen ohne weiteres einer (dreischichtigen) genetischen Steuerung unterwerfen. Abbildung 7.14 – die mit dem Safaripark der Biomorphe in Abbildung 1.16 vergleichbar ist – zeigt einen Zoo von Arthromorphen, die ich hin und wieder durch künstliche Selektion gezüchtet habe, wobei ich meine Wahl meist in Anlehnung an irgendeinen biologischen Realismus traf.

Der Zoo enthält Formen, die auf allen Ebenen der kaleidoskopischen Embryonalentwicklung abgewandelt sind. Man erkennt Geschöpfe mit spitz zulaufendem Körper, die demnach mindestens ein Gradientengen besitzen. Deutlich ist die Unterteilung in Tagmata zu sehen: Gruppenweise angeordnete Nachbarsegmente ähneln einander stärker als den übrigen Körperabschnitten. Aber auch zwischen den Segmenten eines Tagmas sind in gewissem Umfang Abweichungen zu erkennen. Ganz ähnlich wandeln sich wirkliche Insekten, Krebse und Spinnen in vielschichtig-kaleidoskopischer Form. Besonders aufschlußreich sind die sogenannten

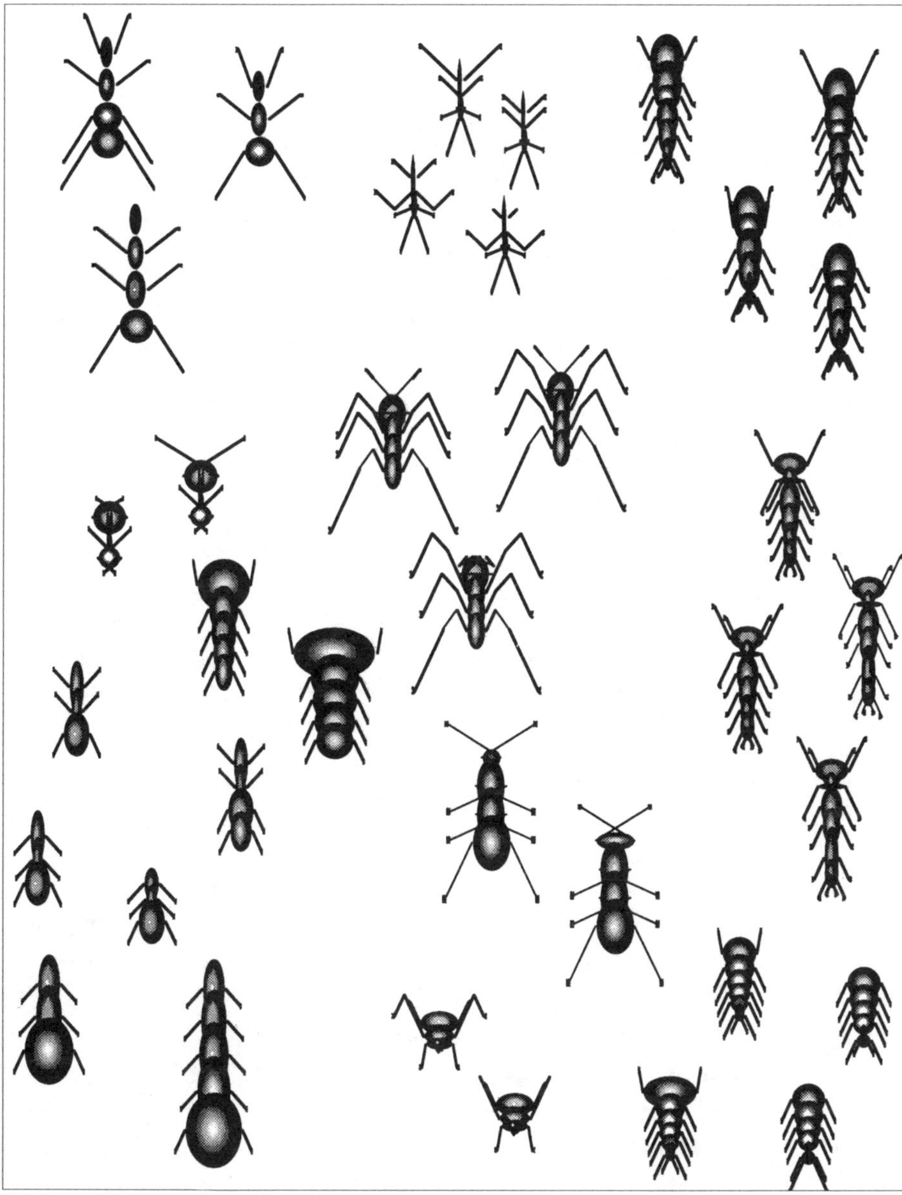

Abb. 7.14 Zoo mit Arthromorphen. Die Arthromorphe in dieser Sammlung wurden durch künstliche Selektion gezüchtet, wobei auf ihre Ähnlichkeit – und sei sie noch so vage – mit wirklichen Arthropoden geachtet wurde.

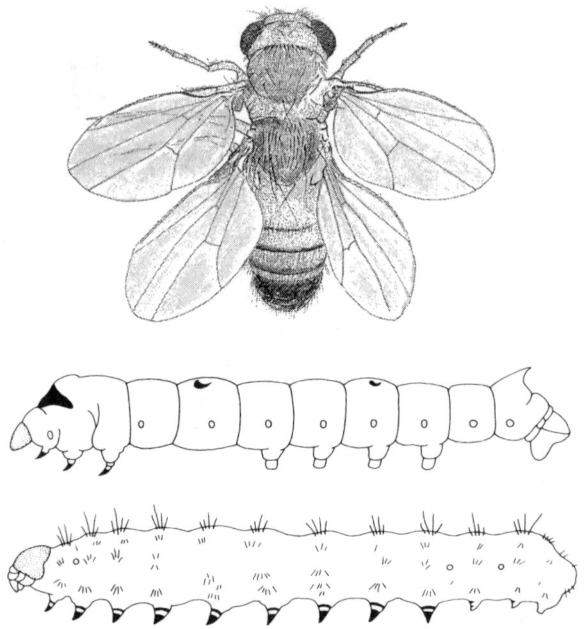

a

b

Abb. 7.15 Homöotische Mutationen. (a) Eine *Drosophila*-Fliege mit vier Flügeln. Normalerweise besitzt *Drosophila* Halteren anstelle des zweiten Flügelpaares (siehe Abbildung 7.11); (b) eine normale (oben) und eine mutierte (unten) Seidenraupe. Echte Insektenbeine befinden sich normalerweise nur an den drei vordersten Körpersegmenten. Die Mutante besitzt neun «Thorax»segmente.

homöotischen Mutationen der echten Gliederfüßer: Sie bewirken, daß ein Segment sich verändert und dann einem Entwicklungsweg folgt, der normalerweise zu einem anderen Segment gehört.

Abbildung 7.15 zeigt einige homöotische Mutationen bei der Taufliege *Drosophila* und der Seidenraupe. *Drosophila* hat, wie alle Fliegen, normalerweise ein Flügelpaar. Anstelle des zweiten besitzt sie, wie oben beschrieben, zwei Halteren. In der Abbildung sieht man eine mutierte Taufliege, die nicht nur ein zweites Flügelpaar anstelle der Halteren hat, sondern bei der sogar das ganze zweite Thoraxsegment verdoppelt wurde und an die Stelle des dritten getreten ist. Bei den Arthromorphen würde man diesen Effekt durch eine «grammatikalische» Verdoppelung mit anschließender Deletion erreichen. In Abbildung 7.15 b ist eine mutierte Seidenraupe dargestellt. Raupen haben in der Regel drei «richtige» Beine mit Gelenken; allerdings sind die hinteren Segmente, wie ich schon erläutert habe, mit weicheren, «neu erfundenen» Beinen ausgestattet. Die mutierte Raupe in Abbildung 7.15 b besitzt aber neun «richtige», mit Gelenken versehene Beinpaare. Hier sind die Segmente des Thorax-Tagmas verdoppelt wie bei dem rechten Arthromorph in Abbildung 7.12. Die berühmteste homöotische Mutation kommt bei Taufliegen vor und heißt «antennapedia»; bei diesen Tieren ragt ein voll ausgebildetes Bein aus der Ansatzstelle, an der sich normalerweise eine Antenne befindet: Die Apparatur zur Erzeugung von Beinen wurde im falschen Segment angeschaltet.

Solche Mutanten sind recht skurril und könnten in freier Natur wahrscheinlich meist nicht überleben. Man könnte auch sagen: Die Evolution hat für homöotische Mutationen vermutlich keinen Platz. Deshalb schaltete ich nicht sofort, als ich bei einem Empfang in Australien an einem Tisch vorüberging (ziemlich hastig, denn ich bin beim Essen mäkelig), der sich unter vielbeinigen Meeresfrüchten bog. Das Tier, das meine Aufmerksamkeit erregte, ist den australischen Feinschmeckern unter dem Namen «Tiefseekäfer» bekannt. Es ist eine Art Hummer und gehört dem-

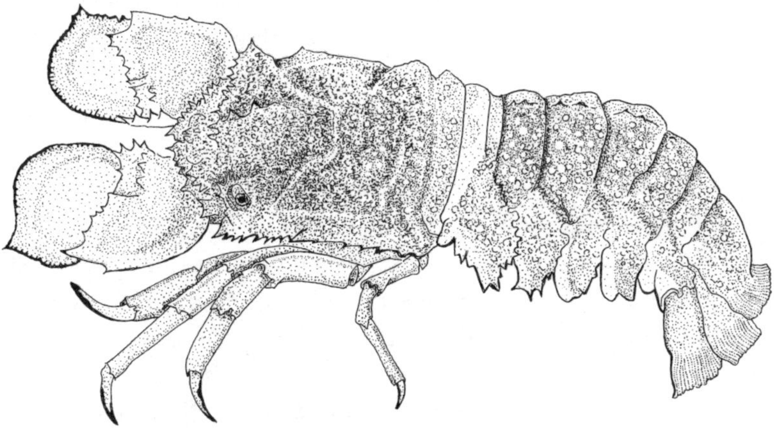

Abb. 7.16 Könnte dieser Bärenkrebs der Gattung *Scyllarus* eine homöotische Mutante sein, die sich in der Evolution durchgesetzt hat?

nach zu einer Gruppe, deren Vertreter in verschiedenen Gegenden der Erde als Amerikanischer Hummer, Bärenkrebs oder Kaiserhummer bekannt sind. Abbildung 7.16 zeigt ein typisches Exemplar der Gattung *Scyllarus* aus dem Oxforder Museum. Mir fällt an diesen Tieren auf, daß sie zwei Hinterenden zu haben scheinen. Dieser Eindruck kommt zustande, weil die Antennen am Vorderende (genauer gesagt das zweite Antennenpaar) genau wie die Uropoden aussehen, zwei auffällige Auswüchse am Hinterende aller Hummer. Warum die Antennen diese Form haben, weiß ich nicht. Möglicherweise dienen sie als Schaufeln, oder vielleicht werden natürliche Feinde von der gleichen Illusion getäuscht, die auch mich beeindruckte. Hummer zeigen einen äußerst schnellen Rückzugsreflex und besitzen eigens zu diesem Zweck eine riesige Nervenzelle. Wenn sie bedroht werden, schießen sie mit verblüffender Geschwindigkeit rückwärts. Ein Räuber könnte diesen Reflex voraussehen und sich deshalb dem Hummer von hinten nähern. Bei einem normalen Hummer könnte er damit Erfolg haben, aber bei *Scyllarus* kann sich das «Hinterende» ohne weiteres als Vorderseite erweisen, und dann hat sich der genasführte Verfolger genau von der falschen Seite angeschlichen. Ob diese Spekulation nun im einzelnen stimmt oder nicht, in jedem Fall ziehen die Hummer vermutlich irgendeinen Nutzen aus ihren seltsam geformten Antennen. Unabhängig davon, was das für ein Nutzen ist, möchte ich diese Tiere in den Dienst einer eher kühnen Spekulation stellen. Meiner Vermutung nach ist *Scyllarus* ein Beispiel für eine homöotische Mutation in freier Wildbahn, analog zu den antennapedia-Mutanten von *Drosophila* im Labor. Anders als antennapedia wurde diese Mutation tatsächlich in das natürliche Evolutionsgeschehen einbezogen. Vorläufig vermute ich folgendes: Ein Vorfahre von *Scyllarus* erlebte eine homöotische Mutation; durch diese Mutation gelangte das Entwicklungs-Teilprogramm für die Entstehung der Uropoden in ein Segment, das normalerweise Antennen tragen sollte, und diese Veränderung war von Nutzen. Wenn ich recht habe, wäre das einer der wenigen Fälle, in denen die natürliche Selektion eine Makromutation begünstigt – eine seltene Bestätigung für die Theorie vom «hopeful monster», die uns schon im Kapitel 3 begegnet ist.

Das alles sind Spekulationen. Homöotische Mutationen kommen nachgewiesenermaßen im Labor vor, und die Embryologen müssen sich auf ihre Phantasie verlassen, um sich ein detailliertes Bild von der Entwicklung des segmentierten Gliederfüßerkörpers zu machen. Die Einzelheiten sind faszinierend, aber sie würden den Rahmen dieses Kapitels sprengen. Zum Schluß möchte ich den Leser auffordern, einige wirkliche Gliederfüßer vor dem Hintergrund der Computerarthromorphe und ihrer dreischichtigen kaleidoskopischen Mutationen genauer zu betrachten.

Sehen Sie sich einmal die echten Gliederfüßer in Abbildung 7.17 an und stellen Sie sich vor, wie ihre Form durch kaleidoskopische Gene nach Art der Arthromorphe entstanden sein könnte. Zeigen sie beispielsweise alle die Verjüngung, die wir in Abbildung 7.13 e gesehen haben? Betrachten Sie nun wieder die wirklichen Gliederfüßer, und malen Sie sich eine

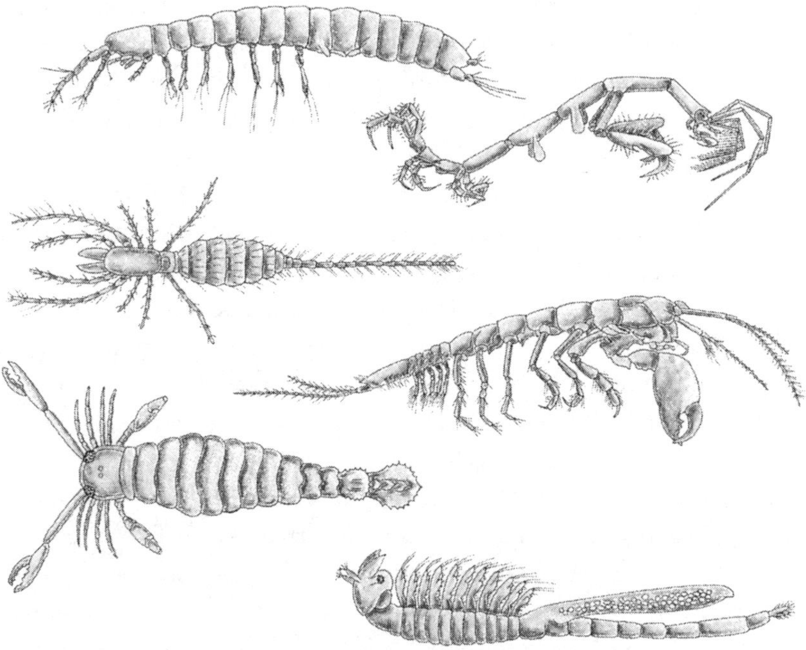

Abb. 7.17 Was man mit Segmenten alles machen kann, wird an diesen Arthropoden deutlich. Im Uhrzeigersinn von links oben: vier Krebse, ein Eurypteride (ein ausgestorbener, riesiger «Seeskorpion», der ohne weiters an die drei Meter lang werden konnte), und ein Palpigrade («Beintaster»), ein entfernter Verwandter der Spinnen und Skorpione.

Mutation aus, die eine kleine Einzelheit an der Spitze der Gliedmaßen verändert, oder auch an der Form der Segmentkörper. Stellen Sie sich zunächst vor, daß die Mutation nur ein Segment betrifft. Ich vermute, Sie haben sie automatisch rechts und links als Spiegelbild angelegt, aber das muß nicht so sein. Es ist selbst wiederum ein Fall von kaleidoskopischer Embryonalentwicklung. Jetzt malen Sie sich wieder eine Mutation an den Spitzen der Gliedmaßen aus, die aber diesmal eine Reihe aus mehreren nebeneinanderliegenden Segmenten verändert. Die Tiere in Abbildung 7.17 besitzen mehrere Reihen benachbarter Segmente, die einander ähneln. Und als drittes stellen Sie sich eine ähnliche Mutation vor, von der aber die Spitzen aller Gliedmaßen betroffen sind (das heißt alle Segmente, die Gliedmaßen tragen). Nach meiner eigenen Erfahrung sieht man bei längerem Nachdenken über Arthromorphe und ihre drei Ebenen kaleidoskopischer Mutationen die echten Gliederfüßer wie die in Abbildung 7.17 in einem neuen Licht. Außerdem kann man sich wie bei der Spiegelsymmetrie leicht vorstellen, daß eine Embryonalentwicklung mit kaleidoskopischen «Einschränkungen» nach Art der Arthromorphe paradoxerweise reichhaltigere Evolutionsmöglichkeiten beinhaltet als eine eher lockere, uneingeschränkte Entwicklung. Die Formen der Tiere in Abbildung 7.17 und zahlloser anderer, hier nicht dargestellter Gliederfüßer scheinen mir im Licht dieser Denkweise einen ganz besonderen Sinn zu haben.

Die Hauptaussage dieses Kapitels lautet: Kaleidoskopische Embryonalentwicklung, ob sie nun in Segmenten oder in von vorn nach hinten verlaufenden Segmentreihen abläuft wie bei den Insekten oder aber durch «Spiegelung» wie bei den Quallen, bedeutet paradoxerweise sowohl eine Einschränkung als auch eine Verbesserung. Sie schränkt die Evolution ein, weil ein geringeres Variantenspektrum zur Verfügung steht, auf das die natürliche Selektion wirken kann. Aber sie verbessert die Evolution auch, weil sie – man möge mir verzeihen, wenn ich die Selektion personifiziere – die natürliche Selektion davor bewahrt, ihre Zeit mit der Erkundung riesiger Bereiche im Raum der Möglichkeiten zu vergeuden, in denen sie ohnehin nie auf etwas Gutes stoßen wird. Die Welt ist von großen Tiergruppen bevölkert – von Gliederfüßern, Weichtieren, Stachelhäutern und Wirbeltieren –, und alle haben eine Form der kaleidoskopisch eingeschränkten Embryonalentwicklung, die sich in der Evolution als fruchtbar erwiesen hat. Die kaleidoskopische Embryonalentwicklung hat die notwendigen Eigenschaften zur Eroberung der Erde. Jedesmal, wenn eine größere Veränderung der kaleidoskopischen Abläufe oder ein «Spiegel» sich in der Evolution ausgebreitet hat, erben alle Abstammungslinien, die sich dabei bilden, diesen Spiegel. Das ist keine normale Darwinsche Selektion, sondern eine Art Entsprechung zu ihr auf höherer Ebene. Und die Vermutung, daß es deshalb eine Evolution verbesserter Evolutionsfähigkeit gegeben hat, erfordert nicht mehr allzuviel Phantasie.

Achtes Kapitel
POLLENKÖRNER UND MAGISCHE KUGELN

Einmal fuhr ich mit Juliet, meiner damals sechsjährigen Tochter, durch eine ländliche Gegend Englands, und sie zeigte auf ein paar Blumen am Straßenrand. Ich fragte sie, wozu die wilden Blumen ihrer Ansicht nach da waren. Ihre Antwort war wohlüberlegt. «Zu zweierlei», sagte sie. «Damit die Welt schöner wird und damit die Bienen für uns den Honig machen.» Ich war sehr gerührt, und es tat mir leid, ihr sagen zu müssen, daß sie unrecht hatte.

Die Antwort meines kleinen Mädchens unterschied sich nicht allzusehr von dem, was die meisten Erwachsenen die ganze Menschheitsgeschichte über erwidert hätten. Lange Zeit glaubte man, die ganze Schöpfung diene unserem Vorteil. Das erste Kapitel im Ersten Buch Mose sagt es ausdrücklich: Der Mensch hat die «Herrschaft» über alle Lebewesen; Tiere und Pflanzen sind dazu da, uns zu erfreuen und zu nützen. Wie der Historiker Sir Keith Thomas in seinem Werk *Man and the Natural World* belegt, zog sich diese Einstellung durch das ganze christliche Mittelalter und blieb bis heute erhalten. Im 19. Jahrhundert hielt der Geistliche William Kirby die Laus für einen unverzichtbaren Anreiz zur Reinlichkeit. Nach Ansicht des Bischofs James Pilkington, der zur Zeit Elisabeths I. lebte, förderten wilde Tiere den Mut der Menschen, und sie waren eine nützliche Übung für die Kriegsführung. Pferdebremsen, so ein Autor im 18. Jahrhundert, wurden geschaffen, «damit die Menschen ihre Schlauheit und ihren Eifer üben, um sich gegen sie zu schützen». Hummer waren mit einem harten Panzer ausgestattet, damit wir von der gedeihlichen Übung des Knackens ihrer Scheren profitieren können, bevor wir sie essen. Und ein anderer frommer mittelalterlicher Schriftsteller glaubte, auch das Unkraut sei zu unserem Nutzen da, denn die harte Arbeit des Jätens sei gut für den Geist.

Von den Tieren dachte man, daß sie privilegiert seien, weil sie die Strafe für Adams Sünde mit uns teilten. Keith Thomas zitiert in dieser Frage einen Bischof aus dem 17. Jahrhundert: «Welche Wandlung zum Schlechten auch über sie gekommen sein mag, es ist nicht ihre Bestrafung, sondern unsere.» Das, so spürt man, muß für die Tiere ein großer Trost gewesen sein. Henry More meinte 1653, Rinder und Schafe seien überhaupt nur deshalb erschaffen worden, damit ihr Fleisch frisch bleibt, «bis wir das Bedürfnis haben, sie zu essen». Die logische Schlußfolgerung aus diesem Gedankengang des 17. Jahrhunderts ist wohl, daß Tiere nur darauf warten, verspeist zu werden.

> Rebhuhn, Fasan und Lerche flogen
> Zu deinem Haus, als sei's die Arche.
> Der Ochse kam voll Demut und von selbst
> Zur Schlachtbank, die er mit dem Lämmchen teilt;
> Und alle Tiere taten Gleiches,
> Als Opfer brachten sie sich dar.

Zu einer futuristisch-bizarren Erkenntnis führte Douglas Adams diesen Dünkel in *Das Restaurant am Ende des Universums*, Teil seiner brillanten Geschichte *Per Anhalter durch die Galaxis*. Nachdem der Held und seine Freunde sich in dem Restaurant niedergelassen haben, kommt ein großer Vierbeiner unterwürfig an ihren Tisch und bietet sich freundlich und kultiviert als Tagesgericht an. Man habe ihn daraufhin gezüchtet, erklärt er, daß er gern gegessen werden möchte und das auch klar und eindeutig äußern könne: «Vielleicht ein Stück aus der Schulter? ... In Weißweinsoße geschmort? ... Das Schwanzstück ist übrigens sehr gut ... ich habe es bewegt und viel Getreide gefressen, dieses Fleischstück ist deshalb ausgezeichnet.» Arthur Dent, der galaktisch am wenigsten Bewanderte unter den Essern, ist entsetzt, aber die anderen bestellen ausnahmslos große Steaks, und das freundliche Geschöpf trottet dankbar in die Küche, um sich zu erschießen (ganz human, fügt es mit einem ermunternden Zwinkern in Arthurs Richtung hinzu). Die Geschichte von Douglas Adams ist natürlich eine Satire, aber die folgende Beschreibung einer Banane, wortwörtlich zitiert aus einem modernen Traktat, das einer meiner vielen kreationistischen Leserbriefschreiber mir freundlicherweise schickte, ist, soweit ich es beurteilen kann, ernst gemeint:

> Man beachte, daß die Banane
> 1. für die menschliche Hand geformt ist;
> 2. eine rutschfeste Oberfläche hat;
> 3. äußere Anzeichen für den Zustand ihres Inneren trägt: grün – zu früh; gelb – genau richtig; schwarz – zu spät;
> 4. eine Lasche zum Abziehen der Umhüllung besitzt;
> 5. in der Umhüllung Perforationen besitzt;
> 6. eine biologisch abbaubare Hülle hat;
> 7. mundgerecht geformt ist;
> 8. oben eine Spitze zum leichteren Einführen hat;
> 9. für die Geschmacksknospen erfreulich ist;
> 10. in Richtung des Gesichts gebogen ist, so daß das Essen einfacher wird.

Die Ansicht, daß die Lebewesen zu unserem Nutzen da sind, beherrscht nach wie vor unsere Kultur, auch wenn das nicht mehr in dieser Weise begründet wird. Heute brauchen wir für unsere wissenschaftlichen Erkenntnisse eine weniger menschenzentrierte Sichtweise der Natur. Wenn wilde Tiere und Pflanzen überhaupt irgendeinem Zweck dienen sollen, wenn sie deshalb auf dieser Erde sind – und es gibt eine stichhaltige Metapher, mit der man das tatsächlich sagen kann –, dann sicher nicht dazu, den Menschen zu nützen. Wir müssen lernen, die Dinge mit nichtmenschlichen Augen zu sehen. Im Fall der Blumen, mit denen unsere Geschichte begann, ist es zumindest etwas sinnvoller, sie durch die Augen der Bienen oder anderer bestäubender Tiere zu betrachten.

Das ganze Leben der Bienen dreht sich um die farbenprächtige, duftende, nektartriefende Welt der Blüten. Ich spreche hier nicht nur von Honigbienen: Es gibt Tausende von Bienenarten, und alle sind voll und ganz auf Blüten angewiesen. Ihre Larven ernähren sich von Pollen, und der alleinige Brennstoff für die Flugmuskulatur der ausgewachsenen Exemplare ist der Nektar, den ihnen ebenfalls ausschließlich die Blüten liefern. Wenn ich «liefern» sage, meine ich das nicht nur vordergründig. Den Pollen produzieren Pflanzen im Gegensatz zum Nektar nicht *ausschließlich* für die Bienen, sondern vorwiegend für ihre eigenen Zwecke. Die Bienen dürfen gern einen Teil des Pollens fressen, denn sie leisten den Pflanzen hervorragende Dienste, indem sie ihn von Blüte zu Blüte transportieren. Der Nektar ist eher ein Extremfall. Er hat keine andere Daseinsberechtigung als die, den Bienen als Nahrung zu dienen. Die Pflanzen bilden ihn in großen Mengen ausschließlich zu dem Zweck, Bienen und andere bestäubende Insekten anzulocken. Die Bienen müssen sich ihre Nektarbelohnung hart erarbeiten. Um ein Pfund Kleehonig herzustellen, besuchen sie etwa zehn Millionen Blüten.

Eine Biene könnte nun sagen: «Blumen sind dazu da, um uns Bienen mit Pollen und Nektar zu versorgen.» Aber auch sie hätte damit nicht ganz recht. Immerhin wäre sie aber der Wahrheit schon viel näher als ein Mensch, der glaubt, die Blumen seien allein für uns da. Man könnte sogar sagen: Blumen – zumindest die bunten, auffälligen – sind bunt und auffällig, weil sie von Bienen, Schmetterlingen, Kolibris und anderen bestäubenden Tieren «herangezüchtet» wurden. Der ursprüngliche Vortrag, auf dem dieses Kapitel aufbaut, trug den Titel «Der ultraviolette Garten». Es handelt sich um eine Parabel. Ultraviolett ist eine Art von Licht, die wir nicht sehen können. Bienen sind dazu in der Lage: Sie sehen es als eigene Farbe, die deshalb manchmal auch «Bienenviolett» genannt wird. Blumen müssen also durch die Augen von Bienen ganz anders aussehen (Tafel 8.1). Und genauso sollten wir auch die Frage, wozu Blumen gut sind, besser durch die Augen einer Biene als durch unsere eigenen betrachten.

«Der ultraviolette Garten», eine Anspielung auf das uns fremde Sehvermögen der Bienen, dient nur als Parabel für eine Veränderung unserer Ansicht darüber, für wen oder was die Blüten – und alle anderen Lebewesen – «gut sind». Wenn Blumen Augen hätten, käme ihre Weltsicht uns wahrscheinlich noch seltsamer vor als das eigenartige Ultraviolettsehen der Bienen. Wie würden Bienen durch die Augen einer Pflanze aussehen? Wozu sind *Bienen* aus dem Blickwinkel der Blumen gut? Sie sind Marschflugkörper, die Pollen von einer Blüte zur anderen tragen. Den Hintergrund dieser Aussage muß ich genauer erläutern.

Erstens gibt es stichhaltige genetische Gründe, die für die Kreuzbefruchtung mit dem Pollen einer anderen Pflanze sprechen. Durch die inzestuöse Selbstbefruchtung würde der Nutzen der sexuellen Fortpflanzung (worin er auch bestehen mag – ebenfalls eine interessante Frage) verlorengehen. Ein Baum, der seine weiblichen Blüten mit seinen eigenen männlichen Blüten bestäubt, könnte sich die Mühe des Bestäubens fast sparen. Es wäre viel effizienter, wenn er einen vegetativen Klon bildete. Natürlich tun manche Pflanzen genau das, und es hat einige Vorteile. Aber noch mehr spricht, wie wir bereits gesehen haben, für die ständig neue Mischung mit den Genen eines anderen Individuums. Die Gründe dafür im einzelnen darzulegen würde uns hier entschieden zu weit in eine andere Richtung abschweifen lassen, aber das sexuelle Roulette muß beträchtliche Vorteile haben, denn sonst hätte die natürliche Selektion nicht zugelassen, daß es im Leben fast aller Tiere und Pflanzen zu einer derart beherrschenden Besessenheit wird. Aber was immer der Nutzen auch sein mag, in jedem Fall würde er weitgehend verschwinden, wenn man die Gene nicht mit denen eines anderen Individuums, sondern mit einem zweiten Exemplar der eigenen Ausstattung mischen würde.

Blüten haben im Leben einer Pflanze keine andere Aufgabe, als Gene mit einer genetisch anders bestückten Pflanze auszutauschen. Manche Arten, beispielsweise die Gräser, bedienen sich dazu des Windes. Dann ist die Luft mit Pollen voll, und ein winziger Bruchteil davon hat das Glück, auf die weiblichen Blütenteile einer Pflanze derselben Art geweht zu werden (ein weiterer Bruchteil wird in Nase und Augen derer geweht, die an Heuschnupfen leiden). Diese Methode der Bestäubung ist stark vom Zufall abhängig und unter manchen Gesichtspunkten verschwenderisch. Oft ist es effizienter, die Flügel und Muskeln der Insekten auszunutzen (oder anderer Überträger wie Fledermäuse oder Kolibris). Bei dieser Methode wird der Pollen stärker in Richtung seines Ziels gelenkt, und deshalb ist viel weniger Pollen erforderlich. Andererseits muß man aber einen gewissen Aufwand treiben, um die Insekten anzulocken. Ein Teil des Etats geht für Werbung drauf – für bunte Blütenblätter und starke Düfte. Ein weiterer Teil fließt in den Nektarköder.

Der Nektar ist für Insekten ein Hochleistungs-Flugbenzin, und seine Herstellung ist für die Pflanze mit großem Aufwand verbunden. Manche

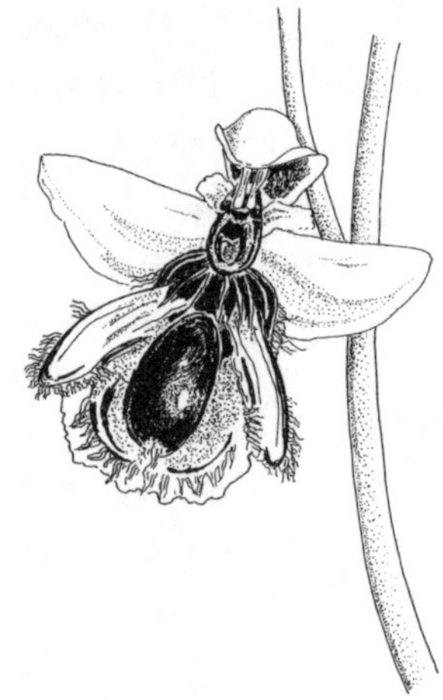

Abb. 8.2 Die Ragwurz *Ophrys vernixia*, eine Orchidee, die Insekten nachahmt.

Pflanzen umgehen die Mühe und bedienen sich statt dessen irreführender Werbung. Am berühmtesten sind in dieser Hinsicht die Orchideen: Ihre Blüten sehen aus und duften wie weibliche Insekten. Die Männchen versuchen mit den Blüten zu kopulieren (Abbildung 8.2) und beladen sich dabei unabsichtlich mit Pollenpaketen, oder sie werden am anderen Ende ihres Weges davon befreit. Es gibt Bienenorchideen, die weibliche Bienen nachahmen, und ebenso kennt man spezialisierte Fliegen- und Wespenorchideen. Bei einer solchen Pflanze, die Wespen nachahmt und den treffenden Namen «Hammerorchidee» trägt, befindet sich die Weibchenattrappe am Ende eines mit einem Scharnier versehenen, wie eine Feder gespannten Stiels, der in einem festgelegten Abstand von den pollentragenden Teilen der Blüte einrastet (Abbildung 8.3). Das Männchen, das auf dem vermeintlichen Weibchen landet, löst den Federmechanismus aus: Es wird mehrmals heftig gegen den Amboß geschleudert, wo die Pollensäcke liegen. Bis das Männchen sich freigestrampelt hat, ist sein Rücken mit zwei Packungen Blütenstaub beladen.

Ebenso raffiniert ist die sogenannte Becherorchidee; sie funktioniert ein wenig wie die Kannenpflanze, aber mit einem wichtigen Unterschied. Ihre Blüte enthält einen großen Flüssigkeitsvorrat, der verführerisch duftet – er riecht wie der Sexuallockstoff, den die Weibchen einer bestimmten

Abb. 8.3 Die «Hammerorchidee» *Drakaea fitzgeraldii*: (a) Die Wespe läßt sich auf dem Köder nieder; (b) Das Scharnier klappt zu und stößt das Tier mit dem Rücken mehrmals gegen die Pollenkörner.

Bienenart ausscheiden. Ein Männchen dieser Art wird von dem Duft angezogen, fällt in die Flüssigkeit und ertrinkt beinahe. Den einzigen Ausweg bietet ein enger Tunnel. Die um ihr Leben kämpfende Biene entdeckt ihn, krabbelt hindurch und ist gerettet. Am Hinterende des Tunnels befindet sich ein komplizierter Schließmechanismus, der das Bienenmännchen mehrere Minuten lang festhält, bevor es sich endgültig befreien kann, und während dieses letzten Ringens am Ende des Tunnels gelangen zwei Pollensäcke fein säuberlich auf seinen Rücken. Anschließend fliegt das Bienenmännchen davon, um bald darauf – trauriger vielleicht, aber nicht klüger – in eine weitere Becherorchidee zu fallen. Wieder ertrinkt es fast, wieder bahnt es sich mühsam den Weg durch den Fluchttunnel, und wieder wird es am Tor zur Freiheit eine Zeitlang festgehalten. In dieser Zeit befreit die Orchidee das Insekt von den Pollensäcken, und die Bestäubung ist abgeschlossen.

Das «trauriger, aber nicht klüger» hat nichts zu bedeuten. Wie immer sollten wir der Versuchung widerstehen, eine bewußte Absicht zu unterstellen. Wenn überhaupt, dann besteht die Versuchung für die Pflanze. Richtiger ist es aber, sich das Ganze als auf beiden Seiten unbewußt entstandene Apparatur vorzustellen. Pollen mit Genen für den Aufbau von Becherorchideen, die Bienen beeinflussen, wird von Bienen transportiert. Pollen mit Genen für die Entstehung von Orchideen, die das Verhalten der

Bienen weniger gut beeinflussen können, wird mit geringerer Wahrscheinlichkeit von Bienen weitergetragen. Deshalb können die Orchideen im Laufe der Generationen die Bienen immer besser manipulieren. (Allerdings muß man einräumen, daß es den Orchideen in der Praxis nicht besonders gut gelingt, Bienen so zu täuschen, daß sie mit ihnen kopulieren.)

Diese erstaunlichen Pflanzen sind ein Musterbeispiel für einen wichtigen Gesichtspunkt bei der Bestäubungsstrategie. Viele Blüten bemühen sich offenbar mit großem Aufwand darum, von einer ganz bestimmten Tierart bestäubt zu werden, von anderen aber nicht. In den tropischen Gebieten Amerikas weisen rote, schlauchförmige Blüten auf eine Bestäubung durch Kolibris hin. Rot ist für die Augen der Vögel besonders leuchtend und auffällig (Insekten dagegen können es als Farbe überhaupt nicht wahrnehmen). Und ein langer, enger Schlauch schließt alle bestäubenden Tiere aus, die nicht darauf spezialisiert sind und keinen langen, schmalen Schnabel haben wie die Kolibris. Andere Blumen wiederum gehen den kleinen Vögeln aus dem Weg und lassen sich nur von Bienen bestäuben – ihre Blüten sind, wie bereits erwähnt wurde, häufig in dem (für Menschen) unsichtbaren ultravioletten Teil des Spektrums gefärbt und gemustert. Wieder andere werden ausschließlich von nachtaktiven Motten bestäubt; solche Blüten sind oft weiß und machen nicht durch sichtbare Merkmale, sondern durch Düfte auf sich aufmerksam. Vielleicht der Höhepunkt auf dem Weg zu einer ausschließlichen, Hand in Hand gehenden Bestäubungspartnerschaft sind die Feigenbäume mit ihren eigenen Feigenwespen, das Beispiel, mit dem dieses Buch begann und endet. Aber warum sind Pflanzen bei den Tieren, die sie bestäuben, so wählerisch?

Sich ein spezialisiertes bestäubendes Tier heranzuzüchten hat vermutlich den gleichen Vorteil, den die Bestäubung durch Tiere im Vergleich zur Windbestäubung ganz allgemein mit sich bringt. Nur ist hier der Vorteil noch größer, denn das Ziel wird eingeengt. Die Windbestäubung ist ein unglaublicher Luxus: Der Pollen regnet dabei auf die gesamte Landschaft herab.Tiere, die sich als Hansdampf in allen Gassen betätigen, sind da schon besser, aber immer noch ziemlich verschwenderisch. Die Biene, die eine Blüte besucht, fliegt anschließend vielleicht zur Blüte einer ganz anderen Pflanzenart, und dann ist der Pollen vertan. Wird er von gewöhnlichen Bienen weitergetragen, regnet er zwar nicht auf die Umgebung herab wie bei den vom Wind bestäubten Gräsern, aber er wird immer noch relativ wahllos verteilt. Ganz anders bei der auf die Becherorchidee fixierten Bienenart oder der Feigenwespe eines Feigenbaumes: Diese Insekten fliegen wie kleine Lenkgeschosse – Medizinjournalisten würden von «magischen Kugeln» sprechen – genau zu dem Ziel, das aus der Sicht der jeweiligen Pflanze das richtige ist. Und im Fall der Feigenwespe ist dieses Ziel, wie wir noch sehen werden, nicht nur ein anderer Feigenbaum, sondern ein Baum, der zu einer ganz bestimmten der über 900 Feigenarten gehört. Der Einsatz spezialisierter Tiere zur Bestäubung muß gewaltige Einsparungen bei der Pollenproduktion ermöglicht haben. Andererseits erfordert er aber, wie wir noch sehen werden, selbst wieder einen Aufwand eigener Art, und so ist es nicht verwunderlich, daß manche Pflanzen aufgrund ihrer Lebensweise bei der Windbestäubung geblieben sind. Und für wieder andere eignet sich der Mittelweg zwischen Schrotschuß und magischer Kugel am besten. Feigen sind vielleicht das Extrembeispiel für die Abhängigkeit von der magischen Kugel einer bestimmten Tierart; deshalb heben wir sie uns für den krönenden Abschluß im letzten Kapitel auf.

Kehren wir noch einmal zu den Bienen zurück. Ihre Bestäubungsleistung ist wirklich gewaltig: Berechnungen zufolge bestäuben Honigbienen allein in Deutschland an einem einzigen Sommertag zehn Billionen Blüten. Außerdem hat man berechnet, daß 30 Prozent aller menschlichen Nahrungsmittel von Pflanzen stammen, die von Bienen bestäubt werden, und daß die Wirtschaft Neuseelands zusammenbrechen würde, wenn es keine Bienen mehr gäbe. Eine Blüte könnte sagen: Bienen sind auf der Welt, um für uns den Pollen herumzutragen.

Auch wenn es also so aussieht, als seien die bunten, duftenden Blumen der Welt allein für uns da, stimmt das eindeutig nicht. Blumen leben in einem Garten von Insekten, einem geheimnisvollen, ultravioletten Garten, in dem wir Menschen mit all unserer Eitelkeit keine Rolle spielen. Blumen wurden schon immer gezüchtet und angebaut, aber die Gärtner waren bis vor kurzem nicht wir, sondern Bienen und Schmetterlinge. Blumen bedienen sich der Bienen, und Bienen bedienen sich der Blumen. Jede der beiden Seiten in dieser Partnerschaft wurde von der anderen geformt. Der ultraviolette Garten funktioniert in zwei Richtungen. Die Bienen züchten Blumen für ihre Zwecke, und umgekehrt ist es genauso.

In der Evolution findet man solche Partnerschaften recht häufig. Es gibt sogenannte Ameisengärten aus Epiphyten (Pflanzen, die auf anderen Pflanzen wachsen), die von Ameisen ausgesät werden: Die Tiere bringen Samen der richtigen Sorte mit und vergraben sie in ihrem Hügel. Die Pflanzen wachsen aus der Oberfläche des Ameisenhügels und liefern seinen Bewohnern Nahrung. Wie man nachweisen konnte, gedeihen manche Pflanzen tatsächlich besser, wenn ihre Wurzeln sich in einem Ameisenhügel befinden. Andere Ameisen- und Termitenarten sind auf die unterirdische Pilzzucht spezialisiert: Sie pflanzen die Sporen ein, «jäten» konkurrierende Pilzarten aus und düngen das Ganze mit einer Kompostschicht aus zerkauten Blättern. Die berühmten, im tropischen Amerika beheimateten Blattschneiderameisen mit ihren acht Millionen Tiere starken Kolonien richten ihr ganzes Bemühen darauf, frisch geschnittene Blätter zu ernten. Sie können eine ganze Gegend mit einer so erbarmungslosen Effizienz heimsuchen, daß es an eine Heuschreckenplage erinnert. Aber die Blätter, die sie abschneiden, dienen den Ameisen oder ihren Larven nicht als Nahrung, sondern werden ausschließlich zur Düngung der Pilzgärten verwendet. Die Ameisen selbst fressen nur die Pilze, eine Art, die nirgendwo außer in den Hügeln dieser Ameisen gedeiht. Diese Pilze könnten sagen, Ameisen seien dazu da, Pilze anzubauen, und die Ameisen könnten behaupten, die Pilze existierten nur als Nahrung für Ameisen.

Vielleicht die bemerkenswertesten Ameisenliebhaber unter den Pflanzen sind jene südostasiatischen Epiphyten, deren Stamm sogenannte Pseudoknollen ausbildet, große, knollenartige Schwellungen. In der Pseudoknolle befindet sich ein Labyrinth von Hohlräumen, das so stark den von Ameisen gegrabenen Gängen im Boden ähnelt, daß man annehmen könnte, es sei ebenfalls von Ameisen angelegt. Aber das stimmt nicht. Die Hohlräume werden von der Pflanze gebildet, und die Ameisen leben darin (Abbildung 8.4).

Bekannter ist eine Ameisenart, die ausschließlich in bestimmten hohlen Dornen von Akazien lebt (Tafel 8.5). Die dicken, rundlichen Dornen werden bereits von der Pflanze mit einem Hohlraum versehen, der offenbar keinen anderen Zweck hat, als Ameisen zu beherbergen. Der Pflanze

Abb. 8.4 Querschnitt durch die Pseudoknolle von *Myrmecodia pentasperma*, einer Pflanze, die Ameisen ein maßgeschneidertes Zuhause bietet und dafür von ihnen beschützt wird.

nützt das Arrangement, weil die gefährlichen Bisse der Ameisen ihr Schutz bieten. Dies wurde in einer elegant einfachen Versuchsreihe nachgewiesen. Akazien, deren Ameisen durch ein Insektengift getötet wurden, leiden schon bald unter dem verstärkten Befall durch pflanzenfressende Tiere. Ameisen glauben – wenn sie überhaupt denken –, die Akaziendornen seien zum Nutzen der Ameisen da. Und die Akazien glauben, Ameisen dienten dazu, sie vor den Pflanzenfressern zu schützen. Sollen wir demnach annehmen, jede Seite einer solchen Partnerschaft arbeite zum Wohle der anderen? Besser stellt man sich vor, daß jede die andere zu ihrem *eigenen* Nutzen einsetzt. Es ist eine Art gegenseitiger Ausbeutung, bei der jeder vom anderen so stark profitiert, daß sich der Aufwand lohnt.

Die Ökologen erliegen nachgewiesenermaßen gern der Versuchung, das ganze Leben als eine Art große Selbsthilfegruppe zu betrachten. Pflanzen haben in dieser Gemeinschaft die Aufgabe, Primärenergie zu sammeln: Sie fangen die Sonnenstrahlung ein und machen ihre Energie für alle zugänglich, indem sie sich fressen lassen. Die Pflanzenfresser, darunter auch die äußerst vielfältigen pflanzenfressenden Insekten, sind der Kanal, durch den die Sonnenenergie von den Primärproduzenten zu den höheren Stufen der Nahrungskette geleitet wird: zu den Insektenfressern sowie den kleinen und großen Fleischfressern. Wenn Tiere ihre Abfallprodukte ausscheiden oder sterben, werden lebenswichtige Chemikalien dem Recycling zugeführt; dies bewerkstelligen Abfallverwerter wie die Mistkäfer und Tiere wie die Totengräberkäfer: Sie reichen die kostbare Last an die Bodenbakterien weiter, die sie wieder für die Pflanzen zugänglich machen.

An diesem anheimelnd schönen Bild von den Kreisläufen der Energie und anderer Ressourcen ist nicht allzuviel Falsches, wenn man sich eindeutig klarmacht, daß die Beteiligten *nicht* zum Wohle des Kreislaufs tätig sind. Sie befinden sich zu ihrem eigenen Wohl in diesem Zyklus. Ein Mistkäfer sammelt Abfälle ein und vergräbt sie, um sich davon zu ernähren. Daß er und seine Vettern damit eine Reinigungs- und Recyclingaufgabe erfüllen, die anderen Bewohnern des Gebietes nützt, ist ein reiner Nebeneffekt.

Gras ist das Grundnahrungsmittel für eine ganze Lebensgemeinschaft von Grasfressern, und diese düngen ihrerseits das Gras. Und es stimmt sogar, daß viele Gräser ohne die Grasfresser absterben würden. Aber das bedeutet nicht, daß eine Pflanze dazu da ist, gefressen zu werden, oder daß ihr das Gefressenwerden in irgendeiner Form nützt. Könnte eine Graspflanze ihre Wünsche äußern, würde sie sicher sagen, daß sie lieber nicht gefressen werden möchte. Aber wie lösen wir dann den Widerspruch, daß die Gräser ohne die Grasfresser aussterben würden? Die Antwort: Zwar möchte keine Pflanze gefressen werden, Gräser vertragen es aber besser als viele andere Pflanzen (deshalb legt man mit ihnen den Rasen an, der gemäht werden soll). Solange ein Gebiet stark abgegrast oder gemäht wird, können Pflanzen, die mit den Gräsern konkurrieren würden, sich nicht durchsetzen. Bäume können nicht Fuß fassen, weil ihre Keimlinge zerstört werden. Deshalb nützen Grasfresser indirekt den Gräsern als Gruppe. Aber das bedeutet nicht, daß es für eine einzelne Graspflanze gut wäre, gefressen zu werden. Allerdings profitiert sie vielleicht davon, wenn andere Gräser – auch solche ihrer eigenen Spezies – aufgefressen werden, denn das zahlt sich in Form der Düngung aus – und Konkurrenzpflanzen werden ferngehalten. Kommt die einzelne Graspflanze gleichzeitig davon, ohne gefressen zu werden, um so besser.

Zu Beginn haben wir den verbreiteten Trugschluß gebrandmarkt, wonach Blumen und Tiere zum Wohle der Menschen auf der Welt sind, Rinder sich demütig und gern essen lassen und so weiter. Kaum besser ließ sich die Idee vertreten, sie dienten dem Nutzen anderer, mit denen sie in der Evolution einen natürlichen Mutualismus entwickelt hatten: Blumen zum Nutzen der Bienen, Bienen zum Nutzen der Blumen, Akazienstacheln zum Nutzen der Ameisen und Ameisen zum Nutzen der Akazien. Aber bei dieser Vorstellung, daß Lebewesen «zum Nutzen» anderer da sind, besteht die Gefahr einer *reductio ad absurdum*. Wir dürfen uns nicht auf die verbreitete irrige Meinung der Ökologen einlassen, auf den holistischen Gral, wonach alle Lebewesen nach dem Wohl der Gemeinschaft, des Ökosystems, «Gaia» streben. Es ist an der Zeit, daß wir penibel werden und genau klären, was wir mit der Formulierung, ein Lebewesen sei «zum Nutzen» von etwas da, eigentlich meinen. Was bedeutet «Nutzen» wirklich? Wozu sind Blumen und Bienen, Wespen und Feigen, Elefanten und Fuchsschwanzkiefern *wirklich* da? Welchem Gebilde ist ein lebender Körper oder ein Teil davon wirklich von «Nutzen»?

Die Antwort lautet: der DNA. Das ist eine genaue, weitreichende Antwort, und ihre Begründung ist wasserdicht, aber sie bedarf einiger Erklärungen. Auf sie möchte ich in diesem und dem nächsten Kapitel zu sprechen kommen. Dazu kehre ich zunächst noch einmal zu meiner Tochter zurück.

Einmal litt sie an hohem Fieber, und ich litt mit ihr, als ich an der Reihe war, an ihrem Bett zu sitzen und kühle Umschläge anzulegen. Die Ärzte konnten mir in unserer Zeit zwar versichern, daß sie nicht in ernster Gefahr schwebte, aber dem übermüdeten Geist eines besorgten Vaters fielen zwangsläufig die unzähligen toten Kinder früherer Jahrhunderte und das Entsetzen bei jedem einzelnen Todesfall ein. Charles Darwin selbst kam über den unbegreiflichen Tod seiner geliebten Tochter Annie nie hinweg. Ihre scheinbar ungerechte Krankheit soll dazu beigetragen haben, daß er seinen Glauben an Gott verlor. Hätte Juliet sich in einem kläglichen Widerhall unserer früheren, angenehmeren Gespräche an mich gewandt und gefragt: «Wozu sind die Viren gut?» – was hätte ich antworten sollen?

Wozu sind Viren gut? Um uns besser und stärker zu machen, indem wir über unser Leiden triumphieren? (Wie der «Nutzen» von Auschwitz nach den Vermutungen eines Theologieprofessors, dem ich einmal bei einer Podiumsdiskussion im britischen Fernsehen gegenübersaß.) Um genügend Menschen sterben zu lassen und so eine Übervölkerung der Erde zu verhindern (eine besondere Wohltat in Ländern, in denen wirksame Empfängnisverhütung von theologischen Autoritäten verhindert wird)? Um uns für unsere Sünden zu bestrafen (eine Ansicht, die besonders beim AIDS-Virus viele begeisterte Fürsprecher hat; man kann fast Mitleid mit den mittelalterlichen Theologen haben, daß dieser bewundernswert moralistische Erreger nicht zu ihrer Zeit auftauchte)? Aber wieder einmal sind diese Antworten zu anthropozentrisch, wenn auch auf negative Weise. Wie alles andere in der Natur, so haben auch Viren weder ein positives noch ein negatives Interesse an Menschen. Sie sind codierte, in der DNA-Sprache niedergeschriebene Programmanweisungen zum Nutzen der Anweisungen selbst. Die Anweisung lautet: «Vervielfältige und verbreite mich!», und wir befolgen sie, wenn sie uns begegnen. Das ist alles. Näher kann man der Antwort auf die Frage, was der Sinn von Viren ist, nicht kommen. Es scheint ein sinnloser Sinn zu sein, und genau das möchte ich im folgenden deutlich machen. Ich bediene mich dazu des Parallelfalles der Computerviren. Zwischen ihnen und echten Viren besteht eine sehr starke Analogie, die zudem noch aufschlußreich ist.

Ein Computervirus ist schlicht ein Computerprogramm. Es ist in der gleichen Sprache geschrieben wie andere Programme und verbreitet sich über die gleichen Medien, zum Beispiel über Disketten oder das Netz aus Rechnern, Telefondrähten, Modems und Software, das man als Internet bezeichnet. Jedes Computerprogramm ist eine Sammlung von Anweisungen. Anweisungen zu was? Eigentlich zu allem möglichen. Manche Programme bestehen aus Anweisungen zur Kontoführung. Textverarbeitungen enthalten Anweisungen zur Aufnahme von Wörtern, ihrer Bewegung auf dem Bildschirm und ihrem Ausdruck. Wieder andere Programme, beispielsweise Genius 2, das kürzlich den Großmeister Kasparow schlug, sind Anweisungen zum Schachspielen. Und die Anweisungen in einem Computervirus besagen ungefähr: «Mach jedesmal, wenn dir eine neue Magnetplatte begegnet, eine Kopie von mir und schreib sie auf diese Platte.» Es ist ein «Vervielfältige-mich-Programm». Manchmal besagt es auch noch etwas anderes, beispielsweise «Lösche die gesamte Festplatte». Oder es läßt den Computer sprechen – dann sagt er mit blecherner Roboterstimme «Keine Panik». Aber das ist nur Beiwerk. Das wesentliche Merkmal eines Computervirus, das es als solches kennzeichnet, ist die Anweisung «Vervielfältige mich», geschrieben in einer Sprache, die der Rechner befolgt.

Menschen sehen unter Umständen keinen Anlaß, derart zwingende Anweisungen zu befolgen, aber der Computer gehorcht sklavisch jedem Befehl, solange er in der ihm eigenen Sprache geschrieben ist. «Vervielfältige mich» wird genauso ausgeführt wie «Invertiere diese Matrix», «Diesen Absatz kursiv» oder «Diese Figur zwei Felder vorwärts». Außerdem gibt es jede Menge Gelegenheiten zur Ansteckung. Computerbenutzer tauschen ständig Disketten aus, geben Spielprogramme und manchmal auch nützliche Programme an Freunde weiter. Und wenn so viele Disketten dauernd promiskuitiv ausgetauscht werden, liegt es auf der Hand, daß ein Programm mit der Anweisung «Kopiere mich auf jede neue Diskette, der du begegnest» sich auf der ganzen Welt wie die Pest verbreiten kann. Schon bald sind Hunderte von Kopien im Umlauf, und ihre Zahl wird zunehmen. Heutzutage, wo die Datenautobahnen kreuz und quer durch den Cyberspace verlaufen, stehen die Chancen für die schnelle Ansteckung mit Computerviren noch besser.

Nun ist man leicht versucht, sich über die Sinnlosigkeit solcher Parasitenprogramme auszulassen, wie ich es bei der Erörterung der krankheitserzeugenden Viren getan habe. Wozu soll schon ein Programm nütze sein, das nichts anderes befiehlt als «Verdoppele dieses Programm»? Zugegeben: Es wird verdoppelt; aber hat ein solches ausschließlich selbstbezogenes Unterfangen nicht etwas lächerlich Müßiges? Ja, natürlich! Es ist von einer boshaften Überflüssigkeit. Aber daß es in dieser Hinsicht überflüssig und witzlos ist, *spielt keine Rolle*. Es kann völlig sinnlos sein und verbreitet sich dennoch. Es verbreitet sich, weil es sich verbreitet, weil es sich verbreitet. Daß es dabei nichts Nützliches bewirkt – es kann im Gegenteil sogar schädlich sein –, ist ohne Belang. In der Welt der Computer und der ausgetauschten Disketten überlebt es einfach, weil es überlebt.

Genauso ist es bei den biologischen Viren. Grundsätzlich ist ein Virus einfach ein Programm, geschrieben in der DNA-Sprache, die stark einer Programmiersprache ähnelt – sie ist sogar wie diese in einem digitalen Code geschrieben. Wie ein Computervirus, so sagt auch sein biologisches Pendant einfach «Vervielfältige und verbreite mich». Und wie bei den Computerviren unterstellen wir dabei nicht, die DNA in einem Virus *wolle* kopiert werden. Es ist vielmehr einfach so, daß von allen eigentlich möglichen DNA-Anordnungen nur diejenigen sich verbreiten, die die Anweisung «Verbreite mich» geben. Und mir nichts, dir nichts ist die Welt voller derartiger Programme. Wie die Computerviren sind sie da, weil sie da sind, weil sie da sind. Enthielten sie nicht die Anweisungen, die für ihre Existenz sorgen, würden sie nicht existieren.

Es gibt zwischen den beiden Virustypen nur einen wichtigen Unterschied: Computerviren entstehen durch die kreativen Anstrengungen mutwilliger oder wirklich bösartiger Menschen, während biologische Viren sich durch Mutation und natürliche Auslese entwickeln. Wenn ein biologisches Virus ernste Auswirkungen hat, einen Schnupfen zum Beispiel oder im schlimmsten Fall sogar den Tod, sind das Nebenprodukte oder Symptome seiner Verbreitungsmethode. Auch Computerviren haben manchmal negative Wirkungen dieses Typs. Die üblen Folgen des berühmten Internetwurms, der am 2. November 1988 durch die Computernetze der USA raste, waren unbeabsichtigte Nebenprodukte (genaugenommen ist ein Computerwurm etwas anderes als ein Computervirus, aber der Unterschied braucht uns hier nicht zu interessieren). Kopien des Programms vereinnahmten Speicherplatz und Rechenzeit, so daß ungefähr 6000 Computer lahmgelegt wurden. Aber wie wir gesehen haben, sind die negativen Wirkungen mancher Computer nicht immer Nebenprodukte oder zwangsläufige Symptome, sondern absichtlicher Ausdruck reiner Bösartigkeit. Diese hinterhältigen Wirkungen tragen keineswegs zur Verbreitung des Virus bei, sie sorgen eher für ihre Verlangsamung. Echte Viren würden etwas so Anthropozentrisches nicht tun, es sei denn, sie würden in einem Labor für biologische Kriegsführung speziell zu solchen Zwecken entworfen. Durch natürliche Evolution entstandene Viren würden keine Umwege machen, um uns zu töten oder leiden zu lassen. Ob es uns schlechtgeht, interessiert sie nicht. Wenn wir leiden, ist es ein Nebenprodukt ihrer Ausbreitungstätigkeit.

Wie alle Anweisungen ist auch der Befehl «Vervielfältige mich» nur dann von Nutzen, wenn es einen Mechanismus gibt, der ihn befolgt. Die Welt der Computer ist für ein Vervielfältige-mich-Programm eine schöne, freundliche Umgebung. Durch das Internet verbundene Rechner und Menschen, die Disketten verleihen und austauschen, sind für ein selbstverdoppelndes Computerprogramm eine Art Paradies. Die summenden, zischenden Maschinen zum Kopieren und Befolgen der Anweisungen stehen bereit, und in einem gewissen Sinn betteln sie geradezu um die Ausbeutung durch jedes Programm, das «Verdopple mich» sagt. Die kopierende und gehorchende Apparatur für die DNA-Viren liegt in den Zellen: Dort befinden sich die ganzen verwickelten Utensilien – Messenger-RNA, ribosomale RNA und die verschiedenen Transfer-RNAs, die jeweils mit ihrer eigenen entsprechend codierten Aminosäure verknüpft sind. Die Einzelheiten braucht man nicht zu beachten, oder man kann sie in dem hervorragend klar geschriebenen Buch *Molecular Biology of the Gene* von J. D. Watson nachschlagen. Für uns reicht es aus, wenn wir zweierlei verstehen: Erstens enthält jede Zelle das verkleinerte Gegenstück zu einem Computer, der Befehle befolgt, und zweitens ist die Maschinensprache aller Zellen bei allen Lebewesen auf der Erde die gleiche. (Diesen Luxus genießen Computerviren übrigens nicht: DOS-Viren können keinen Macintosh infizieren und umgekehrt.) Die Anweisungen der Computer- wie der DNA-Viren werden befolgt, weil sie in einem Code geschrieben sind, dem ihre jeweilige Umgebung sklavisch gehorcht.

Aber woher stammt dieser gehorsame Kopier- und Anweisungsbefolgungsapparat? Er ist kein Zufall, sondern muß hergestellt werden. Bei den Computerviren bauen ihn die Menschen, bei den DNA-Viren sind es die Zellen eines anderen Lebewesens. Und wer macht diese anderen Lebewesen, die Menschen, Elefanten und Nilpferde, deren Zellen den Viren das Leben so einfach machen? Die Antwort: andere sich selbst vervielfältigende DNA; die DNA, die zu den Menschen und Elefanten «gehört». Was also *sind* große Lebewesen wie Elefanten, Kirschbäume oder Mäuse? (Ich bezeichne Mäuse als «groß», denn aus der Sicht eines Virus ist eine Maus sehr, sehr gewaltig.) Und wem nützen Mäuse, Elefanten und Blumen auf dieser Welt?

Wir nähern uns jetzt einer endgültigen Antwort auf alle derartigen Fragen. Blumen und Elefanten sind «für» das gleiche da wie alles andere in den Reichen der Lebewesen: für die Ausbreitung von Vervielfältige-mich-Programmen, die in der DNA-Sprache geschrieben sind. Blumen dienen der Verbreitung von Kopien der Anweisungen für die Herstellung von mehr Blumen. Elefanten dienen der Verbreitung von Kopien der Anweisungen für die Herstellung von mehr Elefanten. Vögel dienen der Verbreitung von Kopien der Anweisungen für die Herstellung von mehr Vögeln. Die Zellen eines Elefanten können nicht unterscheiden, ob die Anweisungen, denen sie so genau folgen, die Anweisungen eines Virus oder eines Elefanten sind. Es geht ihnen wie Tennysons «Light Brigade», nachdem jemand einen Fehler gemacht hat: «Es ist nicht an ihnen zu erwidern, es ist nicht an ihnen, Warum zu fragen, es ist an ihnen, zu handeln und zu sterben.»

Es dürfte wohl klar sein, daß ich die Elefanten stellvertretend für alle großen, selbständigen Lebewesen sehe, für Blumen und Bienen, Menschen und Kakteen, sogar für Bakterien. Wie wir erfahren haben, lautet die Anweisung der Viren: «Vervielfältige mich.» Was besagen die Anweisungen des Elefanten? Die Antwort ist die wichtige Erkenntnis, zu der ich am Ende des Kapitels gelangen möchte: Die Anweisungen der Elefanten befehlen ebenfalls die Vervielfältigung, aber auf etwas verwickeltere Weise. Die DNA eines Elefanten stellt ein riesiges Programm dar, vergleichbar mit einem Computerprogramm. Wie die Virus-DNA ist es grundsätzlich ein Vervielfältige-mich-Programm, aber es enthält einen fast unglaublich großen Umweg, der entscheidend dazu beiträgt, daß dieser Hauptbefehl effizient ausgeführt wird. Der Umweg ist der Elefant. Das Programm sagt: «Vervielfältige mich auf dem Umweg, zunächst einen Elefanten zu bauen.» Der Elefant frißt, um zu wachsen; er wächst, um erwachsen zu werden; er wird erwachsen, um sich zu paaren und neue Elefanten hervorzubringen; er bringt neue Elefanten hervor, damit sie neue Kopien der ursprünglichen Programmbefehle erzeugen.

Das gleiche kann man auch über *Teile* von Lebewesen sagen. Der Schnabel des Pfaus, der Nahrung aufnimmt, um den Pfau am Leben zu erhalten, ist ein indirektes Hilfsmittel für die Verbreitung der Anweisungen zum Bau von Pfauenschnäbeln. Der Fächer des Pfauenmännchens ist ein Hilfsmittel für die Verbreitung der Anweisungen zur Herstellung weiterer Pfauenfächer. Er funktioniert, weil er für die Pfauenweibchen attraktiv ist. Er kann die Weibchen gut heranholen, wie der Schnabel das Futter gut heranholen kann. Das Männchen mit dem schönsten Fächer hat die meisten Kinder und gibt damit die meisten Kopien für die Fächer-Verschönerungsgene weiter. Deshalb sind die Fächer der Pfauen so hübsch. Aber daß wir sie hübsch finden, ist eine zufällige Nebenwirkung. Der Fächer ist ein Genverbreiter, und er funktioniert auf dem Weg über die Augen der Weibchen.

Flügel sind ein Hilfsmittel zur Verbreitung flügelerzeugender Anweisungen. Bei den Pfauen machen sie sich vor allem dann als Retter der Gene bemerkbar, wenn der Vogel von einem natürlichen Feind überrascht wird und sich kurz in die Luft erhebt. Pflanzen schaffen für ihre Samen so etwas wie Flugorgane (Abbildung 8.6), aber die meisten Menschen hätten wohl dennoch ein ungutes Gefühl, das Wort «fliegen» in diesem strengen Sinn für Pflanzen zu verwenden. Pflanzen, so scheint es, fliegen nicht und haben keine Flügel.

Aber aufgepaßt! Aus der Sicht einer Pflanze *braucht* sie keine eigenen Flügel, wenn die Flügel der Bienen oder der Schmetterlinge die gleiche Aufgabe erfüllen. Ich hätte keinerlei Bedenken, die Flügel einer Biene als

Abb. 8.6 DNA mit Flügeln: Platanen- und Löwenzahnsamen.

«Pflanzenflügel» zu *bezeichnen.* Es sind Flugorgane, und die Pflanze benutzt sie, um ihren Pollen von einer Blüte zur anderen zu befördern. Blüten sind das Hilfsmittel, mit dem die Pflanzen-DNA in die nächste Generation transportiert wird. Sie wirken wie der Fächer der Pfauen, nur ziehen sie keine Pfauenweibchen, sondern Bienen an. Ansonsten gibt es keine Unterschiede. Wie der Pfauenfächer indirekt auf die Beine des Weibchens wirkt, so daß es zum Männchen hinläuft und sich mit ihm paart, so wirken auch Farben und Muster, Duft und Nektar der Blüte auf die Flügel der Bienen, Schmetterlinge und Kolibris. Die Bienen werden zu den Blüten gelockt. Sie schlagen mit den Flügeln und tragen den Pollen von einer Blüte zur anderen. Man kann die Flügel der Bienen tatsächlich als

Pflanzenflügel bezeichnen, denn sie tragen Pflanzengene, genauso wie sie sicher auch Bienengene befördern.

Der Körper eines Elefanten kann nicht unterscheiden, ob er sich um die Verbreitung von Elefanten- oder Virus-DNA bemüht, und ebensowenig wissen die Flügel einer Biene, ob sie die DNA der Biene oder einer Blume weitertragen. Wenn wir Ausnahmefälle wie die getäuschte Biene, die ihre Zeit auf die Kopulation mit einer Orchidee verschwendet, einmal beiseite lassen, verbreiten sie in der Regel beides. Der Unterschied zwischen der «eigenen» DNA und der im Pollen ist für den Ausführungsapparat der Biene nicht wahrnehmbar. Pfauen und Bienen, Blumen und Elefanten stehen zu ihrer eigenen DNA im wesentlichen in der gleichen Beziehung wie zur DNA der Virusparasiten, von denen sie infiziert werden. Das Programm der Virus-DNA befiehlt: «Vervielfältige mich auf einfache, direkte Weise mit Hilfe des vorgefertigten Mechanismus in den Gastgeber-Zellen.» Die Elefanten-DNA dagegen sagt: «Vervielfältige mich auf kompliziertere Weise auf Umwegen, indem zuerst ein Elefant gebaut wird.» Und die Blumen-DNA sagt: «Vervielfältige mich auf noch kompliziertere Weise mit noch mehr Umwegen: Bau zuerst eine Blume und veranlasse dann mit ihrer Hilfe und mit indirekten Einflüssen, wie dem verlockenden Nektar, die Flügel einer Biene (die bereits auf herkömmliche Weise nach dem Bauplan ihrer «eigenen» DNA konstruiert wurden), den Pollen mit genau den gleichen DNA-Anweisungen weit und breit zu verstreuen.» Zu der gleichen Erkenntnis werden wir aus einer anderen Richtung auch im nächsten Kapitel gelangen.

Neuntes Kapitel DER WIEDERHOLUNGSROBOTER

Wir sind gerade zu der Schlußfolgerung gelangt, daß Blumen und Elefanten für ihre «eigene» DNA genauso Wirte sind wie für die Virus-DNA. Das stimmt, aber es wirft schwierige Fragen auf. In der Argumentation fehlt ein wichtiger Schritt. Computerviren haben es leicht, denn die Welt ist bereits voller Computer – leistungsfähig, betriebsbereit und immer in Erwartung neuer Anweisungen. Aber diese Computer wurden von Menschen gebaut. Sie werden den Programmparasiten auf dem Präsentierteller dargeboten. Bei den lebenden Apparaten sieht es anders aus: Woher kommen sie?

Stellen wir uns einmal eine Art Computervirus vor, dem kein fertiger Computer zum Befolgen seiner Anweisungen zur Verfügung steht, so daß es bei Null anfangen muß. Es kann nicht einfach befehlen: «Vervielfältige mich», denn es ist kein Rechner vorhanden, der diesen Befehl befolgen könnte. Was müßte ein solches selbstverdoppelndes Programm tun, um sich in einer Welt ohne vorgefertigte Rechen- und Vervielfältigungsapparaturen von selbst auszubreiten? Es müßte erst einmal sagen: «Stelle den Apparat zu meiner Vervielfältigung her.» Und zuvor müßte es befehlen: «Mach die Teile, aus denen sich der Apparat zu meiner Vervielfältigung zusammensetzen läßt.» Und davor müßte es sagen: «Sammle die Rohstoffe, die zur Herstellung der Teile notwendig sind.» Dieses kompliziertere Programm braucht einen Namen. Nennen wir es «Umfassendes Programm für die Vervielfältigung von Anweisungen» oder kurz UPVA.

Das UPVA muß nicht nur einen normalen Computer mit Bildschirm und Tastatur steuern. Ihm muß etwas zur Verfügung stehen, was geübten Händen entspricht, Hilfsmitteln zum Greifen und Bearbeiten, die mit einem Wahrnehmungsapparat gekoppelt sind; nur so kann es die Einzelteile gestalten und zusammenbasteln. Es braucht die handähnlichen Geräte, um die Teile zu finden und zusammenzusetzen, und zuvor auch zum Sammeln der Rohstoffe. Ein Computer kann auf seinem Bildschirm etwas simulieren, aber er kann allein keinen zweiten, gleichartigen Computer bauen. Dazu muß er seinen Zugriff auf die reale Welt ausdehnen und wirkliches, greifbares Metall, Silicium und andere Materialien handhaben.

Sehen wir uns die damit verbundenen technischen Probleme einmal genauer an. Ein moderner Bürocomputer kann auf einem Monitor mit einer Bildröhre farbige Formen darstellen, Farbstoffe geordnet auf Druckpapier aufbringen und manchmal auch noch anderes tun, beispielsweise Töne in Stereolautsprechern erzeugen. Mit alledem kann man die Illusion von dreidimensionaler Greifbarkeit erzeugen, aber es sind wirklich nur Illusionen, geboren aus der Täuschung des menschlichen Gehirns. Auf dem Bildschirm wird ein Würfel perspektivisch dargestellt. Bei geeigneter Wiedergabe der Oberflächen sieht er überzeugend nach einem Festkörper aus, aber in Wirklichkeit kann man ihn nicht in die Hand nehmen, um ihn fest und schwer zwischen Daumen und Zeigefinger zu spüren. Mit geeigneter Software kann man simulieren, wie der Würfel in zwei Hälften geschnitten wird, und dann kann man den Querschnitt auf dem Bildschirm betrachten. Aber wiederum handelt es sich nicht um einen wirklichen Körper. Vielleicht können die Rechner der Zukunft auch andere Sinnesorgane auf ähnliche Weise täuschen. Die zukünftige Entsprechung der Computermaus ist möglicherweise so ausgestattet, daß sie den Fingern ein realistisches Gefühl von Trägheit vermittelt, wenn man einen «schweren» Gegenstand auf dem Bildschirm bewegt. Aber auch dann wäre dieser Gegenstand nicht wirklich schwer, er bestünde nicht aus greifbarer, fester Substanz.

Unser Computer, auf dem das UPVA läuft, muß mehr manipulieren als nur die Einbildungskraft des Menschen. Er muß in der Lage sein, mit festen Gegenständen in der wirklichen Welt umzugehen. Wie könnte ein Computer das bewerkstelligen? Es wäre mit beträchtlichen Schwierigkeiten verbunden. Einen Eindruck können wir uns verschaffen, wenn wir versuchen, einen neuen Druckertyp zu entwerfen: den «3-D-Drucker».

Ein normaler Computerdrucker handhabt Farbe auf einem zweidimensionalen Blatt Papier. Um beispielsweise etwas Ähnliches wie eine dreidimensionale Wiedergabe des Körpers einer Katze zu erzeugen, könnte man eine Serie von Schnittbildern auf transparenten Folien herstellen. Der Computer würde sich mühselig Schicht für Schicht von der Nase bis zum Schwanz durch die Katze arbeiten und Hunderte von Folienblättern ausdrucken. Legt man diese Blätter dann in einem festen Stapel übereinander, erkennt man in seinem Inneren eine dreidimensionale Abbildung der Katze.

Ein echter 3-D-Drucker ist das aber nicht, denn wenn man die Katze auf diese Weise abbildet, ist sie in einen Block aus Kunststoff eingeschlossen. Besser wird das Ganze, wenn wir ein selbsthärtendes Harz an die Stelle der Druckfarbe setzen. Wir würden die Blätter wiederum übereinanderstapeln und sie dann auflösen oder wegätzen, so daß nur das verfestigte Harz übrigbleibt. In dem unwahrscheinlichen Fall, daß die technischen Probleme dieser Konstruktion zu überwinden sind, hätten wir nun ein Instrument zur Darstellung eines echten räumlichen Gegenstandes – einen wirklichen Computerdrucker für drei Dimensionen.

Unser 3-D-Drucker ist aber immer noch tief in zweidimensionalen Vorstellungen verwurzelt. Zu seinem dreidimensionalen Produkt gelangt er nach dem Prinzip der Serienschnitte oder Scheiben. Ein solches Gerät, das nach dem Prinzip der Serienschnitte arbeitet, eignet sich für unser UPVA nicht. Eine nützliche Maschine, beispielsweise ein Verbrennungsmotor, läßt sich auf diese Weise nicht herstellen. Sie braucht Einzelbestandteile wie Zylinder und Kolben, Schwungrad und Keilriemen. Diese Teile bestehen aus unterschiedlichen Materialien und müssen sich frei gegeneinander bewegen lassen. Den Motor kann man nicht aus gestapelten Scheiben herstellen: Er muß aus vorgefertigten Einzelteilen *zusammengesetzt* werden. Und die Einzelkomponenten müssen ihrerseits wiederum aus kleineren Teilen aufgebaut werden. Das geeignete Ausgabegerät für das UPVA ist überhaupt kein 3-D-Drucker, sondern ein Industrieroboter mit einer Zange oder dem Äquivalent einer Hand, das Gegenstände greifen kann. Die «Hand» muß sich am Ende eines «Arms» befinden und sich mit einem Universalgelenk oder mehreren Gelenken in allen drei Raumrichtungen bewegen lassen. Sie besitzt eine Art Sinnesorgane, die sie zu dem nächsten zu greifenden Gegenstand führen und den Gegenstand dann zu seinem Bestimmungsort lenken, so daß er mit geeigneten Mitteln an der richtigen Stelle befestigt werden kann.

Solche Industrieroboter gibt es in modernen Fabriken (Tafel 9.1). Sie funktionieren tatsächlich, vorausgesetzt, jeder von ihnen hat am Fließband eine ganz bestimmte Aufgabe zu erfüllen. Aber auch ein normaler Industrieroboter eignet sich für das UPVA nicht. Er kann zwar Teile zusammensetzen, die ihm in einer festgelegten Orientierung geliefert werden oder am Fließband an ihm vorüberlaufen. In unserem Gedankenexperiment aber bestand der springende Punkt gerade darin, daß die Dinge nicht in festgelegter Orientierung «auf dem Präsentierteller» angeboten werden. Unser Roboter muß die Rohstoffe für die Teile selbst finden, bevor er sie zusammenfügen kann. Dazu muß er sich in der Welt bewegen können, um aktiv Rohstoffe zu suchen, zu gewinnen und zu sammeln. Er muß Mittel zur Fortbewegung besitzen – eine Art Bulldozerketten oder Beine.

Tatsächlich gibt es Roboter, die sich auf Beinen oder mit anderen Mitteln gewissermaßen gezielt in der Welt fortbewegen können. Das Exemplar in Tafel 9.2 sieht zufällig recht insektenähnlich aus, nur hat es nicht sechs, sondern vier Beine. Seine Füße sind wie bei einer Fliege mit Saugnäpfen ausgestattet, denn sein Paradekunststück ist das Hochklettern an senkrechten Wänden. Seine Konstrukteure necken ihn gern, indem sie eine Hand genau an die Stelle legen, auf die der Roboter gerade treten möchte. Der Fuß der Maschine spürt, daß die Oberfläche nun ungeeignet ist, und sucht in einer köstlich lebensnahen lautlosen Bewegung nach besserem Untergrund. Aber das ist eine Einzelheit eines ganz bestimmten Roboters. Eine berühmte frühere Konstruktion, die «Schildkröte» *Machina speculatrix* des Konstrukteurs W. Grey Walter von der Universität Bristol, stöpselte sich selbst in die Steckdose, um ihre Batterien aufzuladen. Wenn die Akkus nachließen, zeigte sie einen zunehmend unruhigen «Appetit» für Elektrizität und suchte immer hektischer nach einem Stromanschluß. Hatte sie einen gefunden, hängte sie sich daran und blieb dort, bis sie wieder aufgeladen war. Aber solche Einzelheiten sind nichts Grundsätzliches. Es geht hier um eine Maschine, die sich eigenständig fortbewegt und unablässig nach etwas sucht, gesteuert von eigenen Sinnesorganen und einem eigenen eingebauten Computer.

Unsere nächste Aufgabe besteht nun darin, die beiden Robotertypen zusammenzufügen. Stellen wir uns einmal vor, der gehende Roboter mit seinen Saugnapffüßen trage auf dem Rücken etwas Ähnliches wie den zuvor beschriebenen, mit «Händen» ausgestatteten Industrieroboter. Gesteuert würde die ganze Kombination von einem eingebauten Rechner. Dieser enthielte eine Menge Routinesoftware für die Kontrolle von Beinen und Saugnäpfen sowie für das Zusammensetzen mittels der Arme und Hände. Insgesamt stünde er aber unter der Kontrolle eines Vervielfältige-mich-Programms, das im wesentlichen befehlen würde: «Geh in der Welt herum und sammle das Material zur Herstellung eines zweiten Exemplars des ganzen Roboters. Baue einen neuen Roboter, gib seinem Computer das gleiche UPVA ein und laß ihn auf die Welt los, damit er wieder das gleiche tut.» Jetzt endlich haben wir uns bis zu einem echten UPVA-Roboter vorgearbeitet.

Die Maschine, die wir uns jetzt ausgemalt haben, ist technisch höchst komplex und raffiniert. Das Prinzip erörterte schon der berühmte ungarisch-amerikanische Mathematiker John von Neumann (einer der beiden Kandidaten für den ehrenvollen Titel «Vater des Computers»; der andere war der junge britische Mathematiker Alan Turing, der mit seiner alle Konventionen sprengenden Genialität vielleicht mehr als jeder andere dazu beitrug, daß die Alliierten den Zweiten Weltkrieg gewannen, aber er wurde wegen seiner Homosexualität juristisch verfolgt und zu einer Hormonbehandlung gezwungen, die ihn schließlich in den Selbstmord trieb). Aber bis heute wurde keine von-Neumann-Maschine, kein selbstverdoppelnder UPVA-Roboter gebaut. Vielleicht wird das auch nie geschehen. Möglicherweise liegt es jenseits der Grenzen des praktisch Machbaren.

Aber was rede ich da überhaupt? Was für ein Unsinn, zu behaupten, ein selbstverdoppelnder Roboter sei nie gebaut worden! Was glaube ich eigentlich, was ich selbst bin? Oder Sie? Oder eine Biene, eine Blume oder ein Känguruh? Sind wir nicht alle UPVA-Roboter? Nicht Menschen haben uns zu diesem Zweck konstruiert: Wir wurden durch die Vorgänge der Embryonalentwicklung zusammengefügt, gesteuert letztlich von Genen, die durch natürliche Selektion entstanden sind. Aber wir tun tatsächlich genau das, was wir für den hypothetischen UPVA-Roboter gefordert haben. Wir streifen durch die Welt, suchen nach den Rohstoffen zum Zusammenbau der Teile, die wir für unsere Selbsterhaltung brauchen, und bauen schließlich einen neuen Roboter zusammen, der die gleichen Fähigkeiten besitzt. Die Rohstoffe sind Moleküle, die wir aus dem reichhaltigen Nahrungsangebot gewinnen.

Manche Menschen finden es beleidigend, wenn man sie als Roboter bezeichnet. In der Regel liegt das daran, daß sie einen Roboter mit einem plumpen, stumpfsinnigen Ungeheuer gleichsetzen, das keine Feinsteuerung, keine Intelligenz und keine Flexibilität besitzt. Aber das sind keine notwendigen oder charakteristischen Merkmale eines Roboters. Es sind nur zufällig die Eigenschaften der Roboter, die wir mit der heutigen Technik gebaut haben. Wenn ich ein Chamäleon, eine Stabheuschrecke oder einen Menschen als Roboter bezeichne, der seine eigenen Programmanweisungen mit sich herumträgt, dann sage ich damit überhaupt nichts darüber, wie intelligent er ist. Ein Gebilde kann sehr intelligent und dennoch ein Roboter sein. Ich sage auch nichts über seine Vielseitigkeit, denn ein Roboter kann sehr vielseitig sein. Menschen des 20. Jahrhunderts, die sich gegen die Benennung «Roboter» wenden, wenden sich gegen eine oberflächliche, bedeutungslose Assoziation, die sich mit dem Wort verbindet (und verhalten sich wie jemand aus dem 18. Jahrhundert, der einen Dampfwagen nicht als Fortbewegungsmittel bezeichnen will, weil kein Pferd dabei ist). Jeder Mechanismus, wie kompliziert und intelligent er auch ist, der im voraus zur Erfüllung einer bestimmten Aufgabe konstruiert wurde, ist ein Roboter. Der UPVA-Roboter hat die Aufgabe, Kopien seines eigenen Programms in der Umwelt zu verbreiten, und zwar zusammen mit der Apparatur, die zur Ausführung des Programms notwendig ist.

Bei unserer Erörterung der selbstverdoppelnden Roboter waren wir davon ausgegangen, daß ein einfaches Vervielfältige-mich-Programm wie ein Computervirus oder ein echtes DNA-Virus zwar schön und gut ist, aber eine sehr bequeme Welt braucht – sie muß mit einer Apparatur ausgestattet sein, die die Anweisungen lesen und befolgen kann. Und so bequem ist die Welt nur, weil ein anderer oder etwas anderes die Apparatur zum Befolgen der Anweisungen bereits gebaut hat. Wir haben uns jetzt einen höchst komplizierten Roboter ausgemalt, der ebenfalls schlicht auf gewaltigen Umwegen das Vervielfältige-mich-Programm ausführt. Statt einfach zu sagen: «Vervielfältige mich», befiehlt das Programm: «Setze die

Teile zusammen und stelle ein neues Exemplar des ganzen Apparats her, der notwendig ist, um mich zu kopieren, und dann lade mich in seinen eingebauten Computer.»

Damit sind wir wieder bei der Schlußfolgerung des vorangegangenen Kapitels. Ein Elefant ist ein riesiger Umweg mit einem Computerprogramm in DNA-Sprache. Ein Straußenvogel ist ein anderer Umweg, eine Eiche wieder ein anderer. Und auch der Mensch ist natürlich einer. Wir alle sind UPVA-Roboter, von-Neumann-Maschinen. Aber wie kam der ganze Vorgang überhaupt in Gang? Um diese Frage zu beantworten, müssen wir zeitlich sehr weit zurückgehen, nämlich über drei, vielleicht sogar vier Milliarden Jahre weit. Damals sah die Welt ganz anders aus. Es gab kein Leben, keine Biologie, nur Chemie und Physik, und die Chemie der Erde war im Detail völlig anders. Zwar nicht alle, aber doch die meisten begründeten Spekulationen beginnen in der sogenannten Ursuppe, einer dünnen Brühe organischer Verbindungen im Meer. Was im einzelnen geschah, weiß niemand, aber irgendwie entstand ohne Verletzung der chemischen und physikalischen Gesetze ein Molekül, das zufällig die Fähigkeit zur Selbstverdoppelung besaß – ein Replikator.

Das hört sich vielleicht nach einem gewaltigen glücklichen Zufall an. Ich möchte zu diesem «Glück» ein paar Dinge sagen. Erstens brauchte es nur einmal zu geschehen. In dieser Hinsicht ähnelt es dem Glück bei der Besiedelung einer Insel. Auf den meisten Inseln der Erde, auch wenn sie so weit abgelegen sind wie Ascension, leben Tiere. Manche von ihnen, beispielsweise Vögel und Fledermäuse, sind auf naheliegenden Wegen dorthin gelangt, ohne daß man besonderes Glück unterstellen muß. Andere dagegen, zum Beispiel die Echsen, können nicht fliegen. Wir kratzen uns am Kopf und fragen, wie sie die Insel erreicht haben können. Es mag unbefriedigend sein, von einer Laune des Schicksals auszugehen – daß sich eine Echse zum Beispiel an einer Mangrovenranke festhielt, die abriß und über das Meer getrieben wurde. Launisch oder nicht – solche glücklichen Zufälle gibt es, und auf ozeanischen Inseln leben tatsächlich Echsen. Über die Einzelheiten wissen wir in der Regel nichts, denn so etwas geschieht nicht häufig genug, als daß wir eine realistische Chance hätten, es zu beobachten. Entscheidend ist, daß es nur einmal stattfinden mußte. Das gleiche gilt auch für die Entstehung des Lebens auf einem Planeten.

Und das ist noch nicht alles: Soweit wir wissen, hat es sich möglicherweise nur einmal auf einem von einer Milliarde Milliarden Planeten im Universum ereignet. Natürlich glauben viele Leute, es sei in Wirklichkeit auf einer Menge Planeten geschehen, aber den *Beweis* dafür haben wir nur für einen einzigen, wo es nach einer Zeit von einer halben bis einer Milliarde Jahren eintrat. Das glückliche Ereignis, um das es hier geht, *könnte* also so unwahrscheinlich sein, daß die Chance, daß es eintritt, im gesamten Universum nur bei eins zu einer Milliarde Milliarden Milliarden pro Jahr liegt. Und wenn es tatsächlich nur auf einem Planeten im gesamten Universum eingetreten ist, muß dieser Planet der unsere gewesen sein – denn wir sind hier und können darüber reden.

Nach meiner Vermutung ist Leben nicht ganz so selten, und seine Entstehung war möglicherweise gar nicht so unwahrscheinlich. Aber es gibt auch Argumente für das Gegenteil. Eines davon verkörpert sich in der Frage «Wo sind sie?» Man stelle sich einen Stamm im Südpazifik vor, dessen Heimatinsel so abgelegen ist, daß in der gesamten mündlich überlieferten Geschichte des Volkes niemals ein Kanu anderswo bewohntes Land gefunden hat. Nun spekulieren die Stammesältesten über die Frage, ob es außerhalb der Insel Leben gibt. Ein stichhaltiges Argument der «Wir-sind-allein»-Partei ist die Tatsache, daß noch nie Fremde auf der Insel waren. Müßte es nicht andere Stämme mit höherentwickelten Schiffen geben, auch wenn sich die eigene Fortbewegungsfähigkeit auf die Reichweite eines Kanus beschränkt? Aber warum sind sie nie gekommen?

Was die bewohnten Inseln der Erde angeht, so sind sie heute alle schon einmal besucht worden, und sicher leben nur sehr wenige Menschen so abgeschieden, daß sie noch nie ein Flugzeug gesehen haben. Aber die «Insel» unseres Planeten hatte, soweit wir aus stichhaltig belegten Befunden wissen, noch niemals Besuch. Und was noch bedeutsamer ist: Seit einigen Jahrzehnten haben wir die Hilfsmittel, um auch Radiowellen aus großer Entfernung aufzufangen. Innerhalb des Radius, den Radiowellen in 1000 Jahren durchmessen können, liegen etwa eine Million Sterne, und 1000 Jahre sind nach astronomischen und erdgeschichtlichen Maßstäben eine kurze Zeit. Wenn technisch fortgeschrittene Zivilisationen häufig sind, schicken manche von ihnen sicher schon seit Jahrtausenden Radiowellen ins All. Sollten wir das Flüstern, das ihre Existenz verrät, mittlerweile nicht vernommen haben? Das ist kein Argument dagegen, daß es anderswo im Universum irgendeine Form von Leben gibt. Es spricht aber dagegen, daß intelligentes, technisch hochentwickeltes Leben so dicht gesät ist, daß es in der Reichweite der Radiowellen anderer «Lebensinseln» liegt. Wenn das Leben bei seiner Entstehung eine mehr als nur geringfügige Chance hat, auch intelligentes Leben hervorzubringen, können wir darin ein Indiz sehen, daß Leben insgesamt selten ist. Eine andere Schlußfolgerung aus diesem Gedankengang ist die trostlose Annahme, daß intelligentes Leben vielleicht recht häufig entsteht, daß aber zwischen der Erfindung des Radios und der technischen Selbstzerstörung in der Regel nur eine kurze Zeitspanne liegt.

Leben könnte im Universum häufig vorkommen, aber es steht uns auch frei zu spekulieren, daß es etwas äußerst Seltenes ist. Demnach wäre das Ereignis, das wir bei unseren Spekulationen über den Ursprung des Lebens suchen, etwas höchst Unwahrscheinliches: Wir können nicht damit rechnen, daß es sich im Labor nachvollziehen läßt, und ein Chemiker würde es nicht als «plausibel» bezeichnen. Das ist ein interessantes Paradox, dem ich in *Der blinde Uhrmacher* unter der Überschrift «Ursprünge und Wunder» ein ganzes Kapitel gewidmet habe. Wir könnten womöglich gezielt nach einer Theorie suchen, deren besonderes Merkmal darin besteht, daß sie, einmal gefunden, höchst unplausibel erscheint! Aus dieser Sicht heraus müßten wir sogar beunruhigt sein, wenn ein Chemiker eine Theorie über die Entstehung des Lebens belegen kann, die wir nach den üblichen Wahrscheinlichkeitsmaßstäben für naheliegend halten. Andererseits ist das Leben aber offenbar während der 4,5 Milliarden Jahre langen Erdgeschichte bereits in der ersten halben Milliarde Jahren entstanden; während acht Neunteln des Alters der Erde war es vorhanden, und meiner Intuition nach ist das Auftauchen von Leben auf einem Planeten nicht ganz so unwahrscheinlich.

Der Ursprung des Lebens besteht überall in der zufälligen Entstehung eines selbstverdoppelnden Gebildes. Der entscheidende Replikator auf der Erde ist heute die DNA, aber der erste war sie wahrscheinlich nicht. Welche Substanz diese Rolle spielte, wissen wir nicht. Anders als die DNA konnten die ersten selbstverdoppelnden Moleküle nicht auf einen komplizierten Kopierapparat zurückgreifen. Es muß sich zwar in gewisser Hinsicht um Vervielfältige-mich-Anweisungen gehandelt haben, aber ihre «Sprache» war sicher nicht so stark formalisiert, daß nur ein komplizierter Mechanismus sie hätte befolgen können. Der ursprüngliche Replikator kann noch keine verwickelte Decodierung gebraucht haben wie die heutige DNA und die Computerviren. Die Selbstverdoppelung war eine grundlegende Eigenschaft dieses Gebildes, ganz ähnlich wie beispielsweise die Härte eine grundlegende Eigenschaft des Diamanten ist – sie braucht nicht «entschlüsselt» und «befolgt» zu werden. Wir können sicher sein, daß die ersten Replikatoren im Gegensatz zu den späteren DNA-Molekülen keine komplizierte Apparatur zur Decodierung und Ausführung brauchten, denn komplizierte Mechanismen gehören ja gerade zu den Dingen, die erst nach vielen Generationen der Evolution entstehen. Und Evolution kommt erst in Gang, wenn es Replikatoren gibt. Angesichts des sogenannten Catch-22-Dilemmas beim Ursprung des Lebens (siehe unten) müssen die ersten selbstverdoppelnden Gebilde so einfach gewesen sein, daß sie durch spontan ablaufende chemische Vorgänge entstehen konnten.

Nachdem die ersten von selbst entstandenen Replikatoren da waren, konnte die Evolution schnell fortschreiten. Es liegt im Wesen eines Replikators, daß er eine Population von Kopien seiner selbst hervorbringt, das heißt eine Ansammlung von Gebilden, die sich ebenfalls selbst verdoppeln. Deshalb wächst die Population exponentiell, bis die Konkurrenz um Ressourcen oder Rohstoffe der Zunahme Einhalt gebietet. Den Begriff des exponentiellen Wachstums werde ich in Kürze genauer erläutern. Kurz gesagt, verdoppelt sich die Anzahl in regelmäßigen Abständen, das heißt, es wird in der gleichen Zeit nicht nur jeweils die gleiche Anzahl hinzugefügt. Auf diese Weise entsteht schon bald eine Riesenzahl von Replikatoren und damit auch Konkurrenz zwischen ihnen. Kopiervorgänge sind von Natur aus nie ganz fehlerfrei: Bei der Verdoppelung kommen zufällige Abweichungen vor. In der Population tauchen also Varianten des ursprünglichen Replikators auf. Manche dieser abweichenden Formen haben die Fähigkeit zur Selbstverdoppelung verloren und bleiben deshalb nicht erhalten. Andere besitzen zufällig eine Eigenschaft, durch die sie sich schneller oder effizienter verdoppeln können, so daß sie in der Population zahlreicher werden. Da sie mit rivalisierenden Replikatoren um die gleichen Rohstoffe konkurrieren, macht der durchschnittliche Replikatortyp in der

Population im Laufe der Zeit immer neuen, besseren Durchschnittstypen Platz. Besser in welcher Hinsicht? Im Verdoppeln natürlich. Später finden solche Verbesserungen in der Form statt, daß andere chemische Reaktionen beeinflußt werden und die Selbstverdoppelung erleichtern. Und dieser Einfluß wird irgendwann so kompliziert, daß ein Beobachter, wenn es ihn gegeben hätte (natürlich gab es ihn nicht, denn bis sich etwas entwickelt, das man als Beobachter bezeichnen könnte, vergehen Jahrmilliarden), von der Codierung und Decodierung von Anweisungen hätte sprechen können. Und wenn man diesen Beobachter gefragt hätte, was die Anweisungen bedeuten, hätte er erwidern müssen: «Vervielfältige mich.»

Diese Geschichte hat zweifellos ihre Schwierigkeiten. Auf die sogenannte Catch-22-Situation, das «Dilemma beim Ursprung des Lebens», habe ich bereits angespielt. Je mehr Bestandteile ein Replikator hat, desto wahrscheinlicher wird einer davon fehlerhaft kopiert, was zur vollständigen Funktionsunfähigkeit des Ganzen führt. Demzufolge können die ersten Urreplikatoren nur wenige Bausteine gehabt haben. Aber Moleküle, die weniger als eine bestimmte Mindestzahl von Einzelkomponenten umfassen, sind höchstwahrscheinlich so einfach, daß sie ihre eigene Verdoppelung nicht bewerkstelligen können. Man hat viele Überlegungen darauf verwendet, diese scheinbar unvereinbaren Notwendigkeiten unter einen Hut zu bringen – und das mit einem gewissen Erfolg, aber die Argumentation ist so mathematisch, daß sie sich nicht für dieses Buch eignet.

Die ursprünglichen Replikationsapparate – also die ersten Wiederholungsroboter – müssen erheblich einfacher als Bakterien gewesen sein, aber heute sind Bakterien die einfachsten UPVA-Roboter, die wir kennen (Tafel 9.3 links oben). Sie fristen ihr Leben auf höchst unterschiedliche Weise – chemisch betrachtet ist das Spektrum der Lebensweisen bei ihnen viel größer als in allen anderen Organismenreichen zusammen. Es gibt Bakterien, die mit uns Menschen enger verwandt sind als mit anderen, seltsamen Bakterienarten. Manche Bakterien ernähren sich von dem Schwefel aus heißen Quellen, für manche ist Sauerstoff ein tödliches Gift, manche vergären Zucker unter Sauerstoffabschluß zu Alkohol, manche leben von Kohlendioxid und Wasserstoff, wobei Methan entsteht, manche betreiben Photosynthese wie die Pflanzen (das heißt, sie synthetisieren Nährstoffe mit Hilfe des Sonnenlichts), und bei manchen läuft die Photosynthese auch ganz anders ab als bei Pflanzen. Die verschiedenen Bakteriengruppen decken ein Spektrum biochemischer Mechanismen ab, neben dem sich alle anderen Lebewesen – Tiere, Pflanzen, Pilze und manche Bakterien – gleichförmig und eintönig ausnehmen.

Vor über einer Milliarde Jahren taten sich Bakterien verschiedener Arten zur «Eukaryontenzelle» zusammen (Tafel 9.3 links Mitte). Aus solchen Zellen mit einem Zellkern und kompliziertem Innenleben sind wir aufgebaut. Viele ihrer inneren Bestandteile – zum Beispiel die Mitochondrien, auf die ich in Abbildung 5.2 kurz hingewiesen habe – setzen sich aus verwickelt gefalteten Membranen zusammen. Nach heutiger Erkenntnis ist die Eukaryontenzelle aus einer Bakterienkolonie hervorgegangen. Später bildeten Eukaryontenzellen ihrerseits wiederum Kolonien – ein Beispiel aus unserer Zeit ist *Volvox* (Tafel 9.3 links unten). Möglicherweise zeigt dieses Lebewesen aber, was sich vor über einer Milliarde Jahren abspielte, als Zellen wie unsere sich zum erstenmal zu Verbänden zusammenschlossen. Dieser Zusammenschluß von Eukaryontenzellen war vergleichbar mit dem früheren Zusammenschluß der Bakterien zu Eukaryontenzellen und dem noch früheren Zusammenschluß der Gene zu Bakterien. Größere, dichter gepackte Ansammlungen von Eukaryontenzellen bezeichnet man als Metazoenkörper. Einen relativ kleinen derartigen Organismus – ein Bärtierchen – zeigt Tafel 9.3 rechts oben. Metazoen schließen sich manchmal ihrerseits zu Kolonien zusammen, die sich ähnlich wie ein Individuum verhalten (Tafel 9.3 rechts unten).

Wie ich schon erwähnt habe, ist der Elefant ein riesiger Umweg in dem Vervielfältige-mich-Programm, aber das Attribut «riesig» stimmt auch dann, wenn es sich um eine Maus handelt. Eine Volvox besteht aus ein paar hundert Zellen. Die Maus ist eine große Konstruktion aus vielleicht einer Milliarde Zellen, und der Elefant stellt eine Kolonie von etwa einer Trillion (10^{15}) Zellen dar, wobei jede dieser Zellen wiederum eine Kolonie von Bakterien ist. Wenn man den Elefanten als Roboter betrachtet, der seine eigene Bauanweisung mit sich herumträgt, dann ist er ein unglaublich großer Roboter. Er ist eine Zellkolonie, aber da alle diese Zellen DNA-Kopien der gleichen Anweisungen tragen, arbeiten sie gemeinsam auf das gleiche Ziel hin: auf die Vervielfältigung ihrer eigenen, gleichartigen DNA-Information.

Natürlich ist ein Elefant, nach absoluten Maßstäben gemessen, kein besonders großes Gebilde. Verglichen mit einem Stern ist er klein. Wenn ich ihn als groß bezeichne, dann im Vergleich zu den DNA-Molekülen, die er erhalten und fortpflanzen soll. Er ist groß im Vergleich zu den sich vermehrenden Elefantenproduzenten, die er beherbergt.

Um eine Vorstellung von den Größenverhältnissen zu bekommen, können wir uns einen riesigen mechanischen Roboter vorstellen, in dem die Ingenieure sich fortbewegen können wie die Griechen in ihrem Trojanischen Pferd. Wie schon erwähnt, sehen wir auch in einem echten Pferd einen Roboter, gebaut von den Genen, die darin zu Hause sind. Mit dem Vergleich hat es folgende Bewandtnis: Wenn wir für uns selbst ein Roboterpferd bauen, um darin zu wohnen, und wenn dieser Roboter im Verhältnis zu uns genauso groß wäre wie ein Pferd im Verhältnis zu seinen

Abb. 9.4 Ein Pferd ist ein Fortbewegungsroboter für DNA-Moleküle, und es ist im Verhältnis zu ihnen sehr groß. Könnten Menschen zu ihrer eigenen Fortbewegung ein trojanisches Pferd bauen, das im Verhältnis zu ihnen eine ähnliche Größe hat, wäre der Himalaja im Vergleich klein. Dieses Phantasiegemälde malte meine Mutter Jean Dawkins für eine meiner Weihnachtsvorlesungen bei der Royal Institution.

Genen, die es hervorgebracht haben, könnte unser Pferd den Himalaja überragen (Abbildung 9.4). Ein echtes, lebendes Pferd besteht aus Milliarden von Zellen. Von unbedeutenden Ausnahmen abgesehen, besitzt jede dieser Zellen in ihrem Inneren die vollständige Ausstattung mit Genen, auch wenn in jedem Zelltyp die meisten davon ruhen.

Ein lebender Organismus kann (im Vergleich zu den Genen, die ihn hervorgebracht haben) so groß werden, weil er ganz anders heranwächst als eine von Menschen gebaute Maschine – und auch ganz anders als das mechanische Pferd, sofern man es jemals bauen würde. Diese besondere Art der Größenzunahme bei den Lebewesen ist das exponentielle Wachstum. Man kann auch sagen: Lebewesen wachsen durch örtlich umgrenzte Verdoppelung.

Am Anfang steht eine einzige Zelle, und die ist sehr klein. Oder, besser gesagt: Sie hat ungefähr die richtige Größe für die Gene, die sie erzeugt haben. Ihre Ausmaße liegen in einem Bereich, den die Gene durch biochemische Einwirkung beherrschen können. Dieser Einfluß erstreckt sich in alle Winkel einer einzelnen Zelle, und sie können dieser Zelle bestimmte Eigenschaften verleihen. Dic vielleicht bemerkenswerteste Eigenschaft von Zellen ist ihre Fähigkeit, sich in zwei Tochterzellen zu teilen, die ihr mehr oder weniger gleichen. Die Tochterzellen, die wie ihre Ausgangszelle aussehen, teilen sich ihrerseits erneut, so daß «Enkelzellen» entstehen. Aus diesen vier Zellen werden anschließend acht und so weiter. Das versteht man unter exponentiellem Wachstum.

Wer mit exponentiellem Wachstum nicht vertraut ist, wundert sich darüber. Wie bereits angekündigt, werde ich mich jetzt etwas genauer damit befassen, denn es ist wichtig. Man kann es auf viele Arten lebhaft deutlich machen. Wenn man ein Stück Papier einmal faltet, hat man zwei Lagen. Faltet man es nochmals, ist es vier Schichten dick. Noch einmal falten, und man hat acht Schichten. Drei weitere Male, und es wird für weiteres Umlegen zu steif: Die Dicke beträgt jetzt 64 Schichten. Aber angenommen, die mechanische Steifigkeit spielte keine Rolle, und man könnte mit dem Falten fortfahren, beispielsweise fünfzigmal. Wie dick wäre dann der Papierstapel? Antwort: Er würde über die Erdatmosphäre hinaus und bis zur Marsumlaufbahn reichen.

Nach dem gleichen Prinzip, durch ständige Verdoppelung überall in dem sich entwickelnden Organismus, wächst die Zahl der Zellen sehr schnell in astronomische Bereiche. Ein Blauwal besteht aus etwa 100 Trillionen (10^{17}) Zellen. Aber das exponentielle Wachstum ist so machtvoll, daß unter Idealbedingungen nur 57 Zellgenerationen notwendig sind, um einen solchen Giganten entstehen zu lassen. Mit einer Zellgeneration meine ich eine Verdoppelung. Wie gesagt: Die Zellzahl wächst nach dem Schema 1, 2, 4, 8, 16, 32 und so weiter. Nach sechs Zellgenerationen sind also 32 Zellen erreicht, und wenn man in der gleichen Weise weiter mit 2 multipliziert, ist man nach 57 Generationen bei 100 Trillionen, der Zahl der Zellen in einem Blauwal.

In Wirklichkeit ist diese Berechnungsweise für die Zahl der Zellgenerationen unrealistisch, denn sie liefert nur einen Minimalwert. Man geht dabei davon aus, daß sich in jeder Generation alle Zellen verdoppeln. Tatsächlich scheiden viele Zellabstammungslinien schon frühzeitig aus dem Verdoppelungsspiel aus, da ein bestimmter Körperteil, beispielsweise die Leber, fertig ist. Andere Linien verdoppeln sich länger. Die einzelnen Körperteile eines Blauwals bestehen also aus unterschiedlich langen Zell-Abstammungslinien, von denen manche sich auch über die 57. Generation hinaus weiter verdoppeln, während andere die Vermehrung früher einstellen. In der Praxis gibt es «Stammzellen», Untergruppen von Zellen, die speziell dazu dienen, weiterhin Kopien von sich selbst hervorzubringen.

Wenn man das Gewicht eines Tieres kennt, kann man ungefähr ausrechnen, wie viele Zellgenerationen zu seiner Entstehung unter idealen Vermehrungsbedingungen erforderlich sind. Wir können davon ausgehen, daß größere Tiere keine besonders großen Zellen besitzen, sondern einfach aus mehr Zellen bestehen, die aber genauso gebaut sind wie die der kleineren Tiere. Einer naiven Berechnungsweise zufolge würde die Entstehung eines erwachsenen Menschen 47 Zellgenerationen erfordern, und nur zehn weitere Generationen wären für die Entstehung eines Blauwals erforderlich. Diese Zahlen sind aus den genannten Gründen sicherlich zu niedrig geschätzt. Eines stimmt aber wegen der Wirkung des exponentiellen Wachstums dennoch: Eine Zell-Abstammungslinie braucht sich nur geringfügig länger oder kürzer zu teilen, damit der entstehende Zellhaufen sehr unterschiedlich groß wird. Genau diese Wirkung haben manche Mutationen.

Den Aufbau solch riesiger Organismen – riesig jedenfalls nach dem Maßstab der sie erbauenden und bewohnenden DNA – kann man auch als *Gigatechnologie* bezeichnen. Dieser Begriff bezeichnet die Kunst, Dinge zu bauen, die mindestens eine milliardemal so groß sind wie man selbst. Die größten Fortbewegungsmittel, die wir Menschen bauen – die großen Schiffe –, sind im Vergleich zu ihren Konstrukteuren nicht besonders umfangreich, und wir können sie in wenigen Minuten umrunden. Wenn wir ein Schiff oder etwas Ähnliches herstellen, haben wir nicht den Vorteil des exponentiellen Bauens. Uns bleibt nichts anderes übrig, als über das ganze Gebilde auszuschwärmen und Hunderte von vorgefertigten Stahlplatten zusammenzunieten.

Dagegen steht der DNA, die sich ihre Robotervehikel baut, das Hilfsmittel des exponentiellen Wachstums zur Verfügung. Exponentielles Wachstum verleiht den von der natürlichen Selektion ausgewählten Genen eine große Macht, denn es hat zur Folge, daß eine winzige Abweichung in einem Detail der Embryonalentwicklung sich höchst dramatisch auf das Endergebnis auswirken kann. Eine Mutation, die einer bestimmten Untergruppe von Zellen auch nur eine einzige zusätzliche Teilung befiehlt und beispielsweise für 25 statt 24 Zellgenerationen sorgt, kann im Prinzip bewirken, daß der betroffene Körperteil doppelt so groß wird. Mit dem gleichen Trick einer veränderten Zahl von Zellgenerationen oder einer anderen Zellteilungsgeschwindigkeit können die Gene während der Embryonalentwicklung auch die *Form* der Körperteile verändern. Die heutigen Menschen besitzen im Vergleich zu unseren recht späten Vorfahren der Spezies *Homo erectus* ein vorspringendes Kinn. Damit sich seine Form derart veränderte, waren nur winzige Angleichungen in der Zahl der Zellgenerationen in bestimmten Bereichen des embryonalen Schädels erforderlich.

Das eigentlich Bemerkenswerte ist aber die Tatsache, daß Zellinien im richtigen Augenblick die Teilung einstellen, und zwar so, daß all unsere Einzelteile proportional gut zueinander passen. In einigen berüchtigten Fällen tun sie das allerdings nicht – dann sprechen wir von Krebs. Randolph Nesse und George Williams machen in ihrem hervorragenden Buch (dem sie den ausgezeichneten Titel *Darwinian Medicine* gaben, das aber dann vom Verlag unter wenig einprägsamen, von Land zu Land unter-

Tafel 9.1 Industrieroboter in der Nissan-Autofabrik in Yokohama.

Tafel 9.2 Gehender Roboter mit Saugnapffüßen, gebaut am Portsmouth Polytechnic in England.

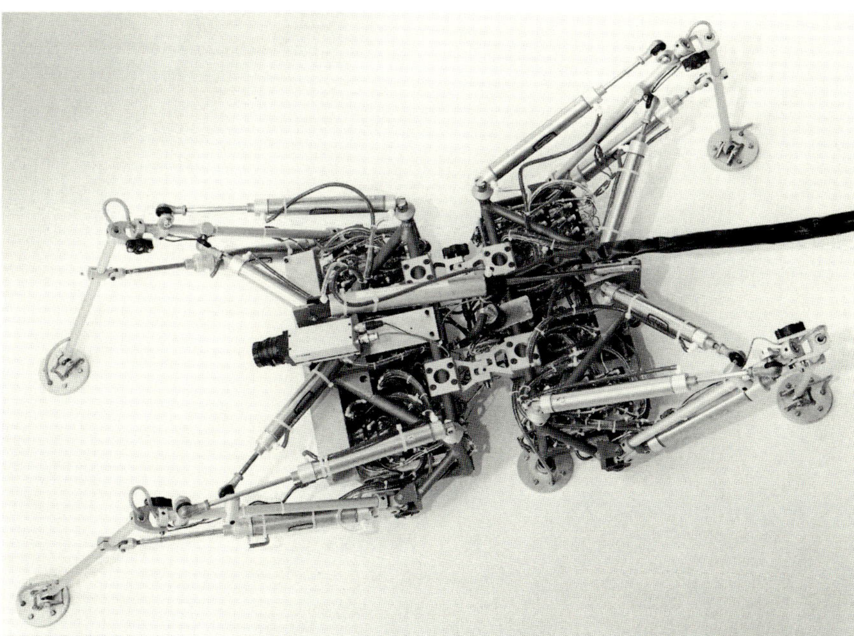

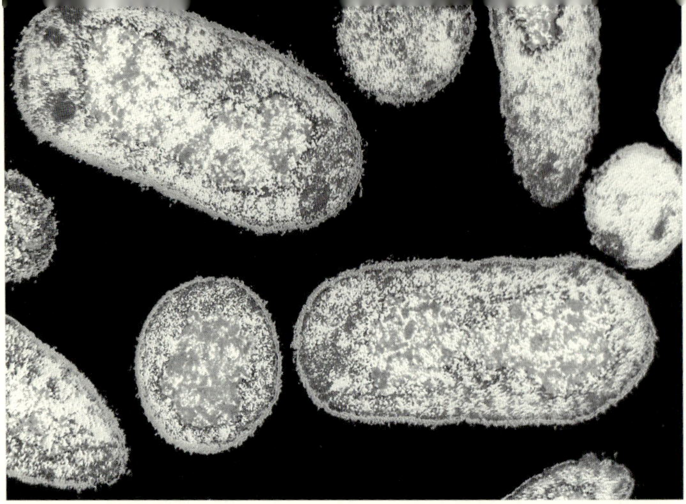

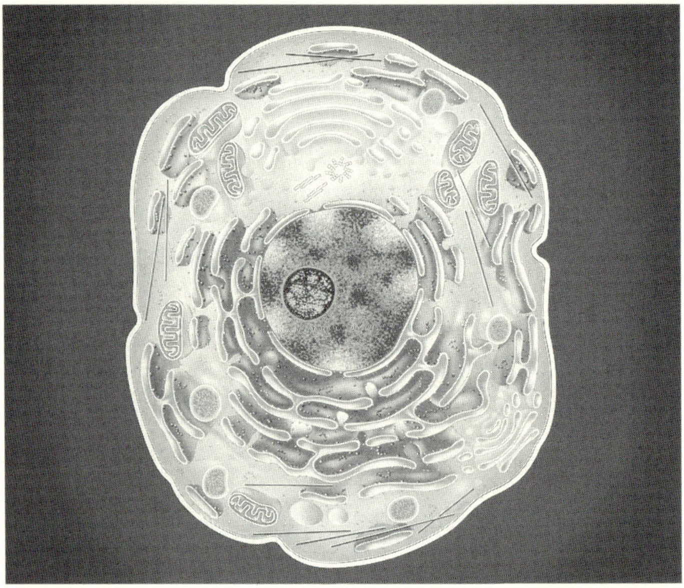

Tafel 9.3 Zunehmende Organisationshöhe der Lebensformen.

Links oben: einzelne Bakterien;
links Mitte: eine höher entwickelte eukaryontische Zelle mit einem Zellkern, entstanden ursprünglich aus einer Bakterienkolonie;
links unten: Volvox, eine Kolonie eukaryontischer Zellen.

Rechte Seite oben: ein Bärtierchen, eine noch dichtere, größere Kolonie aus differenzierten Eukaryontenzellen. Auch der menschliche Körper ist eine solche Zellkolonie, also eine Kolonie aus Kolonien, denn jede unserer Zellen ist eine Bakterienkolonie;
rechts unten: Kolonie von Einzeltieren: ein Honigbienenvolk – eine Kolonie von Kolonien von Kolonien.

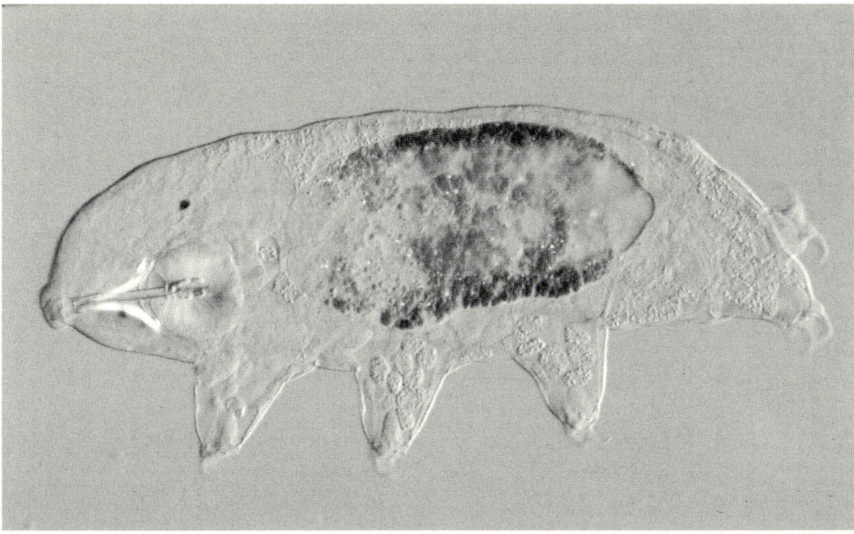

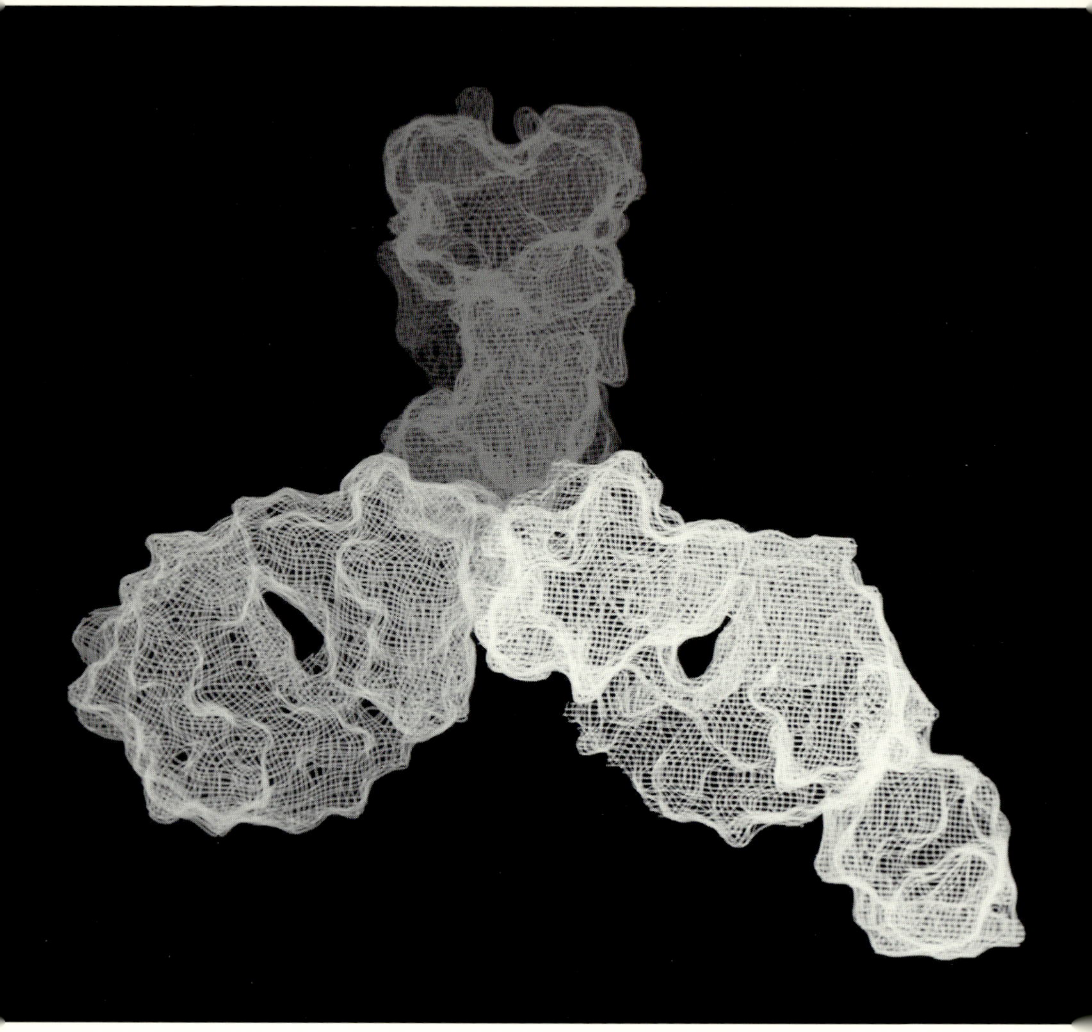

Tafel 9.6 Nanotechnologie in der Wirklichkeit: ein Immunglobulinmolekül.

Tafel 10.1 Das Innere zweier Feigen mit männlichen und weiblichen Feigenwespen.

Tafel 10.2 Das Gartentor: Auf der Außenseite der Feige erkennt man den Eingang.

Tafel 10.3 links oben: eine Baumwürgerfeige; links unten: ein von einem Baumwürger umschlossener Baobabbaum.

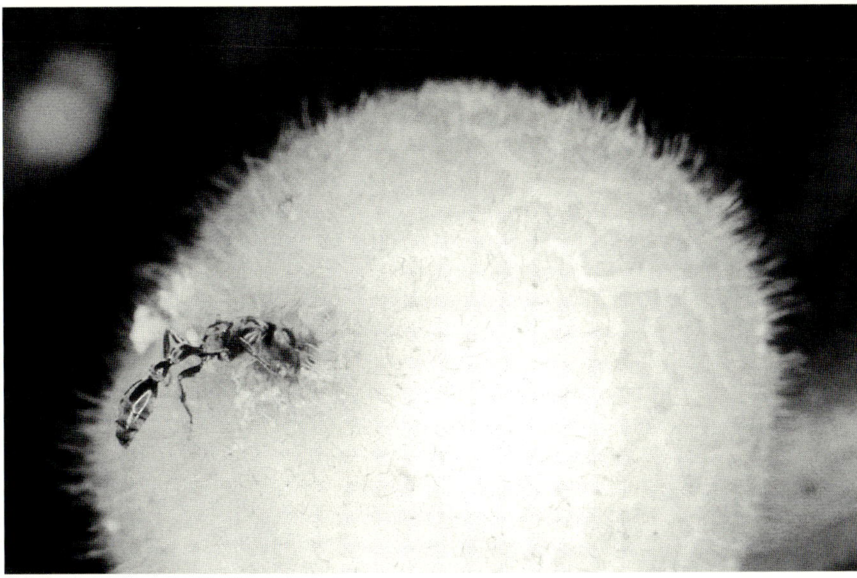

Tafel 10.4 Das gefährliche Leben der Feigenwespen. Vor dem Gartentor wartet eine Ameise, daß die Beute herauskommt.

Tafel 10.5 Aufgeschnittene Feige mit Weibchen parasitärer Wespen, die ihre «Bohrer» in der Luft schwenken.

Tafel 10.7 Ein umschlossener Garten.

schiedlichen Titeln verhökert wurde) eine kluge Aussage über Krebs: Anstatt uns zu fragen, warum wir Krebs bekommen, sollten wir uns eigentlich wundern, daß wir nicht ständig Krebs haben.

Vielleicht sind Menschen irgendwann in der Lage, Gegenstände mit Gigatechnologie zu bauen – wer weiß? Schon heute spricht man aber von *Nanotechnologie*. So wie «Giga» eine Milliarde bedeutet, heißt «Nano» ein Milliardstel. In der Nanotechnologie baut man Dinge, die nur ein Milliardstel der Größe ihres Konstrukteurs haben.

Manche Leute – und zwar keineswegs New-Age-Jünger oder Anhänger irgendeines Kults – sagen schon jetzt, so etwas wie in Abbildung 9.5 werde in nicht allzu ferner Zukunft Realität werden. Wenn sie recht ha-

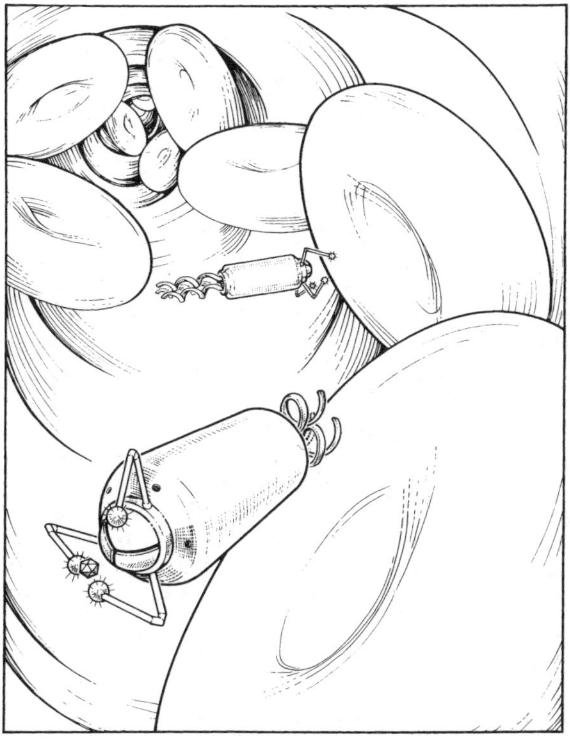

Abb. 9.5 Nanotechnologie in der Phantasie. Roboter reparieren im Kreislauf die Blutkörperchen.

ben, wird kaum ein Bereich unseres Lebens davon unberührt bleiben. Ein Beispiel ist die Medizin. Heutige Chirurgen sind hochqualifizierte Fachleute, die über raffinierte Präzisionsinstrumente verfügen. Der Austausch einer durch Star getrübten Augenlinse gegen eine künstliche Prothese, wie Augenärzte ihn heute vornehmen, ist eine atemberaubende Leistung. Aber im Vergleich zur Nanotechnologie ist sie immer noch sehr grob. Der amerikanische Wissenschaftler Eric Drexler, der zum Papst der Nanotechnologie wurde, formulierte den Vergleich zum chirurgischen Schneiden und Nähen so:

Die modernen Skalpelle und Nahtmaterialien sind einfach zu grob für die Reparatur von Kapillaren, Zellen und Molekülen. Betrachten wir eine «feine» Operation einmal aus der Sicht einer Zelle: Eine riesige Schneide fährt hernieder, durchtrennt blindlings den molekularen Apparat vieler Zellen und bringt Tausende von ihnen um. Später fährt ein riesiger Obelisk durch die zerschnittenen Zellansammlungen und zieht ein Kabel vom Durchmesser eines Güterzuges hinter sich her, um sie wieder zusammenzubinden. Aus der Sicht der Zellen ist selbst die raffinierteste Operation, ausgeführt mit besten Messern und höchster Geschicklichkeit, eine Metzgerarbeit. Nur die Fähigkeit der Zellen, ihre Toten zu beseitigen, sich neu zu gruppieren und sich zu vermehren, macht die Heilung möglich.

Der «Obelisk» ist natürlich die chirurgische Nadel, und das güterzugdicke Kabel ist feinstes Nahtmaterial. Die Nanotechnologie bietet Aussichten auf die Konstruktion winziger chirurgischer Instrumente, mit denen man im Größenbereich der Zellen arbeiten kann. Solche Instrumente wären natürlich viel zu klein, als daß ein Chirurg sie mit den Fingern handhaben könnte. Wenn schon der Faden aus der Sicht der Zellen so groß wie ein Güterzug ist, braucht man sich nur einmal zu überlegen, wie breit der Finger des Chirurgen wäre. Es müßte kleine Automaten geben, winzige Roboter, nicht unähnlich einer verkleinerten Form der Industrieroboter, die uns bereits zuvor in diesem Kapitel begegnet sind.

Nun könnte ein derart kleiner Roboter sicher hervorragend eine abgestorbene rote Blutzelle reparieren. Aber er müßte mit einer gewaltigen Armee dieser Zellen zurechtkommen, von denen jeder Mensch etwa 30 Milliarden besitzt. Wie, um alles in der Welt, soll der Nanoroboter das schaffen? Die Antwort kann man sich vielleicht denken: durch exponentielle Vermehrung. Man hofft, daß der Nanoroboter sich auf die gleiche Weise vervielfältigen würde wie die Zellen selbst. Er würde sich klonen oder fortpflanzen. Mit exponentiellem Wachstum kann die Zahl der Roboter ebenso in die Milliarden gehen wie die der roten Blutzellen.

Noch ist diese Art von Nanotechnologie Zukunftsmusik, und vielleicht kommt es nie soweit. Daß die Wissenschaftler, die sich mit Nanotechnologie befassen, den Versuch für lohnend halten, hat folgenden Grund: Sie wissen, daß etwas Entsprechendes, so seltsam es auch scheinen mag, in unseren Zellen bereits am Werk ist. Die Welt der DNA- und Proteinmoleküle funktioniert in einem Maßstab, den wir als Nanotechnologie bezeichnen würden, wenn er von uns stammte. Wenn ein Arzt dem Patienten Immunglobulin spritzt, um die Hepatitis zu verhüten, bringt er die natürliche Entsprechung zu Nanotechnologieinstrumenten ins Blut. Jedes Immunglobulinmolekül ist ein kompliziertes Gebilde, das seine Aufgaben wie alle Proteinmoleküle aufgrund seiner ganz besonderen Form erfüllt (Tafel 9.6). Diese kleinen medizinischen Helfer wirken nur deshalb, weil sie zu Millionen vorhanden sind. Um sie in Massen zu produzieren – zu klonen –, bediente man sich der Methode des exponentiellen Populationswachstums, und zwar diesmal in biologischer Form: Man züchtet sie zum Beispiel oft im Blut von Pferden. Andere Impfstoffe veranlassen den Organismus, selbst Antikörper zu produzieren, die den Immunglobulinen der Pferde ähneln. Eines Tages, so die Hoffnung, wird man auch Nanotechnologiehilfsmittel, die fast wie kleine Industrieroboter aussehen, mit ausgeklügelten künstlichen Klonverfahren herstellen.

Die Nanotechnologie kommt uns sehr ungewohnt und fast unglaublich vor. Die Welt der Maschinen im Größenbereich der Atome erscheint beunruhigend fremdartig, seltsamer als das Leben auf anderen Planeten, das Science-fiction-Autoren sich ausmalen. Nanotechnologie ist für uns Zukunftsmusik. Sie ist aufregend, vielleicht ein wenig beängstigend und ganz sicher etwas Neues. Aber eigentlich ist Nanotechnologie keineswegs etwas Fremdartiges und Neues, sondern sie ist sehr *alt*. Wir, die großen Gebilde, sind das Neue, Seltsame. Wir sind die Produkte einer protzigen neuen (erst ein paar hundert Millionen Jahre alten) Gigatechnologie («Giga» aus der Sicht unserer Gene). Grundsätzlich wurzelt das Leben in der Nanowelt des Allerkleinsten («Nano» aus unserer Sicht), in einer Welt der Proteinmoleküle, die nach den codierten Anweisungen in der DNA aufgebaut werden und die Wechselwirkungen anderer Moleküle steuern.

Nanotechnologie ist ein Thema der Zukunft. Kehren wir nun zur Hauptaussage dieses und des vorangegangenen Kapitels zurück. In den Genen eines Elefanten oder eines Menschen kann man wie in denen eines Virus ein Vervielfältige-mich-Computerprogramm sehen. Virusgene sind codierte Anweisungen, die (falls sie als Parasiten in einem Elefanten leben) den Befehl geben: «Elefantenzellen, vervielfältigt mich!» Elefantengene sagen: «Elefantenzellen, arbeitet zusammen, damit ein neuer Elefant entsteht, der seinerseits so programmiert wird, daß er wieder neue Elefanten erzeugt, die alle dazu programmiert sind, mich zu vervielfältigen.» Es ist immer das gleiche Prinzip, nur arbeiten manche Vervielfältige-mich-Programme indirekter und verwickelter als andere. Auf kürzestem Weg zu wirken, können sich nur Parasitenprogramme leisten, denn sie bedienen sich eines fertigen Apparats, der ihre Befehle befolgt. Elefantengene sind eigentlich keine nichtparasitischen Programme, sondern eher wechselseitig parasitische Unterroutinen. Die Gene eines Elefanten gleichen einer gewaltigen Ansammlung von Viren, die sich gegenseitig unterstützen. Die Rolle, die ein einzelnes Elefantengen spielt, ist nicht größer als die eines Virusgens. Jedes derartige Gen erfüllt eine kleine Aufgabe beim Aufbau des Apparats, den es zur Ausführung seines Programms braucht. Jedes gedeiht in Gegenwart der anderen. Virusgene gedeihen ebenfalls in Gesellschaft der Elefantengene, von denen sie unterstützt werden, aber sie tragen nichts Nützliches bei. Wäre das der Fall, würden wir sie wahrscheinlich nicht als Viren, sondern als Elefantengene bezeichnen. Oder anders gesagt: Jeder Organismus enthält soziale und asoziale Gene. Die asozialen bezeichnen wir als Virusgene (oder als sonstige Parasitengene), und die sozialen nennen wir Elefantengene (oder Menschen-, Känguruh-, Platanen- usw. Gene). Aber die Gene selbst, seien sie nun sozial oder asozial, Virus- oder körpereigene Gene, sind stets DNA-Anweisungen, und alle sagen auf diese oder jene Weise, mit fairen oder hinterhältigen Mitteln, kurz oder umständlich: «Vervielfältige mich.»

Zehntes Kapitel «EIN UMSCHLOSSENER GARTEN»

Wir haben einen langen Weg zurückgelegt und sind endlich soweit, zur schwierigsten und kompliziertesten meiner Geschichten zurückzukehren: zur Geschichte der Feige. Beginnen wir mit der folgenden: Sie hört sich zunächst wie eine weitere literarische Übung an, würdig des unglücklichen Vortragenden, über den ich mich ganz am Anfang lustig gemacht habe. Eine Feige ist keine Frucht, sondern ein umgestülpter Blumengarten. Sie sieht aus wie eine Frucht. Sie schmeckt wie eine Frucht. Sie besetzt eine Frucht-Nische in den Menüs unserer Gefühle, in den Tiefenstrukturen, die die Anthropologen entdeckten. Aber sie ist keine Frucht, sondern ein umschlossener Garten, ein hängender Garten und eines der Weltwunder. Diese Behauptung möchte ich nicht als selbstverliebte Tiefgründigkeit im Raum stehenlassen; sie soll nicht den «Empfindsamen» überlassen werden, so daß jedermann sonst verblüfft danebensteht. Ich möchte erklären, was ich damit meine.

Meine Aussage hat ihre Wurzeln in der Evolution. Feigen stammen über eine Kette unendlich abgestufter Zwischenformen von Vorfahren ab, die sich auf den ersten Blick stark von heutigen Feigen unterscheiden. Stellen wir uns einen Film im Zeitraffer vor: Das erste Bild zeigt eine Feige, die von einem heutigen Baum gepflückt, in der Mitte durchgeschnitten, auf ein Stück Karton gelegt und fotografiert wurde. Auf Bild Nummer zwei sieht man eine Feige aus der Zeit vor 100 Jahren. So geht es weiter durch die Jahrhunderte, Feige für Feige, Bild für Bild, über eine Frucht, die Jesus gegessen haben könnte oder die ein Sklave vielleicht in den hängenden Gärten Babylons für Nebukadnezar pflückte, eine Feige aus dem Land Nod jenseits von Eden, Feigen, die das kurze, von Zuckermangel geprägte Leben des *Homo erectus*, des *Homo habilis* und der kleinen Lucy aus Afar versüßten; bis zurück in die Zeit lange vor Beginn des Ackerbaus, zu den wilden Feigen in den Wäldern und darüber hinaus. Wenn der Film abläuft, sehen wir, wie sich die heutige Feige in ihren entfernten Vorfahren verwandelt. Welche Veränderungen spielen sich vor unseren Augen ab?

Zweifellos wird auf dem Weg in die Vergangenheit eine gewisse Schrumpfung zu sehen sein, denn die künstlich angebauten Feigen wurden im Laufe der Jahrhunderte im Vergleich zu den kleinen, harten, wilden Vorfahren immer größer. Aber das ist eine oberflächliche Veränderung. Sie ist zwar interessant, kommt aber bereits nach den ersten paar Jahrtausenden unserer Reise in die Vergangenheit zum Stillstand. Tiefgreifender und verblüffender sind die Wandlungen, die wir beobachten, wenn der Film weiter durch die Jahrmillionen läuft. Die «Frucht» öffnet sich. Das winzige, fast unsichtbare Loch an der Spitze der Feige spitzt die Lippen, reißt den Mund auf und gähnt, bis es kein Loch mehr ist, sondern ein Becher. Beim genauen Betrachten seiner Innenseite stellen wir fest, daß er mit winzigen Blüten ausgekleidet ist. Zunächst ist es ein tiefer Becher, aber wenn wir noch weiter in die Vergangenheit vordringen, wird er immer flacher. Vielleicht macht er eine flache Phase durch wie eine Sonnenblume, die in Wirklichkeit ebenfalls aus Hunderten kleiner, dicht gepackter Blüten besteht. Lassen wir auch das Sonnenblumenstadium hinter uns, stülpt sich der Feigenbecher um, so daß die kleinen Blüten außen stehen wie bei einem Maulbeerbaum (zu dessen biologischer Familie die Feige gehört). Noch weiter zurück, jenseits des Maulbeerstadiums, trennen sich die Blüten und sind nun leichter als einzelne Gebilde zu erkennen – ähnlich wie bei einer Hyazinthe (die allerdings nicht besonders eng mit der Feige verwandt ist).

Ist es nicht ein wenig weit hergeholt und vielleicht sogar anmaßend, eine einzelne Feige als «umschlossenen Garten» zu bezeichnen? Bei einer Hyazinthe oder einem Maulbeerbaum würde man ja wohl kaum von einem «offenen» Garten sprechen. Aber ich habe dafür eine stichhaltige Begründung, in der durchaus nicht nur ein Satz aus dem Hohenlied Salomons herumspukt. Betrachten wir einen Garten einmal durch die Augen der Insekten, die seine Blüten bestäuben. Nach menschlichen Maßstäben ist der Garten eine Ansammlung von Blumen, die viele Quadratmeter bedeckt. Die Tiere, die eine Feige bestäuben, sind so winzig, daß das ganze Innere der Frucht ihnen wie ein – zugegebenermaßen kleiner – Garten vorkommen dürfte. Bepflanzt ist er mit Hunderten kleiner Blüten, männlichen und weiblichen, jede mit ihren eigenen winzigen Teilen. Für die kleinen Bestäuber ist die Feige tatsächlich eine umschlossene und weitgehend autarke Welt.

Technisch gesehen handelt es sich bei den bestäubenden Tieren um Wespen einer einzigen Familie, den Agaonidae (Feigenwespen); sie sind winzig: Ohne Vergrößerungsglas erkennt man sie kaum. Mit «technisch» meine ich, daß die Feigenwespen mit den gelb-schwarzen Plagegeistern, die im Sommer unsere Marmeladengläser heimsuchen, einen gemeinsamen Vorfahren haben, auch wenn man heute keine große Ähnlichkeit erkennt. Die Feigenblüten werden ausschließlich von diesen winzigen Wespen bestäubt (Tafel 10.1). Fast jede Feigenart (und es gibt mehr als 900) hat ihre eigene Wespenspezies, die ihr einsamer genetischer Begleiter durch die Zeitläufte der Evolution war, seit die beiden sich von ihren jeweiligen Vorläufern abspalteten. Die Wespen sind völlig auf die Feigen als Nahrungslieferanten angewiesen, und diese wiederum brauchen die Wespen, die ihren Pollen weitertragen. Jede der beiden Arten würde ohne die andere sofort aussterben. Den Blütenstaub transportieren nur die Weibchen, die ihre Geburtsfeige verlassen. Sie sind so geformt, wie man es von einer Miniaturwespe erwartet. Die Männchen dagegen besitzen keine Flügel; sie werden in der dunklen, umschlossenen Welt der Feige geboren und sterben auch dort; es ist kaum zu fassen, daß es überhaupt Wespen sind, und erst recht würde man sie nicht zur selben Spezies zählen wie ihre Weibchen.

Will man das Leben einer Feigenwespe erzählen, stellt sich das Problem, daß es ein Kreislauf ist und man deshalb nicht genau weiß, wo man anfangen soll. Aber das ist nun einmal nicht zu ändern. Ich beginne beim Ausschlüpfen der neuen Wespenlarven. Jede von ihnen liegt eingerollt in einer eigenen winzigen Samenkapsel am unteren Ende der weiblichen Blüten tief im Inneren des umschlossenen Gartens. Sie ernährt sich von den heranwachsenden Samen, und wenn sie ausgewachsen ist, befreit sie sich mit Bissen aus der Kapsel, um in die relative Freiheit im dunklen

Inneren der Feige zu gelangen. Von nun an verläuft das Leben von Männchen und Weibchen unterschiedlich. Die Männchen schlüpfen als erste, und jedes von ihnen durchstreift die Feige auf der Suche nach der Kapsel eines ungeborenen Weibchens. Ist sie gefunden, knabbert das Männchen die Eihülle auf und paart sich mit der noch ungeborenen Jungfrau. Diese verläßt daraufhin ebenfalls ihre Kapsel und macht sich auf ihre eigene Reise durch den winzigen hängenden Garten. Bei den nun folgenden Vorgängen gibt es von Art zu Art geringfügige Unterschiede. Typisch ist etwa Folgendes: Das Weibchen sucht nach männlichen Blüten, die sich oft beim Eingang der Feige befinden. Mit maßgeschneiderten Pollenkämmen auf den Vorderbeinen arbeitet es sich im Dunkeln voran, wobei es systematisch Pollen in die Vertiefungen an seiner Brust schaufelt.

Aufschlußreich ist dabei, daß es sich gezielt soviel Mühe macht, sich mit Pollen zu beladen, und daß es dazu spezielle Aufnahmebehälter hat. Die meisten bestäubenden Insekten werden einfach mir nichts, dir nichts mit dem Zeug eingepudert. Eine besondere Apparatur für den Pollentransport besitzen sie ebensowenig wie einen Instinkt für das Beladen mit Blütenstaub. Bei Bienen ist das allerdings anders: Sie haben Pollenkörbchen an den Beinen, die sich durch den hineingestopften Pollen gelblich oder braun ausbeulen. Aber anders als die Feigenwespen transportieren Bienen den Pollen, um ihn an ihre Larven zu verfüttern. Feigenwespen schleppen ihn nicht als Nahrung herum. Sie laden ihn freiwillig in besondere Pollentaschen, und zwar einzig zu dem Zweck, Feigen zu bestäuben (die den Wespen nur indirekt nützen). Auf das ganze Thema der offenbar freundschaftlichen Zusammenarbeit von Feigen und bestäubenden Insekten werden wir später noch einmal zurückkommen.

Mit dem kostbaren Pollen beladen, begibt sich das Weibchen aus der Feige in die luftig-offene Außenwelt. Wie es ins Freie gelangt, ist von Art zu Art in den Einzelheiten ein wenig anders. In manchen Fällen kriecht es durch das «Gartentor», die kleine Öffnung am Ende der Feige (Tafel 10.2). Bei anderen Arten ist es die Aufgabe der Männchen, in die Wand der Feige ein kleines Loch zu schneiden, so daß die Weibchen abfliegen können, und zu diesem Zweck arbeiten Dutzende von Männchen zusammen. Damit haben die Männchen ihre Funktion erfüllt, aber dem Weibchen steht der große Augenblick noch bevor. Es fliegt in der ungewohnten

Luft davon und sucht, möglicherweise von Düften geleitet, nach einer anderen Feige seiner eigenen, einzig richtigen Spezies. Außerdem muß sich die Feige, nach der es sucht, ebenfalls im richtigen Lebensabschnitt befinden, nämlich in der Reifezeit der weiblichen Blüten.

Hat das Weibchen die richtige Feigenart gefunden, macht es das winzige Loch an der Spitze ausfindig und krabbelt in das dunkle Innere. Der Eingang ist so eng, daß die Flügel meist am Ansatz abreißen, wenn es sich hindurchzwängt. Wissenschaftler fanden Feigenöffnungen, die mit Flügeln, Antennen und anderen abgerissenen Körperteilen von Wespen verstopft waren. Aus der Sicht der Feige hat ein derart unbequem enger Eingang den Vorteil, daß unerwünschte Parasiten ferngehalten werden. Auch für das Weibchen hat die Prozedur, die es seine Flügel kostet, vermutlich einen Vorteil, denn es wird gleichzeitig von Bakterien und Schmutz befreit. Für die Wespe ist es zwar schmerzhaft, wenn die Flügel am Ansatz ausgerissen werden, aber sie werden auch nie wieder gebraucht und wären in der Enge des umschlossenen Gartens wahrscheinlich ein Hindernis. Erinnern wir uns, daß Ameisenköniginnen sich häufig selbst die Flügel abbeißen, wenn sie den Hochzeitsflug vollendet haben und eine Lebensphase erreichen, in der die Flügel sie auf ihrem Weg unter die Erde behindern würden.

Bevor das Wespenweibchen im Inneren der Feige stirbt, erfüllt es seine eigentliche Mission, und die ist doppelter Natur. Es bestäubt die weiblichen Blüten, die es dort besucht, und legt in einigen davon seine eigenen Eier ab. Aber nicht in allen. Würde es alle Feigenblüten mit Eiern versehen, hätte die Feige als Fortpflanzungsorgan des Baumes versagt, denn dann würden die Wespenlarven alle Samen auffressen. Verrät also die Tatsache, daß die Wespe manche Blüten verschont, eine altruistische Selbstbeschränkung? Diese Frage bedarf einer sorgfältigen Erörterung. Es gibt bestimmte darwinistisch durchaus haltbare Wege, auf denen sich eine Selbstbeschränkung der Wespe entwickeln könnte. Aber zumindest bei manchen Feigenarten sorgt der Baum auch selbst für sich, indem er die Zahl der Blüten beschränkt, in denen er der Wespe die Eiablage gestattet. Dazu bedient er sich so phantasievoller Methoden, daß ich meinen Bericht des normalen Lebenszyklus unterbrechen möchte, um zwei davon zu beschreiben.

Manche Feigenarten besitzen zwei Arten weiblicher Blüten, die eine mit langem, die andere mit kurzem Stempel. (Der Stempel ist das lange, dünne weibliche Geschlechtsorgan, das aus der Blütenmitte ragt.) Die Wespe versucht, in Blüten beider Formen ihre Eier abzulegen, aber ihr Eiablageorgan ist so kurz, daß es das untere Ende der Blüten mit langem Stempel nicht erreichen kann; deshalb gibt die Wespe auf und versucht es woanders. Nur wenn sie sich in einer kurzstempeligen Blüte niederläßt, reicht der Eiablageapparat bis auf den Blütenboden, und nun deponiert sie dort ein Ei. Bei Feigenarten, denen die Unterscheidung zwischen Blüten mit langem und kurzem Stempel fehlt, maßregelt die Pflanze das Verhalten der Wespe noch strenger – so jedenfalls die Ansicht meines Oxforder Kollegen W. D. Hamilton, eines der angesehensten Darwin-Nachfolger. Nach Hamiltons Vermutung, die durch seine eigenen Untersuchungen in Brasilien gestützt wird, merken Feigenbäume, wenn eine Feige von Wespen übermäßig ausgebeutet wird. Feigen, bei denen in allen Blüten Wespeneier liegen, sind für den Baum nutzlos. Dann war die Wespe zu egoistisch und hat die Gans, die goldene Eier legt, geschlachtet. Der Baum sorgt dafür, daß eine übermäßig besetzte Feige zu Boden fällt, so daß alle darin befindlichen Wespen zugrunde gehen. Es ist ein reizvoller Gedanke, darin eine Rache zu sehen, und es gibt stichhaltige theoretisch-mathematische Modelle, die uns dabei möglicherweise von dem Verdacht des Anthropomorphismus freisprechen. Aber wahrscheinlich handelt es sich bei dem Verhalten des Baumes weniger um Vergeltung als vielmehr um eine Begrenzung des eigenen Schadens. Eine Feige reifen zu lassen ist mit Aufwand verbunden, und wenn sie bereits durch gefräßige Wespen zerstört ist, wäre dieser Aufwand umsonst. Eine solche Sprache der Strategiespiele, in der wir bedenkenlos Begriffe wie «Vergeltung» und «Bewachung» verwenden, wird in dem vorliegenden Kapitel immer wieder auftauchen. Sie hat ihre Berechtigung, wenn man sie richtig anwendet, und das heißt oft, daß man sich der mathematischen Spieltheorie bedient.

Zurück zum Lebenszyklus der typischen Feigenwespe: Unser Weibchen hat sich gerade wie Alice durch den engen Eingang geschlängelt; es wird die Außenwelt nie mehr wiedersehen und geht nun daran, sich von den Pollen zu befreien, die es in seiner Geburtsfeige eingesammelt hat. Das Bestäubungsverhalten der weiblichen Feigenwespe sieht so aus, daß man es für Absicht halten könnte. Sie läßt keineswegs zu, daß der Pollen ihr einfach vom Körper gewischt wird wie bei den meisten anderen bestäubenden Insekten. Statt dessen lädt das Weibchen zumindest mancher Feigenwespen seine Last mit der gleichen eifrigen Aufmerksamkeit ab, die es auch beim Beladen aufgewandt hat, bedient sich wiederum der Bürsten an den Vorderbeinen und schaufelt den Blütenstaub systematisch aus den maßgeschneiderten Taschen auf die Bürsten, sie dann über den aufnehmenden Flächen der weiblichen Blüte heftig schüttelt.

Nachdem das Wespenweibchen seine Eier in die weiblichen Blüten gelegt hat, ist der Kreislauf seines Lebens zu Ende, und damit endet auch sein eigenes Leben. Es kriecht in einen feuchten Winkel des umschlossenen Gartens und stirbt. Zurück bleiben Megabits an genetischer Information, die originalgetreu in seinen Eiern niedergelegt sind, und der Zyklus beginnt von vorn. Abgesehen von ein paar Einzelheiten, mit denen ich mich in Kürze genauer befassen werde, ist dieser Ablauf bei den meisten Feigenarten sehr ähnlich. *Ficus*, die Gattung der Feigenbäume, ist eine der größten in den Organismenreichen. Und sie ist auch sehr vielgestaltig. Neben den beiden Arten der (für uns) eßbaren Feigen umfaßt sie den Gummibaum, den heiligen Banyanbaum, den Bobaum *Ficus religiosa*, unter dem Buddha meditierte, verschiedene Strauch- und Kriechpflanzen sowie die seltsamen «Baumwürger» der Tropen. Letztere sind einer genaueren Betrachtung wert. Am Waldboden ist es dunkel, Sonnenenergie ist knapp. Jeder Baum im Wald hat das Ziel, den offenen Himmel und die Sonne zu erreichen. Baumstämme sind Blattheber, Hilfsmittel zum Hochheben von Sonnensegeln – Blättern – über den Schatten konkurrierender Bäume. Den meisten Bäumen ist es vorherbestimmt, als Keimlinge zu sterben. Nur wenn ein Baum in der unmittelbaren Nachbarschaft umstürzt, gefällt von den Stürmen vieler Jahre, bekommt ein junger Keimling eine Chance. Dieses glückliche Ereignis tritt an einer beliebigen Stelle des Waldes vielleicht nur einmal in 100 Jahren ein. Geschieht es, setzt ein Goldrausch in Richtung der Sonne ein. Alle Keimlinge in der Umgebung, Angehörige vieler verschiedener Arten, beteiligen sich an dem Wettlauf um die Stellung als Lückenfüller im Kronendach.

Die Baumwürger haben jedoch ihre eigene, heimtückische Abkürzung entdeckt, und ihre Geschichte stellt die von der biblischen Schlange in den

Schatten (Tafel 10.3). Sie warten nicht, bis ein vorhandener Baum stirbt, sondern führen seinen Tod gezielt herbei. Ein würgender Feigenbaum wächst zu Beginn seines Lebens als Kletterpflanze. Er windet sich um einen Baum einer anderen Art und wächst wie eine Clematis oder Kletterrose daran empor. Aber anders als bei der Clematis werden die Ranken der Würgfeige weiterhin dicker und kräftiger. Erbarmungslos verstärkt sie die Umklammerung des unglückseligen Wirtsbaumes, der schließlich nicht mehr weiterwachsen kann und das botanische Gegenstück zum Erstickungstod erleidet. Der Feigenbaum ist mittlerweile zu einer beträchtlichen Höhe herangewachsen und gewinnt nun ohne weiteres den Wettlauf um das Stückchen Licht, das der erdrosselte Baum freigemacht hat. Eine Baumwürgerart mit einer bemerkenswerten zusätzlichen Eigenschaft ist der Banyanbaum. Nachdem er seinen ursprünglichen Wirt erstickt hat, bildet er Luftwurzeln aus, die schließlich den Boden berühren und dort zu richtigen, nährstoffsammelnden Wurzeln werden; über dem Boden jedoch bilden sie zusätzliche Stämme. Auf diese Weise wird aus einem einzigen Baum ein ganzer Wald, der in Indien einen Durchmesser von bis zu 300 Metern erreicht und einem mittelgroßen überdachten Markt Unterschlupf bietet.

Ich habe unter anderem deshalb über die Feigen berichtet, weil ich zeigen wollte, daß die Tatsachen im Zusammenhang mit diesen Früchten mindestens ebenso faszinierend sind wie alles, was mein Redner aus Kapitel 1 in der Mythologie oder Literatur ausgraben konnte; ich möchte aber damit auch einen wissenschaftlichen Weg zum Umgang mit Fragestellungen aufzeigen, der diesem literarischen Dilettanten als leuchtendes Vorbild dienen könnte. Die Tatsachen, die ich hier so kurz zusammengefaßt habe, sind das Ergebnis peinlich genauer, kluger Arbeiten vieler Menschen während vieler Jahre: Arbeiten, die das Attribut «wissenschaftlich» verdienen, und zwar nicht, weil dazu raffinierte oder teure Apparate benutzt wurden, sondern weil sie von einer bestimmten Geisteshaltung geprägt waren. Die Geschichte von der Bestäubung durch die Wespen konnte man zu einem großen Teil einfach dadurch aufdecken, daß man Feigen aufschnitt und hineinsah; aber das Wort «hineinsehen» vermittelt einen zu lässigen Eindruck. Es war kein passives Anschauen, sondern ein sorgfältig geplantes Aufzeichnen, und dabei kamen Zahlen heraus, die in Berechnungen einflossen. Man sammelt nicht einfach Feigen und schlitzt sie auf. Statt dessen beschafft man sich systematisch Stichproben von zahlreichen Bäumen, aus einer ganz bestimmten Höhe und aus festgelegten Jahreszeiten. Man starrt nicht einfach die Wespen an, die in ihrem Inneren herumkriechen. Statt dessen werden sie identifiziert, fotografiert, genau gezeichnet, gezählt und vermessen. Man teilt sie nach Art, Geschlecht, Alter und Aufenthaltsort in der Feige ein. Stichproben schickt man an Museen, wo sie durch genauen Vergleich mit international anerkannten Standards identifiziert werden. Aber alles Messen und Zählen geschieht nicht unterschiedslos und um seiner selbst willen, sondern es dient der Überprüfung zuvor aufgestellter Hypothesen. Und wenn man wissen will, ob die Zählungen und Messungen mit den Erwartungen der Hypothese übereinstimmen, muß man sich in allen berechneten Einzelheiten bewußt sein, wie groß die Wahrscheinlichkeit ist, daß die Ergebnisse dem Zufall entspringen und nichts bedeuten.

Aber kehren wir zu den Feigenwespen zurück. Wie ich schon erwähnt habe, bohren die Männchen vieler Arten in gemeinsamer Arbeit ein Loch, durch das die Weibchen ins Freie gelangen. Warum? Weshalb lehnt ein Männchen, das beobachtet, wie seine Kollegen ein Loch machen, sich nicht einfach zurück und überläßt die anderen sich selbst? In dieser kleinen Welt stellt sich ein Problem, das den Biologen immer wieder Rätsel aufgibt: die Frage des Altruismus. Und noch eine andere Schwierigkeit hindert die Biologen daran, das Ganze den Nichtfachleuten zu erklären: Der gesunde Menschenverstand sieht darin im allgemeinen überhaupt kein Rätsel. Bevor der Biologe also überhaupt klarmachen kann, wie genial die Lösung ist, muß er seine Zuhörer erst einmal davon überzeugen, daß überhaupt ein Problem vorhanden war, das einer Lösung bedurfte. Ein Rätsel ist es in dem besonderen Fall der Feigenwespen aus folgendem Grund: Ein Männchen, das sich zurücklehnt und seine Kollegen das Loch bohren läßt, spart alle seine Kräfte für die Paarung mit den Weibchen, denn dann ist es sicher, daß es sich nicht wegen des anstrengenden Lochbaues zurückhalten muß. Unter sonst gleichen Bedingungen würden sich Gene für die Weigerung zu helfen auf Kosten der Gene für die Kooperation ausbreiten. Wenn man sagt, die Gene für X breiteten sich auf Kosten derer für Y aus, bedeutet das, daß die Gene für Y aus der Population verschwinden und durch X ersetzt werden. Das hätte natürlich zur Folge, daß überhaupt kein Loch mehr gebohrt wird, und darunter würden alle Männchen leiden. Aber das allein ist für die Männchen noch kein Grund zum Bohren. Es könnte einer sein, wenn sie wie Menschen vorausschauen würden, aber wenn man davon ausgeht, daß sie das nicht tun, begünstigt die natürliche Selektion immer den kurzfristigen Nutzen. Wenn alle anderen Männchen bohren, kann sich ein Männchen, das sich ausklinkt und seine Kräfte spart, eines kurzfristigen Vorteils erfreuen. Nach dieser Argumentation sollte das Bohren unter dem Druck der natürlichen Auslese aus der Population verschwinden. Aber das geschieht nicht, und damit stehen wir vor einem Rätsel. Glücklicherweise ist es jedoch ein Rätsel, dessen Lösung wir zumindest im Prinzip kennen.

Ein Teil der Antwort könnte die Verwandtschaft sein: Mit einer recht hohen Wahrscheinlichkeit sind alle männlichen Wespen in einer Feige Brüder, und Brüder haben Kopien der gleichen gemeinsamen Gene. Ein Männchen, das beim Bohren eines Loches hilft, befreit nicht nur Weibchen, mit denen es sich gepaart hat, sondern auch die Partnerinnen seiner Brüder. Durch das Loch dringen Gene, die das gemeinsame Bohren begünstigen und die alle diese Weibchen in sich tragen. Deshalb bleiben die Gene in der Welt erhalten, und damit haben wir eine gute Erklärung dafür, daß auch das Verhalten der Männchen bestehen bleibt.

Vermutlich liegt es aber nicht nur an der Verwandtschaft. Ich werde es nicht im einzelnen darlegen, aber zum Spielen gehört ein Element, das in keinem Zusammenhang mit dem Geschwisterverhältnis steht, und dieses Element trifft auf die Zusammenarbeit zwischen Wespe und Feige zu. Die ganze Geschichte von Wespen und Feigen riecht stark nach hartem Feilschen, nach Vertrauen und Betrug, nach dem Versuch, sich davonzustehlen, der durch unbewußte Vergeltung in Schach gehalten wird. Einem Hauch davon sind wir bereits bei Hamiltons Theorie von den zu Boden fallenden, übermäßig ausgebeuteten Feigen begegnet. Und wie so oft muß ich mein Ritual einhalten und daran erinnern, daß wirklich alles unbewußt abläuft. Was die Feige angeht, liegt das von vornherein auf der Hand, denn kein zurechnungsfähiger Mensch kommt auf die Idee, Pflanzen könnten ein Bewußtsein haben. Wespen könnten es besitzen oder auch nicht, aber im Zusammenhang dieses Kapitels behandeln wir die

Strategie der Wespen nach dem gleichen Prinzip wie die des zweifellos unbewußten Feigenbaumes.

Der umschlossene Garten ist ein Paradies, das zum Nutzen der kleinen Insekten angelegt wurde, und deshalb ist es nicht verwunderlich, daß er nicht nur die Wespen beherbergt, deren Bestäubungstätigkeit letztlich alles erst ermöglicht, sondern eine reichhaltige, wimmelnde Miniaturtierwelt. Zu ihr gehören zahlreiche winzige Käfer, Falter und Fliegenlarven, aber auch Milben und kleine Würmer. Und an jedem Eingang des Gartens lauern natürliche Feinde, die nur darauf warten, aus der üppigen Fauna im Inneren Kapital zu schlagen (Tafel 10.4).

Die echten Bestäubungsinsekten sind nicht die einzigen Kleinwespen, die in den Feigen leben und unter dem Begriff «Feigenwespen» zusammengefaßt werden. Es gibt auch Nassauer, entfernte Verwandte der wirklichen bestäubenden Tiere, die dort als Parasiten leben. Solche parasitären Wespen gelangen in der Regel nicht durch das Loch an der Spitze in die Feige, sondern als Eier: Die Wespenmutter injiziert sie mit ihrem Ablageapparat, der zu einer auffällig langen, dünnen Kanüle umgebildet ist, durch die Wand der Frucht (Tafel 10.5). Tief im Inneren der Feige sucht sich die Spitze der Nadel die kleinen Blüten, in denen die echten, bestäubenden Wespen ihre Eier abgelegt haben. Das parasitäre Wespenweibchen sucht und arbeitet wie eine Ölbohrmannschaft, und das Loch, das es in die Wand der Feige schneidet, entspricht im Verhältnis zu seiner Größe einem menschlichen Bohrloch von 30 Meter Tiefe. Die Männchen sind wie bei den echten bestäubenden Wespen oft ungeflügelt (Abbildung 10.6). Als Krönung des Ganzen gibt es auch noch «Parasiten zweiter Ordnung», Wespen, die neben einer «Bohrwespe» warten, bis sie ihre Arbeit vollendet hat; sobald sie den Stachel herauszieht, steckt der «Überparasit» seinen eigenen, bescheideneren Eiablageapparat in das Loch und legt seine Eier ab.

Wie die bestäubenden Wespen, so spielen auch die Angehörigen der verschiedenen Parasitenarten miteinander komplizierte Strategiespiele. Sie wurden ebenfalls von W. D. Hamilton erforscht, der mit seiner Frau Christine in Brasilien arbeitete. Anders als bei den bestäubenden Arten haben bei den Nassauern unter den Wespen vielfach sowohl die Männchen als auch die Weibchen Flügel. Bei manchen Arten sind alle Männchen geflü-

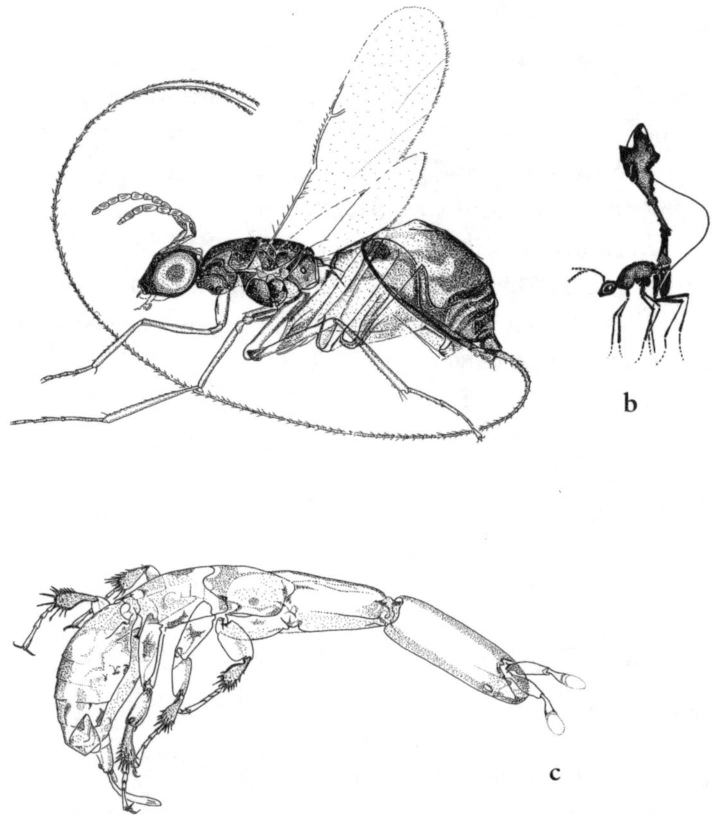

Abb. 10.6 Nassauer. Die parasitische Wespe *Apocrypta perplexa* bestäubt nicht, profitiert aber von der Feige. (a) Weibchen; (b) verkleinerte Ansicht eines Weibchens in «Bohrhaltung»; (c) das Männchen – ohne Flügel und auf den ersten Blick nicht als Wespe zu erkennen.

gelt, bei manchen fehlen allen die Flügel, und bei manchen findet man eine Mischung aus geflügelten und ungeflügelten männlichen Tieren. Die ungeflügelten Männchen verlassen wie die der bestäubenden Arten ihre Geburtsfeige nie: Sie kämpfen dort, paaren sich und sterben. Geflügelte Männchen fliegen wie die Weibchen von der Geburtsfeige weg und paaren sich dann mit jedem Weibchen, das noch nicht befruchtet ist. Für die Männchen gibt es also zwei mögliche Lebensweisen, und bei manchen Arten kommen beide vor. Interessanterweise sind die Männchen der seltensten Arten eher geflügelt, bei verbreiteten Arten dagegen findet man eher ungeflügelte Männchen. Das ist auch sinnvoll, denn ein Männchen einer verbreiteten Art wird wahrscheinlich in derselben Feige ein Weibchen der eigenen Spezies finden. Gehört es dagegen zu einer seltenen Art, wird es in der jeweiligen Feige wahrscheinlich das einzige sein; dann besteht eine größere Chance, eine Partnerin zu finden, wenn man wegfliegt und nach ihr sucht. Wie die Hamiltons feststellten, verweigern geflügelte Männchen sogar die Paarung, bis sie ihre Geburtsfeige verlassen haben.

Unter strategischen Gesichtspunkten interessieren wir uns besonders für die Arten, bei denen zweierlei Männchen vorkommen. Es ist fast, als gäbe es ein drittes Geschlecht. Tatsächlich ähneln die geflügelten Männchen im Aussehen den Weibchen viel stärker als ihren ungeflügelten Geschlechtsgenossen. Den Weibchen und den geflügelten Männchen nimmt man fast ab, daß sie Wespen sind, wenn auch sehr kleine. Die ungeflügelten Männchen dagegen sehen überhaupt nicht wie Wespen aus. Viele von ihnen haben gewaltige Kieferzangen, mit denen sie ein wenig an einen rückwärts gehenden kleinen Ohrwurm erinnern. Diese Werkzeuge dienen offenbar nur zum Kämpfen – sie zerfleischen und zerschneiden damit andere Männchen, denen sie auf ihren Streifzügen durch alle Winkel ihres dunklen, feuchten, stillen Gartens begegnen. Professor Hamilton lieferte eine denkwürdige Beschreibung:

Ihre Kämpfe wirken tollkühn und vorsichtig zugleich – feige wäre fast der richtige Begriff, aber bei genauerem Nachdenken erscheint er ungerecht, denn nach unseren Maßstäben ist die Situation nur mit einem dunklen Raum voller drängelnder Menschen zu vergleichen, und dazwischen, oder versteckt in nach allen Seiten offenen Schränken oder Nischen, lauert etwa ein Dutzend wahnsinniger Mörder mit Messern. Ein einziger Biß kann ohne weiteres tödlich sein. Ein großes Männchen der Gattung *Idarnes* kann ein anderes mit den Kiefern halbieren, aber meist ist der tödliche Biß eine recht kleine Punktur. Die Lähmung folgt auf die kleine Verletzung so schnell und unausweichlich, daß man an ein Gift denken könnte … Wenn der erste oder zweite wechselseitige Biß nicht zu einer ernsthaften Verletzung führt, zieht sich ein Männchen, das vielleicht schon durch den Verlust eines Beins geschädigt ist oder sich in anderer Hinsicht unterlegen fühlt, in der Regel zurück und versucht, sich zu verstecken … Von dieser Stelle aus kann es dann dem Sieger oder einem anderen vorüberkommenden Männchen wesentlich gefahrloser in die Beine beißen ... Die Reifung der Früchte an einem einzigen großen *Ficus*-Baum ist vermutlich mit mehreren Millionen kampfbedingter Todesfälle verbunden.

Das Phänomen, daß bei einer Art zwei Sorten von Männchen vorkommen, ist auch bei anderen Tieren nicht unbekannt, aber nirgendwo ist es so deutlich ausgeprägt wie bei den parasitären Wespen. Beim Rotwild kennt man einzelne geweihlose Männchen, die dennoch in der Konkurrenz zu ihren geweihtragenden Artgenossen ansehnliche Fortpflanzungserfolge erzielen. Für das, was sich in solchen Fällen abspielt, unterscheiden die Theoretiker zwei Möglichkeiten. Die eine ist die Theorie «das Beste daraus machen». Sie trifft vermutlich auf *Centris pallida* zu, eine Art allein lebender Bienen. Die beiden Typen von Männchen bezeichnet man als «Späher» und «Schwärmer». Die Späher sind groß. Sie suchen aktiv nach Weibchen, die noch nicht aus ihrer unterirdischen Brutstätte geschlüpft sind, graben sich ein und paaren sich unter der Erde mit ihnen. Die viel kleineren Schwärmer dagegen graben nicht, sondern bleiben in der Luft und warten, bis die wenigen flugfähigen Weibchen auftauchen, die den Spähern unter der Erde entgangen sind. Allen Hinweisen zufolge haben die Späher mehr Fortpflanzungserfolg, aber ein kleines Männchen, das als Späher wenig Aussichten hat, kann durch Schwärmen das Beste aus der Situation machen. Wie immer handelt es sich nicht um eine bewußte, sondern um eine genetisch bedingte Entscheidung.

Die andere Theorie, wie verschiedenartige Männchen einer Art nebeneinander existieren können, ist die des stabilen Gleichgewichts. Sie trifft anscheinend auf die Nassauer unter den Feigenwespen zu. Danach sind Männchen beider Typen gleichermaßen erfolgreich, wenn sie in der Population in einem ganz bestimmten, ausbalancierten Zahlenverhältnis vorkommen. Dieses Gleichgewicht wird folgendermaßen aufrechterhalten: Wenn ein Männchen zu dem selteneren Typ gehört, hat es Erfolg, weil es selten ist. Deshalb werden mehr Männchen dieses Typs geboren, so daß sie nicht mehr selten sind. Verbreiten sie sich auf diese Weise stark, hat nun der andere Typ den Vorteil, relativ selten zu sein, so daß er wieder häufiger wird. Auf diese Weise wird das Zahlenverhältnis fast nach dem Prinzip eines Thermostats reguliert. Meine Beschreibung hört sich so an, als gäbe es dabei heftige Schwankungen, aber die müssen nicht stärker sein als die Temperaturschwankungen in einem Zimmer, das unter Thermostatkontrolle beheizt wird. Und die Populationsanteile müssen im stabilen Gleichgewicht auch nicht 50 zu 50 betragen. Unabhängig davon, wie hoch sie sind, sorgt die natürliche Selektion immer wieder dafür, daß sie sich einstellen. Das Gleichgewicht bildet sich bei dem Zahlenverhältnis, bei dem Männchen beider Typen gleichermaßen erfolgreich sind.

Wie kann sich so etwas bei den Feigenparasiten von selbst ausbilden? Um diese Frage zu beantworten, muß man zunächst einmal wissen, daß die Weibchen der parasitären Arten meist nur ein bis zwei Eier in einer Feige ablegen und sich dann zur nächsten Frucht begeben (wie erwähnt, stechen sie mit ihrem Eiablageapparat von außen in die Feige). Das hat gute Gründe. Würde ein Weibchen alle Eier in einer Feige deponieren, würden sich ihre Töchter und (ungeflügelten) Söhne höchstwahrscheinlich untereinander paaren, und Inzest ist nach allgemeiner Kenntnis etwas Schlechtes – aus den gleichen Gründen vermeiden auch Blumen die Selbstbestäubung. Jedenfalls verteilen die Weibchen ihre Nachkommen nur spärlich auf die Feigen. Deshalb wird es rein zufällig auch eine Reihe von Feigen geben, in denen sich überhaupt keine Eier dieser Spezies befinden. Und in manchen liegen durch Zufall keine männlichen Eier, in anderen keine weiblichen.

Überlegen wir nun einmal, welche Möglichkeiten einem ungeflügelten Wespenmännchen offenstehen. Schlüpft es in einer Feige, in der sich keine Weibchen befinden, kann es nichts tun. Genetisch gesehen ist es am Ende. Sind in der Feige aber überhaupt Weibchen vorhanden, hat das Männchen gute Aussichten, sich zu paaren – allerdings in Konkurrenz zu anderen, gleichartigen Männchen; deshalb ist es kein Wunder, daß diese winzigen männlichen Wespen zu den am besten bewaffneten und erbarmungslosesten Kämpfern im Tierreich gehören. Enthält eine Feige überhaupt flügellose Männchen, kommt kaum ein unbefruchtetes Weibchen daraus ins Freie. In manchen Feigen befinden sich aber auch nur Weibchen; diese haben beim Verlassen der Frucht noch keine Paarung hinter sich, und die einzigen Männchen, die ihnen zur Verfügung stehen, sind die geflügelten Exemplare draußen.

Geflügelte Männchen können sich also nur dann erfolgreich vermehren, wenn manche Feigen zufällig Weibchen, aber keine ungeflügelten Männchen enthalten. Wie wahrscheinlich das ist, hängt von der Populationsdichte der Wespen im Verhältnis zur Zahl der Feigen ab, aber auch von dem Anteil der geflügelten Männchen. Sind die Wespen insgesamt im Verhältnis zu den Feigen selten, liegen nur wenige Wespeneier in großen Abständen, bestehen gute Aussichten, daß manche Feigen ausschließlich Weibchen enthalten. Unter solchen Bedingungen geht es den geflügelten Männchen relativ gut. Anders sieht es bei einer dichten Wespenpopulation aus. In diesem Fall befinden sich in den meisten Feigen mehrere Wespen beiderlei Geschlechts, und die meisten Weibchen wurden schon von ungeflügelten Männchen begattet, bevor sie die Feigen verlassen; die Folge ist, daß es den geflügelten Männchen schlechter geht.

Hamilton stellte in dieser Frage genauere Berechnungen an. Seine Schlußfolgerung lautet: Wenn sich in jeder Feige durchschnittlich mehr als drei männliche Eier befinden, pflanzen sich die geflügelten Männchen fast überhaupt nicht fort. Bei jeder höheren Populationsdichte begünstigt die natürliche Selektion flügellose Männchen. Liegt die Durchschnittszahl der männlichen Eier je Feige jedoch bei eins oder darunter, ergeht es den ungeflügelten Männchen schlecht, denn dann teilen sie ihre Feige fast nie mit einer anderen Wespe, von einem Weibchen ganz zu schweigen. Unter diesen Bedingungen sorgt die natürliche Selektion deshalb dafür, daß die Männchen Flügel haben. Liegt die Populationsdichte irgendwo in der Mitte, kommt die Theorie des stabilen Gleichgewichts zum Tragen: Dann begünstigt die natürliche Selektion eine Mischung aus geflügelten und ungeflügelten Männchen.

Ist das stabile Gleichgewicht erreicht, begünstigt die natürliche Selektion jeweils den zahlenmäßig unterlegenen Männchentyp, oder genauer gesagt: den Männchentyp, dessen Zahl unter einen kritischen Wert sinkt, unabhängig davon, wie hoch dieser kritische Wert liegt; er ist von Art zu Art verschieden und hängt von der absoluten Anzahl der Wespen im Verhältnis zu den Feigen ab. Die einzelnen Wespenarten mit ihrem jeweiligen Zahlenverhältnis zwischen Wespen und Feigen kann man sich wie mehrere Zimmer mit unterschiedlicher thermostatgeregelter Temperatur vorstellen. Befinden sich beispielsweise in jeder Feige durchschnittlich drei Männchen einer Spezies, begünstigt die natürliche Selektion eine Mischpopulation mit 90 Prozent ungeflügelter Männchen. Sind es nur zwei Männchen je Feige, liegt der Anteil der ungeflügelten Männchen bei 80 Prozent. Wie gesagt: Die Rede ist hier von *durchschnittlich* zwei Männchen je Feige. Das heißt nicht, daß sich in jeder Feige genau zwei Männchen befinden. Ein Durchschnitt von zwei ergibt sich, wenn manche Feigen überhaupt kein Männchen enthalten, manche eines, andere zwei und wieder andere mehr als zwei. Die 20 Prozent geflügelter Männchen verdanken ihr genetisches Leben nicht den Feigen mit zwei Männchen (in denen die Weibchen wahrscheinlich schon weggeschnappt sind, bevor sie die Frucht verlassen), sondern den Feigen, in denen sich überhaupt keine männlichen Wespen befinden.

Welche praktischen Belege sprechen dafür, daß die Theorie des stabilen Gleichgewichts zutrifft und nicht das Prinzip «das Beste daraus machen»? Zwischen den beiden Theorien besteht der entscheidende Unterschied, daß nach der ersten beide Männchentypen gleichermaßen erfolgreich sein sollten, nach der zweiten aber nicht. Die Hamiltons fanden Belege, wonach Männchen beider Sorten, was die Paarung mit Weibchen angeht, tatsächlich den gleichen Erfolg haben. Sie untersuchten zehn verschiedene Arten und stellten bei allen gleichermaßen fest, daß der Anteil der geflügelten Männchen etwa ebenso groß war wie der Anteil der Weibchen, die unbegattet aus den Feigen ins Freie gelangen. Wenn also 80 Prozent der Weibchen beim Verlassen der Feige noch nicht befruchtet waren, lag auch der Anteil der geflügelten Männchen bei 80 Prozent. Und wenn 70 Prozent der Weibchen sich zu diesem Zeitpunkt bereits gepaart hatten, betrug der Anteil der ungeflügelten Männchen ebenfalls 70 Prozent. Es sieht also tatsächlich so aus, als sei der Anteil der beiden Männchentypen gerade so bemessen, daß sie die entsprechende Anzahl an Weibchen abbekommen. Das ist ein Beleg für die Theorie des stabilen Gleichgewichts und spricht gegen die Vorstellung vom «das Beste daraus machen». Es tut mir leid, daß es so kompliziert war, aber so sind die Vorgänge in der Welt der Feigen nun einmal.

Wir wollen die Nassauer unter den Wespen jetzt verlassen und zu den echten, auf die Bestäubung von Feigen spezialisierten Feigenwespen zurückkehren. Wer glaubt, die Verhältnisse bei den Parasiten seien verwickelt gewesen, muß sich bei dieser Geschichte – meiner letzten – noch auf einiges gefaßt machen. Ich bin durchaus stolz darauf, daß ich normalerweise alles daransetze, um schwierige und komplizierte Themen zu erklären, aber bei dem, was jetzt folgt, werde ich vielleicht scheitern. Ich will jedenfalls mein Bestes versuchen, und wenn es mir nicht gelingt, kann ich den Feigen und ihren Partnern, den Wespen, die Schuld zuschieben. Vielleicht sollte man auch weder ihnen noch mir einen Vorwurf machen und es statt dessen der Evolution als Verdienst anrechnen, daß sie das komplizierte Wunder dieses Tanzes durch die entwicklungsgeschichtlichen Zeiträume geschaffen hat. Mir durch die letzten Seiten dieses Buches zu folgen verlangt vom Leser eine gewisse Mühe, aber ich wiege mich in der Hoffnung, daß sie sich lohnt.

Die Feigenbäume, in denen die folgende Geschichte spielt, sind «zweihäusig», das heißt, eine Feige enthält nicht männliche und weibliche Blüten wie die einhäusigen Arten, von denen bisher die Rede war, sondern es gibt männliche und weibliche Bäume. Die Feigen der weiblichen Bäume enthalten ausschließlich weibliche Blüten. Die männlichen Bäume bringen Feigen mit männlichen Blüten hervor, aber das ist noch nicht alles. Diese sogenannten männlichen Feigenbäume besitzen auch pseudoweibliche Blüten, und die sind für die Wespen sehr wichtig. Im Gegensatz zu den echten weiblichen Blüten in den weiblichen Feigenbäumen erzeugen die pseudoweiblichen Blüten an den männlichen Feigenbäumen keine Samen, selbst wenn sie bestäubt werden. Etwas anderes können sie aber gut: Sie liefern den Wespenbabys Nahrung, aber – und daran hängt wiederum eine Geschichte – bevor sie das tun, müssen sie bestäubt werden. Die fruchtbaren weiblichen Blüten an den ganz und gar weiblichen Feigenbäumen sind zwar für die Fortpflanzung des Baumes unentbehrlich, aber für die Wespen sind sie ein genetischer Friedhof: Die Wespenweibchen kriechen hinein und bestäuben sie, aber ihre Eier können dort nicht heranreifen.

Damit haben wir alle Elemente eines vielseitigen strategischen Spiels, das wir unter dem Gesichtspunkt der «Wünsche» (im speziellen darwinistischen Sinn) der Beteiligten betrachten können. Sowohl die männlichen als auch die weiblichen Feigen «wollen», daß Wespen in sie eindringen, aber die Wespen wollen nur männliche Feigen besuchen – und das auch nur, weil sich dort die nahrhaften pseudoweiblichen Blüten befinden. Der männliche Baum will, daß in seinen pseudoweiblichen Blüten Eier abgelegt werden, damit die daraus schlüpfenden Weibchen sich mit dem Pollen der männlichen Blüten beladen und davonfliegen. An den Wespenmännchen, die in den Feigen schlüpfen, hat der Baum kein unmittelbares Interesse, denn sie transportieren keinen Pollen. Das mag verwunderlich erscheinen, denn immerhin sind die männlichen Wespen ja für die Erhaltung der Wespenspezies unentbehrlich. Wir Menschen mit unserem Hang, vorauszuschauen und an die weitreichenden Konsequenzen unseres Handelns zu denken, können uns kaum von der Idee losmachen, daß auch die natürliche Selektion vorausdenkt. Ich habe darauf bereits in anderem Zusammenhang hingewiesen. Könnte die natürliche Selektion langfristig denken, würden Tiere und Pflanzen Maßnahmen zur Erhaltung der Arten ergreifen – sowohl ihrer eigenen als auch derer, auf die sie als Beute oder für die Bestäubung angewiesen sind. Aber anders als wir Menschen mit unserem Gehirn kann die Natur nicht vorausschauen. In einer Welt, in der andere sich mit der langfristigen Arterhaltung herumschlagen, sind «egoistische Gene» und kurzfristiger Nutzen immer im Vorteil. Könnte ein Feigenbaum sich durchsetzen, indem er ausschließlich weibliche Wespen begünstigte, würde er das tun und sich dabei auf andere Feigenbäume verlassen, die für die Wespenmännchen und damit für die Erhaltung der Wespenspezies sorgen. Solange andere Bäume männliche Wespen erzeugen, ist der aufmüpfige Baum, der einen Weg zur verstärkten Vermehrung weiblicher Wespen und damit zum Export einer größeren Pollenmenge gefunden hat, im Vorteil. Im Laufe der Generationen gäbe es immer mehr egoistische Bäume, während immer weniger ihrer Artgenossen die erforderlichen Wespenmännchen produzierten. Und schließlich würde der letzte Baum sterben, der männliche Wespen ernährt hat, weil es ihm immer noch schlechter ginge als seinen Konkurrenten, die nur Weibchen hervorbrächten.

Glücklicherweise haben die Feigenbäume offenbar keinen Einfluß auf das Geschlechterverhältnis der Wespen, die in ihren Früchten heranwachsen. Könnten sie es steuern, würden die Wespenmännchen höchstwahrscheinlich verschwinden, und die betreffende Wespenart würde aussterben. Und daß dann die betreffenden Feigenbäume ebenfalls zugrunde gingen, wäre zu traurig. Aber so weit kann die natürliche Selektion nicht vorausschauen. Daß Feigenbäume das Geschlechterverhältnis bei den Wespen nicht beeinflussen können, liegt vermutlich daran, daß das Interesse der Insekten, es selbst zu steuern, größere Durchsetzungskraft hat.

Auch ein weiblicher Feigenbaum will (wiederum im darwinistischen Sinn), daß Wespenweibchen in seine Feigen eindringen, denn sonst würden seine weiblichen Blüten nicht bestäubt. Ein Wespenweibchen will in männliche Feigen eindringen, denn nur dort findet es die pseudoweiblichen Blüten vor, in denen seine Larven wachsen können. Weibliche Feigen will die Wespe meiden wie die Pest, denn wenn sie in eine davon eindringt, ist sie genetisch tot: Sie wird keine Nachkommen haben. Oder strenger formuliert: Gene, die eine Wespe in weibliche Feigen eindringen lassen, werden nicht an zukünftige Generationen weitergegeben. Würde die natürliche Selektion nur auf die Wespen einwirken, wäre die Welt voller Insekten, die zwischen männlichen und weiblichen Feigenbäumen unterscheiden können und nur die männlichen mit den herrlichen pseudoweiblichen Eierwärmern bevorzugen.

Und wieder möchte man als Mensch eingreifen und sagen: «Aber die Feigenwespen wollen doch sicher, daß ein Teil von ihnen weibliche Feigen besucht, denn sie mögen zwar Friedhöfe für die Gene einzelner Wespen sein, aber für die Erhaltung der Feigenbaumspezies sind sie unentbehrlich. Wenn die Feigenbäume aussterben, erleiden die Wespen schon bald das gleiche Schicksal.» Das ist das genaue Gegenstück der vorherigen Argumentation. Angesichts der Tatsache, daß einige Feigenwespen so töricht oder altruistisch sind, in weibliche Feigen einzudringen, begünstigt die natürliche Selektion die einzelne Wespe, die herausfindet, wie man weibliche Feigen meidet und nur die männlichen aufsucht. Auch bei Wespen wird der Egoismus gegenüber jedem von Gemeinsinn geprägten Hang zur Arterhaltung zwangsläufig im Vorteil sein. Warum sterben Feigenbäume und Feigenwespen dennoch nicht aus? Nicht wegen ihres Altruismus oder ihrer Voraussicht, sondern weil der Egoismus auf beiden Seiten der Partnerschaft durch egoistische Maßnahmen der jeweils anderen Seite verhindert wird. Wespenweibchen werden daran gehindert, egoistisch zu handeln und weibliche Feigen zu meiden, weil die Feigenbäume ihrerseits etwas unternehmen, um diesen potentiellen Egoismus zu vereiteln. Die natürliche Selektion hat eine Täuschungstaktik der weiblichen Feigen gefördert: Sie ähneln den männlichen Feigen so stark, daß eine Wespe den Unterschied nicht erkennt.

Unser Spiel zwischen Wespen und Feigen ist also von einer faszinierenden Symmetrie. Auf beiden Seiten haben einzelne Individuen die Gelegenheit, egoistisch zu sein. Hätte einer dieser egoistischen Impulse Erfolg, würden Wespen und Feigenbäume möglicherweise aussterben. Verhindert wird das weder durch altruistische Selbstbeschränkung noch durch umweltbewußtes Voraussehen, sondern durch unmittelbare Gegenmaßnahmen der jeweils anderen Seite, die in ihrem eigenen egoistischen Interesse handelt. Wenn die Feigenbäume könnten, würden sie die männlichen Wespen ausschließen; damit würden sie nebenher dafür sorgen, daß sowohl die Wespen als auch sie selbst aussterben. Das verhindern die Wespen, denn sie haben ein Interesse daran, daß Männchen und Weibchen groß werden. Wenn *sie* könnten, würden sie es vermeiden, in weibliche Feigen einzudringen; damit würden sie allerdings ebenfalls dafür sorgen, daß sowohl die Bäume als auch sie selbst aussterben. Das wiederum verhindern die Bäume, die ihnen die Unterscheidung zwischen männlichen und weiblichen Feigen erschweren.

Fassen wir bis hierher noch einmal zusammen: Wir können damit rechnen, daß männliche und weibliche Feigenbäume alles in ihrer Macht Stehende tun, um Wespen in ihre jeweiligen Feigen zu locken. Und wir können auch damit rechnen, daß die Wespen sich Mühe geben werden, den Unterschied zwischen männlichen und weiblichen Feigen zu erkennen, um dann in die männlichen einzudringen und um die weiblichen einen Bogen zu machen. Und wie gesagt: «Sich Mühe geben» bedeutet, daß sie über entwicklungsgeschichtliche Zeiträume hinweg in den Besitz von Genen gelangen, die eine Vorliebe für männliche Feigen verleihen. Mit einer weiteren Gedankenwendung stellen wir außerdem fest, daß männliche und weibliche Feigenbäume auch ein Interesse daran haben müßten, daß Wespen in Feigen des jeweils anderen Geschlechts eindringen. In dieser schwierigen Argumentation halte ich mich an einen Aufsatz zweier hervorragender britischer Biologen: Der eine ist Alan Grafen, einer der führenden mathematischen Theoretiker des heutigen Darwinismus, der andere Charles Godfray, ein angesehener Ökologe und Insektenforscher.

Welche Waffen stehen den Feigenbäumen für ihr Strategiespiel zur Verfügung? Die weiblichen Bäume können dafür sorgen, daß ihre Feigen den männlichen in Aussehen und Geruch so stark wie möglich ähneln. Mimikry kommt, wie wir schon in früheren Kapiteln erfahren haben, in der Welt des Lebendigen häufig vor. Stabheuschrecken ähneln ungenießbaren Holzstöckchen und werden deshalb von den Vögeln nicht beachtet. Viele genießbare Schmetterlinge sehen ganz anderen, schlecht schmeckenden Arten ähnlich, welche die Vögel zu meiden gelernt haben. Verschiedene Orchideenarten ahmen Bienen, Fliegen oder Wespen nach. Diese Art der Mimikry entzückt die Naturforscher schon seit dem 19. Jahrhundert, und Sammler wurden durch sie sicher ebenso wirksam hinters Licht geführt wie andere Tiere. Aber während die Mimikry früher der Gegenstand von Bewunderung und Unverständnis war, wissen wir mittlerweile, daß sie sich unter dem Einfluß der natürlichen Selektion schnell bis zu fast grenzenloser Vollkommenheit entwickeln kann. Die Nachahmung der (für die Wespen wünschenswerten) männlichen Feigen durch die (unerwünschten) weiblichen Früchte ist sicher zu erwarten, aber die Folgen sind, gelinde gesagt, weniger naheliegend und erfordern wesentlich mehr Nachdenken. Wir können auch damit rechnen, daß die männlichen Feigen von sich aus etwas unternehmen, um wie weibliche auszusehen und zu duften, und zwar aus folgendem Grund:

Ein männlicher Baum «will», daß Wespenweibchen in seine Feigen eindringen und dort ihre Eier in die pseudoweiblichen Blüten legen. Der Baum profitiert davon aber nur, wenn die später schlüpfenden Wespenweibchen ihre Aufgabe erfüllen: Sie müssen sich mit Pollen beladen, die Geburtsfeige verlassen, und dann müssen zumindest einige von ihnen den genetischen Friedhof der weiblichen Feigen aufsuchen und sie befruchten (womit sie die Gene des Feigenbaumes, nicht aber ihre eigenen weitertragen). Eine männliche Feige, die ganz anders aussieht als ihre weiblichen Artgenossen, kann den Wespenweibchen sehr wirksam helfen, ihr Ziel zu erreichen und zur Eiablage ausschließlich in die männlichen Blüten einzudringen. Aber die Töchter einer solchen Wespe erben von ihrer Mutter auch den Geschmack in Sachen Feigen, das heißt, sie werden später bevorzugt männliche Früchte aufsuchen, und damit sind sie für die Fortpflanzung der Gene des Baumes, auf dem sie zur Welt gekommen sind, nutzlos (ihre eigenen Gene dagegen geben sie gut weiter).

Betrachten wir nun einen konkurrierenden männlichen Feigenbaum, dessen Früchte den weiblichen Feigen ähneln. Er hat es beim Anlocken der Wespenweibchen vielleicht schwerer, denn sie versuchen, weibliche Feigen zu vermeiden, und werden deshalb abgestoßen. Aber die Weibchen, die er dennoch anlockt, sind eine besonders ausgewählte Untergruppe der Wespen: es sind diejenigen, die (aus ihrer eigenen Sicht) so töricht waren, eine Feige zu besuchen, die weiblich aussieht. Diese Wespen legen ihre Eier, wie beschrieben, in die pseudoweiblichen Blüten. Und wie beschrieben erben ihre Töchter ebenfalls den Feigengeschmack der Mutter. Was für ein Geschmack ist das? Die Mütter dieser jungen Wespen sind absichtlich und gezielt in eine männliche Feige eingedrungen, *die wie eine weibliche Feige aussah*, und diese Vorliebe (die aus ihrer eigenen Sicht töricht ist) erben die Töchter. Mit ihr schwärmen sie aus und suchen nach Feigen, die wie weibliche Feigen aussehen. Und ein erheblicher Teil von ihnen wird sie auch finden – damit sind ihre eigenen Gene zwar tot, aber sie deponieren den männlichen Pollen genau da, wo er hin will. Diese genasführten Weibchen werfen ihre eigenen Gene weg, aber sie transportieren in ihren Körbchen die Gene des Feigenbaumes, darunter auch solche für männliche Feigen, die weibliche Feigen nachahmen. Feigengene von konkurrierenden männlichen Bäumen, deren Gene die Früchte ganz anders aussehen lassen als weibliche Feigen, werden ebenfalls in den Körbchen der Wespen wegtransportiert, aber diese Körper voller Pollen gehen – aus der Sicht des männlichen Feigenbaumes – eher auf dem Friedhof anderer männlicher Feigen verloren. Deshalb entsteht eine «Verschwörung» der männlichen und weiblichen Feigenbäume: Gemeinsam versuchen sie zu verhindern, daß die Wespen zwischen ihnen unterscheiden können, und damit verhindern sie ihren eigenen genetischen Untergang. Männliche und weibliche Feigenbäume sind sich «einig», daß sie ununterscheidbar sein «wollen».

Wie Einstein einmal jubelte: Die Wege des Herrn sind unergründlich! Aber es kommt noch dicker. Die pseudoweiblichen Blüten an den männlichen Feigenbäumen müssen bestäubt werden, damit sie die Nährstoffe liefern, die eine Wespenlarve braucht. Aus der Sicht der Wespe kann man deshalb ohne weiteres verstehen, warum sie sich von sich aus mit Pollen belädt und warum die Wespenweibchen sich nicht nur zufällig mit Pollen einpudern, sondern besondere Tragekörbchen besitzen. Die Wespenweibchen haben eine Menge davon, wenn sie Pollen transportieren. Sie brauchen ihn, um die pseudoweiblichen Blüten dazu zu veranlassen, Nahrung für ihren Nachwuchs herzustellen. Grafen und Godfray weisen aber darauf hin, daß es auf der anderen Seite dieser bemerkenswerten Beziehung – bei den Feigen – immer noch ein Problem gibt: Warum *müssen* die pseudoweiblichen Blüten an den männlichen Feigenbäumen bestäubt werden, bevor sie die Wespenlarven ernähren? Wäre es nicht einfacher, das Futter zur Verfügung zu stellen, ganz gleich, ob die Blüten bestäubt sind oder nicht? Männliche Feigen müssen Wespenlarven ernähren, damit sie den Pollen zu den weiblichen Feigen mitnehmen. Aber warum bestehen die pseudoweiblichen Blüten auf der Bestäubung, bevor sie Nährstoffe liefern?

Stellen wir uns einmal einen mutierten Baum vor, der weniger wählerisch ist: eine Variante, die diese Notwendigkeit lockerer handhabt und den Wespenlarven auch dann die Entwicklung erlaubt, wenn die Eier in unbestäubten Blüten abgelegt wurden. Dieser mutierte Baum scheint gegenüber seinen anspruchsvolleren Konkurrenten im Vorteil zu sein, weil er eine größere Zahl junger Wespen hervorbringt. Aber überlegen wir einmal. In jede Feige dringen auch ein paar Weibchen ein, die aus irgendeinem Grund keinen Pollen in ihren Körbchen haben. In der wählerischen Feige können diese Weibchen zwar Eier ablegen, aber die daraus entstehenden Larven verhungern, und es kommen keine bestäubenden Tiere zur Welt. Wie sieht es dagegen bei der konkurrierenden, weniger anspruchsvollen Feige aus? Wird sie von einem Weibchen ohne Pollen besucht, spielt das keine Rolle. Dessen Larven wachsen dennoch heran und werden zu gesunden jungen Wespen. Die weniger wählerische Feige bringt mehr Wespen hervor, da sie nicht nur die Nachkommen der pollentragenden Exemplare ernährt, sondern auch die Wespen, die keinen Pollen mitgebracht haben. Demnach hat der weniger anspruchsvolle Baum gegenüber dem wählerischen einen eindeutigen Vorteil, denn er produziert eine größere Armee junger Wespen, die seinen Pollen in die genetische Zukunft tragen. Oder etwa nicht?

Nein, und zwar aus folgendem fast zu komplizierten Grund, den Grafen und Godfray erkannten. Die Armee der jungen Wespenweibchen, die von der wenig anspruchsvollen Feige ausschwärmen, ist tatsächlich zahlreich. Aber – die gleiche Argumentation wie zuvor – sie erben die Vorlieben ihrer Mütter. Und diese – insbesondere die Mütter der zusätzlichen Wespen, welche die anspruchslose Feige im Vergleich zu ihren anspruchsvollen Konkurrenten mehr erzeugt – hatten einen Fehler. Sie haben keinen Pollen eingesammelt oder haben die Blüten, in denen ihre Töchter herangewachsen sind, aus irgendeinem anderen Grund nicht bestäubt. Deshalb sind die überzähligen Larven überhaupt vorhanden. Und diese überzähligen Larven erben vielfach den Fehler. Sie neigen wiederum dazu, keinen Pollen zu sammeln, oder sind aus anderen Gründen im Bestäuben schlecht. Es ist fast, als würde die wählerische männliche Feige absichtlich ein Hindernis für die eindringenden Wespen aufbauen. Die Insekten werden geprüft, ob sie für die pseudoweiblichen Blüten alles tun, was sie auch für eine richtige weibliche Blüte tun würden. Erfüllen sie den Anspruch nicht, dürfen ihre Larven sich nicht entwickeln. Mit diesem Test sucht die männliche Feige diejenigen Wespen aus, die Feigengene gut weitergeben. Grafen und Godfray sprechen von «Selektion aus zweiter Hand». Sie ähnelt ein wenig der künstlichen Selektion, der wir im ersten Kapitel begegnet sind, gleicht ihr aber nicht ganz. Die pseudoweiblichen Blüten sind wie Simulatoren, in denen man Piloten ausscheidet, wenn sie ein echtes Flugzeug nicht fliegen können.

Die Vorstellung von der Selektion aus zweiter Hand ist neu, und sie liefert sogar Antworten auf noch verwickeltere Fragen. Feigen- und Wespengene sind Partner, die in ihrem schnellen Tanz durch die Erdgeschichte aneinander gekettet sind. Wie wir gesehen haben, gehört zu den meisten Feigenarten eine eigene, private Wespenart. Feigen und Wespen haben sich in der Evolution Hand in Hand entwickelt – man spricht auch von Koevolution –, und zwar nicht im Gleichschritt mit anderen Feigen- oder Wespenarten. Wir haben erfahren, welche Vorteile das aus der Sicht der Feigenbäume hat: Die nur für sie zuständige Art bestäubender Wespen ist die perfekte «magische Kugel». Indem sie sich eine und nur eine Art bestäubender Insekten heranzüchten, lenken sie den Pollen ausschließlich zu weiblichen Feigen ihrer eigenen Spezies. Sie verschwenden den Blütenstaub nicht, wie sie es tun müßten, wenn sie sich eine Wespenart promiskuitiv mit anderen Feigenarten teilen würden. Ob diese strenge Treue zu einer Feigenart auch den Wespen nützt, ist weniger klar, aber vermutlich haben sie keine andere Wahl. Aus Gründen, die ich hier nicht näher darlegen möchte, entwickeln sich Arten in der Evolution manchmal auseinander, so daß aus einer Art zwei werden. Wenn das bei den Feigenbäumen irgendwann in erdgeschichtlichen Zeiträumen geschieht, könnten sie durchaus das chemische «Paßwort» wechseln, an dem die Wespen sie erkennen, und vielleicht ändern sich auch Schlüssel-Schloß-Eigenschaften wie die Tiefe der winzigen Blüten. Dann sind die Wespenarten gezwungen, ihnen auf dem Fuß zu folgen. Allmählich tiefer werdende Blüten auf seiten der Feigen (das heißt des Schlosses) erzwingen einen immer längeren Eiablageapparat bei den Wespen (dem Schlüssel).

Jetzt kommen wir zu einem besonderen Problem, das Grafen und Godfray erkannten. Treiben wir den Vergleich mit Schloß und Schlüssel ein wenig weiter. Feigenarten entwickeln sich auseinander, indem sie das Schloß verändern, und die Wespen folgen ihnen mit dem Schlüssel. Etwas Ähnliches muß sich abgespielt haben, als die ursprünglichen Orchideen sich zu bienen-, fliegen- und wespenähnlichen Pflanzen auseinanderentwickelten. Bei ihnen erkennt man leicht, wie die Koevolution abgelaufen sein muß; bei den Feigen dagegen ergibt sich eine besondere und sehr beunruhigende Schwierigkeit, und sie ist das letzte Problem, das ich in diesem Buch behandeln möchte. Wenn das Ganze nach dem üblichen Schema der Koevolution abläuft, kann man etwa mit folgendem rechnen: Bei den weiblichen Feigen findet beispielsweise eine Selektion von Genen für tiefere Blüten statt. Das führt bei den Wespen zu einem Selektionsdruck in Richtung eines längeren Eiablageapparats. Aber dieser normale Ablauf der Koevolution funktioniert bei den Feigen wegen der besonderen Umstände nicht. Die einzigen weiblichen Blüten, die Gene weitergeben, sind die echten Blüten der weiblichen Feigen, aber nicht die pseudoweiblichen Blüten in den männlichen Früchten; bei den Wespen dagegen geben nur diejenigen Weibchen ihre Gene weiter, die ihre Eier in den pseudoweiblichen Blüten ablegen, aber nicht diejenigen, die das in den echten weiblichen Blüten tun. Gerade diejenigen einzelnen Wespen, die zufällig einen längeren Eiablageapparat besitzen und damit den Boden der langen weiblichen Blüten erreichen können, geben die Gene für den längeren Eiablageapparat nicht weiter. Und diejenigen Wespen, die mit ihrem langen

Eiablageapparat den Boden der pseudoweiblichen Blüten erreichen, vererben zwar ihre eigenen Gene, aber dort werden die Gene für lange Blüten nicht weitergegeben. Wir stehen vor einem Rätsel.

Die Antwort scheint wieder einmal in der Selektion aus zweiter Hand zu liegen – genau wie bei einem Simulator für Piloten. Die männlichen Feigen «wollen», daß die von ihnen freigelassenen Wespenweibchen echte weibliche Blüten gut befruchten können. Deshalb wollen sie in unserem hypothetischen Beispiel, daß der Eiablageapparat lang ist. Und das erreicht eine männliche Feige am besten, wenn sie nur Müttern mit langem Eiablageapparat erlaubt, Eier in ihren pseudoweiblichen Blüten zu deponieren. Wenn man das Prinzip an diesem speziellen Beispiel erläutert, läuft man Gefahr, daß es sich zu sehr nach Absicht anhört, als «wüßten» die männlichen Feigen, daß die weiblichen Blüten tief sind. Die natürliche Selektion erledigt das automatisch: Sie begünstigt diejenigen männlichen Feigen, deren pseudoweibliche Blüten den echten weiblichen in jeder Hinsicht ähneln, auch in der Tiefe.

Feigen und Wespen bieten die hohe Schule der Evolutionsleistungen: Sie besetzen einen besonders auffälligen Gipfel des Unwahrscheinlichkeitsgebirges. Ihre Beziehung ist fast lächerlich verwickelt und raffiniert. Sie schreit geradezu nach einer Deutung in den Begriffen absichtlicher, bewußter, machiavellistischer Berechnung. Und doch entsteht sie völlig ohne jede Art von Absicht, ohne jegliche Denkleistung oder Intelligenz. Das liegt schon deshalb auf der Hand, weil die Beteiligten einerseits eine winzige Wespe mit einem noch winzigeren Gehirn und andererseits ein Baum ganz ohne Gehirn sind. Alles ist das Ergebnis darwinistischer Feinabstimmung, und wir würden ihre raffinierte Vollkommenheit nicht für möglich halten, wenn wir sie nicht vor Augen hätten. Es läuft eine bestimmte Berechnung ab, oder eigentlich Millionen paralleler Berechnungen von Kosten und Nutzen; sie sind so kompliziert, daß sie unsere größten Computer auf eine harte Probe stellen würden. Aber der «Computer», der sie ausführt, besteht nicht aus elektronischen Bauteilen, ja noch nicht einmal aus Nerven. Und er befindet sich auch nicht an einer bestimmten Stelle. Es ist ein automatisierter, dezentraler Computer, dessen Datenbits im DNA-Code gespeichert sind, verteilt auf Millionen von Körpern, zwischen denen sie während der Fortpflanzung hin- und hergeschoben werden.

Der berühmte Oxforder Physiologe Sir Charles Sherrington verglich das Gehirn in einer berühmten Passage einmal mit einem verzauberten Webstuhl:

> Es ist, als habe die Milchstraße mit einem kosmischen Tanz begonnen. Schnell wird das Gehirn zu einem verzauberten Webstuhl, auf dem Millionen blitzender Schiffchen ein verschmelzendes Muster weben, immer ein sinnvolles Muster, aber nie ein dauerhaftes; eine sich wandelnde Harmonie von Untermustern.

Der Aufstieg des Nervensystems und des Gehirns brachte gestaltete Gegenstände in die Welt. Aber das Nervensystem selbst und alle gestaltoiden Gebilde sind die Produkte eines älteren, langsameren kosmischen Tanzes. Sherringtons Vision half ihm, in der ersten Hälfte unseres Jahrhunderts zu einem der führenden Fachleute für das Nervensystem zu werden. Wir können davon profitieren, wenn wir uns eine ähnliche Vision zu eigen machen. Die Evolution ist ein verzauberter Webstuhl mit hin- und herschießenden DNA-Codes, deren flüchtige Muster, während sie ihre Partner durch die Zeiten der Erdgeschichte tanzen lassen, eine gewaltige Datenbank voll uralter Weisheit weben, eine digital codierte Beschreibung früherer Welten und dessen, was darin zum Überleben notwendig war.

Aber das ist ein Gedankengang, der auf ein anderes Buch warten muß. In diesem hier lautet die Hauptaussage: Die Höhen der Evolution sind nicht im Schnellgang zu erreichen. Selbst die schwierigsten Probleme sind zu lösen, und die steilsten Höhen lassen sich erklimmen, wenn man nur einen langsamen, allmählichen, Schritt für Schritt gangbaren Weg findet. Das Unwahrscheinlichkeitsgebirge ist nicht im Sturmangriff zu nehmen. Man muß es zwar nicht immer langsam, aber stets allmählich besteigen.

BIBLIOGRAPHIE

Zitierte Bücher und Vorschläge für die weitere Lektüre

Adams, D., *Das Restaurant am Ende des Universums*, Ullstein, München 1996.

Attenborough, D., *Life on Earth*, Collins, London 1979.

Attenborough, D., *Leben und Überleben*, Umschau, Frankfurt am Main 1994.

Attenborough, D., *Das geheime Leben der Pflanzen*, Scherz, München 1995.

Basalla, G., *The Evolution of Technology*, Cambridge University Press, Cambridge 1988.

Berry, R. J. und Hallam, A., Hrsg, *Collins Encyclopedia of Animal Evolution*, London 1986.

Bonner, J. T., *The Evolution of Complexity*, Princeton University Press, Princeton, N.J. 1988.

Bristowe, W. S., *The World of Spiders*, Collins, London 1958.

Brusca, R. C. und Brusca, G. J., *Invertebrates*, Sinauer, Sunderland, Mass. 1990.

Carroll, S. B., ‹Homeotic genes and the evolution of arthropods and chordates›, *Nature* 376 (1995), S. 479–85.

Coveney, P. und Highfield, R., *Frontiers of Complexity*, Faber and Faber, London 1995.

Cringely, R. X., *Accidental Empires*, Viking, London 1992.

Cronin, H., *The Ant and the Peacock*, Cambridge University Press, Cambridge 1991.

Dance, S. P., *Shells*, Dorling Kindersley, London 1992.

Darwin, C., *Die Entstehung der Arten*, (1859), Philipp Reclam jun., Leipzig o. J.

Darwin, C., *The Various Contrivances by Which Orchids are Fertilised by Insects*, (1882), John Murray, London.

Dawkins, R., *The Extended Phenotype*, W. H. Freeman, Oxford 1982.

Dawkins, R., *Der blinde Uhrmacher*, dtv, München 1996.

Dawkins, R., ‹The evolution of evolvability›, in *Artificial Life*, hrsg. von C. Langton, Addison-Wesley, Santa Fe 1989.

Dawkins, R., *Das egoistische Gen*, Spektrum Akademischer Verlag, Heidelberg 1994 (2. Aufl.).

Dawkins, R., *Und es entsprang ein Fluß in Eden*, C. Bertelsmann, München 1996.

Dennett, D. C., *Darwins gefährliches Erbe*, Hoffmann und Campe, Hamburg 1997.

Douglas-Hamilton, U. und O., *Wir kämpfen für die Elefanten*, Droemer Knaur, München 1994.

Drexler, K. E., *Engines of Creation*, Anchor Press / Doubleday, New York 1986.
Eberhard, W. G., *Sexual Selection and Animal Genitalia*, Harvard University Press, Cambridge, Mass. 1985.
Eldredge, N., *Reinventing Darwin: The great debate at the high table of evolutionary theory*, John Wiley, New York 1995.
Fisher, R. A., *The Genetical Theory of Natural Selection*, Dover, New York 1958.
Ford, E. B., *Ecological Genetics*, Chapman and Hall, London 1975.
Frisch, K. v., *Animal Architecture*, Butterworth, London 1975.
Fuchs, P. und Krink, T., *Modellierung als Mittel zur Analyse räumlichen Orientierungsverhaltens*, Diplomarbeit, Universität Hamburg 1994.
Goodwin, B., *How the Leopard Changed its Spots*, Weidenfeld and Nicolson, London 1994.
Gould, J. L. und Gould, C. G., *The Honey Bee*, Scientific American Library, New York 1988.
Gould, S. J., *Hen's Teeth and Horse's Toes*, W. W. Norton, New York 1983.
Grafen, A. und Godfray, H. C. J., «Vicarious selection explains some paradoxes in dioecious fig-pollinator systems», in: *Proceedings of the Royal Society of London*, B. 245, S. 73–6, London 1991.
Gribbin, J. und Gribbin, M., *Being Human*, J. M. Dent, London 1993.
Haeckel, E., *Kunstformen der Natur*, Prestel, München 1998.
Haldane, J. B. S., *On Being the Right Size*, hrsg. von J. Maynard Smith, Oxford University Press, Oxford 1985.
Halder, G., Callaerts, P., und Gehring, W. J., «Induction of ectopic eyes by targeted expression of the *eyeless* gene in *Drosophila*», in: *Science* 267, S. 1788–92, London 1995.
Hamilton, W. D., *Narrow Roads of Gene Land: The collected papers of W. D. Hamilton, Bd. I. Evolution of Social Behaviour*, W. H. Freeman / Spektrum, Oxford 1996.
Hansell, M. H., *Animal Architecture and Building Behaviour*, Longman, London 1984.
Hayes, B., «Space-time on a seashell» in: *American Scientist* 83, S. 214–18, London 1995.
Heinrich, B., *Bumblebee Economics*, Harvard University Press, Cambridge, Mass. 1979.
Hölldobler, B. und Wilson, E. O., *The Ants*, Springer Verlag, Berlin 1990.
Hoyle, F., *Evolution From Space*, J. M. Dent, London 1981.
Janzen, D., «How to be a fig», in: *Annual Review of Ecology and Systematics* 10, S. 13–51, London 1979.
Kauffman, S., *At Home in the Universe*, Viking, Harmondsworth 1995.
Kettlewell, H. B. D., *The Evolution of Melanism*, Oxford University Press, Oxford 1973.
Kingdon, J., *Self-made Man and His Undoing*, Simon and Schuster, London 1993.
Kingsolver, J. G. und Koehl, M. A. R., «Aerodynamics, thermoregulation, and the evolution of insect wings: differential scaling and evolutionary change», in: *Evolution* 39, S. 488–504, London 1985.

Land, M. F., «Optics and vision in invertebrates», in: *Handbook of Sensory Physiology*, hrsg. von H. Autrum, VII/6 B, S. 471–592, Springer-Verlag, Berlin 1980.
Langton, C. G., Hrsg., *Artificial Life*, Addison-Wesley, New York 1989.
Lawrence, P. A., *The Making of a Fly*, Blackwell Scientific Publications, London 1997.
Leakey, R., *Die ersten Spuren. Über den Ursprung des Menschen*, C. Bertelsmann, München 1997.
Lundell, A., *Virus! The secret world of computer invaders that breed and destroy*, Contemporary Books, Chicago 1989.
Macdonald, D., Hrsg., *The Encyclopedia of Mammals*, 2 Bd., Allen and Unwin, London 1984.
Margulis, L., *Symbiosis in Cell Evolution*, W. H. Freeman, San Francisco 1981.
Maynard Smith, J., *Did Darwin Get it Right?*, Penguin Books, Harmondsworth 1988.
Maynard Smith, J., *The Theory of Evolution*, Cambridge University Press, Cambridge 1993.
Maynard Smith, J. und Szathmáry, E., *The Major Transitions in Evolution*, Freeman / Spektrum, Oxford 1995.
Meeuse, B. und Morris, S., *The Sex Life of Plants*, Faber and Faber, London 1984.
Meinhardt, H., *The Algorithmic Beauty of Sea Shells*, Springer-Verlag, Berlin 1995.
Moore, R. C., Lalicker, C. G. und Fischer, A. G., *Invertebrate Fossils*, McGraw-Hill, New York 1952.
Nesse, R. und Williams, G. C., *Warum wir krank werden*, C. H. Beck, München 1997.
Nilsson, D.-E., «Vision, optics and evolution», in: *Bioscience* 39, S. 298–307, London 1989.
Nilsson, D.-E., «Optics and evolution of the compound eye», in: *Facets of Vision*, hrsg. von D. G. Stavenga und R. C. Hardie, Springer-Verlag, Berlin 1989.
Nilsson, D.-E. und Pelger, S., «A pessimistic estimate of the time required for an eye to evolve», in: *Proceedings of the Royal Society of London*, B, 256, S. 53–8, London 1994.
Orgel, L. E., *The Origins of Life*, Chapman and Hall, London 1973.
Pennycuick, C. J., *Animal Flight*, Edward Arnold, London 1972.
Pennycuick, C. J., *Newton Rules Biology*, Oxford University Press, Oxford 1992.
Pinker, S., *Der Sprachinstinkt. Wie der Geist die Sprache bildet*, Droemer Knaur, München 1998.
Provine, W. B., *Sewall Wright and Evolutionary Biology*, Chicago University Press, Chicago 1986.
Raff, R. A. und Kaufman, T. C., *Embryos, Genes and Evolution*, Macmillan, New York 1983.
Raup, D. M., «Geometric analysis of shell coiling: general problems», in: *Journal of Paleontology* 40, S. 1178–90, London 1966.
Raup, D. M., «Geometric analysis of shell coiling: coiling in ammonoids», in: *Journal of Paleontology* 41, S. 43–65, London 1967.
Ridley, Mark, *Evolution*, Blackwell Scientific Publications, Oxford 1993.
Ridley, Matt, *Eros und Evolution*, Droemer Knaur, München 1995.
Robinson, M. H., «Niko Tinbergen, comparative studies and evolution», in: *The Tin-*

bergen Legacy, hrsg. von M. S. Dawkins, T. R. Halliday und R. Dawkins, Chapman and Hall, London 1991.

Ruse, M., *Darwinism Defended*, Addison-Wesley, Reading, Mass. 1982.

Sagan, C. und Druyan, A., *Shadows of Forgotten Ancestors*, Random House, New York 1992.

Salvini-Plawen, L. v. und Mayr, E., «On the evolution of photoreceptors and eyes», in: *Evolutionary Biology*, hrsg. von M. K. Hecht, W. C. Steere und B. Wallace, Bd. 10, S. 207–63, Plenum, New York 1977.

Terzopoulos, D., Tu, X. und Grzeszczuk, R., «Artificial fishes: autonomous locomotion, perception, behavior, and learning in a simulated physical world», in: *Artificial Life* I, S. 327–51, 1995.

Thomas, K., *Man and the Natural World: Changing Attitudes in England 1500–1800*, Penguin Books, Harmondsworth 1983.

Thompson, D'A., *On Growth and Form*, Cambridge University Press, Cambridge 1942.

Trivers, R. L., *Social Evolution*, Benjamin / Cummings, Menlo Park 1985.

Vermeij, G. J., *A Natural History of Shells*, Princeton University Press, Princeton, N. J. 1993.

Vollrath, F., «Untangling the spider's web», in: *Trends in Ecology and Evolution* 3, S. 331–5, 1988.

Vollrath, F., «Analysis and interpretation of orb spider exploration and web-building behavior», in: *Advances in the Study of Behavior* 21, S. 147–99, 1992.

Vollrath, F., «Spider webs and silks», in: *Scientific American* 266, S. 70–76, New York 1992.

Watson, J. O., Hopkins, N. H., Roberts, J. W., Steitz, J. A. und Weiner, A. M., *Molecular Biology of the Gene*, Benjamin / Cummings, Menlo Park 1987 (4. Aufl.).

Weiner, J., *The Beak of the Finch*, Jonathan Cape, London 1994.

Williams, G. C., *Natural Selection: Domains, Levels and Challenges*, Oxford University Press, Oxford 1992.

Wilson, E. O., *The Insect Societies*, The Belknap Press of Harvard University Press, Cambridge, Mass. 1971.

Wolpert, L., *Regisseure des Lebens*, Spektrum Akademischer Verlag, Heidelberg 1993.

Wright, S., «The roles of mutation, inbreeding, crossbreeding and selection in evolution», in: *Proceedings 6th International Congress of Genetics*, I, S. 356–66, 1932.

REGISTER

BILDNACHWEIS

Zeichnungen von Lalla Ward: 1.7, 1.9, 1.10, 1.13, 1.14, 2.9, 3.1, 3.3, 4.2, 4.3, 4.4, 4.5, 4.6, 4.7, 5.1, 5.15, 6.3, 6.4, 6.10, 6.13, 6.15, 7.3, 7.8, 7.15 a, 7.16, 8.2, 8.3, 8.6; 1.2 (nach Hölldober und Wilson); 1.3 (nach Wilson); 1.11 (nach Eberhard); 2.6 (nach Bristowe); 5.30 (nach M. F. Land); 7.10 (nach Brusca und Brusca); 7.11 (nach *Collins Guide to Insects*); 7.17 (nach Brusca und Brusca); 10.6 (nach Heijn from Ulenberg).

Vom Autor erstellte Computerbilder: 1.14, 1.15, 1.16, 5.3*, 5.5*, 5.6*, 5.7*, 5.9*, 5.10*, 5.11*, 5.12, 5.20*, 5.28, 6.2*, 6.3*, 6.5, 6.6, 6.8, 6.11, 6.12, 6.14, 7.1, 7.9, 7.12, 7.13, 7.14 (Bilder mit einem Sternchen wurden von Nigel Andrews neu entworfen); von Jeremy Hopes 5.13.

Heather Angel: 1.5, 1.11 b, 5.21, 8.1.

Ardea: 1.8 (Hans Dossenbach), 1.11 a (Tony Beamish), 6.7 (P. Morris), 9.3 e (Bob Gibbons).
Euan N. K. Clarkson: 5.28.
Bruce Coleman: 10.3 a (Gerald Cubitt).
W. D. Hamilton: 10.1, 10.2, 10.4, 10.5, 10.7.
Ole Munk: 5.31.
NHPA: 6.1 (James Carmichael Jr.).
Chris O'Toole: 1.6 a und b.
Oxford Scientific Films: 1.4 (Rudie Kuiter), 2.1 (Densey

Clyne), 5.19 (Michael Leach), 5.19 b (J. A. L. Cooke), 10.2 b (K. Jell), 19.3 b (David Cayless).
Portech Mobile Robotics Laboratory, Portsmouth: 9.2.
Prema Photos: 8.5 (K. G. Preston-Mafham).
David M. Raup: 6.9.
Science Photo Library: 9.3 a (A. B. Dowsett), 9.3 b (John Bavosi), 9.3 c (Manfred Kage), 9.3 d (David Patterson), 9.6 (J. C. Revy).
2.2, 2.3, 2.4, 2.10, 2.11, 2.12, 2.13 aus F. Vollrath a. a. O., 1992.
Zefa: 9.1.

1.1 aus J. Michell, *Simulacra*, Thames and Hudson, London 1978.
2.5 aus M. H. Hansell, a. a. O., 1984.
2.7 und 2.8 aus M. H. Robinson, a. a. O., 1991.
2.14 und 2.15 aus Terzopoulos et al., a. a. O., 1995, © 1995 by the Massachusetts Institute of Technology.
3.2 mit freundlicher Genehmigung des *Hamilton Spectator*, Kanada.
4.1 mit freundlicher Genehmigung von J. T. Bonner, 1965, © Princeton University Press.
5.2 aus Dawkins, a. a. O., 1986 (Zeichnung von Bridget Peace).
5.4 a, b und d, 5.8 a–e, 5.24 a und b aus Land, a. a. O., 1980 (nach Hesse, a. a. O., 1899).
5.4 c aus Salvini-Plawen und Mayr, a. a. O., 1977 (nach Hesse, a. a. O., 1899).
5.16 a und b aus Hesse, «Untersuchungen über die Organe der Lichtempfindung bei niederen Thieren», in: *Zeitschrift für Wissenschaftliche Zoologie*, 1899.
5.17, 5.19 d und e, 5.25, 5.26 mit freundlicher Genehmigung von M. F. Land.
5.18 a und f, 5.27, 5.30: Zeichnungen von Nigel Andrews.
5.22, Zeichnung von Kuno Kirschfeld. Reproduktion mit Genehmigung der *Naturwissenschaftlichen Rundschau*, Stuttgart.
5.23 mit freundlicher Genehmigung von Dan E. Nilsson. Aus Stavenga und Hardie (Hrsg.), a. a. O., 1989.
5.29 a–e mit freundlicher Genehmigung von Walter J. Gehring et al. Aus Georg Halder et al., a. a. O., 1995.
6.16 aus Meinhardt, a. a. O., 1995
7.2, 7.4, 7.5, 7.6, 7.7 aus Ernst Haeckel, *Kunstformen der Natur*, Verlag des Bibliographischen Instituts, Leipzig und Wien 1904.
7.15 b aus Raff und Kaufman, a. a. O., 1983 (nach Y. Tanaka, «Genetics of the Silkworm», in: *Advances in Genetics* 5, 1953, S. 239–317).
8.4 aus Wilson, a. a. O., 1971 (aus Wheeler, 1910, nach F. Dahl).
9.4 Jean Dawkins.
9.5 © K. Eric Drexler, Christ Peterson und Gayle Pergamit. Alle Rechte vorbehalten. Abgebildet mit Genehmigung aus *Unbounding the Future: The Nanotechnology Revolution*, William Morrow, London 1991.